"十二五"普通高等教育本科国家级规划教材

机 织 学

（第2版）

朱苏康　高卫东　主编

U0242070

中国纺织出版社

内 容 提 要

《机织学(第2版)》是纺织工程专业本科教学的平台课程教材之一,分为准备篇、织造篇和综合篇。准备篇介绍络筒、整经、浆纱、穿结经等织前准备工程;织造篇介绍开口、引纬、打纬、卷取和送经等织物在织机上的形成过程,织机传动及断头自停,织机综合讨论;综合篇介绍织坯整理,各种机织物加工流程及工艺设备等。本书系立体教材,附有多媒体网络资源,简要介绍机织工程的主要工艺流程及设备概况,帮助读者加深对书本知识的理解。

本书作为"十二五"普通高等教育本科国家级规划教材,可供高等院校纺织工程专业师生使用,也可供纺织科技人员和工程技术人员参考。

图书在版编目(CIP)数据

机织学/朱苏康,高卫东主编. —2 版 . —北京:中国纺织出版社,2015.1(2024.7重印)
"十二五"普通高等教育本科国家级规划教材
ISBN 978 - 7 - 5180 - 1204 - 6

Ⅰ.①机… Ⅱ.①朱… ②高… Ⅲ.①机织—高等学校—教材 Ⅳ.①TS105

中国版本图书馆 CIP 数据核字(2014)第 259034 号

责任编辑:孔会云 责任校对:寇晨晨
责任设计:何 建 责任印制:何 建

中国纺织出版社出版发行
地址:北京市朝阳区百子湾东里 A407 号楼 邮政编码:100124
销售电话:010—67004422 传真:010—87155801
http://www.c-textilep.com
中国纺织出版社天猫旗舰店
官方微博 http://weibo.com/2119887771
三河市宏盛印务有限公司印刷 各地新华书店经销
2024 年 7 月第 18 次印刷
开本:787 × 1092 1/16 印张:21.25
字数:419 千字 定价:42.00 元

全面推进素质教育，着力培养基础扎实、知识面宽、能力强、素质高的人才，已成为当今教育的主题。教材建设作为教学的重要组成部分，如何适应新形势下我国教学改革要求，与时俱进，编写出高质量的教材，在人才培养中发挥作用，成为院校和出版人共同努力的目标。2011年4月，教育部颁发了教高〔2011〕5号文件《教育部关于"十二五"普通高等教育本科教材建设的若干意见》（以下简称《意见》），明确指出"十二五"普通高等教育本科教材建设，要以服务人才培养为目标，以提高教材质量为核心，以创新教材建设的体制机制为突破口，以实施教材精品战略、加强教材分类指导、完善教材评价选用制度为着力点，坚持育人为本，充分发挥教材在提高人才培养质量中的基础性作用。《意见》同时指明了"十二五"普通高等教育本科教材建设的四项基本原则，即要以国家、省（区、市）、高等学校三级教材建设为基础，全面推进，提升教材整体质量，同时重点建设主干基础课程教材、专业核心课程教材，加强实验实践类教材建设，推进数字化教材建设；要实行教材编写主编负责制，出版发行单位出版社负责制，主编和其他编者所在单位及出版社上级主管部门承担监督检查责任，确保教材质量；要鼓励编写及时反映人才培养模式和教学改革最新趋势的教材，注重教材内容在传授知识的同时，传授获取知识和创造知识的方法；要根据各类普通高等学校需要，注重满足多样化人才培养需求，教材特色鲜明、品种丰富。避免相同品种且特色不突出的教材重复建设。

随着《意见》出台，教育部正式下发了通知，确定了规划教材书目。我社共有26种教材被纳入"十二五"普通高等教育本科国家级教材规划，其中包括了纺织工程教材12种、轻化工程教材4种、服装设计与工程教材10种。为在"十二五"期间切实做好教材出版工作，我社主动进行了教材创新型模式的深入策划，力求使教材出版与教学改革和课程建设发展相适应，充分体现教材的适用性、科学性、系统性和新颖性，使教材内容具有以下几个特点：

（1）坚持一个目标——服务人才培养。"十二五"普通高等教育本科教材建设，要坚持育人为本，充分发挥教材在提高人才培养质量中的基础性作用，充分体现我国改革开放30多年来经济、政治、文化、社会、科技等方面取得的成就，适应不同类型高等学校需要和不同教学对象需要，编写推介一大批符合教育规律和人才成长规律的具有科学性、先进性、适用性的优秀教材，进一步完善具有中国特色的普通高等教育本科教材体系。

（2）围绕一个核心——提高教材质量。根据教育规律和课程设置特点，从提高学生分析问题、解决问题的能力入手，教材附有课程设置指导，并于章首介绍本章知识点、重点、难点及专业技能，增加相关学科的最新研究理论、研究热点或历史背景，章后附形式多样的习题等，提高教材的可读性，增加学生学习兴趣和自学能力，提升学生科技素养和人文素养。

（3）突出一个环节——内容实践环节。教材出版突出应用性学科的特点，注重理论与生产实践的结合，有针对性地设置教材内容，增加实践、实验内容。

（4）实现一个立体——多元化教材建设。鼓励编写、出版适应不同类型高等学校教学需要的不同风格和特色教材；积极推进高等学校与行业合作编写实践教材；鼓励编写、出版不同载体和不同形式的教材，包括纸质教材和数字化教材，授课型教材和辅助型教材；鼓励开发中外文双语教材、汉语与少数民族语言双语教材；探索与国外或境外合作编写或改编优秀教材。

教材出版是教育发展中的重要组成部分，为出版高质量的教材，出版社严格甄选作者，组织专家评审，并对出版全过程进行过程跟踪，及时了解教材编写进度、编写质量，力求做到作者权威，编辑专业，审读严格，精品出版。我们愿与院校一起，共同探讨、完善教材出版，不断推出精品教材，以适应我国高等教育的发展要求。

中国纺织出版社
教材出版中心

《机织学》先后列入普通高等教育"十五"和"十一五"国家级教材规划，历经修订，教材质量显著提高，作为纺织工程专业的平台课教材，在教学中得到了广泛应用。《机织学(第2版)》被列为"十二五"普通高等教育本科国家级规划教材以来，参编作者进一步从教材的结构、基本知识点、教材内容的与时俱进和表述方式等方面进行了深刻的思考和梳理，同时充分征求学生和任课教师对教材使用的意见及建议，在《机织学(第2版)》编写时本着不断修订完善、锤炼精品的主旨，对教材做了以下工作：

（1）融入近年来机织理论的新发展，反映新的生产工艺和新的应用技术；

（2）调整部分教材内容的结构体系，使其更加适应纺织工程教学改革的新趋势，更加符合教学规律和认知特点；

（3）以创新精神和实践能力的培养为目标，丰富各章节习题和思考题，引导学生建立创新思维和积极主动的自主学习能力；

（4）根据教学大纲的要求对教材内容做了增删，突出专业平台课教材的基础性、系统性和实用性。

《机织学(第2版)》和中国纺织出版社出版的《机织实验教程(第2版)》构成一套"机织学"课程的组合教材，前者主要阐述课堂教学知识，后者则侧重于相应的实验和实践环节内容。两者既独立又互补，可配套使用。

本书分为准备篇(第一章至第六章)、织造篇(第七章至第十二章)和综合篇(第十三章)，编写分工如下：

第一章——东华大学朱苏康；第二章、第八章——江南大学高卫东；第三章——安徽工程科技学院许德生；第四章至第六章——苏州大学俞加林；第七章——南通工学院徐山青；第九章、第十章——安徽工程科技学院侯大寅；第十一章——中原工学院牛建设；第十二章——浙江理工大学周小红；第十三章——中原工学院杨红英。全书由朱苏康统筹定稿。

《机织学(第2版)》系立体教材，书中所附多媒体光盘内容由江南大学钱坤、苏州大学张长胜、中原工学院牛建设、浙江理工大学周小红、江南大学曹海建等共同编制完成。

限于编者水平，本书在内容取舍、编写等方面难免存在不妥之处，恳请读者不吝赐教。

编者
2014 年 8 月

2004 版《机织学》是普通高等教育"十五"国家级规划教材。作为"大纺织"教材,它符合本科教学"加强基础、拓宽专业"的原则,自 2004 年 2 月出版以来,一直被各纺织类本科院校定为纺织工程专业的平台课程"机织学"的教学用书,使用面甚广。

该教材通过几届教学实践检验,得到了大多数使用院校的好评。但是,使用中也暴露了教材的一些问题。诸如少数内容已经陈旧,与近年纺织科技进展不同步,需要更新;个别章节过于偏重理论分析,与当前本科教学的要求存在一段距离;坯织物的整理工程未予讲述,影响《机织学》内容的系统性、完整性;特别是教材所附的多媒体光盘部分内容比较粗糙、陈旧,光盘技术上也存在一些缺陷。

随着我国高等教育的普及化,对纺织工程专业人才及其知识结构的要求发生了深刻的变化。为适应素质教育及学生创新能力培养,配合《机织学》精品课程建设工作在各校普遍展开,2006 年《机织学》又被教育部列为普通高等教育"十一五"国家级规划教材,由全国纺织服装教育学会和中国纺织出版社组织各校教师合作重新编写。编写工作的重点是根据平台课要求,合理定位教材内容的深度和广度,去粗取精,推陈出新,旨在进一步提高教材质量,锤炼教材精品。

本书分为准备篇(第一章至第六章)、织造篇(第七章至第十二章)和综合篇(第十三章),其编者是:第一章——东华大学朱苏康;第二章、第八章——江南大学高卫东;第三章——安徽工程科技学院许德生;第四章至第六章——苏州大学俞加林;第七章——南通大学徐山青;第九章、第十章——安徽工程科技学院侯大寅;第十一章——中原工学院牛建设;第十二章——浙江理工大学周小红;第十三章——中原工学院杨红英。初稿经朱苏康增删、定稿。

本教材所附多媒体光盘内容由钱坤、张长胜、牛建设、周小红、曹海建等共同编写完成。

限于编者的水平,本书内容可能有不够确切、完整之处,热诚欢迎读者提出批评意见。

编者
2008 年 1 月

课程设置指导

课程设置意义 "机织学"课程为纺织工程专业的八门平台课程之一,适用于纺织工程专业本科生。本课程是为系统学习了"纺织材料学"、"织物结构与设计"、"纺织加工化学"、"纺织认识实习"等课程和教学环节之后的学生开设的一门递进专业课程,它又为进一步的专业课程学习打下扎实的基础。

课程教学建议 本课程重点介绍织造各工序的工艺和设备原理、技术发展趋势。建议纺织工程专业的课程教学时数为64~84学时。课程以课堂授课为主,结合约10%学时的课程实验和现场观摩,使感性和理性知识互动,帮助学生对知识的理解,促进创新思维的培养。

课程教学目的 通过本课程的学习,学生应掌握机织物的主要织造工艺流程,主要加工设备的纱线工艺流程、工作原理和结构,工艺参数的一般确定原则及其优化等基础理论和有关实验技能,对织造工艺和设备有综合性的了解。

准 备 篇

织 造 篇

综 合 篇

经纬纱在织机加工之前需经过准备加工。不同纤维的经纬纱采用不同的准备加工方法。经过准备加工,经纬纱的可织性提高,半成品卷装符合织机加工及织物成品规格的要求。

通常,经纱准备加工包括络筒、并捻、倒筒、整经、浆纱和穿结经。其中络筒、整经和浆纱是关键的加工工序。

络筒是将管纱、绞纱络卷成筒子的织前准备工序。络筒把纱线的小卷装再卷成大卷装,增加卷装容量,有利于后道工序加工效率的提高及纱线的运输。同时,为改善织物的外观质量,减少整经、浆纱、织布过程中的纱线断头,络筒时还对纱线的直径进行检查,清除纱线上的疵点杂质。

整经加工将纱线从一定数量的筒子上退绕下来,按照工艺要求的整经长度及幅宽平行地卷绕成经轴,供浆纱或穿结经使用。根据纱线类型和所采用的工艺路线,整经方法可分为分批整经、分条整经、球经整经和分段整经等。

浆纱又称浆经或浆丝,是提高经纱可织性,保证经纱在织机上抵御剧烈的外力作用,减少起毛,清晰梭口,减少织疵及经纱断头,从而提高织机效率和织物质量的核心的织前准备工序。通过浆纱,将浆液粘附于短纤维经纱表面,烘干后形成柔、韧、弹性的薄膜,让纱身表面平滑、毛羽伏贴、耐磨、抗静电,同时浆液渗入经纱内部,加强短纤维间抱合力,提高纱线强力和纤维集束性;对于长丝,则可增加单丝之间的集束,防止散逸及织造中相互粘连断头。部分经纱以加捻、上蜡和网络等代替上浆加工,可缩短工艺流程,利于小批量、多品种的织物生产。

纬纱的织前准备包括络筒、并捻、倒筒、定形、卷纬等。用于无梭织造的纬纱为筒子卷装,无需卷纬加工。天然长丝的织前准备还包括浸渍、着色等工序。

第一章 络 筒

本章知识点

1. 络筒的目的和要求，络筒的设备及络筒工艺流程。
2. 筒子的成形要求。络筒卷绕机构、筒子形式、筒子卷绕原理、络筒的卷绕稳定性、筒子外层纱圈对内层纱圈的向心压力、纱圈的重叠与防叠等。
3. 络筒张力的概念。重点了解管纱退绕（或绞纱退绕）和张力装置对络筒张力的影响，均匀张力的措施。
4. 络筒清纱、捻接和毛羽控制技术的发展，电子清纱器和捻接器的基本工作原理，络筒定长与上蜡的目的及原理。
5. 一般了解络筒的自动换管、自动换筒和清洁除尘系统。
6. 络筒的工艺设计项目及工艺的确定原则，络筒产量和质量的控制。

纱线在络筒工序中可以被加工成符合后道工序要求或用于销售的半制品运输要求的卷装形式(筒子)。络筒工作由络筒机完成。

1. 络筒目的

(1)络筒是将前道工序运来的纱线加工成容量较大、成形良好、有利于后道工序(整经、无梭织机供纬、卷纬或漂染)加工的半制品卷装——无边或有边筒子。

①管纱络筒。对于棉、毛、麻、丝、化纤短纤及其各种混纺纱线来说，纺厂供应织造生产的主要是管纱。管纱容量很小，大卷装的管纱每只仅能容纳 29.2tex 棉纱约 2500m。若直接用来整经、无梭织机供纬或其他后道工序，频繁地换管停台会大大降低生产效率，同时也严重影响加工过程中纱线张力的均匀程度。因此，纱线在进入后道工序之前，应在络筒工序被加工成容量较大的筒子。化纤长丝在纺丝过程中被络卷成的筒子，其卷装容量可达 10kg，甚至更多。

②绞纱络筒。为便利运输和储存，供应织造生产的部分售纱以绞纱形式出现。另外，染色纱和天然丝一般也以绞纱形式供应。在织造厂，绞纱必须先加工成筒子，才能供后道工序使用。

③有特殊要求的络筒。现代色织生产中，纱线先经络筒工序络卷成卷装大、卷绕密度均匀的松软筒子，然后再进行高温高压筒子染色。

(2)络筒的另一主要目的是检查纱线条干均匀度，尽可能清除纱线上的疵点、杂质。为提高织物的外观质量，减少整经、浆纱、织造过程中的纱线断头，在络筒工序中对纱线上的有害粗节、细节、双纱、弱捻纱、棉结、杂质等要进行清除。

2. 络筒的要求 筒子卷装应坚固、稳定,成形良好,长期储存及运输过程中纱圈不发生滑移、脱圈,筒子卷装不改变形状。筒子的形状和结构应保证在下一道工序中纱线能以一定速度轻快退绕,不脱圈,不纠缠断头。筒子上纱线排列应整齐,无重叠、凸环、脱边、蛛网等疵点。

络筒过程中纱线卷绕张力要适当、波动要小,既满足筒子的良好成形,又保持纱线原有的物理机械性能,并尽可能增加卷装容量提高卷装密度。用于间歇式整经的筒子还应符合筒子卷绕定长的要求。对于要进行后处理(如染色)的筒子,必须保证结构均匀,使染液能顺利均匀地透过卷装整体。

应当根据对成布的不同实物质量要求、纱线的质量状况恰当地制定清纱器的清纱范围,去除纱疵及杂质。自动络筒机上配有捻接装置,捻接处纱线直径为平均直径的 1.1~1.3 倍,强力为原纱强力的 80%~100%。采用机械式清纱装置和断头打结方式的络筒机,不可片面强调络筒清纱的清疵除杂作用,否则会引起纱线条干恶化、结头过多,后道加工特别是织机上断头增加。筒子上纱线的结头要小而牢,打结形式一般为织布结或自紧结,纱尾长度 2~6mm。

3. 络筒工艺流程 常见自动络筒机的工艺流程如图 1-1 所示。纱线从插在管纱插座上的管纱 1 上退绕下来,经过气圈破裂器(或气圈控制器)2 后再经预清纱器 4,使纱线上的杂质和较大纱疵得到清除。然后,纱线通过张力装置 5 和电子清纱器 7。根据需要,可由上蜡装置 9 对纱线进行上蜡。最后,当槽筒 10 转动时,一方面使紧压在它上面的筒子 11 做回转运动,将纱线卷入,另一方面槽筒上的沟槽带动纱线做往复导纱运动,使纱线均匀地络卷在筒子表面。电子清纱器对纱线的疵点(粗节、细节、双纱等)进行检测,检出纱疵之后立即剪断纱线,筒子从槽筒上抬起,并被刹车装置刹住,刹车时间可依不同纱线特性设定。装在上下两边的吸嘴分别吸取断头两侧的纱线,并将它们引入捻接器 6,形成无结接头,然后自动开车。部分络筒机在张力装置上方装有纱线毛羽减少装置,通过旋转气流作用使纱线较长的毛羽重新贴伏到纱身上。为控制络筒张力恒定,新型自动络筒机在上蜡装置的下方安装有纱线张力传感器 8,持续感应纱线张力,经反馈控制,对张力进行自动调节。络筒机械还装有自动换管装置、自动换筒装置和除尘系统,以维持连续自动的生产过程。

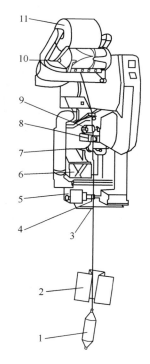

图 1-1 络筒工艺流程图
1—管纱 2—气圈破裂器
3—余纱剪切器 4—预清纱器
5—张力装置 6—捻接器
7—电子清纱器 8—张力传感器
9—上蜡装置 10—槽筒 11—筒子

托盘式自动络筒机是一种可连接式自动络筒机,它与细纱机连接在一起形成的自动生产设备称细络联合机。粗纱喂入环锭式细纱机,经加工卷绕成管纱,管纱满管后自动落纱并插在托盘上。在输送链的输送下,插有满管的托盘从细纱机移动到托盘式络筒机,继续完成自动络筒加工。细纱机与络筒机的锭数按其产量相互匹配,整个生产过程中不需要人工对管纱做落纱、运输、装纱等操作,实现了细纱、络筒全程自动化。由于很少有人工对生产进行干预,从而保证了产品质量。细络联合还节省了管纱的储存环节,减少用工和生产场地。

第一节　筒子形式及卷绕成形分析

筒子的卷绕形式有很多。从筒子的卷装形状来分,主要有圆柱形筒子、圆锥形筒子和其他形状筒子(如双锥端圆柱形筒子等)三大类。从筒子上纱线相互之间的交叉角来分,有平行卷绕筒子和交叉卷绕筒子两种。从筒管边盘来分,又有无边筒子和有边筒子。

卷绕在筒子上的先后两层纱圈如相互之间交叉角很小,则称为平行卷绕,平行卷绕一般在有边筒管上进行。当纱线倾斜地卷绕在筒子上,相邻两圈之间有较大距离,上下层纱圈构成较大的交叉角时,称为交叉卷绕,交叉卷绕可以在无边筒管上进行。

圆柱形平行卷绕的有边筒子在生产实际中出现较早,它具有稳定性好、卷绕密度大的特点,但由于其退绕方式为径向,使其应用范围日趋减小。交叉卷绕的圆柱形或圆锥形筒子具有很多优点,在很大程度上能满足各种后道加工工序的要求,因此应用十分广泛。化纤长丝的卷装通常采用圆柱形和双锥端圆柱形筒子。

一、筒子卷绕机构

筒子卷绕机构分为摩擦传动卷绕机构和锭轴传动卷绕机构。它们的结构原理如图1-2所示。

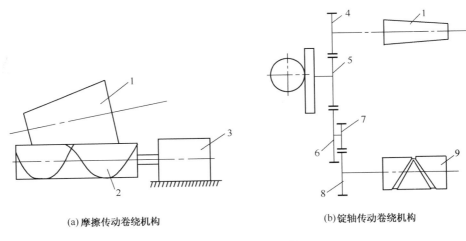

(a)摩擦传动卷绕机构　　　　　　　　(b)锭轴传动卷绕机构

图1-2　筒子卷绕机构

1—筒子　2—槽筒　3—变频电动机　4、5、6、7、8—齿轮　9—导纱器

1. 摩擦传动卷绕机构　短纤维纱线络筒一般采用摩擦传动卷绕机构。该机构中,由变频电动机以单锭方式传动的槽筒是筒子回转的原动部件。槽筒以胶木、合金制成,表面铸有几圈螺线形沟槽。金属槽筒表面高强耐磨,不易碰伤并有利于摩擦静电的逸散。安装在筒锭握臂上的

筒子紧压在槽筒上,依靠槽筒的摩擦作用绕自身的轴线回转,卷绕纱线;槽筒表面的沟槽作为导纱器引导纱线做往复的导纱运动,使纱线均匀地络卷到筒子表面,沟槽的中心线形状决定了导纱运动的规律,直接影响筒子形式和成形质量。变频电动机的转速由计算机程序控制,达到筒子卷绕防叠和减少络筒毛羽等目的。纱线断头时,筒锭握臂自动抬起,使筒子尽快脱离槽筒表面,以免纱线过度磨伤。部分摩擦传动卷绕机构中,槽筒作为原动部件通过摩擦使筒子回转,由专门的导纱器进行导纱,常用于长丝的络筒卷绕。

2. 锭轴传动卷绕机构　锭轴传动卷绕机构中筒子的回转靠锭轴带动,导纱器的往复导纱运动可以与锭轴联动,也可单独传动。锭轴转动和导纱器往复导纱运动之间的传动比 i 决定了筒子每层卷绕的纱圈圈数。当导纱器的往复运动与锭轴回转联动时,传动比是一个固定值;导纱器单独传动时,传动比可变。

络筒精密卷绕使用槽筒摩擦传动卷绕机构和锭轴传动卷绕机构,槽筒(或锭轴)转动和导纱器往复导纱运动之间的传动比经过精确的计算和设计,控制纱线在筒子上的卷绕位置,从而满足筒子良好的卷装成形和卷绕密度均匀的要求。

二、筒子卷绕原理

卷绕机构把纱线以螺旋线形式一层一层有规律地紧绕在筒管表面,形成圆柱形筒子、圆锥形筒子或其他形状的筒子。

纱线卷绕到筒子表面某点时,纱线的切线方向与筒子表面该点圆周速度方向所夹的锐角为螺旋线升角 α,通常称为卷绕角。来回两根纱线之间的夹角称为交叉角,数值上等于来回两个卷绕角之和。卷绕角是筒子卷绕的一个重要特征参数,也是卷绕机构的设计依据之一。

纱线络卷到筒子表面某点时的络筒速度 v,可以看做这一瞬时筒子表面该点圆周速度 v_1 和纱线沿筒子母线方向移动速度即导纱速度 v_2 的矢量和,数值上:

$$v = \sqrt{v_1^2 + v_2^2} \tag{1-1}$$

$$\tan\alpha = \frac{v_2}{v_1} \tag{1-2}$$

筒子上每层纱线卷绕的圈数 m' 可用下式确定:

$$m' = \frac{n_k}{m} \tag{1-3}$$

式中:n_k——筒子卷绕转速,r/min;

m——导纱器单位时间内单向导纱次数,次/min。

1. 圆柱形筒子　圆柱形筒子主要有平行卷绕有边筒子、交叉卷绕圆柱形筒子和扁平筒子等,如图 1-3 所示。

平行卷绕有边筒子一般采用锭轴传动的卷绕方式。由于两根相邻纱圈之间的平均距离为

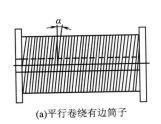 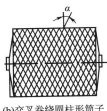 

(a)平行卷绕有边筒子　　　(b)交叉卷绕圆柱形筒子　　　(c)扁平筒子

图1-3　圆柱形筒子

纱线直径,因此卷绕密度大。筒管两端的边盘保证了良好的纱圈稳定性,因而在丝织、麻织、绢织以及制线工业中有较多应用。纱线退绕一般采用轴向退绕方式,因边盘的存在,亦常采取径向退绕方式,但都不适宜于纱线的高速退解。

在交叉卷绕的圆柱形筒子内部,纱线之间相互交叉所形成的空隙较大,因此卷装容量大约是同体积平行卷绕圆柱形筒子的65%左右。由于交叉卷绕,筒子的结构比较稳定,筒子无边盘,适应纱线轴向退绕,所以广泛用于短纤纱和合纤长丝的卷装。交叉卷绕的圆柱形筒子有摩擦传动和锭轴传动两种卷绕方式。精密卷绕而成的交叉卷绕的圆柱形筒子内,纱线卷绕密度比较均匀,用于染色的松式筒子便是一例。

扁平筒子的外形特点是筒子直径远比筒子高度为大。扁平筒子一般用于倍捻机上并捻加工及无梭引纬,也广泛用做化纤长丝的卷装。

圆柱形筒子卷绕时,通常采用等速导纱的导纱器运动规律,除筒子两端的纱线折回区域外,导纱速度 v_2 为常数。在卷绕同一层纱线过程中 v_1 为常数,于是除折回区域外,同一纱层纱线卷绕角恒定不变。将圆柱形筒子的一层纱线展开如图1-4所示,展开线为直线。

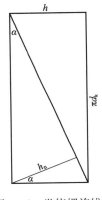

图1-4　卷绕螺旋线圈

由图可知:

$$\sin\alpha = \frac{v_2}{v} = \frac{h_n}{\pi d_k}$$

$$\tan\alpha = \frac{v_2}{v_1} = \frac{h}{\pi d_k}$$

$$\cos\alpha = \frac{v_1}{v} = \frac{h_n}{h}$$

$$v_1 = \pi d_k \cdot n_k$$

$$h = \frac{v_2 \pi d_k}{v_1} = \frac{v_2}{n_k}$$

式中:d_k——筒子卷绕直径;

　　　n_k——筒子卷绕转速;

h——轴向螺距；

α——螺旋线升角,即卷绕角；

h_n——法向螺距。

(1)等卷绕角卷绕。采用槽筒摩擦传动的卷绕机构,能保证整个筒子卷绕过程中 v_1 始终不变,于是 α 为常数,称等卷绕角卷绕(或等升角卷绕)。这时法向螺距 h_n 和轴向螺距 h 分别与卷绕直径 d_k 成正比,但 h_n:h 之值不变。随筒子卷绕直径增加,筒子卷绕转速 n_k 不断减小,而导纱器单位时间内单向导纱次数 m 恒定不变,因此每层纱线卷绕圈数 m' 不断减小。

(2)等螺距卷绕。采用筒子轴心直接传动的锭轴传动卷绕机构,能保证 v_2 与 n_k 之间的比值不变,从而 h 值不变,称为轴向等螺距卷绕。在这种卷绕方式中,随着卷绕直径增大每层纱线卷绕圈数不变,而纱线卷绕角逐渐减小。生产中,对这种卷绕方式所形成的筒子提出了最大卷绕直径的规定,通常规定筒子直径不大于筒管直径的 3 倍。如果筒子卷绕直径过大,其外层纱圈的卷绕角会过小,在筒子两端容易产生脱圈疵点,而且筒子内外层纱线卷绕角差异将导致内外层卷绕密度不匀,对于无梭织机上纬纱退绕以及筒子染色不利。

在进行槽筒摩擦传动和锭轴传动的精密卷绕时,为满足所形成的圆柱形筒子内外层卷绕密度均匀的要求,可采用有级精密卷绕(即数字式卷绕)。该槽筒(或锭轴)转动和导纱器往复导纱运动之间的传动比 i,即 n_k:v_2 值做有级变化,如图 1-5 所示。

例如,在织造厂用做纬纱时,十万纬断纬率表明有级精密卷绕进一步提高了筒子的退绕性能,十万纬断纬率:一般络筒 1.8 次;精密络筒 1.4 次;有级精密络筒 1.0 次。

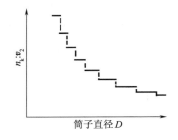

图 1-5　有级精密卷绕

2. 圆锥形筒子　圆锥形筒子的轴向退绕方式十分有利于纱线高速退解,因此在棉、毛、麻、粘胶纤维以及化纤混纺纱的生产中广泛使用。圆锥形筒子主要有普通圆锥形筒子和变锥形筒子两种,如图 1-6 所示。

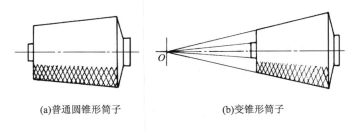

(a)普通圆锥形筒子　　　　　　(b)变锥形筒子

图 1-6　圆锥形筒子

普通圆锥形筒子在卷绕过程中筒子大小端处纱层沿径向等厚度增长,筒子锥体的母线与筒管锥体的母线相互平行,筒子大小端的卷绕密度比较均匀。筒子锥顶角之半通常有 $3°30'$、$4°20'$、$5°57'$、$6°$ 和 $9°15'$ 几种。精密卷绕而成的普通圆锥形松式筒子,由于卷绕密度小(约 0.3 ~ 0.4g/cm³)且均匀,被用于染色或其他湿加工。$4°20'$ 的普通圆锥形筒子特别适合在倍捻机上加工。

在变锥形筒子的卷绕过程中,筒子大小端处纱层沿轴向非等厚度增长,各层纱线所处圆锥体的锥顶重合于一点,即筒管锥体的锥顶(筒管锥顶角之半为 5°57′,制成筒子的锥顶角之半为 11°,如图 1-6 所示),这通过卷绕时筒子大端的卷绕密度大于小端来实现。变锥形筒子的纱线退绕时,在 O 点设置导纱器,它的纱线退解条件优于前述的普通圆锥形筒子,通常用于高速整经和针织生产。

在摩擦传动络卷圆锥形筒子时,一般采用槽筒(或滚筒)通过摩擦传动使筒子回转,槽筒沟槽或专门的导纱器引导纱线做导纱运动。由于筒子两端的直径大小不同,因此筒子上只有一点的圆周速度等于槽筒表面线速度,这个点称为传动点。其余各点在卷绕过程中均与槽筒表面产生滑移。如图 1-7 所示,在传动点 B 的右边,各点的圆周速度大于槽筒表面线速度,并受到槽筒对它的阻动摩擦力矩作用;在 B 点左边,情况正好相反,受到驱动摩擦力矩作用。B 点与槽筒表面做纯滚动,B 点到筒子轴心线的距离称为传动半径 ρ,筒子与槽筒(或滚筒)的传动比如下:

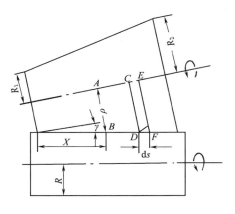

图 1-7 圆锥形筒子传动半径图

$$i = \frac{R}{\rho}$$

式中:R——槽筒(或滚筒)的半径。

忽略筒子绕轴心线转动的摩擦阻力矩及纱线张力产生的阻力矩,根据筒子所受外力矩平衡,即筒子上 B 点左右两边摩擦力矩方向相反、大小相等的原理,可以导出传动半径。设图中 $CD = l, EF = l + \mathrm{d}l, DF = \mathrm{d}s$,则:

$$\mathrm{d}s = \frac{\mathrm{d}l}{\sin\gamma}$$

式中:γ——圆锥形筒子锥顶角之半。

假设筒子的重量均匀地压在槽筒上,则微元长度 ds 上的摩擦力为:

$$\mathrm{d}F = q\,f\mathrm{d}s = q\,f\frac{\mathrm{d}l}{\sin\gamma}$$

式中:q——单位长度上的压力;

f——纱线对槽筒的摩擦因数。

摩擦力对筒子轴心线的力矩为:

$$M = \mathrm{d}F \cdot l = q\,f\frac{l\mathrm{d}l}{\sin\gamma}$$

于是 B 点左右两边的摩擦力矩数值上分别为：

$$\text{左边：} M_1 = q f \frac{1}{\sin\gamma} \int_{R_1}^{\rho} l \mathrm{d}l = q f \frac{1}{\sin\gamma} \cdot \frac{\rho^2 - R_1^2}{2}$$

$$\text{右边：} M_2 = q f \frac{1}{\sin\gamma} \int_{\rho}^{R_2} l \mathrm{d}l = q f \frac{1}{\sin\gamma} \cdot \frac{R_2^2 - \rho^2}{2}$$

式中：R_1——筒子小端半径；

  R_2——筒子大端半径。

由于筒子所受外力矩平衡，即 $M_1 = M_2$，于是

$$\rho = \sqrt{\frac{R_1^2 + R_2^2}{2}} \tag{1-4}$$

在卷绕过程中，筒子两端半径不断地发生变化，因此筒子的传动半径也在不断地改变着。传动半径的位置，即传动点 B 的位置，可根据图 1-7 中所表示的几何关系确定。

$$X = \frac{\rho - R_1}{\sin\gamma}$$

式中：X——筒子小端到传动点 B 的距离。

进一步分析可知，传动半径总是大于筒子的平均半径 $(R_1 + R_2)/2$，并且随着筒子直径的增大，传动点 B 逐渐向筒子的平均半径方向移动，筒子的大小端圆周速度相互接近。

在摩擦传动条件下，随着筒子卷绕直径增加，筒子转速 n_k 逐渐减小，于是每层绕纱圈数 m' 逐渐减小，而螺旋线的平均螺距 h_p 逐渐增加，即：

$$h_p = \frac{h_0}{m'}$$

式中：h_0——筒子母线长度。

由于传动点 B 靠近筒子大端一侧，于是筒子小端与槽筒之间存在较大的表面线速度差异，卷绕在筒子小端处的纱线与槽筒的摩擦比较严重，当络卷细特纱时，易在筒子小端产生纱线起毛、断头。将槽筒设计成略具锥度的圆锥体，如 Schlafhorst GKW 自动络筒机 3°20′ 的圆锥形槽筒，小端纱线磨损情况有所改善。另外，减小圆锥形筒子的锥度，亦是减少小端纱线磨损的一个措施，将锥顶角之半从 9°15′ 改为 5°57′，能使筒子小端与槽筒之间的摩擦滑溜率从 57% 减小到 16%。

为减少空筒卷绕时小端纱线过度的擦伤（空筒时 B 点距小端最远），采取让筒子与槽筒表面脱离的措施，待筒子卷绕到一定纱层厚度之后，方始接触。

以锭轴传动的卷绕机构络卷圆锥形筒子时，锭轴直接传动筒子，导纱器引导纱线进行导纱运动，纱线所受磨损较小，利于长丝的络筒卷绕。

3. 其他形状的筒子　纺织生产中还应用许多其他形状的筒子，如双锥端圆柱形筒子、三圆

锥筒子等,如图 1 – 8 所示。

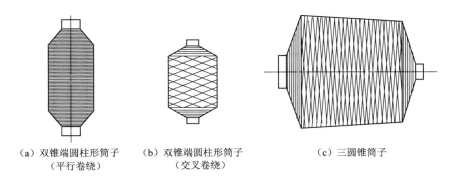

（a）双锥端圆柱形筒子　　　（b）双锥端圆柱形筒子　　　　　（c）三圆锥筒子
　　　（平行卷绕）　　　　　　　　　（交叉卷绕）

图 1 – 8　其他形状的筒子

（1）双锥端圆柱形筒子。双锥端圆柱形筒子采用精密卷绕方式,能形成交叉卷绕和平行卷绕两种卷绕形式。卷绕中,导纱器做变幅导纱运动,随筒子直径增大,导纱器动程逐渐减小,在筒子两端形成圆锥体,圆锥体的锥顶角为 140°~150°。筒子中部与筒管一样,呈圆柱形。由于变幅导纱的原因,不仅筒子结构比较稳定,而且筒子两端纱线折回点的分布较均匀,筒子两端与中部的卷绕密度比较一致。平行卷绕的双锥端圆柱形筒子,由于筒子结构稳定、卷绕密度高且均匀,因此被广泛用做合纤长丝的筒子卷装,筒子质量可达 5kg。

（2）三圆锥筒子。三圆锥筒子又称菠萝筒子,它不仅卷装结构稳定,而且卷装容量大,每只筒子质量可达 5~10kg,因此用于合纤长丝的卷绕。精密卷绕而成的筒子两端形成锥体,纱线不易松塌。筒子中部呈锥体,有利于纱线的退绕,锥体的锥顶角之半为 3°30′。

三、筒子卷绕密度

卷绕密度是指筒子单位体积中纱线的质量,其计量单位是 g/cm^3。影响筒子卷绕密度的因素有筒子卷绕形式、络筒张力、纱圈卷绕角、纱线种类与特数、纱线表面光洁程度、纱线自身密度及筒子对滚筒的压力等。

根据卷绕密度,交叉卷绕可分为紧密卷绕和非紧密卷绕两种,所形成的筒子分别为紧卷筒子和网眼筒子。本节将重点分析一下在非紧密卷绕和紧密卷绕条件下,纱圈卷绕角与筒子卷绕密度的关系。

在非紧密卷绕条件下,假设圆锥形筒子卷绕过程中大小端等厚度增加,如图 1 – 9 所示。

导纱器做 n 次单程导纱后,形成厚度为 δ 的一层均匀厚度纱层。以两个垂直筒子轴心线的平面 P_1 及 P_2 将纱层截出一小段,截出的部分可以近似为高度等于 λ,底的外径等于 d_1、内径等于 $d_1 - 2δ$ 的一个中空

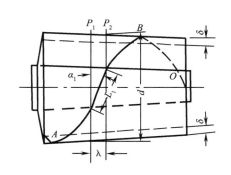

图 1 – 9　等厚度增加的圆锥形筒子

圆柱体。则中空圆柱体内单根纱线长度 L_1 为：

$$L_1 = \frac{\lambda}{\sin\alpha_1}$$

式中：α_1——卷绕角。

这些纱线的总重量 ΔG_1 为：

$$\Delta G_1 = \frac{n\lambda Tt}{\sin\alpha_1}$$

式中：Tt——纱线线密度。

中空圆柱体体积 ΔV_1 近似：

$$\Delta V_1 = \delta\lambda\pi d_1$$

于是卷绕密度 γ_1 为：

$$\gamma_1 = \frac{\Delta G_1}{\Delta V_1} = \frac{nTt}{\delta\pi d_1 \sin\alpha_1}$$

在同一纱层的另一区段上，同理可得纱线卷绕密度 γ_2 为：

$$\gamma_2 = \frac{nTt}{\delta\pi d_2 \sin\alpha_2}$$

因此，同一纱层不同区段上纱线卷绕密度之比为：

$$\frac{\gamma_1}{\gamma_2} = \frac{d_2 \sin\alpha_2}{d_1 \sin\alpha_1} \tag{1-5}$$

对于圆柱形筒子，同一纱层的卷绕直径相同，于是：

$$\frac{\gamma_1}{\gamma_2} = \frac{\sin\alpha_2}{\sin\alpha_1} \tag{1-6}$$

由式（1-5）、式（1-6）可知，等厚度卷绕的圆锥形筒子同一纱层上，不同区段的纱线卷绕密度反比于卷绕直径和卷绕角正弦值的乘积；圆柱形筒子则反比于卷绕角正弦值。这说明，为保证圆锥形筒子大小端卷绕密度均匀一致，同一纱层大端的纱线卷绕角应小于小端；圆柱形筒子同一纱层的纱线卷绕角则应恒定不变。在圆锥形筒子和圆柱形筒子两端纱线折回区域内，纱线卷绕角由正常值急剧减小到零，因而折回区的卷绕密度及手感硬度远较筒子中部为大。

通常，交叉角的范围为 30°～55°。用于高压染色的松式筒子可以采用 55°左右的交叉角，这时纱线之间交叉所产生的孔隙较大，卷绕密度小；用于整经和无梭织造的筒子卷绕密度较大，采用 30°左右的交叉角。交叉角从 30°变为 55°，则筒子的卷绕密度约减少 20%～25%。

在紧密卷绕条件下,筒子中的纱线排列如图 1 - 10 所示,纱线之间几乎没有空隙。筒子卷绕密度受纱线密度、纱线挤压程度影响,而与卷绕角无关。

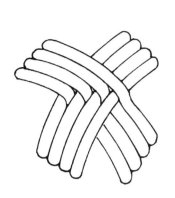

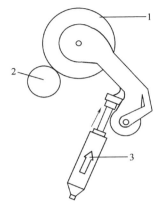

图 1 - 10　紧密卷绕筒子的纱线排列　　　图 1 - 11　气压式筒子重量平衡装置

在络筒过程中,筒子与槽筒之间的压力以及络筒张力对筒子卷绕密度有很大影响。随着筒子卷绕直径的增加,筒子自重增加,筒子与槽筒之间的压力也逐渐增加,影响了筒子内外纱层的压缩均匀性,于是内外纱层的卷绕密度产生差异。为此,自动络筒机上采用了如图 1 - 11 所示的筒子重量平衡气缸 3,使筒子 1 与槽筒 2 之间的压力保持恒定,避免了由于筒子自重增加而使筒子受的压力增长所引起的卷绕密度显著变化,从而达到筒子内外纱层卷绕密度均匀稳定。

四、筒子卷绕稳定性与卷绕成形分析

络筒过程中,由导纱器(或槽筒沟槽)引导,纱线按精确设计的规律卷绕到筒子表面,形成预定的、合理的纱圈初始形状。纱圈卷到筒子表面后必须立即转入稳定状态,并保持这预定的初始形态,以便最后制成卷绕均匀、成形良好的筒子。筒子卷绕稳定性正是研究纱圈卷到筒子表面后是否能立即转入稳定状态的问题,研究纱圈初始形状的合理性问题。

绕在圆柱面上的螺旋线是曲面上的最短线,它不会因纱线张力而移动,即处于稳定的平衡状态。但是,绕在圆锥面上的螺旋线却不是短程线,因为把圆锥面展开为平面后,锥面上的螺旋线并不是这展开面上的直线。再有,圆柱面上绕的螺旋线虽然是短程线,但是在两端动程折回时的纱线曲线仍然不是短程线。那么,当所绕纱线不是短程线时,绕在曲面上的纱线在张力作用下显然有拉成最短线,即滑移成短程线的趋势,也就是说可能发生纱圈不稳定现象。

刚络卷到筒子表面的非短程线的纱圈,一方面有滑移的趋势,另一方面纱线张力也使纱圈对筒子表面造成法向压力,于是纱层面上纱与纱之间的摩擦阻力就阻止了纱线的滑动趋势。张力越大时,一方面固然是滑动的趋势越大,但另一方面法向压力也越大,摩擦阻力也越大。在两种趋势效果相当条件下,虽非短程线也是可以取得外力平衡、位置稳定,即纱圈稳定的。

研究端面半径为 R 的圆柱形筒子纱层面上纱与纱之间的接触状况（图1—12），可以得到圆柱形筒子两端折回区的纱圈位置稳定性条件

$$\tan\phi = \frac{\rho_\mathrm{d}}{R} \leqslant f \qquad (1-7)$$

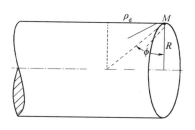

图1—12　圆柱形筒子折回
区上的纱圈

式中，ρ_d 和 R 分别为纱圈折回点 M 的曲率半径在筒子切面及端面上的投影。

式（1—7）表明：纱圈的位置稳定与否，除和纱线的摩擦因数 f 有关外，还与纱圈的曲率，即纱圈的形状有关。影响纱圈形状的因素有筒子半径、络筒圆周速度、络筒的导纱速度等，而络筒导纱速度又与槽筒表面的沟槽圈数及沟槽中心线的形态有关。因此，为获得良好的络筒纱圈稳定性，特别是圆锥形筒子和圆柱形筒子两端折回区的纱圈位置稳定性，必须针对纤维材料及纱线表面特性进行合理的槽筒沟槽设计。

卷绕到筒子表面符合位置稳定条件的纱圈（特别是处于临界状态下 $\tan\phi = f$）在静态条件下是稳定的，但在运输和后道加工过程中稍受震动或其他偶然的外力作用，仍有可能离开原始位置发生滑移，滑移运动的结果使纱线张力降低、卷装松弛，引起乱纱和坏筒等疵品。

五、自由纱段对筒子卷绕成形的影响

筒子与槽筒摩擦传动副剖面如图1—13所示。槽筒1通过摩擦带动筒子2回转，摩擦传动点为 A，纱线卷绕到筒子上的卷绕点为 M，沟槽侧壁引导纱线的导纱点为 N。

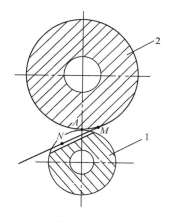

从图中看出：由于槽筒沟槽的存在，M、A、N 三点是互不重合的。位于导纱点 N 与卷绕点 M 之间的那段纱线处于自由状态，被称为自由纱段。其他传动形式的卷绕机构上，只要导纱点和卷绕点不重合，都会存在自由纱段。自由纱段对筒子成形具有重大影响。

图1—14中 N_1、N_2、…表示络筒过程中不同的导纱点位置，而 M_1、M_2、…表示不同的卷绕点位置，图中 M_1N_1、M_2N_2、…即为自由纱段，在一个导纱往复间它的长度是个变量。

图1—13　筒子与槽筒的摩擦传动

导纱器在 N_1 和 N_n 点之间做往复运动，其全程为 L。当导纱器到达左端 N_1 时，纱线正好绕到筒子表面上的 M_1 点，该点距筒子边缘为 a。当导纱器向右移动到达 N_2 点时，纱线将在卷绕角逐渐减小的情况下继续向左方的筒子表面上绕去。当导纱器到达 N_3 点时，纱线刚好绕至筒子左方的边缘，在这一点卷绕角等于零。导纱器继续向右运动到达 N_4 点时，纱线就向右绕上筒子，其卷绕角逐渐增大。在筒子右方边缘绕纱情况和左边一样。

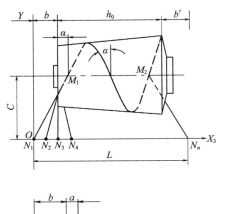

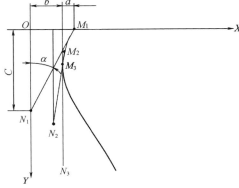

图 1－14　自由纱段对筒子成形的分析

由于自由纱段的存在,引起导纱动程 L 和筒子高度 h_0 之间的差异(图1－14中 b 与 b' 之和),并使筒子上邻近两端处的一定区域(折回区)中纱线的卷绕角小于正常的卷绕角,从而使筒子两端卷绕密度增加,严重时可导致凸边和塌边等疵病。

对部分络筒机的研究结果表明:随着圆锥形筒子卷绕厚度的增加,在筒子大端 b' 值逐渐增加,即卷绕高度(又称筒子斜高)逐渐减小,这有利于后来绕上的纱圈的稳定性,可获得成形较好的筒子,不致在大端产生纱圈崩塌和攀丝现象,筒子在整经退绕时比较顺利。至于筒子小端,则在卷绕厚度增加时 b 值无显著变化。

自由纱段对筒子中部成形亦存在一定影响,现以槽筒式络筒机为例做定性分析。

为防止纱圈重叠,有些槽筒沟槽中心曲线被设计成左右扭曲的形状,这可看成导纱器往复运动速度 v_3 时而很大,时而很小,它的一阶导数 a_3 做幅值很大的正负交变。如果自由纱段长度为零,则纱线沿筒子母线方向的导纱速度 v_2 等于导纱器运动速度 v_3,从而对应的纱线卷绕角时而很大,时而很小,引起筒子卷绕密度不匀,过大的卷绕角 α 以及卷绕角变化率 $\dfrac{\mathrm{d}\alpha}{\mathrm{d}t}$ 还会严重影响纱线卷绕时的纱圈稳定性。由于自由纱段实际上存在,使得 v_2 不等于 v_3,v_2 跟随 v_3 变化,但响应很慢,远远跟不上 v_3 的变化速率,因此 v_2 以及 α 的极大值和变化率都不大,上述弊病不可能产生。同时,自由纱段的作用(v_2 不等于 v_3)使得纱圈的卷绕轨迹与左右扭曲的槽筒沟槽不相吻合,当轻微纱圈重叠发生之后,重叠纱圈不可能嵌入槽筒沟槽,于是进一步的严重重叠可以避免,起到防叠作用。这说明自由纱段对筒子中部成形有积极意义。

在槽筒摩擦传动及锭轴传动的络筒机上,为使导纱运动规律准确地符合导纱器运动规律,保证筒子精确成形,应让自由纱段始终保持最小的、不变的长度。

六、卷装中纱线张力对筒子卷绕成形的影响

纱线在筒子卷装中具有一定的卷绕张力,筒子外层纱线的张力引起它对内层纱线的向心压力作用。设微元纱层对筒子中心张角为 θ、卷绕半径为 R、厚度为 $\mathrm{d}R$,如图1－15所示。纱层中每根纱段的卷绕张力为 $T_{(R)}$。当纱线卷绕角为 α 时,每根纱段所产生的向心压力数值:

$$N = 2T_{(R)}\cos\alpha \cdot \sin\frac{\theta}{2} = T_{(R)}\cos\alpha \cdot \theta$$

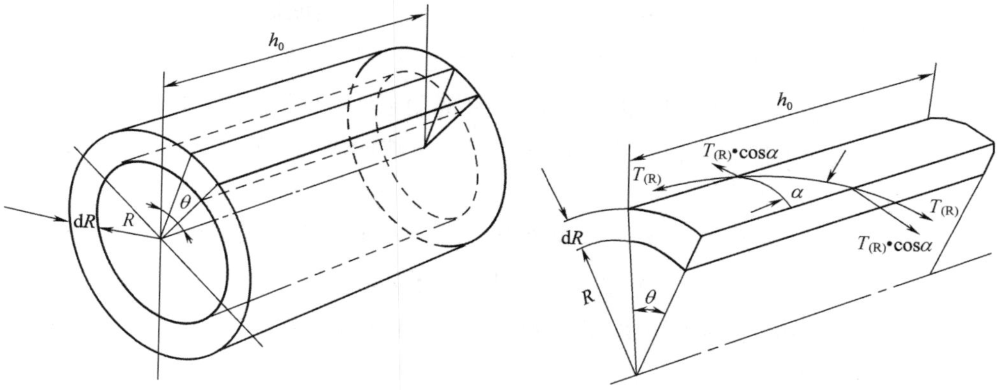

图 1 - 15　纱线对卷装压力的分析

外层纱线的向心压力使内层纱线产生压缩变形,压缩的结果使内层纱线卷绕密度增大,纱线张力减弱,甚至松弛,越往内层这种压缩现象越明显。在接近筒管的少量纱层里,尽管纱线受到最大的向心压力作用,但由于筒管的支撑,其长度方向不可能收缩,仍维持较大的卷绕张力。所以,在筒子内部,介于筒子外层和最里层之间形成了一个弱张力区域。当纱线弹性不好或络筒张力过大(使筒子卷装中纱线张力过大)时,弱张力区域内部分纱线有可能失去张力而松弛、起皱,影响筒子成形质量。

在一些高速自动络筒机上,采用了随卷绕半径增加,络筒张力或络筒加压压力渐减装置,起到均匀内外纱层卷绕密度的作用,并能防止内层纱线松弛、起皱、筒子胀边、菊花芯筒子等疵点,改善筒子的外观及成形。

七、筒子卷绕的重叠和防叠

在摩擦传动的络筒过程中,筒子直径逐渐增大,筒子转速逐渐降低。当筒子卷绕到某些特定的卷绕直径时,在一个或几个导纱往复周期中,筒子恰好转过整数转,筒子两层纱圈数 $2m'$ 或 $2n$ 层纱圈数 $2nm'$ 为整数。这时,在筒子大端和小端端面上某些纱圈折回点相互重合,纱圈卷绕轨迹相互重合。在一段较长时间内,由于筒子直径增加很慢, m' 几乎不变,筒子上络卷的纱圈会前后重叠,筒子表面产生菱形的重叠纱条。

筒子上凹凸不平的重叠条带使筒子与滚筒接触不良,凸起部分的纱线受到过度摩擦损伤,造成后加工工序纱线断头,纱身起毛。重叠的纱条会引起筒子卷绕密度不匀,筒子卷绕容量减小。重叠筒子的纱线退绕时,由于纱线相互嵌入或紧密堆叠,以致退绕阻力增加,还会产生脱圈和乱纱。如系用于染色的松软网眼筒子,重叠过于严重将会妨碍染液渗透,以致染色不匀。对于需要进行化学后处理或水洗加工的筒子,情况也是这样。

对于锭轴传动的络筒机来说,当筒子转速与导纱器往复运动频率之比为某些数值时,也会产生一个或几个导纱往复周期中筒子恰好转过整数转的现象,从而造成纱圈重叠。

为防止重叠的产生,在各种络筒机上采取一种或几种措施,以期达到防叠的目的。

1. 用槽筒摩擦传动筒子时采取的防叠措施

(1)周期性地改变槽筒的转速。筒子由槽筒摩擦传动,当槽筒的转速做周期性变化时,筒子转速也相应地发生变化。由于筒子具有惯性,因此两者的转速变化不同步,相互之间产生滑移,当筒子直径达到重叠的条件时,因为滑移的缘故,重叠条件破坏,从而避免了重叠的继续发生。电子式无触点的可控硅防叠装置就是周期地对传动槽筒的电动机断电来实现这一防叠原理的。

在以变频电动机传动单锭槽筒的络筒机上,采用变频的方法使变频调速交流电动机的转速发生变化,从而使槽筒和筒子之间产生滑移,起到筒子防叠作用。通过计算机控制频率变化的周期和幅度,可以改变防叠作用强度,既达到良好的防叠效果,又不因过度滑移而损伤纱线的原有质量。

(2)周期性地轴向移动或摆动筒子握臂架。使筒子握臂架做周期性的轴向移动或摆动,也可以造成筒子与槽筒的滑移,使重叠条件破坏,从而避免重叠的产生。

槽筒与筒子之间的滑溜摩擦一方面可以防止纱圈重叠,另一方面也会增加纱线毛羽。由于纱圈重叠只可能在 $2m'$ 或 $2nm'$ 为整数时发生,也就是只可能在筒子络卷到某些特定的直径时发生。因此,由计算机控制适时地采用上述两条措施,既能达到防叠效果,又可避免不必要的纱线磨损,减少磨损引起的纱线毛羽。

(3)利用槽筒本身的特殊结构防叠。曾被应用于实际生产中的这类措施有以下几种。

①使沟槽中心线左右扭曲。利用自由纱段的作用,让纱圈的卷绕轨迹与左右扭曲的槽筒沟槽不相吻合,当筒子表面形成轻度的重叠纱条时,纱条与槽筒沟槽的啮合现象不可能发生,于是进一步的严重重叠得以避免。

②自槽筒中央引导纱线向两端的沟槽为离槽,相反引导纱线返回中央的沟槽为回槽。将回槽设计为虚纹或断纹(一般断在与离槽的交叉口处),当纱圈开始轻微重叠时,由于虚纹和断纹的作用抬起筒子,立即引起传动半径的变化,从而改变筒子的转速,使进一步的重叠过程不致持续很久。

③改设直角槽口。改普通对称的 V 形槽口为直角槽口也能防止重叠条带陷入沟槽。直角槽口必须对称安排,才能起抗啮合的作用。

综合运用以上方法设计制造出来的槽筒称为防叠槽筒,在生产实践中已被证明具有一定防叠作用。

2. 筒子由滚筒摩擦传动、导纱器独立运动时采取的防叠措施 滚筒摩擦传动、导纱器独立运动的络筒机上,筒子纱圈重叠原理和前述槽筒式络筒机完全一致。所不同的是它通过导纱器往复运动频率按一定规律变化,即变频导纱来实现防叠目的。由于导纱器往复运动频率不断变化,于是任意几个相邻纱层的每层纱圈数 m' 不可能相等。当某一纱层卷绕符合重叠条件($2m'$ 为整数),引起纱圈重叠时,相邻纱层的卷绕必不符合这一条件,于是刚发生的重叠现象被立即停止,起到防叠作用。

3. 筒子由锭轴直接传动时采取的防叠措施 为减少纱线的摩擦损伤,长丝卷绕使用锭轴传

动的络筒方式。导丝器往复导丝一次,筒子转数为筒子两层卷绕纱圈数 $2m'$,亦即该机构的卷绕比 i 为:

$$i = \frac{n_k}{f_H}$$

式中: n_k——筒管转速;

f_H——导丝器往复频率。

i 的小数部分 a 确定了筒子大端和小端端面上某些纱圈折回点相互重合的可能性,因此卷绕的防叠效果取决于 a 的正确选择,a 被称为防叠小数。

第二节 络筒张力

络筒张力是络筒过程中纱线卷绕到筒子之前的张力。络筒张力适度,能使络成的筒子成形良好,具有一定卷绕密度而不损伤纱线的物理机械性能。如张力过大,将使纱线弹性损失,织造断头增加;张力过小,则引起筒子成形不良,造成筒子疵点。在一定的络筒张力作用下,纱线的弱节发生断裂,可为后工序消除隐患,提高后工序的生产效率。

适度的张力要根据所加工织物的要求和原纱的性能来定,一般可在下列范围中选定。

棉纱:张力不超过其断裂强度的15% ~ 20%;

毛纱:张力不超过其断裂强度的20%;

麻纱:张力不超过其断裂强度的10% ~ 15%;

桑蚕丝:2.64 ~ 4.4cN/tex;

涤纶长丝:0.88 ~ 1.0cN/tex。

络筒张力均匀,意味着在络筒过程中应尽量减少纱线张力波动,从而使筒子卷绕密度有可能达到内外均匀一致,筒子成形良好。

络筒时纱线从管纱上抽出,自管纱顶部至底部逐层剥离。管纱通常固定地插在锭座上,因此退绕时纱线一方面沿纱管轴线上升,同时又绕轴线做回转运动。由于纱线的这种运动,形成一个旋转曲面(纱线运动的轨迹),称为气圈。气圈各部位名称如图 1 – 16 所示。

在络筒过程中,纱线从固定的管纱上做轴向退绕,构成络筒张力的因素有以下各项:纱线从附着于管纱表面过渡到离开管纱表面所需克服的摩擦力和粘附力;纱线从静态过渡到动态所需克服的惯性力;由于做气圈运动而引起的纱线张力;纱线通道中各种导纱部件和张力装置的作用

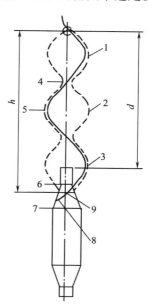

图 1 – 16 轴向退绕中的管纱及气圈
1、2、3—第1、2、3 节气圈 4—气圈颈部
5—气圈腹部 6—层级顶部 7—层级底部
8—退绕点 9—分离点
d—导纱距离 h—气圈高度

所引起的纱线张力。当络筒速度达到很高(2000m/min)时,纱线运动所受的空气阻力会上升为影响络筒张力的一个重要因素,这时张力装置产生的张力要做相应的减小。

一、退绕点张力和分离点张力

在管纱卷装表面上受到退绕过程影响的一段纱线的终点称为退绕点。在这点以后的纱线在管纱上处于静平衡状态,它的张力称为静平衡张力或退绕点张力。由于纱线的松弛作用,退绕点张力的绝对数值一般很小,在本节中以 T_t 表示。

纱线开始脱离卷装表面或纱管的裸露部分而进入气圈的过渡点称为分离点。分离点张力以 T_1 表示,它由下列各因素决定:纱线的静平衡张力,即退绕点张力 T_t;纱线对卷装表面的粘附力,它取决于纤维的性质和纱线的表面状态;纱线从静态过渡到动态所需克服的惯性力;从退绕点到分离点之间,在管纱表面滑动的摩擦纱段与管纱表面的摩擦力。

上述诸力中,粘附力和惯性力两项数值很小,它们对分离点张力 T_1 的影响可以忽略不计。

从退绕点到分离点之间,摩擦纱段与管纱表面摩擦,使分离点张力 T_1 远远大于退绕点张力 T_t。即:

$$T_1 = T_t \cdot e^{k(\Psi_2 - \Psi_1)} \tag{1-8}$$

式中:k—— 一个小于摩擦因数 f 并和摩擦因数以及纱线与管纱轴心线夹角有关的变量;

$\Psi_2 - \Psi_1$——摩擦包围角。

式(1-8)说明了分离点纱线张力 T_1 在很大程度上取决于纱线对管纱的摩擦包角的数值。摩擦纱段长度增加,摩擦包角相应增大,分离点张力 T_1 也近似地(因 k 值亦做变化)以指数函数规律急剧增加。所以,在 T_t 基本不变的条件下控制摩擦纱段长度,减少摩擦包围角的变化,是均匀分离点张力 T_1 的关键。

二、做气圈运动的纱线张力

把气圈上任意微元纱段看做处于动态平衡状态,作用于该微元纱段上的力有:微元纱段上的重力;空气阻力,它与纱线运动速度的平方成正比,微元纱段的运动可以分解为前进(纵向)运动和回转(切向)运动两部分,在正常络纱速度下空气阻力极小,可以忽略不计;回转运动的法向惯性力(因为在等速络筒过程中大致可以认为气圈做匀速回转运动,所以回转运动的切向惯性力等于零);前进运动的法向惯性力(因为前进运动的速度值几乎不变,所以纱线前进运动的切向惯性力等于零);哥氏惯性力;纱段两端张力。上述诸力构成了一个动态平衡力系,由分析可知,其中回转运动的法向惯性力和哥氏惯性力是构成气圈运动纱线动态张力的主要因素。管纱退绕速度增加时,这两项惯性力随之增加,使气圈运动的纱线动态张力增大。

作用于气圈上端(导纱部件)处的纱线张力 T_2 称为管纱轴向退绕的纱线张力。它取决于作用在气圈下端的纱线张力(即分离点张力 T_1)和气圈运动所引起的纱线动态张力。由于纱段质量很小,气圈运动所引起的纱线动态张力不可能对管纱轴向退绕张力 T_2 起重要影响。在络筒过程中,对管纱轴向退绕张力 T_2 起决定作用的应当是分离点张力 T_1。因此,如何均匀分离点

张力 T_1，成为均匀管纱轴向退绕张力 T_2 的研究重点。

三、管纱轴向退绕时纱线张力变化规律

1. 退绕一个层级时纱线张力变化规律 高速记录的纱线短片段退解过程中张力变化情况如图 1 – 17 所示。图中张力的极大值点 1 对应着分离点位于层级顶部位置，极小值点 2 对应层级底部位置。因为层级顶部的卷绕直径小于层级底部，在匀速络筒条件下，分离点位于层级顶部时气圈的回转角速度较大，而分离点位于层级底部时较小。回转角速度的变化影响到气圈各微元纱段上回转运动法向惯性力和哥氏惯性力数值，引起一个层级内管纱退绕张力波动。但是，回转运动法向惯性力和哥氏惯性力数值很小，层级顶部和层级底部直径差异也不大，并且一个层级卷绕的纱线长度很短，所以张力波动幅度小且周期短。由于纱线材料良好的张力松弛特性，这种形式的张力波动很容易在筒子上被消除，从而不会对后工序产生不良影响。

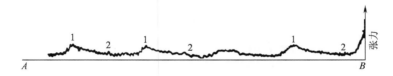

图 1 – 17　连续几个层级退绕时张力变化规律

2. 整只管纱退绕时纱线张力的变化规律 图 1 – 18 所示为整只管纱退绕时纱线张力变化图线（试验条件为络筒速度 450m/min，导纱距离 150mm，纱线特数 29tex）。满管时张力极小（图 1 – 18 中 A 点），出现不稳定的三节气圈。随着退绕的进行，气圈形状被拉长，气圈抛离纱管的程度减弱，纱管裸露部分增加，退绕点到分离点的距离不断增加，摩擦纱段长度增长，管纱退绕张力也逐渐增加。同时，最末一节气圈的颈部向纱管管顶靠近。当退绕到一定时候（图 1 – 18 中 B 点），该节气圈颈部与管顶相碰，气圈形状瞬间突变，气圈个数减少，出现稳定的两节气圈，摩擦纱段长度瞬时增长，分离点张力 T_1 乃至管纱退绕张力 T_2 突然增长。当继续退绕到图 1 – 18 中 C 点时，气圈形状又一次突变，出现稳定的单节气圈，其摩擦纱段长度和管纱退绕张力 T_2 又突发较大幅度的增长。在 C 点与 D 点之间，虽然气圈始终维持单节状态，但气圈高度不断变大，气圈形状瘦长，摩擦纱段迅速增加，管纱退绕张力 T_2 急剧上升。以上分析表明：气圈形状影响摩擦纱段长度，摩擦纱段长度是影响分离点张力 T_1 和管纱退绕张力 T_2 的决定性因素，控制气圈形状可以减少 T_1 和 T_2 的变化，使络筒张力均匀。

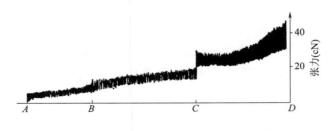

图 1 – 18　整只管纱退绕时纱线张力变化

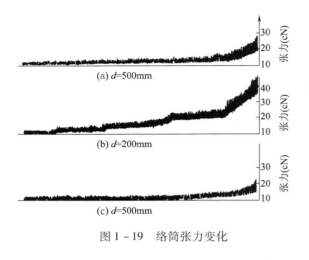

(a) $d=500\mathrm{mm}$

(b) $d=200\mathrm{mm}$

(c) $d=500\mathrm{mm}$

图 1-19 络筒张力变化

3. 导纱距离对纱线退绕张力的影响 导纱距离即纱管顶端到导纱部件的距离,不妨碍络筒工人操作的最小导纱距离 d 为 50mm。在 d 为 50mm 条件下进行络筒时,从满管到空管的整个退绕过程中只出现单节气圈,纱线张力波动较小,如图 1-19(a)所示,试验条件为络筒速度 450m/min,纱线特数 29tex。

随着导纱距离的增加,平均退绕张力及张力波动幅度均有所增加,构成了不利的络筒工艺条件。当导纱距离为 200mm 时,满管退绕出现五节气圈,到管底时出现单节气圈,张力变化幅度达到 4 倍以上,如图 1-19(b)所示。

当导纱距离大于 250mm 时,满管退绕时气圈节数达六节以上,而退绕到管底时,气圈节数仍保持在两节以上,始终不出现单节气圈。图 1-19(c)为 d 等于 500mm 时的纱线张力变化图线。

由此可见,在导纱距离等于 50mm 和大于 250mm 时,络筒张力都能保持较小的波动。

4. 络筒速度对纱线退绕张力的影响 实际测定的结果表明,当络筒速度增加时,气圈回转角速度 ω 也相应增加,由于空气阻力的影响,气圈形状变化,使摩擦纱段增长,从而分离点张力和纱线退绕张力增加。有文献介绍,络筒纱线退绕张力与络筒速度成正比。

5. 纱线特数与纱线退绕张力的关系 通过对气圈中微元纱段所受诸力的分析可知,纱线特数即纱线线密度影响了纱线回转运动的法向惯性力和哥氏惯性力,纱线特数增大,使纱线退绕张力增长。

四、管纱轴向退绕时均匀纱线张力的措施

1. 正确选择导纱距离 从上面介绍的导纱距离对纱线张力变化的关系可知,为了减少络筒时纱线张力的波动,可以选择 70mm 以下的短导纱距离,或 500mm 以上的长导纱距离。在自动络筒机上由于不受操作的限制,采用较长的导纱距离。

2. 使用气圈破裂器 将气圈破裂器安装在纱道中形成气圈的部位,可以改变气圈的形状,抑制摩擦纱段长度变化,从而改善纱线张力的均匀程度。气圈破裂器的作用是:当运动中的纱线(形成气圈部分)和它摩擦碰撞,可使纱管退绕到底部时,原来将出现的单节气圈破裂成双节气圈,通过抑制摩擦纱段增长的途径(用高速闪光摄影发现,在原先的摩擦纱段处出现小气圈而与卷装表面脱离接触)避免管底退绕时纱线张力陡增的现象发生。图 1-20(a)所示的是环状破裂器,它由直径 3~4mm 的金属丝弯成直径 25mm 的圆环而成,有时在环的内圈刻以细齿,以增加破裂作用。图 1-20(b)所示为球状破裂器,它是金属或塑料制成的表面光洁的双球或单球杆,球的直径约 16mm,双球式的球与球之间相隔

6mm。图 1 - 20(c)是以金属薄片弯成方形的管状破裂器。

气圈破裂器的安装应当以环、管的中心对准纱管轴心线,离管纱顶部约 30 ~ 40mm(离导纱部件约 60 ~ 70mm)为宜。如使用气圈破裂球,则可安装在离管纱顶部约 35 ~ 40mm 处,略偏离纱管轴心线。安装气圈破裂器时应当注意气圈中纱线的回转方向,使纱线不致脱出破裂环、管,或被破裂球碰断。实际生产的情况表明,由于纱线对气圈破裂器的碰撞作用,同时可收到纱线除杂之效,但纱线毛羽也会增加。

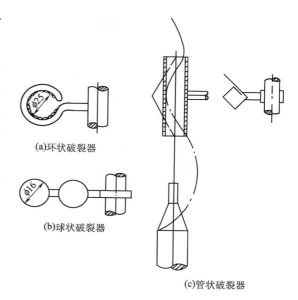

(a)环状破裂器

(b)球状破裂器

(c)管状破裂器

图 1 - 20 气圈破裂器

在高速络筒的条件下,上述传统的气圈破裂器的使用仍存在着一些不足之处。管纱高速退绕的张力变化过程如图 1 - 21(a)所示,当管纱上剩余的纱量为满管的 30% 或以下时,摩擦纱段长度明显增加,络筒张力急剧上升。这显然会对纱线的物理机械性能和筒子卷装成形带来不良影响。因此,在管纱上纱线剩余 1/3 时,为抑制纱线张力的快速增长,维持络筒张力的均匀程度,部分自动络筒机上采取了自动降速措施或张力装置自动减小对纱线制动力的措施。

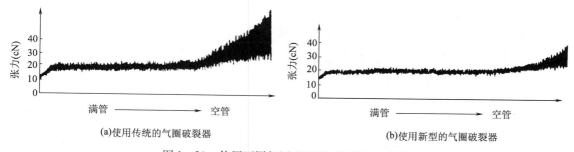

(a)使用传统的气圈破裂器

(b)使用新型的气圈破裂器

图 1 - 21 使用不同气圈破裂器时络筒张力变化

新型的气圈破裂器又称气圈控制器,它不仅能破裂气圈,而且根据管纱的退绕程度自动调整气圈控制器的高低位置(图 1 - 22),起到控制气圈形状和摩擦纱段长度的作用,从而均匀了络筒张力[图 1 - 21(b)],减少了纱线摩擦所产生的毛羽以及管纱退绕过程中的脱圈现象。图 1 - 21 的试验条件为络筒速度 1500m/min,棉纱特数 13.5tex。

图 1 - 23 表明:随着络筒速度的提高,络筒张力以及张力由满管时初始值变化到空管时最终值的变化幅度也在不断增加,但是使用气圈控制器之后,络筒张力以及张力变化幅度的增长显得比较缓慢。因此,在高速络筒过程中,气圈控制器的使用对于均匀络筒张力、减少脱圈现象和纱线毛羽的效果就尤为突出。

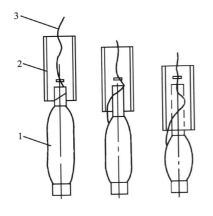

图1-22 新型气圈破裂器的工作情况

1—管纱 2—气圈破裂器 3—纱线

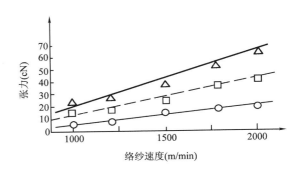

图1-23 络筒张力以及张力变化幅度与络筒速度的关系

—△—空管时的络筒张力最终值(使用传统的气圈破裂器)

—□—空管时的络筒张力最终值(使用新型的气圈破裂器)

—○—满管时的络筒张力初始值

五、张力装置和导纱部件引起的纱线张力

管纱轴向退绕张力 T_2 的绝对值比较小,若以它作为络筒张力进行络筒,会得到极其松软、成形不良的筒子。使用张力装置的目的是:产生一个纱线张力的增量,在适度增加络筒张力的同时,提高络筒张力均匀程度,以卷绕成成形良好、密度适宜的筒子卷装。

张力装置和导纱部件都是通过工作表面对纱线的摩擦作用使纱线张力增加。机织加工过程中张力装置的工作原理主要有三种。

1. 累加法 目前广泛使用的张力装置都采用了累加法工作原理,纱线从两个相互紧压的平面之间通过,由摩擦而获得纱线张力增量,如图1-24(a)所示。设进入张力装置之前的纱线张力为 T_0,当它离开张力装置时的张力为 T,则:

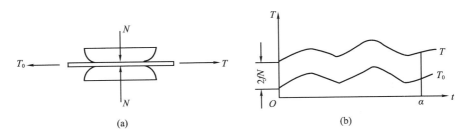

图1-24 纱线通过紧压平面获得张力的工作原理

$$T = T_0 + 2fN \tag{1-9}$$

式中:f——纱线和张力装置工作表面之间的摩擦因数;

N——张力装置对纱线的正压力。

如果纱线通过多个这种形式的张力装置,则纱线的最终张力:

$$T = T_0 + 2f_1N_1 + 2f_2N_2 + \cdots + 2f_nN_n \tag{1-10}$$

式中:f_1、f_2、$\cdots$、f_n——纱线和各个张力装置工作表面之间的摩擦因数;

N_1、N_2、$\cdots$、N_n——各个张力装置对纱线的正压力。

由式(1-10)可知,纱线通过各个张力装置之后,其张力是逐次累加的,所以称为累加法原理。

累加法张力装置对纱线产生正压力的方法有垫圈加压、弹簧加压和压缩空气加压。在动态条件下,它们所产生的正压力 N 分别用如下公式表示。

垫圈加压:$N = (m_1 + m_2) \cdot (g + a)$

弹簧加压:$N = m_1(g + a) + K \cdot \Delta$(张力装置工作平面水平放置)

$N = m_1a + K \cdot \Delta$(张力装置工作平面垂直放置)

压缩空气加压:$N = m_1a + P$(张力装置工作平面垂直放置)

式中:m_1——上张力盘的质量;

m_2——垫圈的质量;

g——重力加速度;

a——由于纱线直径不匀(粗节、细节)引起的上张力盘及垫圈跳动的加速度;

K——弹簧的刚度;

Δ——弹簧压缩距离;

P——压缩空气施加的压力。

对于垫圈加压方法,当纱线高速通过张力装置工作表面之间时,因纱线直径不匀而引起的上张力盘和垫圈的跳动十分剧烈,加速度 a 交变幅值大,由跳动加速度带来的纱线附加张力使络筒动态张力发生明显波动,这是此种加压方法的一个主要缺点。因此,使用这种张力装置时,必须采取良好的缓冲措施,减少上张力盘和垫圈的跳动,以提高装置的高速适应性。

相对地说,弹簧加压方法有利于克服这一弊病。由于 m_1 的数值较小,由上张力盘跳动所引起的正压力变化就小。同时,纱线上粗节、细节等疵点通过张力装置工作表面之间时,引起弹簧压缩距离 Δ 的变化甚微,弹簧压力变化造成的正压力变化很小,从而络筒动态张力的波动不明显。因此,在自动络筒机和其他现代机织设备上弹簧加压方法得到了广泛使用。部分高速自动络筒机上还采用压缩空气加压或电磁力加压的方法,压力稳定且可实施自动控制,从作用原理来说这是一种更为先进的加压方法。

不计动态张力波动的影响,纱线张力 T_0 和 T 的变化可用图 1-24(b)表示。张力 T_0 和 T 的均值分别为:

$$\mu_0 = \frac{1}{\alpha}\int_0^\alpha T_0 \cdot \mathrm{d}t$$

$$\mu = \frac{1}{\alpha}\int_0^\alpha T \cdot \mathrm{d}t = \mu_0 + 2f \cdot N$$

式中:μ_0——T_0 的均值;

μ——T 的均值。

张力 T_0 和 T 的方差分别为:

$$\sigma_0^2 = \frac{1}{\alpha}\int_0^\alpha (\mu_0 - T_0)^2 \cdot \mathrm{d}t$$

$$\sigma^2 = \frac{1}{\alpha}\int_0^\alpha (\mu - T)^2 \cdot \mathrm{d}t = \sigma_0^2$$

式中:σ_0^2——T_0 的方差;

σ^2——T 的方差。

两者的不匀率分别为:

$$c = \frac{\sigma_0}{\mu_0}$$

$$c' = \frac{\sigma}{\mu} < c$$

式中:c——T_0 的不匀率;

c'——T 的不匀率。

上述分析表明:累加法张力装置在适当增加纱线张力均值的同时,不扩大张力波动的方差,从而降低了纱线张力的不匀程度(使不匀率下降)。这是该装置的优点。

2. 倍积法 纱线绕过一个曲面(通常是张力装置或导纱部件的工作面),如图 1-25(a)所示,经过摩擦,纱线得到一定的张力增量。

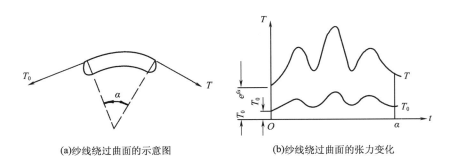

(a)纱线绕过曲面的示意图   (b)纱线绕过曲面的张力变化

图 1-25 纱线绕过曲面获得张力的工作原理

纱线进入张力装置时的张力为 T_0,纱线离开张力装置时的张力为 T,则 T 可以用下式表示:

$$T = T_0 \cdot e^{f\alpha} \tag{1-11}$$

式中:f——纱线与曲面之间的摩擦因数;

α——纱线对曲面的摩擦包围角。

如果纱线绕过的曲面在一个以上,则其最终张力可表示为:

$$T = T_0 \cdot e^{(f_1\alpha_1 + f_2\alpha_2 + f_3\alpha_3 + \cdots + f_n\alpha_n)} \tag{1-12}$$

由式(1-12)可知,纱线通过数个曲面之后,其张力是按一定的倍数增加的,所以称为倍积法原理。

倍积法张力装置中 T_0 的均值、方差和不匀率分别为:

$$\mu_0 = \frac{1}{\alpha}\int_0^\alpha T_0 \cdot \mathrm{d}t$$

$$\sigma_0^2 = \frac{1}{a}\int_0^\alpha (\mu_0 - T_0)^2 \cdot \mathrm{d}t$$

$$c = \frac{\sigma_0}{\mu_0}$$

T 的均值、方差和不匀率分别为:

$$\mu = \frac{\mathrm{e}^{f\alpha}}{\alpha}\int_0^\alpha T_0 \cdot \mathrm{d}t = \mathrm{e}^{f\alpha}\mu_0$$

$$\sigma^2 = \frac{\mathrm{e}^{2f\alpha}}{\alpha}\int_0^\alpha (\mu_0 - T_0)^2 \cdot \mathrm{d}t = \mathrm{e}^{2f\alpha}\sigma_0^2$$

$$c' = \frac{\sigma}{\mu} = c$$

计算表明:纱线张力均值按 $\mathrm{e}^{f\alpha}$ 倍增长的同时,张力波动的方差却以 $\mathrm{e}^{2f\alpha}$ 倍增加,从而使纱线张力的不匀程度得不到改善,这是倍积法张力装置的一个主要缺点。其张力变化如图 1-25(b)所示。

倍积法张力装置中,包围角 α 的变化也会引起纱线张力波动。在 1332MD 型槽筒式络筒机上,垫圈式张力装置柱芯通过摩擦使纱线张力增加就属于倍积法原理。由于筒子卷绕的导纱运动使纱线对柱芯的摩擦包围角不断改变,导致络筒张力不匀。

考虑到倍积法原理的诸多缺点,在现代高速络筒机上,纱路尽量被设计成直线(称为直线纱路),以减少纱线对各导纱部件的摩擦包围角,尽量避免通过倍积法原理对纱线产生张力增量。由于纱路通道曲折度小,于是普遍应用无柱芯的张力装置,大大减少了纱线张力的不匀程度,提高了络筒高速适应性。络筒速度可达 1200 m/min 以上。

3. 间接法 在现代机织设备(整经设备)中,张力装置除应用上述两种基本原理外,还使用了间接法原理。纱线绕过一个可转动圆柱体的工作表面,如图 1-26所示,圆柱体在纱线带动下回转的同时,受到一个外力 F 产生的阻力矩作用。设进入张力装置时纱线的张力为 T_0,离开张力装置时纱线张力为 T,则 T 可以用如下的公式表示:

$$T = T_0 + \frac{F \cdot r}{R} \qquad (1-13)$$

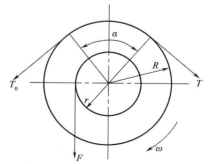

图 1-26 纱线绕过可转动圆柱体
获得张力的工作原理

式中:r——阻力 F 的作用力臂;

R——圆柱体工作表面曲率半径。

由式(1-13)可知,张力装置依靠摩擦阻力矩间接地对纱线产生张力,故称为间接法原理。

间接法原理中,T_0 的均值、方差和不匀率分别为:

$$\mu_0 = \frac{1}{\alpha}\int_0^\alpha T_0 \cdot \mathrm{d}t$$

$$\sigma_0^2 = \frac{1}{a}\int_0^\alpha (\mu_0 - T_0)^2 \cdot \mathrm{d}t$$

$$c = \frac{\sigma_0}{\mu_0}$$

T 的均值、方差和不匀率分别为:

$$\mu = \frac{1}{\alpha}\int_0^\alpha T_0 \mathrm{d}t = \mu_0 + \frac{F \cdot r}{R}$$

$$\sigma^2 = \frac{1}{\alpha}\int_0^\alpha (\mu - T)^2 \cdot \mathrm{d}t = \sigma_0^2$$

$$c' = \frac{\sigma}{\mu} < c$$

在间接法张力装置中,纱线对圆柱体工作表面的包围角 α 要足够大,以免两者之间产生摩擦滑移。完全不同于前两类张力装置的作用原理,在这种张力装置中,纱线与圆柱体工作表面不发生相对滑移,纱线张力的调节依靠改变阻力矩来实现。因此,这类张力装置的主要特点为:

(1)高速条件下纱线磨损少,毛羽增加少。

(2)在纱线张力均值增加的同时,张力不匀率下降。

(3)张力装置所产生的张力增量与纱线的摩擦因数、纱线的纤维材料性质、纱线表面形态结构、颜色等因素无关,便利色织、毛织生产的工艺管理。

(4)对圆柱体产生阻力矩的外力 F 可以是各种可控制的力,如弹簧力、电磁阻尼力等,有利于实现纱线张力的自动控制。

(5)装置结构比较复杂是其缺点。

六、绞纱的络筒张力

部分纱线以绞纱卷装供应织厂,如色织厂的染色纱、丝织厂的天然丝和部分化纤丝等。绞纱必须首先被络成筒子,才能供后道工序加工使用。从原理上讲,绞纱的络筒张力和前述管纱的络筒张力之间差异,主要在于两者的纱线退绕过程不同。绞纱络筒时,通常将绞纱张在绷架上,如图1-27所示,纱线退绕带动绷架回转。绷架的形状为正多边形,如络筒速度保持不变,则绷架回转角速度 ω 时大时小,由绷架回转角加速度 ε 引起的惯性力矩造成了绞纱退绕张力的惯性分量 P_g。纱线从绷架上退绕时,由于重锤制动及绷架转轴摩擦,产生了绞纱退绕张力的摩擦分量 P_m（忽略纱线之间粘连等因素）。于是，对应于某一转角 θ（绷架上的 A 点，以 A 为起始点，转动到 A'' 点）时绞纱的退绕张力 P 为两种分量之和：

$$P = P_g + P_m \qquad (1-14)$$

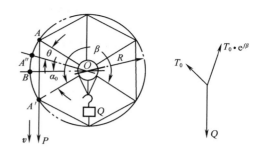

图 1-27　绞纱的络筒张力分析

其中，由绷架回转角加速度引起的动态张力：

$$P_g = -\frac{Iv^2 \sin(\alpha_0 - \theta)}{R^3 \cos^4(\alpha_0 - \theta)} \qquad (1-15)$$

式中：I——绷架和绞纱的转动惯量；

　　　R——绷架辐条长度；

　　　v——均匀络纱速度。

$$\alpha_0 = \frac{\pi}{n}$$

式中：n——绷架正多边形的边数。

由于绷架回转角加速度正负交替变化，于是 P_g 也相应地做正负周期性变化（由 A 点转到 B 点为负，由 B 点转到 A' 点为正），引起绞纱退绕张力波动。分析式（1-15）可知，尽量减小 α_0 数值，即增加绷架正多边形边数 n，纱线动态张力 P_g 可望减小。同时，采用钢丝绷架，减小其转动惯量，亦是减小 P_g 的一项措施。

另外，重锤制动及绷架转轴摩擦分量：

$$P_m = \frac{Qr(e^{f\beta} - 1) + qf'r_1 \sqrt{1 + e^{2f\beta} - 2e^{f\beta}\cos\beta}}{R\cos(\alpha_0 - \theta)\sqrt{1 + e^{2f\beta} - 2e^{f\beta}\cos\beta}} \qquad (1-16)$$

式中：Q——制动重锤的重量；

　　　e——自然对数的底；

　　　f——制动皮带与绷架轴壳间的摩擦因数；

　　　β——制动皮带在绷架轴壳上的包围角；

　　　r——重锤制动半径，即绷架轴壳半径；

　　　q——带有纱线的绷架转轴所受正压力；

　　　f'——绷架转轴与轴承间摩擦因数；

　　　r_1——绷架转轴的半径。

由式（1-16）可见，绞纱退绕张力的摩擦分量 P_m 亦随 θ 的变化而发生动态交变变化。增加绷架正多边形的边数，即减小 α_0 的数值，减小 θ 的变化范围（$0 \leqslant \theta \leqslant 2\alpha_0$），可以减小 P_m 的动态交变程度，起到均匀退绕张力的效果。以八臂绷架代替六臂绷架，就是这个目的。

综合式(1-15)和式(1-16)可知,随着 θ 变化,绞纱的退绕张力不断变化,产生张力波动。当 $\theta = 0$ 时,P_g 最小(其值为负)而 P_m 最大;$\theta = \alpha_0$ 时,P_g 为零且 P_m 最小;$\theta = 2\alpha_0$ 时,P_g 最大(其值为正)且 P_m 也最大。由于 P_g 的值与 v^2 成正比,因此在较高的络筒速度条件下,绞纱退绕张力波动幅度更大,实际生产中绞纱络筒速度一般较低。在绷架从静止迅速过渡到运动状态时,惯性所引起的绞纱张力惯性分量很大,这是此种络筒形式的致命弱点。

第三节 清纱、接头、定长、毛羽控制及上蜡

一、清纱

为提高纺织品的质量和后道工序的生产效率,在络筒工序中应有效地清除一些必须除去的有害纱疵,这项工作称为清纱,生产中可以使用机械式清纱器或电子清纱器。

机械式清纱器主要有隙缝式清纱器、梳针式清纱器、板式清纱器,如图1-28所示。纱线从薄钢片1和2、上板6和下板7或针齿4与固定刀片5之间的缝隙中通过,纱线的疵点在通过缝隙时受阻,发生断头,进而由人工清除纱疵。8为垫片。它们虽然结构简单、价格低廉,但清除效率低,对纱疵长度不能鉴别,并且接触纱线容易把纱线刮毛、产生静电,在化纤产品、混纺产品和高档天然纤维产品的生产中已无法满足日益提高的产品质量要求,因此现在很少使用。

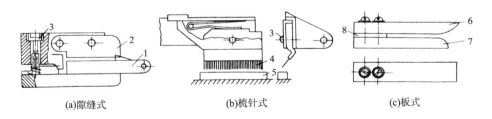

(a)隙缝式　　　　　(b)梳针式　　　　　(c)板式

图1-28　三种机械清纱器

电子清纱器不仅具有非接触工作方式、清除效率高等优点,而且可以根据产品质量和后工序的需要,综合纱疵长度和截面积两个因素,灵活地设定清纱范围。清除必须除去的有害纱疵,保留对质量和后加工无影响或影响甚微的无害纱疵。生产实践表明,使用电子清纱器后产品的质量和后工序生产效率都有明显提高。

从电子清纱器的功能来分,有单功能(清除短粗节纱疵)、双功能(一般为清除短粗节和长粗节纱疵)、多功能(清除短粗节、短细节、长粗节、长细节、棉结疵点)多种。从电子清纱器的工作原理来分,有光电式和电容式两种。

(一)光电式电子清纱器

光电式电子清纱器是将纱疵形状的几何量(直径和长度),通过光电系统转换成相应的电脉冲信号来进行检测,与人视觉检测纱疵比较相似。其装置由光源、光敏接收器、信号处理电

路、执行机构组成。典型的光电式电子清纱器工作原理如图 1-29 所示。

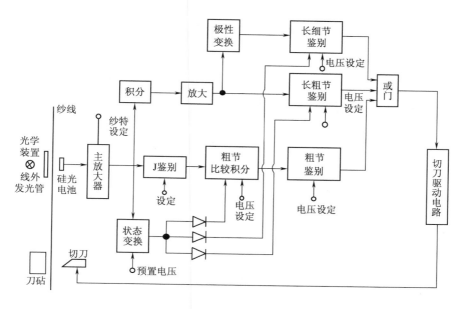

图 1-29　光电式电子清纱器工作原理

　　纱线高速运行时通过光电检测槽，槽的一侧是由红外发光管和光学装置构成的检测光源。光学装置起到漫射作用，产生三维光源的效果，使得对扁平纱疵的检出能力得到提高。槽的另一侧为光电接收器，采用了硅光电池。当纱线上出现纱疵(粗节、双纱、细节等)时，硅光电池的受光面积发生变化，硅光电池的受光量及输出光电流随之变化，光电流的变化幅值与纱疵的直径变化成正比。当纱线运行速度恒定时，纱疵越长，则光电流变化的持续时间也越长。光电式电子清纱器就是这样把纱疵的直径及长度两个几何量的变化转换为光电接收器输出电流脉冲的幅值及宽度的变化，达到光电检测纱疵的目的。

　　光电接收器输出的电流脉冲经后续信号处理电路处理，如果处理电路输出的电信号幅度超过其设定值，则触发切刀驱动电路工作，驱动切刀切断纱线，将纱疵除去。

　　(二)电容式电子清纱器

　　电容式电子清纱器以电容传感器测定单位长度内纱线质量，从而间接反映纱线截面积的变化，进行纱疵检测。其装置由高频振荡器、电容传感器、检测电路、信号处理电路和执行机构组成。典型的电容式电子清纱器工作原理如图 1-30 所示。

　　作为检测元件的电容传感器由两块金属极板构成，极板之间无纱线通过时，电容量最小。当纱线以基本恒定的速度通过时，由于纤维介电常数比空气大，于是电容量增加，增加的数量与单位长度内纱线的质量成正比关系。因此，纱线截面积的变化，即单位长度内质量的变化被转换成传感器电容量的变化。

　　发自高频振荡器的高频等幅波经电容传感器后，被调制成随纱线截面积做相应变化的调幅波。调幅波经检测电路转换成电脉冲信号。在纱速恒定条件下，脉冲信号幅度和宽度与电容内

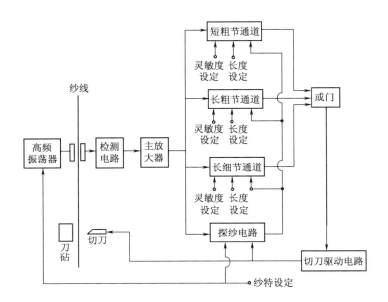

图1-30 电容式电子清纱器工作原理

纱疵截面积增量及纱疵长度成正比。

脉冲信号经后续信号处理电路处理,如果输出的电信号幅度超过其设定值,则触发切刀驱动电路工作,驱动切刀切断纱线,将纱疵除去。

由于光电式电子清纱器和电容式电子清纱器的检测工作原理不同,因此它们的工作性能有较大差异。表1-1对两者的工作性能进行了对比。

表1-1 光电式和电容式电子清纱器主要工作性能对比

项　　目	光　电　式	电　容　式
纱线捻度	影响大	无影响
纱线颜色	较大影响	略有影响
纱线光泽	有影响	无影响
纱线回潮率	影响较小或无影响	较大影响,易引起检测失误
纤维种类	略有影响	有影响
混纺比例	略有影响	有影响
外部杂散光	有影响	无影响
飞花灰尘积聚	较大影响,易引起检测失误	有影响
金属粉末混入纱线	无影响	较大影响

二、接头

络筒过程中,清除纱疵、处理纱线断头和换管等都需要对纱线进行接头。在少数普通络筒机上,接头工作由手工或手工辅助打结器完成打结动作,进行接头;在自动络筒机上,上下吸嘴之间的纱线接头工作由捻接器自动完成,实现无结接头,加工的纱线称为无结纱。纱线打结之后形成了结头,对应于不同纤维材料的加工,结头有多种形式。由于络筒结头在后道加工中会脱结或重新断头,严重影响后道加工工序的生产效率,并且机织物、针织物正面的结头使成品外观质量下降,于是络筒工序的打结频率(长度为 $10^5 \mathrm{m}$ 纱线中结头个数)受到限制,进而络筒的清纱除疵作用就很难得到加强,阻碍了布面质量的进一步提高。随着捻接技术的产生和发展,这一矛盾得到解决。捻接技术从根本上改变了以往清纱去疵工作的实质:以一个程度不严重的"纱疵"(结头)代替一个程度严重的纱疵。捻接后接头处的纱线直径为原纱直径的 $1.1 \sim 1.3$ 倍,接头后断裂强力为原纱断裂强力的 $80\% \sim 100\%$。捻接器的使用克服了由结头引起的诸多缺点,从而使清纱去疵工作有条件得以加强,可以采用高灵敏度的电子清纱器,积极有效地切除纱线上的疵点,使纱线质量提高、后工序断头减少,对提高后工序生产效率和产品质量有显著效果。

纱线打结对机织物和针织物布面外观的影响很大。布面上纱线结头明显可见,而纱线捻接处与其他区域之间的差异难辨。

目前,络筒捻接技术的应用已十分普遍,考虑到优化产品质量,普通络筒机也配置了捻接器,以取代纱线打结。纱线的捻接方法很多,有空气捻接法、机械捻接法、静电捻接法、包缠法、粘合法、熔接法等。但是技术比较成熟,使用比较广泛的是空气捻接法和机械捻接法两种。

1. 空气捻接 空气捻接器分为自动式和手动式两种。它们的捻接原理都是利用压缩空气的高速喷射,在捻接腔内将两根纱尾的纤维捻缠在一起,形成一根符合后道工序加工质量要求的、无结头的捻接纱。捻接质量较好的捻接器,通常在保持管内先以高速气流对被捻接的两根纱线的纱头进行吹拂退捻,此后退捻的纱头在捻接腔内相对叠合,并由高速漩流进行捻接。捻接腔有很多种形式,其中用于短纤纱的捻接腔结构如图 1-31(a)、(b) 所示,图1-31(c)适用于长丝、长纤纱的捻接腔。

用于短纤纱的管状捻接腔壁上有两个出流孔,压缩空气自孔中射出时,形成向管腔两端扩散、反向旋转的两股高速

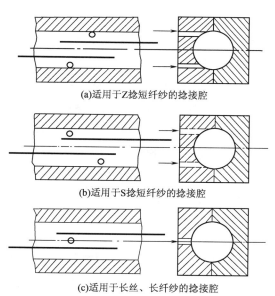

(a)适用于Z捻短纤纱的捻接腔

(b)适用于S捻短纤纱的捻接腔

(c)适用于长丝、长纤纱的捻接腔

图 1-31 捻接腔结构示意图

漩流。纱尾在高速漩流的拍击下,纤维相互混合,并以 Z 捻向或 S 捻向捻缠成纱,捻缠外形较好。

用于长丝、长纤纱的捻接腔壁上只有一个出流孔。纱尾的纤维在高速气流的冲击振动下能

更均匀地相互混合、纠缠、捻接成纱。

空气捻接器应用范围很广,可用于不同特数的棉纱、毛纱、合纤纱、混纺纱、股线及弹力包芯纱。用于不同品种纱线时,工艺调整乃至空气捻接器更换都较方便。

2.机械捻接 机械式捻接器使用范围比较狭窄,主要是棉纱。随着机械捻接技术的发展,其适用范围也会扩大。机械式捻接器是靠两个转动方向相反的搓捻盘将两根纱线搓捻在一起,搓捻过程中纱条受搓捻盘的夹持,使纱条在受控条件下完成捻接动作,捻接质量好,明显优于空气捻接,捻接处纱线条干均匀、光滑、强力高。

三、定长

后道加工工序对络筒提出了定长自停要求,这不仅能减少后工序的筒脚纱浪费及倒筒工作,还可以提高后加工的工艺合理性。早期的筒子定长采取挡车工目测筒子大小或尺量筒子直径等方法。目前普遍采用电子定长,筒子定长的精度大为提高,定长误差要求一般为 ±1% 以内。

电子定长按测长原理可以分为直接测量和间接测量两种。前者通过测量络筒过程中纱线运行速度,达到测长的目的,后者则是通过检测槽筒转数,转换成相应的纱线卷绕长度,进而实现定长。目前通常应用间接测量原理。

间接测量定长装置把槽筒转过圈数转换成 m 个电脉冲信号,n 为传感器磁钢极数。于是纱线卷绕长度 L 与脉冲个数的关系为:

$$L = \frac{m}{n} \cdot a \qquad\qquad (1-17)$$

式中:m——脉冲个数;

a——槽筒回转一周筒子绕纱长度。

a 数值的确定将直接决定定长精度,由于传动点上槽筒和筒子的相对滑移、张力作用下纱线伸长量、纱线的质量、络筒机械状况等随机因素的影响,a 的数值不可能通过理论计算求得,只有利用标定的方法来测算。

现有的电子定长仪采用归一化计数方式,它通过改变控制面板上的设定值 M 来调整筒子定长长度,定长长度:

$$L = ML_p \qquad\qquad (1-18)$$

式(1-18)中 L_p 为实际平均级差值,即单位设定值所对应的纱线实际卷绕长度,以标定的方法进行测算。

在纺纱生产及络筒机械本身状况比较良好稳定的条件下,间接测量原理能够保证一定的筒子定长精度,达到预定长度后络筒机即停止卷绕。

四、纱线毛羽控制

纱线毛羽是指伸出纱线基体表面的纤维,其数量、长度及其分布情况不仅对织物的外观、手感、风格和使用等有密切的关系,还将直接影响后道工序的质量和生产效率。因而,纱线毛羽作为影响织物产、质量的重要因素,受到普遍重视。

在络筒工序,由于纱线与器件接触部位多,摩擦大,退绕气圈长,对纱线毛羽的影响极大。据大量实验表明,络筒工序使毛羽增加100%～500%,随纱线品种、设定长度、设备状况等而异,且主要以3mm及以上的有害毛羽的增加率最大。国内外控制络筒纱线毛羽的方法很多,可分为两类:一类是采用机械方式,在纱线通道上安装假捻装置,通过对纱线进行假捻来控制纱线毛羽;另一类则通过在纱线通道中喷射气体,让纱线受到流体(空气和蒸汽)涡旋的作用,使突出纱体的毛羽缠绕到纱线上,以减少毛羽。

某专利介绍了一种毛羽减少装置,其结构如图1-32所示。

纱线1穿过直径为2mm的纱线通道4,壳体2上有两个通向纱线通道的斜向喷气孔5、6(直径为0.3mm、与管子轴线倾斜角为50°)。压缩空气经喷气孔在纱线通道中形成与纱线行进方向相反的旋转气流。在纱线通道的入口处,该旋转气流与纱线捻向相同,对纱线有退捻作用,从而降低纱线的捻度,使纱身疏松;而在纱线通道的出口处,对纱线起加捻作用,让纱线原来的捻度又得到恢复,纱身捻紧。纱线结构经过这样的疏松和捻紧,一些突出纱身的长毛羽就被旋转气流缠绕到纱线上或被捻入纱线结构内,于是纱线毛羽得到初步减少。

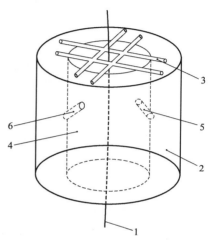

图1-32　毛羽减少装置的结构示意图
1—纱线　2—壳体　3—搓抹器
4—纱线通道　5、6—喷气孔

位于纱线通道出口处的搓抹器3由四根两两正交的搓抹棒组成。搓抹口对纱线的运动具有微弱的约束作用。在搓抹口内,做旋转向上运动的纱线受搓抹棒光滑表面的机械作用,使游离毛羽头端沿纱线捻向捻贴到纱身上,进一步提高了纱线毛羽减少效果。

络筒纱线毛羽减少装置的效果见表1-2。

表1-2　8.4tex 大豆蛋白纤维纱线的络筒毛羽量对比　　　　　　　　　　　　单位:根

毛羽长度(mm)			1	2	3	4	5	6	7	8
毛羽量	无毛羽装置		1002.2	306.5	112.4	51.2	22.7	9.5	4	1.1
	有毛羽装置	改进1	889.8	207	60.5	24.9	12.2	5.4	2.5	0.9
		改进2	845.2	185.9	52.1	21.5	8.7	3.9	1.6	0.6

注　改进1的气室压力为0.196MPa,改进2的气室压力为0.245MPa;络筒机为1332MD型。

纱线毛羽测试条件:测试长度10m,测试速度30m/min,测试次数10次。

由表1-2可见,两种改进都取得了理想的效果,相比而言,在气室压力较高的0.245MPa

的条件下,毛羽减少得更多,大多长度段的毛羽数量都减少了 50% 以上,其中尤以 5mm 为最,达 61.7%。

五、上蜡

根据后工序加工的需要,有些纱线需要在络筒加工中上蜡,以减少纱线表面的毛羽,降低其表面摩擦因数 40% ~ 50%,譬如部分用于针织工程的纱线。上蜡方法为:在纱线通道上设置蜡辊,纱线行进过程中和蜡辊接触,完成上蜡。蜡辊以一定的速度作主动回转,改变其回转速度可以调节上蜡量。上蜡量和后加工要求、纱线的材料与品种等因素有关。最佳的上蜡量为 0.8 ~ 2.2g 蜡/kg 纱。

第四节　络筒辅助装置

高速自动络筒机为保证筒纱质量,减轻工人劳动强度,普遍采用自动换管装置、自动换筒装置和清洁除尘系统。

一、自动换管装置

自动换管装置配有 6 个位置的管纱库,最多可以存放 5 只管纱,由人工放置。对于不同的机型,管纱的几何尺寸(如纱管长度范围、管纱最大直径和管纱底部内径等)有相应的规定。AUTOCONER 自动络筒机的参数分别为纱管长度 180 ~ 325mm、管纱最大直径 72mm、管纱底部内径大于 14mm。工作管纱上的纱线退绕完毕时,光电传感器检测判别并发出信号,驱动传动机构将插纱锭座移向空管输送带并把空纱管踢入输送带,步进电动机驱动管纱库转动一定角度,将满管纱补入插纱锭座,然后插纱锭座移回到工作位置。空管的收集有整台和分节两种,整台收集的,空管从自动换管装置下落到水平输送带上,由输送带将其移送到机头的倾斜输送带,最后落入到集管箱。

新型的托盘式自动络筒机取消管纱库,满管纱从细纱机上落下,被插在管纱托盘上移送到自动络筒机,在每一络纱锭的下方配有三个托盘位置,其中一个为工作位置,另两个为预备位置,工作管纱退绕结束时,连同托盘从工作位置退出,一个预备管纱和托盘一起进入工作位置。托盘式自动络筒机不仅换管工作完全自动化,而且取消了管纱库,更有利于减小纱路的曲折角,同时便于维修和清洁除尘工作。

二、自动换筒装置

当筒子卷绕达到预定的绕纱长度或筒子直径时,自动换筒装置自动定位在换筒位置,落下满筒子并换上 1 只空筒管,完成空管生头的动作。同时按要求绕好尾纱,将满筒子推入机后的筒子输送带。自动换筒装置包括推进机构、换筒机构和吹风机构。

推进机构的电动机通过齿轮传动驱动轮,使自动换筒装置在轨道上做往复移动。

换筒机构自动完成各项换筒操作:筒子尾纱的卷绕,空管的抓取,空管在生头纱卷绕装置上的卷绕,满筒的落筒,空管向筒子握臂喂给,以及落筒后开始卷绕时对筒子握臂施加附加的压力。自动化操作保证了生头纱、筒子尾纱的卷绕位置和卷绕长度的准确。自动换筒装置定位之后,络筒机的高效吸风管道的气孔被打开,提供换筒机构所需的吸风,换筒工作完成离开时,气孔被关闭。

吹风机构由离心式风机及吹风通道组成,对换筒工作区域进行吹拂,其结构比较简单。

每台自动络筒机可以配置多套自动换筒装置,如60锭的AUTOCONER自动络筒机配置4套,以提高机器效率。

三、清洁除尘系统

装在机尾箱体内的吸风风机和贯通全机的吸风管道构成高效除尘系统。它吸取管纱退绕产生的大量飞花和锭位上方吹下来的飞花和尘埃,同时吸取捻接过程中产生的回丝。

在自动络筒机的机顶装有供巡回吹吸风装置移动的轨道,巡回吹吸风装置,沿机台巡回吹吸风。部分飞花少的工厂可以根据清洁工作的需要,设定吹吸风装置的巡回时间和停机时间,以减少能耗。

巡回吹吸风装置配有离心式风机,风机鼓出的风从两根吹风管的一些吹风口中吹出,将筒子和纱线行进路线各处的飞花吹向机台的后下方,位于机台后下方的除尘系统吸风管道把飞花、尘埃直接吸入。同时,巡回吹吸风装置的风机通过机台后下方一根吸风管的吸口将机后地面的飞花、尘埃吸入,使络筒工作保持一个清洁的环境。

在张力器、清纱装置和上蜡装置等部位装有多喷嘴吹风装置,每一次纱线捻接之前,多喷嘴对这些尘埃敏感点进行吹拂。

第五节　络筒工艺与产量及质量控制

一、络筒的工艺设计原理

络筒工艺参数主要有被加工纱线线密度、络筒速度、导纱距离、张力装置形式及工艺参数、清纱器形式及工艺参数、筒子卷绕密度、筒子卷绕长度及长度修正系数或者筒子卷绕直径(mm)、结头规格、管纱长度,以及防叠装置参数、槽筒启动特性参数、空气捻接器的工作参数、自动速度控制参数等项。络筒工艺要根据纤维材料、原纱质量、成品要求、后工序条件、设备状况等诸多因素来统筹制订。合理的络筒工艺设计应能达到:纱线减磨保伸,缩小筒子内部、筒子之间的张力差异和卷绕密度差异,良好的筒子卷绕成形,合理的去疵、去杂和毛羽减少作用。

(一)络筒速度

络筒速度影响到络筒机器效率和劳动生产率。现代自动络筒机的设计比较先进、合理,适宜于高速络筒,络筒速度一般达 1200m/min 以上。用于管纱络筒的国产槽筒式络筒机络筒速度就低一些,一般为 500~800m/min,各种绞纱络筒机的络筒速度则更低。这些设备用于棉、毛、丝、麻、化纤不同纤维材料、不同纱线时,络筒速度也各不相同。以槽筒式络筒机为例,当纤维材料容易产生摩擦静电,引起纱线毛羽增加时,络筒速度可以适当低一些,譬如化纤纯纺或混纺纱。如果纱线比较细、强力比较低或纱线质量较差、条干不匀,这时应选用较低的络筒速度,以免断头增加和条干进一步恶化。同时,挡车工的看台能力也须综合考虑。

(二)导纱距离

普通管纱络筒机采用短导纱距离,一般为 60~100mm,合适的导纱距离应兼顾到插管操作方便,张力均匀和脱圈、管脚断头最少等因素。自动络筒机的络筒速度很高,一般采用长导纱距离并附加气圈破裂器或气圈控制器。

(三)张力装置形式及工艺参数

络筒张力的影响因素很多,生产中主要是通过调整张力装置的工艺参数来加以控制。因此,张力装置的工艺参数是络筒工艺设计的一项重要内容。

张力装置有许多形式,它们都是以工作表面的摩擦作用使纱线张力增加,达到适当的张力数值。设计合理的张力装置应符合结构简单,张力波动小,飞花、杂物不易堆积堵塞的要求。

图 1-33(a)、(b)所示为目前广泛使用的垫圈式张力装置和弹簧式张力装置,它们采用了累加法和倍积法兼容的工作原理。弹簧式张力装置的加压方式比垫圈式有所改进,张力波动有所减小。图 1-33(c)所示是络丝机上使用的梳形张力装置,它采用倍积法工作原理,通过调节张力弹簧力来改变纱线对梳齿的包围角,从而控制络丝张力。上述三种装置都有不同程度的络筒张力波动的缺点。自动络筒机上采用气动或电磁力无柱芯张力装置,如图 1-33(d),这种装置比较先进,采用累加法工作原理,气动或电磁加压,把张力盘的动态附

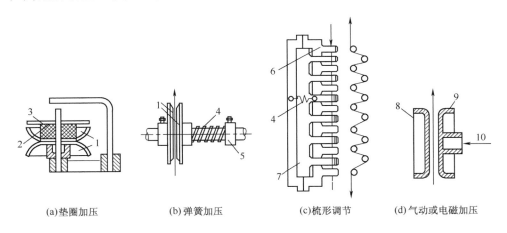

| (a)垫圈加压 | (b)弹簧加压 | (c)梳形调节 | (d)气动或电磁加压 |

图 1-33　络筒张力装置

1—圆盘　2—缓冲毡块　3—张力垫圈　4—张力弹簧　5—张力调节紧圈　6—固定梳齿

7—活动梳齿　8—慢转张力盘　9—加压张力盘　10—气动或电磁加压力

加张力减小到最低程度,对减少络筒张力波动十分有利。新型张力装置和张力传感器组成络筒张力闭环控制系统,张力传感器检测络筒张力,通过电磁力的改变来调节张力装置对纱线产生的张力。当管纱退绕到较小卷装时,该措施可抑制络筒张力的快速增长,有利于均匀络筒张力。

张力装置的工艺参数主要是指加压压力或梳齿张力弹簧力。加压压力由垫圈重量(垫圈式张力装置)、弹簧压力(弹簧式张力装置)、压缩空气压力(气压式张力装置)、电磁力来调节。加压力的大小应当轻重一致,在满足筒子成形良好或后加工特殊要求的前提下,采用较轻的加压压力,最大限度地保持纱线原有质量。梳形张力装置梳齿张力弹簧力的调节原则同上。各种纱线的络筒张力可根据第二节推荐的范围选择,原则上粗特纱线的络筒张力大于细特纱线。

表1-3列举了几种棉纱的络筒张力和络筒速度。

表1-3　几种棉纱的络筒张力和络筒速度

纱线线密度(tex)	络筒张力(cN)	络筒速度(m/min)	纱线线密度(tex)	络筒张力(cN)	络筒速度(m/min)
J7.3	9	900	C27.8	18	1300
J14.6	12	1200	C36.4	22	1300

(四)清纱器形式及工艺参数

电子清纱器的工艺参数(即工艺设定值)包括纱线特数、络筒速度、纱线类型以及不同检测通道(如短粗短细通道、长粗通道、长细节、棉结通道等)的清纱设定值。每个通道的清纱设定值都有纱疵截面积变化率(%)和纱疵长度(cm)两项,棉结通道工艺参数为纱疵截面积变化率。电子清纱器的短粗短细通道的清纱工艺参数(纱疵截面积变化率和纱疵长度)对应着清纱特性曲线,清纱特性曲线是Uster纱疵分级图上应该清除的纱疵和应当保留的纱疵之间的分界曲线,如图1-34所示。在短粗区域曲线以上的疵点应予清除,在短细区域曲线以下的疵点应予清除。生产中可根据后工序生产的需要和布面外观质量的要求,以及布面上显现的不同纱疵对布面质量的影响程度,结合被加工纱线的Uster纱疵分布实际情况,制订最佳的清纱范围,选择清纱特性曲线,达到合理的清纱效果。部分清纱器还兼有捻接的检验功能,其参数以捻接部位的直径和长度来表征。

机械式清纱器有隙缝式清纱器、梳针式清纱器、板式清纱器如图1-28所示,三者的工艺参数分别是隙缝的宽度(约为纱线直径的1.5~3倍)、梳针与金属板的隔距(约为纱线直径的4~6倍)和上下板之间的隔距(约为纱线直径的1.5~2倍),机械式清纱器技术落后,它的使用较少。

(五)筒子卷绕密度

筒子的卷绕密度与络筒张力和筒子对槽筒(或滚筒)的加压压力有关,筒子卷绕密度的确定以筒子成形良好、紧密,又不损伤纱线弹性为原则。因此,不同纤维不同线密度的纱线,其筒子卷绕密度也不同。

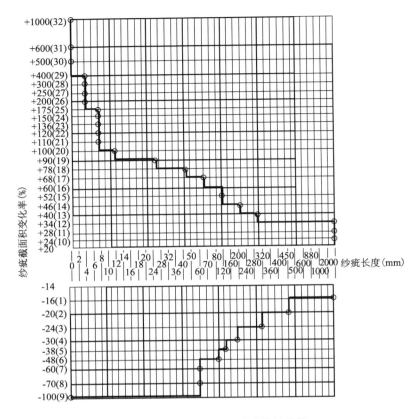

图 1 - 34　电子清纱器的清纱特性曲线

(六)筒子卷绕长度和管纱长度

络筒工序根据整经或其他后道工序所提出的要求来确定筒子卷绕长度或者筒子卷绕直径。新型自动络筒机上一般都配备电子定长装置,筒子卷绕长度达到工艺设定值时,筒子自动停止卷绕。实际使用中,筒子的设定长度和实际长度会不一致,必须进行长度修正。

$$长度修正系数 = 原修正系数 \times \left(\frac{设定长度}{实际长度}\right)$$

式中原修正系数初始设定值为 1.000。

在不具备定长装置的络筒机上,通常以筒子的卷绕尺寸来控制其卷绕长度,这种方式的控制精度很低。

管纱的纱长也是工艺参数之一,当管纱上剩纱少于10%而发生断头时,自动络筒机根据管纱纱长确定是否换管,以减少接头。同时,管纱长度参数也为络筒机的自动速度控制提供依据,见(十一)。

(七)结头规格

部分络筒机仍采用打结接头。结头规格包括结头形式和纱尾长度两方面。接头操作要符合操作要领,结头要符合规格。在织造生产中,对于不同的纤维材料、不同的纱线结构,应用的结头形式也有所不同,主要有:用于棉织、毛织和麻织的自紧结、织布结;用于丝织的单搭结或双搭结等。

（八）防叠装置参数

防叠装置通过周期地改变槽筒转速,使筒子和槽筒发生滑移来抑制纱圈重叠,防叠装置参数为速度减少的比例,如 3%、6%、9%、12%。

（九）槽筒启动特性参数

槽筒启动特性参数为槽筒加速到正常速度时所需时间。恰当的槽筒加速时间可以减少筒子启动时槽筒对筒子的摩擦,减少纱线磨损以及毛羽增长;同时,也因减少了筒子与槽筒之间的滑移,从而提高了筒子定长精度。

（十）空气捻接器的工作参数

空气捻接器的工作参数包括纱头的退捻时间(T_1)、捻接器内加捻时间(T_2)、纱尾交叠长度(L)和气压(P),可根据不同的纱线品种设定和调整上述参数的代码值。部分空气捻接器的加捻时间(T_2)由一次加捻、暂停、二次加捻时间组成,合理调节三段时间(代码值),达到理想的捻接质量。表 1-4 为空气捻接器(590L 型)加工棉纱的工艺参数。

表 1-4　空气捻接器(590L 型)加工棉纱的工艺参数

纱线线密度(tex)	T_1	T_2	L	$P(10^5 Pa)$
J7.3	5	4	7	6.5
J14.6	3	3	4	6
J14.6(强捻)	6	4	4	6.5
竹纤维纱 19.4	3	3	7	5.5
C36.4	2	4	5	5.5

注　T_1、T_2、L 所列数值是空气捻接器的参数代码值。

此外,空气捻接器工艺参数还有允许重捻次数、热捻接温度等。

（十一）自动速度控制参数

管纱直径退绕到某一尺寸时,由于气圈形状突然变化导致摩擦纱段增长,从而络筒张力增加。为抑制络筒张力的增加,达到均匀络筒张力、减少纱线毛羽的目的,部分自动络筒机配备了自动速度控制功能,起到络筒速度自动降低的作用,通过减速起到均匀络筒张力、减少毛羽的作用。自动速度控制参数包括减速的起点与幅度,起点为纱长的 20%~80%,推荐值为 80%;减速幅度 50%~90%,推荐值为 60%。

配有络筒张力自动控制装置的络筒机,以张力传感器探测络筒张力,当张力超过一定数值时(譬如 5cN),自动降低络筒速度,通过降速实现络筒张力的均匀。

二、络筒的产量及质量控制

（一）络筒的产量

络筒机的产量是指单位时间内,络筒机卷绕纱线的重量。机器的产量分为理论产量 G' 和

实际产量 G 两种,理论产量是指单位时间内机器的连续生产量。但是,生产过程中机器会反复停顿,譬如接头、落纱、工人的自然需要等,于是就引出了机器的时间效率 K。单位时间内机器实际产量等于理论产量和时间效率的乘积。

络筒机理论产量:

$$G' = \frac{6v \cdot \text{Tt}}{10^5} [\text{kg}/(\text{锭} \cdot \text{h})] \tag{1-19}$$

式中:v——络筒速度,m/min;

Tt——纱线特数。

由于天然长丝和化纤长丝的细度常以旦尼尔(旦)为单位,若计算旦尼尔制络筒机理论产量,其计算公式要做相应换算。

络筒的实际产量:

$$G = K \cdot G' \tag{1-20}$$

时间效率 K 取决于原料的质量、机器运转状况、劳动组织的合理性、工人的技术熟练程度、卷装容量大小以及操作的自动化程度等因素。

(二)络筒的质量控制

络筒的质量主要由络筒去疵除杂效果和毛羽增加程度、筒子外观疵点和筒子内在疵点等方面决定。加强络筒的工艺技术管理、设备维修管理以及运转操作管理是控制络筒质量的根本途径。

1. 络筒去疵除杂效果和毛羽增加程度 络筒去疵效果可用乌斯特纱疵分级仪来测定,经络筒去疵之后,纱线上残留的纱疵级别必须在织物外观质量及后道加工许可的范围之内。除杂效率则以一定量的纱线在经过络筒除杂之后,杂物减少的粒数来衡量。络筒去疵除杂的质量标准应根据织物成品及后道加工要求、原纱质量、纤维材料、纱线结构等因素确定。

管纱络卷成筒子后,纱线上的毛羽明显增加,纱线的毛羽量以纱线毛羽仪测定。对比筒子上相对管纱的纱线毛羽增加程度,用以衡量络筒的质量。部分自动络筒机装有络筒毛羽减少装置,对抑制络筒纱线毛羽的增长起到十分明显的效果。

2. 筒子的外观疵点

(1)蛛网或脱边。由于络筒张力不当,筒管和锭管轴向横动过大,操作不良,槽筒两端沟槽损伤等原因,引起筒子两端,特别是筒子大端处纱线间断或连续滑脱,程度严重者形成蛛网筒子。这种疵点将造成纱线退绕时严重断头。

(2)重叠起梗。由于防叠功能失灵、槽筒沟槽破损或纱线通道毛糙阻塞等原因,使筒子表面纱线重叠起梗,形成重叠筒子。重叠起梗的纱条受到过度磨损,易产生断头,并且退绕困难。

(3)形状不正。当槽筒沟槽交叉口处很毛糙、清纱板上花衣阻塞、张力装置位置不正时,导纱动程变小,形成葫芦筒子;操作不良,筒子位置不正,造成包头筒子;断头自停机构故障,则形成凸环筒子;络筒张力太大,或锭管位置不正,形成铃形筒子;在锭轴传动的络筒机上,由于成形凸轮转向点磨损,或成形凸轮与锭子位置有移动,则造成筒子两端凸起或嵌进。

(4)松筒子和紧筒子。张力装置的工艺设置不当或筒子托架压力补偿不适当,使张力偏大或偏小,前者造成紧筒子,后者为松筒子;张力盘中有飞花或杂物嵌入,车间相对湿度太低等原因,形成卷绕密度过低的松筒子,纱圈稳定性很差,退绕纱线时产生脱圈。

(5)大小筒子。操作工判断不正确,往往造成大小筒子,影响后道工序的生产效率,并且筒脚纱也增加。采用筒子卷绕定长装置可克服这一疵点。

3. 筒子的内在疵点

(1)结头不良。捻接器捻接不良;络筒断头时接头操作不规范,引起结头形状、纱尾长度不合标准,如长短结、脱结、圈圈结等。这些不良结头在后道生产工序中会重新散结,产生断头。

(2)飞花回丝附入。电子清纱器失灵;捕纱器堵塞、吸嘴回丝带入;当纱线通道上有飞花、回丝或操作不小心,都会引起飞花回丝随纱线一起卷入筒子的现象。

(3)接头过多。电子清纱器灵敏度设置过高或验结调整不当。

(4)原料混杂、错特错批。由于生产管理不善,不同线密度、不同批号,甚至不同颜色的纱线混杂卷绕在同只或同批筒子上。在后道加工工序中,这种疵筒很难被发现,最后在成品表面出现"错经纱"、"错纬档"疵点。

(5)纱线磨损。断头自停装置失灵,断头不关车或槽筒(滚筒)表面有毛刺,都会引起纱线的过度磨损,纱身毛羽增加,单纱强力降低。

筒子的内在疵点还有双纱、油渍、搭头等。

自动络筒机的高度自动化从很大程度上排除了络筒优质高产对人为因素的依赖。由完善的络筒技术和强化络筒生产管理所形成的产品质量保证体系,使上述的筒子外观疵点及内在疵点得以避免。

本章主要专业术语

络筒(winding)

卷装(package)

筒子(bobbin,cone)

槽筒(drum)

平行卷绕筒子(parallel wound bobbin)

交叉卷绕筒子(cross wound bobbin)

摩擦传动(friction drive)

锭轴传动(spindle drive)

精密络筒(precision winding)

有级精密络筒(step – precision winding)

卷绕角(winding angle)

交叉角(cross angle)

卷绕密度(winding density)

紧密卷绕(close winding)

自由纱段(free segment of winding yarn)

卷绕重叠(winding pattern)

络筒张力(winding tension)

退绕点(unwinding point)

分离点(separating point)

摩擦纱段(frictional segment of yarn)

导纱距离(distance between cop top to the yarn guide)

气圈破裂器（balloon breaker）

气圈控制器（balloon controller）

张力装置（tension device）

电子清纱器（electronic yarn clearer）

捻接器（splicer）

定长自停（length stopping）

时间效率（time efficiency）

细络联合机（combined spinning and winding frame）

自紧结（self tight knot）

织布结（weaver's knot）

筒子结（ordinary loop knot）

毛羽减少装置（device for hairiness reduction）

☞ 思考题

1. 络筒工序的目的及工艺要求是什么？

2. 络筒机的主要组成部分及各部分的作用是什么？

3. 筒子卷绕的方式有哪几种？各种卷绕方式的特点是什么？

4. 筒子成形由哪两种基本运动组成？完成两种运动的方式是什么？

5. 试述圆柱形和圆锥形筒子卷绕的基本原理。

6. 何谓纱圈卷绕角？它的大小与什么因素有关？

7. 何为传动点、传动半径？

8. 在 1332MD 型槽筒式络筒机上，计算当锥形筒子大小端直径为 45/82、65/102、85/122（单位：mm）时的传动半径和平均半径的大小，并求其差值，根据实际差值的变化写出结论。

9. 槽筒对筒子作摩擦传动时，若槽筒的表面线速度为 600m/min，计算当筒子大小端直径为 170/200、70/100、30/60（单位：mm）时，圆锥形筒子大小端圆周速度，并分析说明圆周速度与筒子半径的关系。

10. 槽筒对筒子作摩擦传动时，圆柱形筒子、圆锥形筒子的纱圈卷绕角、纱圈节距随筒子直径的增加发生怎样的变化，为什么？

11. 试述影响筒子卷绕密度的主要因素，锥形筒子卷绕密度的分布规律，为实现卷绕密度的均匀应采取什么措施。

12. 络筒时纱线为何需要具有一定大小的张力？张力不当有何不利？

13. 管纱退绕时影响张力的因素是什么？如何均匀管纱退绕张力？

14. 何为气圈、导纱距离、分离点、退绕点？

15. 说明退绕管纱的一个层级和整只管纱退绕时的张力变化规律。造成管底退绕张力突增的原因是什么？

16. 络筒常见张力装置的作用及对张力装置的要求。累加法、倍积法、间接法的原理及各自的特点。

17. 气圈破裂器、气圈控制器的作用是什么？简述其理由。

18. 简述纱圈产生重叠的原因，说明槽筒络筒机的防叠方法，重叠筒子对后道工序的影响。

19. 简述清纱器的形式和工作原理,对比两种电子清纱器的主要工作性能。
20. 常用的捻接方法有哪些? 其工作原理如何?
21. 电子定长的目的是什么? 其工作原理如何?
22. 络筒工序的工艺参数有哪些? 确定各工艺参数的依据是什么 ?
23. 络筒外观质量和内在质量包含的内容是什么?

第二章　整　经

本章知识点

1. 整经的目的和要求,整经方式分类。
2. 筒子架的形式及特点,张力装置和断头自停装置的形式和原理。
3. 分批整经机的主要装置及工艺流程。
4. 分条整经机的主要装置及工艺流程。
5. 分批整经片纱张力均匀的措施。
6. 分条整经条带成形控制。
7. 整经的工艺设计项目及工艺的确定原则,整经产量及质量控制。

整经是将一定根数的经纱按工艺设计规定的长度和幅宽,以适宜的、均匀的张力平行卷绕在经轴或织轴上的工艺过程。整经工序使得经纱卷装由络筒筒子变成经轴或织轴,若所制成的是经轴,则再通过浆纱工序形成织轴。若所制成的是织轴,则提供给穿经工序,为构成织物的经纱系统做进一步准备。

整经是十分重要的织前准备工序,它的加工质量将直接影响后道加工的生产效率和织物质量。因此,对整经工序的一般要求有以下几点。

(1)全片经纱张力应均匀,并且在整经过程中保持张力恒定,从而减少后道加工中经纱断头和织疵。

(2)整经过程不应恶化纱线的物理机械性能,应保持纱线的强力和弹性,尽量减少对纱身的摩擦损伤。

(3)全片经纱排列均匀,整经轴卷装表面平整,卷绕密度均匀一致。

(4)整经根数、整经长度、纱线配置和排列应符合工艺设计规定。

(5)接头质量应符合规定标准。

在织造生产中,根据整经纱线的类型和所采用的生产工艺,广泛采用的整经方式可分为分批整经和分条整经。

分批整经又称轴经整经。这种整经方法是将织物所需的总经根数分成几批分别卷绕在经轴上,每一批纱片的宽度都等于经轴的宽度,每个经轴上的经纱根数应尽可能相等,卷绕长度按整经工艺规定。然后把这几个整经轴的纱线在浆纱机或并轴机上合并,并按工艺规定长度卷绕到织轴上。一批经轴可以做成若干只织轴,一般为 15~30 只。为了使各只织轴经纱长度相等,整经轴上的卷绕长度应是织轴卷绕长度的整数倍,并计算浆纱伸长和浆纱机上机及了机回丝长度。

分批整经方法具有生产效率高,片纱张力均匀,经轴质量好,适宜于大批量生产的特点,它可应用于各种纱线的整经加工,但主要用于原色或单色织物生产,在用于多种经纱的色织物生产时,若纱线配置和排列复杂,或生产隐条、隐格织物,则整经比较困难。

图 2-1 所示是分批整经机的工艺流程图。纱线从筒子 1 上引出,绕过筒子架上张力器和导纱部件之后,被引到整经车头,通过伸缩筘 2,导纱辊 3,卷绕到由变频调速电动机 6 直接传动的整经轴 4 上。压辊 5 以规定的压力紧压在整经轴上,使整经轴获得均匀适度的卷绕密度和圆整的卷装外形。在压辊 5 或导纱辊 3 上装有测长传感器,为线速度测量和计长采集信号。当卷绕长度达到工艺规定的整经长度时,计长控制装置作用关车,等待进行上、落轴操作。

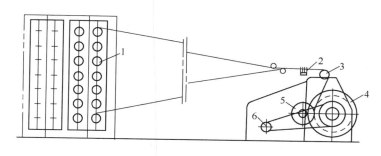

图 2-1 分批整经机的工艺流程

分条整经又称带式整经,这种整经方法是将织物所需的总经根数根据纱线配列循环和筒子架的容量分成根数尽可能相等、纱线配置和排列相同的若干份条带,并按工艺规定的幅宽和长度一条挨一条平行卷绕到整经大滚筒上,待所有条带都卷绕到整经大滚筒上后,再将全部经纱条带由整经大滚筒同时退绕到织轴上去,这种退绕到织轴上的过程称为倒轴。分条整经直接形成供织机织造用的织轴。

分条整经工艺过程是通过条带卷绕和倒轴两个阶段来完成的,因此分条整经的生产效率不高。各条带之间整经张力不够均匀,从而影响织机开口的清晰程度,可能导致经纱断头或织疵形成。对于弹性较差的麻纱、玻璃纤维、金属丝等,这种张力不匀的弊病就比较突出。

分条整经的优点在于多色纱或不同捻向纱的整经时,花纹排列十分方便,一个条带中包含一个或数个配色循环,回丝也较少,故特别适宜于织物的小批量、多品种生产。对于不需要上浆的产品可以直接在整经过程中获得织轴,缩短了工艺流程,因而在毛织厂、丝织厂和色织厂中分条整经方法应用很广。

图 2-2 所示是一种常见的分条整经机的工艺流程简图。纱线从筒子架 1 上的筒子 2 引出后,主要经导杆 3、后筘 4、导杆 5、光电式断头自停片 6、分绞筘 7、定幅筘 8、测长辊 9 以及导辊 10 后逐条卷绕到大滚筒 11 上,其行径如细实线所示。再卷时,大滚筒上的全部经纱随织轴 12 的转动按虚线所示的纱路做逆时针方向退出,从而再卷到织轴上。

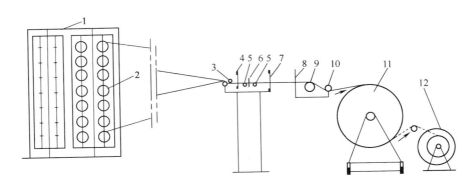

图2-2　分条整经机的工艺流程

整经方式除分批整经和分条整经外,还有分段整经和球经整经。分段整经是将全幅织物的经纱分别卷绕在数只狭幅小经轴上(即分为数小段),然后再将数个小经轴的经纱同时退解出来,卷在织轴上。这种整经方法用在有对称花型的色纱整经时,甚为方便。如将若干只狭幅小经轴依次并列地穿在轴管上,便可构成供经编机和编织机等用的织轴。球经整经是先将一定根数的经纱集束绕成球状纱团,经后道的绳状染色,达到染色均匀的效果,经染色后经纱再在拉经机上卷绕成经轴。球经整经适用于牛仔布等高档色织物生产。

第一节　整经筒子架

整经工序所用的纱线卷装形式一般为络筒工序提供的筒子,整经筒子架的基本功能就是放置这些整经所用的筒子。整经筒子架通常简称为筒子架,能由筒子架引出的最多整经根数称为筒子架容量。筒子架一般还有纱线张力控制、断纱自停与信号指示等功能,这些功能对提高整经速度、质量、生产效率有着重要影响。

一、筒子架分类

(一)按筒子纱退绕方式分

筒子架可分为轴向退绕式和切向退绕式两种。

1. 轴向退绕　轴向退绕的整经筒子为圆锥筒子,经纱轴向退绕时筒子不需回转,这有利于整经速度及整经质量的提高,并可使筒子卷装容量增加,因而得到广泛采用。

2. 切向退绕　切向退绕的整经筒子为有边筒子,筒子需绕锭座回转退绕出经纱,由于筒子回转惯性大,退绕启动时纱线突然张紧,张力猛增,而停止时,纱线松弛,张力锐减,这种方式不适于高速整经,整经质量差,筒子容量也受限制。

(二)按更换筒子的方式分

筒子架可分为连续整经式和间断整经式两种。

1. 连续整经式　连续整经式筒子架又称为复式筒子架,从复式筒子架上引出的每根纱线是由两只筒子(工作筒子和预备筒子)交替供应的,预备筒子的纱头与正在退绕的工作筒子的纱尾接在一起,在工作筒子上的纱线退绕完毕时,预备筒子自动进入退绕工作状态,成为工作筒子,原来工作筒子的空筒管被取下,装上满筒子,成为新的预备筒子,这种整经方式的换筒工作在整经连续生产过程中进行,更换筒子不需停台。

2.间断整经式 间断整经式筒子架上引出的每根纱线是由一只筒子供给的,筒子上的纱线用完时,必须停车进行换筒,也称为间歇整经方式。间断整经式筒子架又分为固定式和活动式两种,前者引出的每根纱线是由一组筒子架上的筒子供给的,筒子上的纱线用完时,由人工逐个换筒,停台时间较长,对整经机械效率有显著影响;而后者引出的每根纱线是由两组筒子架(工作筒子架和预备筒子架)交替供应的,工作筒子架上的筒子退绕完毕时,整经机短暂停车,通过人工操作或自动控制,预备筒子架与工作筒子架相互换位,预备筒子架进入退绕工作位置,成为工作筒子架,原来的工作筒子架退出工作位置,被换上新的满筒,转为预备筒子架。就换筒停台时间而言,活动式筒子架介于固定筒子架和复式筒子架之间,比固定式筒子架大大缩短,除此之外,活动式筒子架与复式筒子架相比,活动式筒子架有如下优点。

(1)有利于高速整经。复式筒子架上,纱线从工作筒子跳到预备筒子时,经纱张力发生突变,突变量随整经速度的提高而增加,通常纱线张力增加一倍以上,引起纱线断头。

(2)减少翻改品种产生的筒脚纱。复式筒子架在翻改品种时,产生大量筒脚纱。

(3)有利于减少筒子架占地面积。在筒子卷绕直径与整经根数相同的情况下,采用复式筒子架使筒子架长度增加一倍以上。

(4)有利于均匀整经片纱张力。由于活动式筒子架较短,筒子架不同区域引出的纱线其长度差异就减少,从而各纱线之间张力差异也减小。同时,在络筒定长条件下各筒子的退绕直径相等,对均匀片纱张力有利。

(5)有利于提高整经机械效率。筒子架长度缩短,工人在断头处理时(特别是处理后排纱线断头)所走的路程也就缩短,断头处理的停台时间减少,机械效率提高。

(三)按筒子架的外形分

筒子架可分为 V 形筒子架和矩形筒子架(矩—V 形亦属矩形)两种。在 V 形筒子架上纱线离开张力装置后被直接引到整经机伸缩筘,这为换筒和断头处理带来方便,并使得筒子架不同区域引出的纱线对导纱通道的摩擦包围角差异很小,有利于片纱张力均匀。由于纱线所受的导纱摩擦作用较弱,因此特别适合于低张力的高速整经。V 形筒子架上同排张力器的工艺参数可以统一,便于集中管理。它的主要缺点是占地面积较大,虽然长度方向比矩形筒子架缩短20%,但宽度方面却增加一倍以上。矩形筒子架的特点与 V 形筒子架相反。

二、常用筒子架介绍

(一)固定式筒子架

固定式筒子架属于间断整经式筒子架,经纱呈轴向退绕,外形为矩形,如图 2-3 所示。

装载筒子的支架 1 是固定的,每根纱线始终由一只筒子供应,张力架 2 可沿其轨道做横向移动,张力架的移动由筒子架后部的移动手轮 3 控制。在正常工作时,张力架到筒子顶端的距

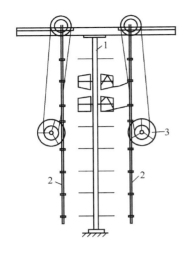

图 2 – 3 固定式筒子架
1—支架 2—张力架 3—移动手轮

离可根据筒子直径而定,并可以随着筒子直径减小,随时改变张力架的位置,以获得理想的退绕状态。换筒时可用移动手轮 3 将两侧的张力架向外移动,形成较宽的工作通道,便于操作。采用固定式筒子架,由于筒子定长并且换筒发生在同一时间,于是所有筒子退绕直径相同,加之筒子架长度较短,因此整经时全片经纱张力较为均匀。但更换筒子需较长时间的停车,工作效率较低。这种整经筒子架要求每只筒子的绕纱长度一致,即络筒时要定长,否则增加倒筒脚的工作量。固定式筒子架适用于纱线特数细、批量小、品种多的产品。

(二)复式筒子架

复式筒子架属于连续整经式筒子架,经纱呈轴向退绕,外形多为矩—V 形。图 2 – 4(a)所示为工作筒子和预备筒子的配置情况。图 2 – 4(b)所示为矩—V 形筒子架的外形,这种外形可缩小筒子架前后位置距离不同引起的张力差异。纱线从张力器引出后经多道导纱瓷板引导,再进入整经机伸缩筘。矩—V 形复式筒子架具有换筒不停车的优点,但由于筒子架的筒子容量扩大一倍,使得筒子架长度大大增加,筒子架不同区域引出的纱线之间在引纱长度、导纱部件件数、摩擦包围角等方面存在较大差异,容易引起片纱张力不匀。它对于质量要求不高的中、粗特纱线的大批量整经生产较为适宜。

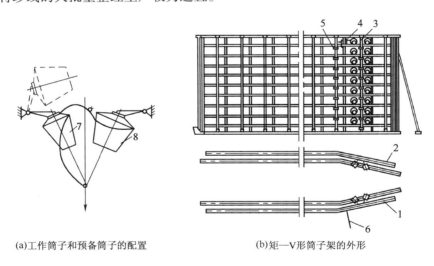

(a)工作筒子和预备筒子的配置   (b)矩—V形筒子架的外形

图 2 – 4 复式筒子架

1、2—左右筒子架 3—立柱 4—锭座 5—张力装置 6—导纱瓷板 7—工作筒子 8—预备筒子

(三)活动式筒子架

活动式筒子架既能实现集体换筒,使所有筒子退绕直径相同,又不致因换筒停车时间过长。有的活动式筒子架为将换筒停车时间尽量缩短,还配备了自动剪纱器和自动打结器,使活动式

筒子架得到完善。活动式筒子架一般有如下几种形式。

1.循环链式筒子架 循环链式筒子架如图2-5所示。这种筒子架的特点是成V形,安装的筒子架两侧各有一对循环链条。这链条可使一排排的筒子锭座立柱围绕环形轨道移动,将用完的筒子锭座从筒子架外侧的工作位置,运送到内侧的换筒位置,而将事先装好的满筒送至工作位置。筒子架内侧有较大

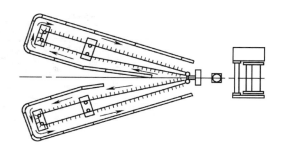

图2-5 循环链式筒子架

的空地,可以存放筒子和运筒工具。采用这种筒子架,大大节约换筒时间。循环链式筒子架有利于提高整经的片纱张力均匀程度,并十分适宜于在低张力的高速整经中使用。

2.分段旋转式筒子架 分段旋转式筒子架如图2-6所示,筒子架以三排筒子锭座立柱为一个回转单元。停车时启动电动机,通过链条驱动各单元的主立柱回转,使内侧的满筒转过180°至外侧工作位置,外侧的空筒转到内侧换筒位置。由于换筒时间缩短,整经机械效率得到提高。

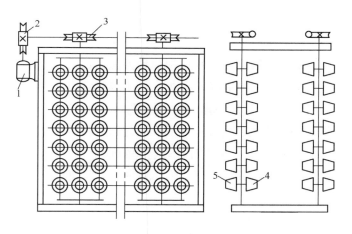

图2-6 分段旋转式筒子架

1—电动机 2、3—蜗杆、蜗轮传动副 4—预备筒子架 5—工作筒子架

3.组合车式筒子架 组合车式筒子架如图2-7所示,由若干辆活动小车和框架组成,车底下装有轮子,能自由地移动,整经所需的一批筒子装在若干辆活动小车上。每辆活动小车两侧为筒子锭座,所容纳的筒子排数和层数不尽相同,一般可容纳约80~100只筒子。每个筒子架活动小车的数量可根据实际需要选定,但备用活动小车数量至少等于工作小车数。换筒前,先将装载满筒的小车推到筒子架旁,待筒子架上的纱线用完时,启动链条装卸装置,从筒子架框架后部撤出带有筒脚的小车,并将满筒小车装入到工作位置,这种换筒方式缩短了停台时间,提高了整经机械效率。但是,备用的小车数量多,设备价格高,并且占地也大。

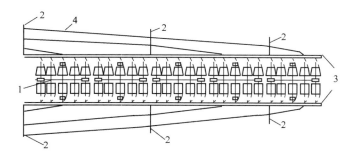

图 2-7　组合车式筒子架

1—活动小推车　2—导纱瓷板　3—张力架　4—经纱

三、整经张力装置

整经时为了使经轴获得良好成形和较大的卷绕密度,在整经筒子架上一般设有张力装置,给纱线以附加张力;设置经纱张力装置的另一目的是调节片纱张力,即根据筒子在筒子架上的不同位置,分别给以不同的附加张力,抵消因导纱状态不同产生的张力差异,使全片经纱张力均匀。值得指出的是随着整经速度提高,因导纱部件和空气阻力附加给纱线的张力已能满足整经的要求,故有些整经机上不再专门配置张力器,附加张力通过导纱部件做微调。

整经张力装置的工作原理一般为累加和倍积两种方法的综合,图 2-8 所示为几种常用的张力装置。图 2-8(a)表示了常见的垫圈式张力装置,该装置通过改变张力圈 4 的重量来调节纱线张力,输出张力波动较大。双柱压力盘式张力装置如图 2-8(b)所示,它主要通过改变双柱之间的氧化铝张力柱 8 的位置来改变纱线包围角,从而起到调节纱线张力的作用。双张力盘式张力装置如图 2-8(c)所示,它是一种设计比较合理的张力装置,第一组张力盘起减震作用,第二组张力盘控制纱线张力。纱线除了在张力器出口处有包围角外,尽量地避免了倍积法张力

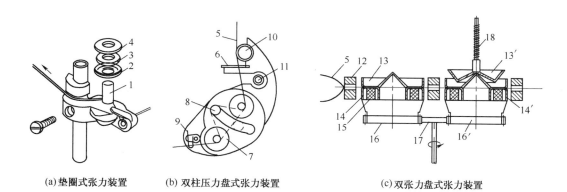

(a)垫圈式张力装置　　　(b) 双柱压力盘式张力装置　　　　(c)双张力盘式张力装置

图 2-8　几种常用的整经张力装置

1—瓷柱　2—张力盘　3—绒毡　4—张力圈　5—纱线　6—挡纱板　7—压力盘　8—张力柱　9—导纱钩

10—立柱　11—调节轴　12—导纱眼　13、13′—上张力盘　14、14′—下张力盘　15—减震环

16、16′—从动齿轮　17—主动齿轮　18—加压弹簧

原理,于是筒子退绕造成的纱线张力波动不被进一步扩大。减震环和弹簧加压方式使累加法张力装置中的动态附加张力波动减少到最低程度。在圆盘驱动齿轮的作用下,两只底盘慢速回转,防止了飞花、杂物的积累,保证张力装置正常工作。这种张力装置的输出张力波动较小,适应高速整经。图 2-9 所示为垫圈式张力装置与双张力盘式张力装置输出张力的对比。

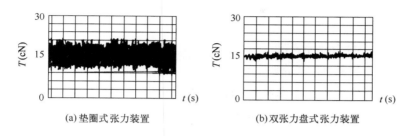

(a)垫圈式张力装置　　　　　　　(b)双张力盘式张力装置

图 2-9　两种张力装置输出张力对比

有些新型整经机上配置了电磁张力装置,如图2-10所示,它利用可调电磁阻尼力对纱线施加张力。纱线包绕在一个转轮 1 上,转轮由轴承 2 支承,其机械摩擦阻尼力矩很小。转轮内设有电磁线圈,产生电磁阻尼力矩施加给转轮。通过改变线圈电流参数即可调节纱线张力的大小。

此外,还有导纱棒式张力装置,这种张力装置的设置主要是为了调节片纱的张力均匀程度。如图 2-11 所示,筒子架每排设有一套导纱棒式张力装置,纱线自筒子引出后,经过导纱棒 1、2,绕过纱架立柱 3,再穿过自停钩 4 而引向前方。通过调节导纱棒 2 的位置来调节导纱棒 1、2 间的距离大小,从而调节纱线对导纱棒的包围角来改变和控制经纱张力,它只能调节整排经纱张力,不能调节单根经纱的张力。

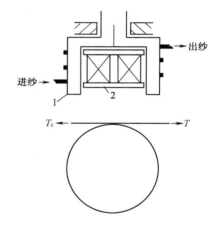

图 2-10　电磁张力器

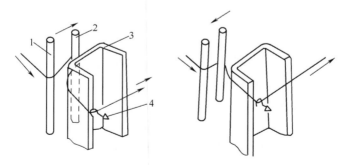

图 2-11　导纱棒式张力装置

四、整经断头自停装置

一般筒子架上每锭都配有断头自停装置,整经断头自停装置的作用是当经纱断头时,立即向整经机车头控制部分发信号,由车头控制部分立即发动停车。高速整经机对断头自停装置的灵敏度提出了很高要求,要求在 800 ~ 1000m/min 整经速度下整经断头不卷入经轴,从而方便挡车工处理断头。因此为尽早检测,断头自停装置安放在整经筒子架的前部,断头自停装置还带有信号指示灯。当纱线发生断头时,自停装置发信号关车,同时指示灯指示断头所处的层次位置,便于挡车工找头。整经断头自停装置的作用原理主要有电气接触式和电子式两种。

(一)电气接触式断头自停装置

电气接触式自停装置有两种常见的形式。

1. 经停片式 经停片式自停装置十分简单,纱线断头后经停片因自重下落,接通导电棒1、2,使控制回路导通发动关车,如图 2 - 12(a)所示。这种自停装置容易堆积纤维尘埃,引起自停动作失灵。

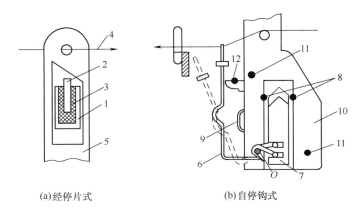

(a)经停片式   (b)自停钩式

图 2 - 12 电气接触式断头自停装置

1、2—电极棒 3—绝缘体 4—经纱 5—经停片 6—自停钩 7—铜片 8—铜棒
9—指示灯 10—架座 11—杆 12—分离棒

2. 自停钩式 自停钩式自停装置的断头信号传感元件是自停钩6。纱线断头时自停钩下落,铜片7上升,使铜棒8接通并发动关车,如图 2 - 12(b)所示。这种装置带有胶木防尘盒,有一定的防飞花尘埃作用,但结构比较复杂。

接触式电气自停装置的电路导通元件接触表面会氧化,接触电阻增加,长期使用后自停装置灵敏度会下降。断头关车失灵是这类自停装置的常见故障。

(二)电子式断头自停装置

电子式整经断头自停装置又可分为光电式和电容式两种。

1. 光电式 光电式电气自停装置具有较高的断头自停灵敏度和准确率,该装置采用红外线发光二极管作为发射源,接收部分采用与发光管波长接近的光敏三极管。由成对的红外线发射器和接收器在每一层纱线下部形成一条光束通道。当纱线未断时,经停片由纱线支承于光路上方,光束直射光敏管上,光敏管将光信号转换成高电位输出信号。当纱线断头时,经停片下落挡住光路,光敏管输出低电平信号,发动关车并指示灯亮。

2. 电容式 电容式整经断头自停装置的感测部分为一 V 形槽电容器,整经机正常运行时,纱线紧贴 V 形槽底部运动,由于纱线运行及表面不平整的抖动,电容器产生的电信号类似"噪声信号",一旦发生经纱断头,这种"噪声信号"消失,控制电路立即发动关车。

第二节 整经张力

整经筒子上的纱线一般为轴向退解,通过张力器、导纱部件、断纱自停装置直至卷绕到整经轴(或整经大滚筒)上,经受了由气圈运动、张力装置、导纱部件、空气阻力等产生的机械作用,使纱线张力逐步增加,达到工艺设计规定的整经张力数值。

整经张力涉及单根纱线的张力和整片经纱的张力。单纱张力应当适度,张力过大,会引起经纱强力及弹性损失,后道工序中,特别是织机上经纱断头增加。单纱张力过小,使整经轴卷绕密度降低,绕纱量少,且易造成经轴成形不良。片纱张力应均匀,片纱张力不匀会影响浆纱生产和浆轴质量,并在织机上产生开口不清、"三跳"织疵等种种疵病。因此,后续各道工序的生产效率、产品质量在很大程度上取决于纱线的整经张力状况。

下面对除张力装置外的几个影响整经张力的因素以及均匀片纱张力的措施进行分析。

一、筒子纱退绕张力

纱线从固定的筒子上高速退绕时,在导纱孔和筒子上纱线分离点之间形成气圈。在导纱孔处,这段纱线的张力取决于纱线对筒子表面粘附力、纱线在筒子表面摩擦滑移所产生的摩擦阻力、退绕纱圈的运动惯性力、空气阻力以及气圈引起的离心力等。

图 2 - 13 所示为导纱孔处纱线的张力变化曲线。图 2 - 13(a)组曲线反映了相同整经速度条件下,不同纱线线密度对纱线张力的影响,线密度越大,纱线张力也就越大。图 2 - 13(b)组曲线反映了相同纱线线密度条件下,不同整经速度对纱线张力的影响,速度越高,纱线张力就越大。两组曲线都表明了纱线张力做周期性的变化,变化周期 t_n 对应于筒子上两层纱线的退绕;退绕点位于筒子底部(大端)时,由于纱线未能完全抛离筒子表面,致使摩擦纱段较长,增加了纱线分离点的张力,因此纱线退绕张力最大并对应于曲线的波峰;退绕点位于筒子顶部(小端)时,摩擦纱段很短,则对应于曲线的波谷。

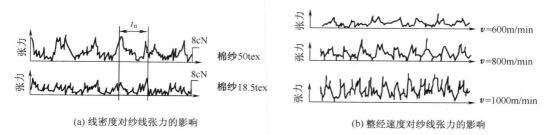

| (a) 线密度对纱线张力的影响 | (b) 整经速度对纱线张力的影响 |

图 2 - 13 导纱孔处纱线张力变化曲线

通常筒子处于平置的工作状态,当退绕点位于筒子圆锥表面下半部分时,由于纱线自重的作用纱线比较容易抛离筒子表面,从而摩擦纱段较短,纱线的退绕张力较小。反之,当退绕点位于上半部分时,则纱线退绕张力较大。为减少这种张力差异,在筒子架的安装保养工作中,规定筒子锭座的中心线应通过导纱孔垂直下方(15 ± 5)mm 处,如图 2 – 14 所示。

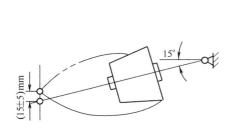

图 2 – 14　筒子锭座与导纱孔相对位置

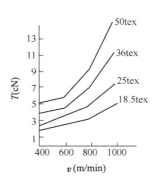

图 2 – 15　纱线退绕平均张力 T 与
整经速度 v 的关系

生产中,整经速度的提高可提高设备效率,但也会增加整经张力及整经张力不匀,从而增加整经断头,恶化整经质量,降低整经设备效率。图 2 – 15 表明,随整经速度提高,气圈顶点的导纱孔处纱线退绕平均张力(筒子大小端处退绕张力的平均值)也不断增加。

整个筒子纱线退绕平均张力变化如图 2 – 16 所示。曲线表明,随筒子卷装尺寸变化,导纱孔处的纱线张力也发生变化,特别在高速整经或粗特纱加工时变化尤为明显。因此,筒子架上筒子退绕尺寸应保持一致。

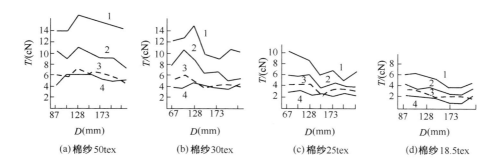

(a) 棉纱 50tex　　(b) 棉纱 30tex　　(c) 棉纱 25tex　　(d) 棉纱 18.5tex

图 2 – 16　纱线退绕平均张力 T 与圆锥形筒子平均直径 D 的关系
1—1000m/min　2—800m/min　3—600m/min　4—400m/min

当导纱距离不同时,纱线退绕平均张力也发生变化。实践表明,存在着最小张力的导纱距离。大于或小于此值,都会使平均张力增加,这是因为导纱距离越长则退解气圈的纱线质量越大,退解时气圈离心惯性力也越大。导纱距离小时,则纱线在退解时易与筒子摩擦,又使张力有所增加。生产中一般采用的导纱距离为 140 ~ 250mm,对于涤棉纱,为了减少纱条扭结,以采用偏短的导纱距离为宜。

二、空气阻力和导纱部件引起的纱线张力

纱线在空气中沿轴线方向运动时,受到空气阻力作用,产生张力增量。空气阻力 F(即张力增量)为:

$$F = Cv^2\rho DL \tag{2-1}$$

式中:C——空气阻力系数;

$\quad v$——纱线速度;

$\quad \rho$——空气密度;

$\quad D$——纱线直径;

$\quad L$——纱线长度。

由此可见,空气阻力所形成的张力增量与纱线引出距离(即纱线长度 L)及整经速度的平方成正比。

纱线从张力装置引出,经过筒子架和整经机各导纱部件,然后卷绕到整经轴上。纱线以一定的包围角绕过这些导纱部件工作表面时,摩擦阻力引起纱线张力增量。

有时包围角极小,可以忽略不计。纱线仅以自重压在导纱器工作表面,产生摩擦阻力。摩擦阻力引起的纱线张力增量为 ΔT_1:

$$\Delta T_1 = fqL \tag{2-2}$$

式中:f——纱线对导纱器工作表面的摩擦因数;

$\quad q$——单位长度的纱线重量;

$\quad L$——纱线长度。

有时包围角较大,由欧拉公式可知,包围摩擦引起的纱线张力增量 ΔT_2 为:

$$\Delta T_2 = T_0 \left[e^{(f_1\theta_1 + f_2\theta_n + \cdots + f_n\theta_n)} - 1 \right] \tag{2-3}$$

它和纱线离开张力器时的初始张力 T_0 有关,同时明显地受纱线通道上多次导纱包围角(θ_1、θ_2、$\cdots$、θ_n)及摩擦因数(f_1、f_2、$\cdots$、f_n)的影响。

由以上分析可知,纱线张力增量取决于纱线引出距离(纱线长度)、纱路曲折程度(摩擦包围角)及整经速度等因素。

三、均匀片纱张力的措施

根据前述影响纱线整经张力的各种因素,采取以下措施,能使片纱张力趋于均匀。

(一)采用间歇整经方式及筒子定长

由于筒子卷装尺寸明显影响纱线退绕张力,所以在高中速整经和粗特纱加工时应当尽量采用间歇整经方式,即筒子架上筒子的纱线退绕完毕时,整经机停车,然后采用集体换筒方法,一次性更换全部筒子。同时,对络筒也提出定长要求,以保证所有筒子在换到筒子架上时具有相同的初始卷装尺寸,并可大大减少筒脚纱的数量。

（二）合理设定张力装置的工艺参数

由筒子架后排筒子导出的纱线引出距离较长,于是空气阻力和导纱部件作用使纱线张力较大;而前排则反之,纱线张力较小。在矩—V形筒子架上,同排的上中层筒子之间,由于纱路的曲折程度不同,也造成了上下层张力较大,而中层张力较小的现象。适当调整筒子架上不同区域张力装置的工艺参数,可以弥补这些张力差异,实现片纱张力均匀。张力装置的工艺参数是指张力圈重量、纱线的包围角、气动或弹簧的加压压力等。

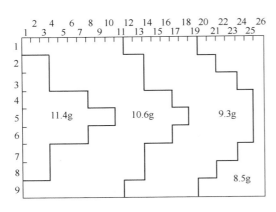

图2-17　张力装置张力圈弧形配置

在1452型整经筒子架上,采取了分段分层配置张力圈重量的措施。分段分层配置张力圈重量的原则是:前排重于后排,中间层重于上下层。具体应视筒子架长度和产品类别等情况而定。一般有筒子架前后方向分两段或三段的配置,也有结合上下方向分三层而成六个区或九个区配置。为使张力更加均匀,还可采用弧形分段配置张力圈重量。应当指出,分段分层数越多,张力越趋于均匀一致,但管理也越不方便。图2-17所示为涤棉细特高密织物在1452型整经筒子架上弧形分四段的张力圈重量配置图,张力圈重量为11.4g、10.6g、9.3g、8.5g,弧形四段配置比全部为16.5g的配置,全幅张力不匀率显著降低。

新型高速整经机上,一般对筒子架前后方向分段设定张力装置工艺参数。每段的参数可以集中调节和控制。

（三）纱线合理穿入伸缩筘

纱线穿入伸缩筘的不同部位会形成不同的摩擦包围角,引起不同的纱线张力。纱线合理穿入伸缩筘既要达到片纱张力均匀的目的,又要适当兼顾操作方便。目前使用较多的有分排穿筘法（又称花穿）和分层穿筘法（又称顺穿）。

1. 分排穿筘法　分排穿筘法从第一排开始,由上而下（或由下而上）将纱线从伸缩筘中点往外侧逐根逐筘穿入,如图2-18（a）所示。此法虽然操作较不方便,但因引出距离较短的前排纱线穿入纱路包围角较大的伸缩筘中部,而后排穿入包围角较小的边部,能起到均匀纱线张力的作用,并且纱线断头时也不易缠绕邻纱。

2. 分层穿筘法　分层穿筘法则从上层（或下层）开始,把纱线穿入伸缩筘中部,然后逐层向伸缩筘外侧穿入,如图2-18（b）所示。此法纱线层次清楚,找头、引纱十分方便,但扩大了纱线张力差异,影响整经质量。因此,目前整经机上多采用分排穿筘法。

（四）加强生产管理,保持良好的机械状况

纱线张力受筒子的导纱距离以及筒子轴线与导纱孔相对位置的影响,导纱距离要适当选择,并保持固定不变,筒子锭座安装应符合标准,并做定期校正。高速整经机在筒子换筒之后,导纱距离要按规定标准调节。

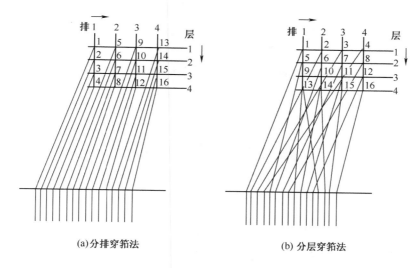

(a)分排穿筘法　　　　　(b)分层穿筘法

图 2 – 18　纱线穿入伸缩筘的两种穿法

为减少片纱横向张力差异,整经机各轴辊安装应平直、平行、水平。1452C 型整经机的整经轴要定期保养维修,轴芯应平直,木管应圆整,盘片应垂直轴芯,以减少整经轴跳轴引起的张力波动。张力装置需经常清洗、检查,保持张力盘回转轻快灵活,保证张力装置的工艺参数符合工艺设计规定。伸缩筘筘齿也应排列均匀。

分批整经的工艺设计应尽可能多头少轴,减小整经轴上纱线的间距,避免纱线过大的左右活动范围,同时伸缩筘排纱要匀,并左右一致,使整经轴形状正确、表面平整、片纱张力均匀。半成品管理中应做到筒子先到先用,减少筒子回潮率不同所造成的张力差异。使用高速整经机时,应加强络筒半成品质量的控制,减少整经过程中纱线断头关车次数,避免频繁的开关车所引起的张力波动。

长丝整经机上还配备有张力架,以提高片纱张力的纵向均匀程度。其原理如图 2 – 19 所示,张力架由导辊 1、2 和悬臂梁式张力传感器 3 组成。导辊 1 和 2 以齿轮相互连接,在导辊 2 的一端装有交流电动机,另一端装有涡流制动器。纱线 4 绕过导辊 1、2,并以一定压力压在传感器感应元件——悬臂梁上,压力的数值与片纱张力大小有关。当纱线张力波动时,悬臂梁变形量变化,传感器 3 发出信号,经与设定值(对应一定的整经张力)对比,使导辊 2 上的交流电动机或涡流制动器工作。当纱线张力 T 小于设定值时,涡流制动器工作,使导辊 1、2 转速下降,通过摩擦作用提高片纱张力;反之,当大于设定值时,交流电动机工作,使导辊 1、2 转速上升,通过摩擦作

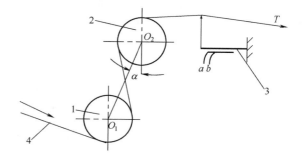

图 2 – 19　调整整片经纱张力的张力装置
1、2—导辊　3—传感器　4—纱线
a、b—应变片式传感器引线

用来减小片纱张力。当片纱张力等于设定值时,纱线带动导辊1、2在轴承上轻快转动。使用张力架后,筒子架上纱线引出的张力值可调节得较小,片纱通过张力架时,借助统一、集中的张力设定,达到均匀、适度的片纱张力。对应不同的纱线整经张力,角α要做调整,以改变纱线对导辊1、2的摩擦包围角,使导辊能对纱线产生足够的摩擦阻力,满足片纱张力调整的需要。

第三节　整经卷绕

一、分批整经卷绕

分批整经时,片纱密度较稀(一般为4~6根/cm),为使经轴成形良好,分批整经按一很小的卷绕角卷绕,接近于平行卷绕方式,对卷绕过程的要求是整经张力和卷绕密度均匀、适宜,卷绕成形良好。

分批整经机上伸缩筘左右往复移动,引导纱线平行地均布在整经轴表面,并且互不嵌入,以便于退绕。根据纱线直径及纱线排列密度,伸缩筘动程在0~40mm范围内调整。在伸缩筘到导纱辊以及导纱辊到整经轴卷绕点之间存在着自由纱段,因为自由纱段的作用,整经轴上每根纱线卷绕点的左右往复动程远小于伸缩筘动程,一般可达2~5mm。部分分批整经机在结构设计上做了改进,缩短了自由纱段长度,使伸缩筘往复运动的导纱功效准确地传递到整经轴上,提高了经纱排列的均匀性。

为保持整经张力恒定不变,整经轴必须以恒定的表面线速度回转,于是随整经轴卷绕半径增加,其回转角速度逐渐减小,然而整经卷绕功率恒定不变。因此,整经卷绕过程具有恒线速、恒张力、恒功率的特点。

(一)整经轴的卷绕

1. 摩擦传动的整经轴卷绕　如图2-20所示,交流电动机4通过传动带传动滚筒1恒速转动,整经轴2搁在导轨上,受水平压力F的作用紧压在滚筒表面,接受滚筒的摩擦传动,由于滚筒的表面线速度恒定,所以整经轴亦以恒定的线速度卷绕经纱3,达到恒张力卷绕目的。这种传动系统简单可靠、维修方便,但亦存在制动过程经轴表面与滚筒之间的滑移造成的纱线磨损,断头关车不及时等弊病,随着整经速度提高,情况进一步恶化,因此高速整经机不采用这种传动方式。

2. 直接传动的整经轴卷绕　这是目前高速整经机普遍采用的传动方式。这种整经机的经轴两端为内圆锥齿轮,它工作时与两端的外圆锥齿轮啮合,接受传动。采用经轴直接传动后,随经轴卷装直径逐渐增加,为保持整经恒线速度,经轴转速应逐渐降低,这种对经轴的调速传动可以采用三种方式。

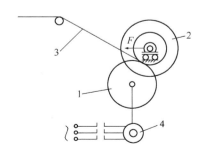

图2-20　经轴摩擦传动方式

（1）调速直流电动机传动。直流电动机直接传动整经轴卷绕纱线,压辊紧压在整经轴表面,施加压力,并将纱线速度信号传递给测速发电机。机构采用间接法恒张力控制,它以纱线的线速度为负反馈量,通过控制线速度恒定来间接地实现恒张力的目的。

（2）变量液压电动机传动。纱线经导纱辊卷入由变量液压电动机直接传动的整经轴,在电动机的拖动下,变量油泵向变量液压电动机供油,驱动其回转。串联油泵将高压控制油供给变量油泵和变量液压电动机,控制它们的油缸摆角,以改变液压电动机的转速。

（3）变频调速传动。由交流电动机传动整经轴卷绕纱线,根据所设计的整经线速度,由电位器设定一个模拟量,实际的整经线速度经测速发电机测出作为反馈取出一个模拟量,经过A/D转换、PLC运算后输出一个模拟调节量,送入FVR变频器,从而控制交流电动机速度。随着经轴直径的增大,线速度反馈量随之增大,经过PLC运算后送入FVR,控制电动机速度不断下降,使整个整经过程中线速度保持恒定,传动系统如图2-21所示。由于变频调速系统具有调速精度高、响应快、性能可靠等特点,目前高速整经机普遍采用变频调速传动方式。

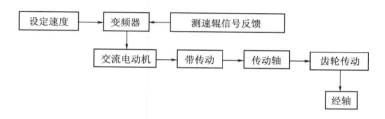

图 2-21　采用变频调速电动机的经轴直接传动方式

（二）对经轴的加压

整经加压是为了保证卷绕密度的均匀、适度,保证卷装成形良好。加压方式有机械式、液压式和气动式。

1. 机械式　整经机的机械式水平加压机构如图2-22所示。整经轴1安放在轴承滑座2上,滑座可沿滑轨3前后移动。齿杆4的一端装在滑座中,另一端与齿轮5啮合。重锤7通过绳轮6使齿轮5顺时针方向回转,并带动齿杆将整经轴紧靠在滚筒8上。整经过程中,随整经

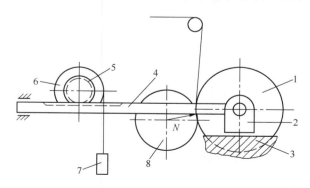

图 2-22　机械式水平加压

轴卷绕半径不断增大,卷绕加压压力 N 基本不变,这种加压装置亦为恒压加压装置,加压压力由重锤调节。

2. 液压式 液压式压辊加压机构如图 2 – 23 所示。自重为 P 的压辊 1 对整经轴 2 施加压力 N',压辊装在压辊臂 3 上,绕 O 点转动,压辊臂的另一端 A 上装有拉力弹簧,弹簧拉力 F 对 O 的力矩用以平衡压辊对 O 的重力矩,在压辊臂上还施加着由压辊加压油缸和制动器所产生的恒定力矩 M。以压辊臂为脱离体,如图 2 – 24 所示,根据对 O 点的力矩平衡方程可得:

$$N = \frac{M + Fl_3 + Pl_2}{l_1}$$

式中,l_1、l_2、l_3 分别表示压辊臂回转轴心 O 到压力 N、重力 P、弹簧力 F 作用线的距离,其中 l_2、l_3 以逆时针方向的力矩所对应的力臂为正。通过机构的参数合理选择,使整经过程中 N 数值几乎不变,这种加压装置为恒压力加压装置。为适应不同品种纱线的卷绕,可调节加压油缸中工作油的压力,使力矩 M 变化,从而改变加压压力。

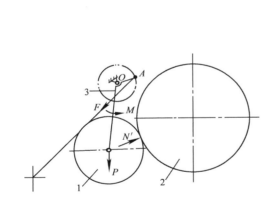

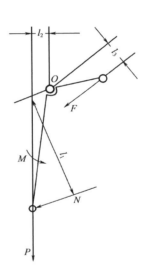

图 2 – 23 液压式加压机构
1—压辊 2—整经轴 3—压辊臂

图 2 – 24 压辊臂受力图

(三)三辊同步制动

分批整经的线速度很高,新型分批整经机的设计速度普遍达到 1000m/min,为使发生经纱断头后能迅速制停,不使断头卷入经轴,分批整经机上配备高效的液动或气动制动系统。为了防止制动过程中测速辊、压辊与经纱发生滑移造成测长误差和经纱磨损,在高速整经机上普遍采用测速辊、压辊和经轴三者同步制动,其中压辊在制动开始时迅速脱离经轴并制动,待经轴和压辊均制停后压辊再压靠在经轴表面。

二、分条整经卷绕

分条整经机的卷绕由大滚筒卷绕和倒轴两部分组成。新型分条整经机的卷绕一般有两种形式,即直流电动机可控硅调速和变频调速,都可达到整经恒线速的目的。

(一)大滚筒卷绕

分条整经机的整经大滚筒如图2-25所示,由呈一体的一长圆柱体和一圆台体构成,首条经纱a是贴靠在圆台体表面卷绕的。对于纱线表面光滑的品种,圆台体的锥角应小些,有利于经纱条带在大滚筒上的稳定性,但大滚筒总长度变长,即机器尺寸增加。在条带的导条速度分档变化的整经机上,圆台体部分为框式多边形结构,圆台体的锥角可调,这可达到导条速度与锥角之间的匹配,使条带精确成形,但框式多边形结构的圆台部分会导致首条经纱卷绕时因多边形与圆形周长之间误差出现的卷绕长度差异,所以在新型分条整经机上普遍采用固定锥角的圆台体结构,锥角有9.5°、14°等系列,根据加工对象进行选型。

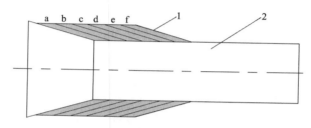

图2-25 分条整经大滚筒

分条整经的卷绕由大滚筒的卷绕运动(大滚筒圆周的切线方向)和导条运动(平行于大滚筒轴线方向)组成,大滚筒卷绕运动类似于分批整经机的经轴卷绕,大滚筒也由独立的变频调速电动机传动,整经线速度由测速辊检测,在每一条带开始卷绕时,大滚筒转速最高,随着卷绕直径增加,测速信号通过变频调速控制部分使大滚筒传动电动机转速降低,实现大滚筒卷绕的恒线速。大滚筒装有高效的制动装置,一旦发生经纱断头,立即动作,能保证断头未被卷入大滚筒之前停车。

(二)导条

第一条带的纱圈由滚筒头端的圆台体表面为依托,以免纱圈倒塌。在卷绕过程中,条带依靠定幅筘的横移引导,向圆台方向均匀移动,纱线以螺旋线状卷绕在滚筒上,条带的截面呈平行四边形,如图2-26所示。以后逐条卷绕的条带都以前一条带的圆台形头端为依托,全部条带卷

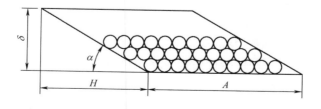

图2-26 分条整经大滚筒上的经纱条带

绕之后,卷装呈良好的圆柱形状,纱线的排列整齐有序。

由于导条运动是定幅筘和大滚筒之间在横向所做的相对移动,因此其相对运动方式有两种:一种是大滚筒不做横向运动,在整经卷绕时由定幅筘做横向移动将纱线导引到大滚筒上,而在倒轴时倒轴装置做反向的横向移动,始终保持织轴与大滚筒上经纱片的对准,将大滚筒上的经纱退绕到织轴上;另一种方式定幅筘和倒轴装置不做横向运动,在整经卷绕时由大滚筒做横向移动,使纱线沿着大滚筒上的圆台稳定地卷绕,而在倒轴时大滚筒再做反向的横向移动,保持大滚筒上经纱片与织轴对准,将大滚筒上的经纱退绕到织轴上。由于第一种方式定幅筘做横移,为保持筒子架经纱与定幅筘对准,筒子架及分绞筘均需做横移,使得移动部件多,机构复杂,因此新型分条整经机大都采用大滚筒横移的导条运动方式。

导条速度用大滚筒每转一转条带的横移量表示。在固定圆台体锥度的情况下,条带的横移量取决于大滚筒每转一转纱层厚度的增量,圆台体锥度 α、每层纱厚度 b 与条带横移量 h 三者的关系为:

$$h = \frac{b}{\tan\alpha} \tag{2-4}$$

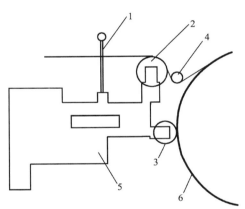

图 2-27 一种新型分条整经机的定幅筘底座

由于圆台体锥度 α 已知,上机时只要工艺设计的纱层厚度值 b 与实际情况一致,那么由式(2-4)确定的 h 值能保证条带成形良好。为了保证纱层厚度值设定正确,一些新型分条整经机在定幅筘底座上有纱层厚度自动测量装置,如图 2-27 所示,在底座 5 上装有定幅筘 1、测长辊 2、测厚辊 3、导纱辊 4 等部件。测厚辊的工作过程是在条带生头后,将测厚辊紧靠在大滚筒 6 表面上,传感器检测其初始位置,随着大滚筒绕纱层增加,测厚辊便随之后退,传感器将后退距离转换成电信号,输入计算机并显示出来,一般取大滚筒 100 圈为测量基准,测量的厚度值被自动运算,得到精度达 0.001mm 的横移量,控制部分按这个横移量使大滚筒和定幅筘底座做导条运动,实现条带的卷绕成形。测长辊 2 的一端装有一个测速发电机,将纱速信号和绕纱长度信号送到滚筒传动电动机的控制部分和定长控制装置。导纱辊 4 的作用是增大纱线在测长辊上的包围角,以减少滑移,提高测长精度。

定幅筘底座装在大滚筒机架上,整经过程中当大滚筒相对筒子架做横移进行条带卷绕成形时,定幅筘底座需做反向的横移,从而保证定幅筘与分绞筘、筒子架的直线对准位置不变,这由一套传动及其控制系统自动完成,并能实现首条定位、自动对条等功能。首条定位可使定幅筘底座与大滚筒处于起步位置,即经纱条带靠近圆台体一侧的边纱与圆台体的起点准确对齐。自动对条是控制部分的计算机根据输入的条带宽度,在进行换条操作时,使定幅筘底座相对于大滚筒自动横移到下一个条带的起始位置,其精度可达0.1mm,对条精确,提高了大滚筒卷装表面的平整,消除带沟和叠卷现象,也缩短了换条操作时间。

(三)分绞

为使织轴上的经纱排列有条不紊,保持穿经工作顺利进行,要进行分绞工作。分绞工作借助于分绞筘完成,分绞原理如图 2 – 28 所示。条带的纱线依次引过筘眼 1 和封点筘眼 2,筘眼 1 与封点筘眼 2 间隔排列。筘眼 1 不焊接,封点筘眼 2 在中部有两个焊封点,纱线在筘眼 1 中可上下较大幅度移动,但在封点筘眼 2 中移动受两个焊封点约束。分绞时,先将分绞筘压下,筘眼 1 中的纱线不动,留在上方,而封点筘眼 2 中纱线随之下降,于是奇偶数两组纱线被分为上下两层,在两层之间引入一根分绞线 3,如图 2 – 28(a)所示。然后,把分绞筘上抬,筘眼 1 中的纱线不动,留在下方,而封点筘眼 2 中纱线随之上升,于是奇偶数两组纱线被分为下上两层,在两层之间再引入一根分绞线,如图 2 – 28(b)所示。这样相邻经纱被严格分开,次序固定。

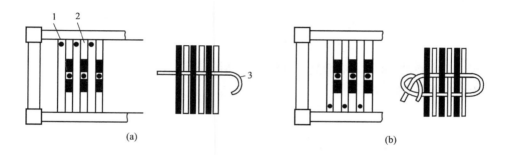

图 2 – 28　分绞筘及其分绞

分绞筘内穿纱的多少视织物品种而异。一般每眼穿一根,如逢方平或纬重平组织时,每眼可穿两根。

(四)倒轴卷绕

滚筒上各条带卷绕之后,要进行倒轴工作,把各条带的纱线同时以适当的张力再卷到织轴上。倒轴卷绕由专门的织轴传动装置完成,在新型高速整经机上,它也是一套变频调速系统,控制织轴恒线速卷绕。倒轴过程中,大滚筒做与整经卷绕时反方向的横移,保持退绕的片纱始终与织轴对准。

倒轴卷绕张力的产生借助于大滚筒的制动器,制动器为液压或气压方式,在倒轴时,根据所需经纱张力,调节液(气)压压力,制动器便对与大滚筒一体的制动盘施加一定的摩擦阻力,从而产生倒轴卷绕张力,使织轴成形良好,并达到一定的卷绕密度。

(五)对织轴的加压

新型的分条整经机上采用织轴卷绕加压装置,利用卷绕时纱线张力和卷绕加压压力两个因素来达到一定的织轴卷绕密度,所以能用较低的纱线张力来获得较大的卷绕密度,既保持了纱线良好的弹性,又大大增加卷装中的纱线容量。加压装置的工作原理如图2 – 29所示。液压工作油进入加压油缸1,将活塞上抬,使托臂2升起,压辊3被紧压在织轴4上。工作油压力恒定,于是卷绕加压压力也维持不变,这是一种恒压加压方式。不同的织轴卷绕密度通过工作油压力来调节。

部分分条整经机上不装织轴卷绕加压装置,织轴卷绕时,为达到一定的织轴卷绕密度,必须维持一定的纱线卷绕张力,纱线张力大小取决于整经滚筒上制动带的拉紧程度,制动带越紧,拖动滚筒转动的力就越大,从而纱线张力和织轴卷绕密度也大。这种机构对保持纱线的弹性和强力不利。

(六)经纱上乳化液

毛织生产中,为提高经纱的织造工艺性能,在分条整经织轴卷绕(倒轴)时,对毛纱上乳化液(包括乳化油、乳化蜡或合成浆料)。经纱上乳化油(蜡)后,可在纱线表面形成油膜,降低纱线摩擦因数,使织机上开口清晰,有利于经纱顺利通过经停片、综、筘,从而减少断经和织疵。对经纱上合成浆料乳化液,在纱线表面形成浆膜,则更有利于经纱韧性和耐磨性的提高,在一定程度上起到了上浆作用。

上乳化液的方法有多种,比较常用的方法如图2－30所示。经纱从滚筒1上退绕下来,通过导辊2、3后,由带液辊4给经纱单面上乳化液,然后经导辊5卷绕到织轴6上。带液辊以一定速度在液槽7中转动,液槽的液面高度和温度应当恒定,调节带液辊转速可以控制上液量,一般上液量为经纱重量2%～6%。

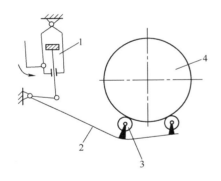 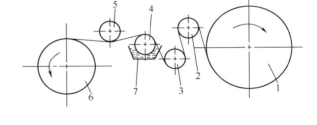

图2－29　分条整经机织轴卷绕加压　　　　图2－30　常用的经纱上乳化液方法

乳化液成分主要有白油、白蜡、油酸、聚丙烯酰胺、防腐剂和其他一些助剂。经纱上乳化液后,其织造效果有明显改观。毛纱上聚丙烯酰胺乳化液,可提高断裂伸长率10%～30%,提高断裂强度约4%～5%,使织造经向断头率降低20%～40%。上乳化油或乳化蜡后,断经、脱节和织疵均有减少,经向断头率降低10%～30%。

第四节　整经工艺与产量及质量控制

一、整经的工艺设计原理

(一)分批整经

分批整经工艺设计的主要内容为整经张力、整经速度、整经根数、整经长度、整经卷绕密度等项内容。

1. 整经张力 整经张力与纤维材料、纱线线密度、整经速度、筒子尺寸、筒子架形式、筒子分布位置及伸缩筘穿法等因素有关。工艺设计应尽量保证单纱张力适度、片纱张力均匀。

整经张力通过张力装置工艺参数(张力圈重量、弹簧加压压力、摩擦包围角等)以及伸缩筘穿法来调节。工艺设计的合理程度可以通过单纱张力仪测定来衡量。

在配有张力架的整经机上,还需调节传感器位置、片纱张力设定电位和导辊相对位置等。

2. 整经速度 整经速度可在整经机的速度范围内任意选择,一般情况下,随着整经速度的提高,纱线断头将会增加,影响整经效率。若断头率过高,整经机的高速度就失去意义。高速整经条件下,整经断头率与纱线的纤维种类、原纱线密度、原纱质量、筒子卷装质量有着十分密切的关系,只有在纱线品质优良和筒子卷绕成形良好和无结纱时,才能充分发挥高速整经的效率。

新型高速整经机使用自动络筒机生产的筒子时,整经速度一般选用 600m/min 以上;滚筒摩擦传动的 1452A 型整经机的整经速度为 200~300m/min。整经轴幅宽大,纱线质量差,纱线强力低,筒子成形差时,速度可设计稍低一些。

3. 整经根数 整经轴上纱线排列过稀会使卷装表面不平整,从而使片纱张力不匀。因此,整经根数的确定以尽可能多头少轴为原则,根据织物总经根数和筒子架最大容量,计算出一批经轴的最少只数,然后再分配每只经轴的整经根数。为便于管理,各轴整经根数要尽量相等或接近相等。

整经轴盘片间距为 1384mm 时,棉纱的整经根数如表 2-1 所示。其他纤维的整经根数可参考此表。

表 2-1 棉纱分批整经根数

纱线线密度(tex)	每轴经纱根数(根)	纱线线密度(tex)	每轴经纱根数(根)
粗特(32 以上)	360~460	细特(20 以下)	420~500
中特(21~32)	400~480		

一次并轴的轴数与整经根数的关系为:

$$n = \frac{M}{Z} \tag{2-5}$$

式中:n—— 一次并轴的轴数;

M——织物总经根数;

Z——各轴整经根数的平均值。

4. 整经长度 整经长度的设定依据是经轴的最大容纱量,即经轴的最大绕纱长度。经轴最大绕纱长度可由经轴最大卷绕体积、卷绕密度、纱线线密度和整经根数求得。整经长度应略小于经轴的最大绕纱长度,并为织轴上经纱长度的整数倍,同时还要计及浆纱的回丝长度以及浆纱伸长率。

5. 卷绕密度 经轴卷绕密度的大小影响到原纱的弹性、经轴的最大绕纱长度和后道工序的退绕顺畅。经轴卷绕密度可由对经轴表面施压的压纱辊的加压大小来调节,同时还受到纱线线密度、纱线张力、卷绕速度的影响。卷绕密度的大小应根据纤维种类、纱线线密度等合理选择。表2-2为经轴卷绕密度的参考数值。

表2-2 分批整经经轴卷绕密度

纱 线 种 类	卷绕密度(g/cm^3)	纱 线 种 类	卷绕密度(g/cm^3)
19tex 棉纱	0.44 ~ 0.47	14tex×2 棉线	0.50 ~ 0.55
14.5tex 棉纱	0.45 ~ 0.49	19tex 粘胶纤维纱	0.52 ~ 0.56
10tex 棉纱	0.46 ~ 0.50	13tex 涤棉纱	0.43 ~ 0.55

(二)分条整经

分条整经工艺设计除包括整经张力、整经速度、整经长度的设计外,还有整经条数、定幅筘计算和斜度板锥角计算等内容。

1. 整经张力 分条整经的整经张力设计分滚筒卷绕和织轴卷绕两个部分。

滚筒卷绕时,张力装置工艺参数及伸缩筘穿法的设计原则可参照分批整经。

织轴卷绕的片纱张力取决于制动带对滚筒的摩擦制动程度,片纱张力应均匀、适度,以保证织轴卷装达到合理的卷绕密度。织轴的卷绕密度可参见表2-3。倒轴时,随大滚筒退绕半径减小,摩擦制动力矩也应随之减小,为此制动带的松紧程度要做相应调整,保持片纱张力均衡一致。

表2-3 分条整经经轴卷绕密度

纱 线 种 类	卷绕密度(g/cm^3)	纱 线 种 类	卷绕密度(g/cm^3)
棉股线	0.50 ~ 0.55	精纺毛纱	0.50 ~ 0.55
涤棉股线	0.50 ~ 0.60	毛涤混纺纱	0.55 ~ 0.60
粗纺毛纱	0.40		

2. 整经速度 受换条、再卷等工作的影响,分条整经机的机械效率与分批整经机相比是很低的。据统计,分条整经机整经速度(大滚筒线速度)提高25%,生产效率也仅仅增加5%,因此,它的整经速度提高就显得不如分批整经那么重要。

新型分条整经机的设计最高速度为800m/min,实际使用时则远低于这一水平,一般为300~500m/min。纱线强力低、筒子质量差时应选用较低的整经速度。

3. 整经条数 在条格及隐条织物生产中,整经条数 n 为:

$$n = \frac{M - M_b}{M_t} \qquad (2-6)$$

式中:M——织轴总经根数;

M_b——两侧边纱根数总和;

M_t——每条经纱根数。

每条经纱根数系每条所经的花数与每花配色循环数之积。第一和最后条带的经纱根数还需修正:加上各自一侧的边纱根数;对应 n 取整数后多余或不足的根数做加减调整。

在素经织物生产中,整经条数 n 为:

$$n = \frac{M}{M_t} \tag{2-7}$$

当无法除尽时,应尽量使最后一条(或几条)的经纱根数少于前面几条,但相差不宜过大。

4. 整经条宽 整经条宽即定幅筘中所穿经纱的幅宽,整经条宽 B 为:

$$B = \frac{B_0 M_t}{M(1+k)} \tag{2-8}$$

式中:B_0——织轴幅宽;

k——条带扩散率。

条带经定幅筘后发生扩散。高经密的品种在整经时条带的扩散现象较严重,造成滚筒上纱层呈瓦楞状,为减少扩散现象,可将定幅筘尽量靠近整经滚筒表面,减小条带扩散。

5. 定幅筘计算 定幅筘的筘齿密度 N 为:

$$N = \frac{M_t}{BC} \tag{2-9}$$

式中:C——每筘齿穿入经纱根数。

每筘齿穿入经纱根数一般为 4~6 根或 4~10 根,以大滚筒上纱线排列整齐、筘齿不损伤纱线为原则。

6. 条带长度 条带长度(整经长度)L 为:

$$L = \frac{l m_p}{1 - a_j} + h_s + h_l \tag{2-10}$$

式中:l——成布规定匹长,系公称匹长与加放长度之和;

m_p——织轴卷绕匹数;

a_j——经纱缩率;

h_s——织机的上机回丝长度;

h_l——织机的了机回丝长度。

二、整经的产量和质量

(一)整经的产量

整经机的产量是指单位时间内整经机卷绕纱线的重量,又称台时产量,它分为理论产量 G'

和实际产量 G。

整经时间效率除与纱线线密度、筒子卷装质量、接头、上落轴、换筒等因素有关外,还取决于纱线的纤维材料和整经方式。例如 1452 型整经机加工棉纱的整经时间效率(55%~65%)明显高于绢纺纱的时间效率(40%~50%)。分条整经机受分条、断头处理等工作的影响,其时间效率比分批整经机低。

1. 分批整经的产量 分批整经的理论产量 $G'[kg/(台·h)]$ 为:

$$G' = \frac{6vmTt}{10^5} \tag{2-11}$$

式中: v——整经线速度,m/min;

m——整经根数;

Tt——纱线线密度,tex。

分批整经的实际产量 G 为:

$$G = K \cdot G' \tag{2-12}$$

式中: K——时间效率。

2. 分条整经的产量 分条整经的理论产量 $G'[kg/(台·h)]$ 为:

$$G' = \frac{6v_1 v_2 MTt}{10^5(v_1 + nv_2)} \tag{2-13}$$

式中: v_1——整经大滚筒线速度,m/min;

v_2——织轴卷绕线速度,即倒轴线速度,m/min;

M——织轴总经根数;

n——整经条数。

分条整经的实际产量 G 为:

$$G = K \cdot G' \tag{2-14}$$

(二)整经的质量

整经质量包括卷装中纱线质量和纱线卷绕质量两个方面,整经的质量对后道加工工序影响很大,因此抓好整经质量是提高织物质量和织造生产效率的关键。

1. 纱线质量 纱线经过整经加工后,在张力的作用下发生伸长,其细度、强力和断裂伸长均有减小趋势。为保持纱线原有的物理机械性能,整经时纱线所受张力要适度,纱线通道要光洁,尽量减少纱线的磨损和伸长。

纱线从固定的筒子上退绕下来,其捻度会有些改变。筒子退绕一圈,纱线上就会增加(Z 捻纱)或减少(S 捻纱)一个捻回。随着筒子退绕直径减小,纱线的捻度变化速度加快。

研究表明:在正常生产情况下,整经后纱线的物理机械性能无明显改变。

2. 纱线卷绕质量 良好的纱线卷绕质量表现为整经轴(或织轴)表面圆整,形状正确,纱线排列平行有序,片纱张力均匀适宜,接头良好,无油污及飞花夹入。卷绕不良所造成的整经疵点有以下几种。

（1）长短码。测长装置失灵和操作失误所造成的各整经轴绕纱长度不一的疵点。在分条整经中指的是各整经条带长度不一致。长短码疵点增加了浆纱或织造的了机回丝。

（2）张力不匀。因张力装置作用不正常或其他机械部件调节不当等原因所引起的整经疵点。整经加工所造成的纱线张力不匀在浆纱过程中不可能被消除，遗留到织机上会产生开口不清、飞梭、织疵等一系列弊病，严重影响布面质量。在浆纱工序中，整经轴纱线张力不匀也会导致浆轴上纱线倒头、并头、绞头等疵点。

（3）绞头、倒断头。断头自停装置失灵，整经轴不及时刹车，使断头卷入以及操作工断头处理不善所造成的整经疵点，它是影响浆纱工序好轴率的主要因素。分条整经的织轴绞头、倒断头使织机开口不清，影响布机效率，增加织疵。

（4）嵌边和凸边。整经轴或织轴的边盘与轴管不垂直，伸缩筘左右位置调整不当，或分条整经机倒轴时对位不准，都容易引起整经轴或织轴的嵌边和凸边疵点。在后道浆纱并轴时造成边纱浪纱，织造时形成豁边坏布。

由于操作不善，清洁工作不良，还会引起错特、杂物卷入、油污、滚绞、并绞、纱线排列错乱等各种整经疵点，对后加工工序产生不利影响，降低布面质量。

三、提高整经产量及质量的技术措施

（一）分批整经的技术措施

1. 高速、大卷装　新型高速整经机的最高整经速度达 1100m/min。随着织机幅宽的增加，整经机的幅宽也相应增加，幅宽可达 2.4m，特殊规格可达 2.8m。整经轴边盘直径为 800～1200mm。

2. 完善的纱线品质保护　取消滚筒摩擦传动，采用直流变速电动机或变量液压电动机直接拖动整经轴，保持纱线恒线速、恒张力卷绕，并以压辊加压控制整经轴的卷绕密度。既得到均匀的卷绕密度，又大大减少了纱线的摩擦损伤，从而减少了纱线毛羽，使纱线的原有品质得到保护。

3. 均匀的纱线整经张力　采用单式筒子架，实行筒子架集体换筒，提高了片纱张力均匀程度。为缩短换筒工作停台时间，使用了高效率的机械装置或自动装置。

应用双张力盘式、压辊式、电子式张力装置，减小纱线的张力波动和各纱线之间的张力差异。电子式张力装置还具有自动调整整经张力的功能。

4. 均匀的纱线排列　伸缩筘做水平和垂直方向的往复移动，引导纱线均匀排列，保证整经轴表面圆整。

5. 减少整经疵点　采用高效的整经轴、压辊、导纱轴同步制动，减少断头卷入整经轴所产生的倒断头疵点。制动方式有液压式、气压式和电磁离合器式。液压制动系统的制动力大，制动效果好，在纱线卷绕直径达 800mm、卷绕速度 1000m/min 条件下，制动距离仅为 4m。不过液压系统加工要求高，工作油的泄漏会污染纱线和工作环境。气压制动虽不引起污染，但制动效果略逊，并需配备压缩空气系统。

部分整经机还备有倒纱装置，倒纱长度达 10m，对减少倒断头疵点更为有利。

6. 良好的劳动保护 整经机上装有光电式或其他形式的安全装置,当人体接近高速运行区域时,立刻发动关车,以免发生人身和机械事故。部分整经机装有车头挡风板,保护操作人员免受带有纤维尘屑的气流干扰。

7. 集中方便的调节和显示 整经机主要工艺参数的调节、产量的显示、机械状态指示以及各项操作按钮均集中安装在操作方便的位置,利于管理。

8. 改善纱线质量,提高纱线的可织性 可织性是纱线能顺利通过织机加工而不致起毛、断头的性能。在分批整经和分条整经的新技术中,都反映出改善纱线原有质量,提高纱线可织性的发展趋向。

在部分长丝分批整经机上装有毛丝检测装置和静电消除装置。静电消除装置利用尖端放电原理。由高压发生器获得的高压,经高压电缆送到电极管针尖上,使针尖周围空气电离所产生的正负离子与纱线上所积累的负的或正的静电荷中和,从而达到消除静电的目的。去除毛丝、消除静电是提高无捻长丝可织性的重要技术措施。

(二)分条整经的技术措施

分条整经的技术措施除与分批整经相同外,还有以下方面。

1. 高速、阔幅、通用性强 分条整经机滚筒卷绕速度可达 $800 \sim 900 \mathrm{m/min}$,幅宽可达 3.5m,适用于各种纱线加工,如细特纱或粗特纱、天然或人造纤维长丝(包括无捻长丝、玻璃纤维、加弹涤纶丝等)。

2. 良好的卷绕成形 新型分条整经机上,定幅筘到滚筒卷绕点之间距离很短,即自由纱段长度很短,这有利于纱线条带被准确引导到滚筒表面,同时也减少了条带的扩散程度,使条带卷绕成形良好。

采用定幅筘自动退移装置。随滚筒卷绕直径增加,定幅筘逐渐退移,自由纱段长度维持不变,于是条带的卷绕情况、条带扩散程度不变,条带各层纱圈卷绕正确一致。

滚筒具有固定的锥角和无级变化的定幅筘移动速度,保证纱线条带截面形状正确,而且条带纱圈获得最佳稳定性。现代分条整经机上配备编有程序的计算器,可以方便地根据有关参数计算定幅筘移动速度。

织轴卷绕采用加压装置,使卷绕密度增加,卷绕成形良好,而且减少纱线弹性损失。

3. 高效生产 两台整经机合用一个筒子架,轮流整经和倒轴,节省占地面积,提高生产效率。

采用可搬动的滚筒结构,整经后将滚筒移到专门的倒轴机构上进行织轴卷绕,提高整经机生产效率。

本章主要专业术语

整经(warping)

分批整经(batch warping)

轴经整经(beam warping)

分条整经(sectional warping and beaming)

筒子架（creel）

伸缩筘（extensible reed）

整经轴（warp beam）

倒轴（beaming）

退绕张力（unwinding tension）

张力圈（tension washer）

恒线速（constant line speed）

恒张力（constant tension）

恒功率（constant power）

分绞（warp separating）

分绞筘（separating reed）

静电消除装置（static eliminator）

电气接触式自停装置（contact electric au-to-stop device）

光电式电子自停装置（photo-electric auto-stop device）

👉 思考题

1. 整经工序的目的及工艺要求是什么？

2. 常用的整经方法有哪几种？试述其特点、工艺流程和应用场合。

3. 造成整经片纱张力不匀的因素有哪些？简述均匀片纱张力的措施。

4. 筒子纱退绕时，纱线退绕张力与哪些因素有关？其变化特征如何？

5. 整经张力装置的作用是什么？分析各类张力装置的特点。

6. 理解断头自停、测长、加压、上落轴、伸缩筘等机构的作用及形式。

7. 分批整经机整经轴的传动方式有哪两大类？对比它们的优缺点？

8. 分条整经机上定幅筘、分绞筘的作用是什么？

9. 分条整经机上为何需要导条机构和织轴横动机构？

10. 筒子架的作用是什么？筒子架有哪些类型，它们有什么特点？

11. 分批整经和分条整经有哪些主要工艺参数，了解这些工艺参数的确定及计算方法。

12. 整经常见疵点及成因是什么？

第三章　浆　纱

在织机上,单位长度的经纱从织轴上退绕下来直至形成织物,要受到3000~5000次程度不同的反复拉伸、屈曲和磨损作用。未经上浆的经纱表面毛羽突出,纤维之间抱合力不足,在这种复杂机械力作用下,纱身起毛,纤维游离,纱线解体,产生断头;纱身起毛还会使经纱相互粘连,导致开口不清,形成织疵,最后,正常的织造过程无法进行。

浆纱的目的正是为了赋予经纱抵御外部复杂机械力作用的能力,提高经纱的可织性,保证织造过程顺利进行。因此,除股线、单纤长丝、加捻长丝、变形丝、网络度较高的网络丝外,几乎所有短纤纱和长丝均需经上浆加工。

浆纱一贯被视为织造生产中最关键的一道加工工程。生产中有"浆纱一分钟,织机一个班"的提法,浆纱工作的细小疏忽,会给织造生产带来严重的不良后果。

经纱在上浆过程中,浆液在经纱表面被覆和向经纱内部浸透。经烘燥后,在经纱表面形成柔软、坚韧、富有弹性的均匀浆膜,使纱身光滑、毛羽贴伏;在纱线内部,加强了纤维之间的粘结抱合能力,改善了纱线的物理机械性能。合理的浆液被覆和浸透,能使经纱织造性能得到提高。上浆工作所起的积极作用主要反映在以下几个方面。

(1)耐磨性改善。经纱表面坚韧的浆膜使其耐磨性能得到提高。浆膜的被覆要力求连续完整,这样,浆膜才能起到良好的保护作用。生产中,上浆过程形成的轻浆疵点就是经纱表面缺乏坚韧的浆膜保护,在织机的后梁、经停片、综丝眼,特别是钢箝的剧烈作用下,纱线起毛、断头、织造无法进行。

坚韧的浆膜要以良好的浆液浸透作为其扎实的基础,否则就像"无本之木",在外界机械作用下纷纷脱落,起不到应有的保护膜作用。同时,浆膜的拉伸性能(曲线)应与纱线的拉伸性能(曲线)相似。这样,当复杂外力作用到浆纱上时,纱线将承担外应力的大部分作用,浆膜仅承担小部分,使浆膜不至破坏,保护作用得以持久。

(2)纱线毛羽贴伏、表面光滑。由于浆膜的粘结作用,使纱线表面的纤维游离端紧贴纱身,纱线表面光滑。在织制高密织物时,可以减少邻纱之间的纠缠和经纱断头,对于毛纱、麻纱、化纤纱及混纺纱、无捻长丝而言,毛羽贴伏和纱身光滑则尤为重要。

(3)纤维集束性改善,纱线断裂强度提高。由于浆液浸透在纱线内部,加强了纤维之间的粘结抱合能力,改善了纱线的物理结构性能,使经纱断裂强度得到提高,特别是织机上容易断裂的纱线薄弱点(细节、弱捻等)得到了增强,这无疑对降低织机经向断头有较大意义。在合纤长丝上浆中,改善纤维集束性还有利于减少毛丝的产生。

(4)有良好的弹性、可弯性及断裂伸长。经纱经过上浆后弹性、可弯性及断裂伸长有所下降。但是,上浆过程中对纱线的张力和伸长进行了严格控制,选用的浆膜材料又具有较高弹性。另外,控制适度的上浆率和浆液对纱线的浸透程度,使纱线内部部分区域的纤维仍保持相对滑移的能力,因此,上浆后浆纱良好的弹性、可弯性和断裂伸长可得到保证。

(5)具有合适的回潮率。合理的浆液配方使浆纱具有合适的回潮率和吸湿性。浆纱的吸湿性不可过强,过度的吸湿会引起再粘现象。烘干后的浆纱在织轴上由于过度吸湿发生相互粘连,影响织机开口,同时浆膜强度下降,耐磨性能降低。

(6)获得增重效果。部分织物的坯布市销出售,往往要求一定的重量和丰满厚实的手感。这一要求有时可以通过上浆过程来达到。在不影响上浆性能前提下,浆液中加入增重剂,如淀粉、滑石粉或某些树脂材料,可以起到一定效果。

(7)获得部分织物后整理的效果。在浆液中加入一些整理剂,如热固性助剂或树脂,经烘房加热后,使它们不溶,织制的织物就获得挺度、手感、光泽、悬垂性等持久的服用性能。

浆纱工程包括浆液调制和上浆两部分,所形成的半成品是织轴。浆液调制工作和上浆工作分别在调浆桶(图3-1)和浆纱机上进行。

为实现优质、高产、低消耗的目的,对浆纱工程提出了如下要求。

(1)浆纱应具有良好的可织性(良好的耐磨性、毛羽贴伏、增强保伸、弹性等)。

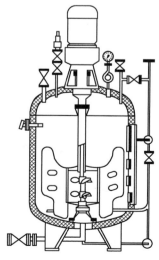

图3-1 高压调浆桶

（2）浆纱所选用的黏着剂和助剂不仅来源充足，成本低廉，调浆操作简单方便，而且要易于退浆，退浆废液易于净化，不污染环境。

（3）织轴卷绕质量良好，表面圆整，排纱整齐，没有"倒断头"、"并绞"、"绞头"等疵点。

（4）在保证优质生产的前提下，提高浆纱生产效率、浆纱速度和浆纱工艺过程的操作和质量控制自动化程度。减少能源消耗，降低浆纱成本，提高浆纱生产的经济效益。

第一节　浆　料

为使浆纱获得理想的上浆效果，浆液及浆膜在下列各方面应具备优良的性能。

浆液性能：化学物理性质的均匀性和稳定性，浆液在使用过程中不易起泡，不易沉淀，遇酸、碱或某些金属离子时不析出絮状物；对纤维材料的亲和性及浸润性好；适宜的黏度。

浆膜性能：对纤维材料的粘附性；强度、耐磨性、弹性、可弯性；适度的吸湿性，可溶性；防腐性。

但是，很难找到某种浆料的上述各项性能能同时优良。为此，浆液中既有作为基本材料的黏着剂，也有起辅助作用的各种助剂，扬长避短，起到理想的综合效果。

一、黏着剂

黏着剂是一种具有黏着力的材料，它是构成浆液的主体材料（除溶剂水外），浆液的上浆性能主要由它决定。黏着剂的用量很大，因此选用时除从工艺方面考虑外，还需兼顾经济、资源丰富、节约用粮、减少污染等因素。

浆纱用的黏着剂分为天然黏着剂、变性黏着剂、合成黏着剂三大类，如表 3 - 1 所示。

下面就几种常用的黏着剂作简要介绍。

表 3 - 1　浆纱用黏着剂分类表

天然黏着剂		变性黏着剂		合成黏着剂	
植物性	动物性	纤维素衍生物	变性淀粉	乙烯类	丙烯酸类
各种淀粉：小麦淀粉、玉米淀粉、米淀粉、甘薯淀粉、马铃薯淀粉、橡子淀粉、木薯淀粉 海藻类：褐藻酸钠 植物性胶：阿拉伯树胶、白芨粉、田仁粉、槐豆粉	动物性胶：鱼胶、明胶、骨胶、皮胶 甲壳质：蟹壳、虾壳等	羧甲基纤维素（CMC）、甲基纤维素（MC）、乙基纤维素（EC）、羟乙基纤维素（HEC）	转化淀粉：酸化淀粉、氧化淀粉、可溶性淀粉、糊精 淀粉衍生物：交联淀粉、酯化淀粉、醚化淀粉、阳离子淀粉 接枝淀粉：淀粉的丙烯腈接枝共聚物、淀粉的水溶性接枝共聚物、淀粉的其他接枝共聚物	聚乙烯醇（PVA） 乙烯类共聚物：醋酸乙烯—丁烯共聚物、乙烯酸—马来酸共聚物、醋酸乙烯—马来酸共聚物	聚丙烯酸、聚丙烯酸酯、聚丙烯酰胺、丙烯酸酯类共聚物

(一)淀粉

淀粉作为主黏着剂在浆纱工程中应用已有很久历史。它具有良好的上浆性能,并且资源丰富,价格低廉,退浆废液易处理,也不易造成环境污染。目前,浆纱生产中广泛使用的淀粉黏着剂一般为天然淀粉和变性淀粉。

1.天然淀粉 天然淀粉(以下简称淀粉)有很多种,纺织生产中常用的为小麦淀粉、玉米淀粉、马铃薯淀粉、米淀粉、木薯淀粉等。

(1)淀粉的一般性质。淀粉是由许多个 α 葡萄糖分子通过 α 型甙键连接而成的缩聚高分子化合物,它的分子式为$(C_6H_{10}O_5)_n$。淀粉有直链淀粉和支链淀粉。直链淀粉能溶于热水,水溶液不很黏稠,形成的浆膜具有良好的机械性能,浆膜坚韧,弹性较好。支链淀粉不溶于水,在热水中膨胀,使浆液变得极其黏稠,所成薄膜比较脆弱。淀粉浆的黏度主要由支链淀粉形成,使纱线能吸附足够的浆液量,保证浆膜一定的厚度。

直链淀粉和支链淀粉在上浆工艺中相辅相成,起到各自的作用。

(2)淀粉浆的黏度。浆液的黏度是描述浆液流动时的内摩擦力的物理量。黏度是浆液重要的性质指标之一,它直接影响了浆液对经纱的被覆和浸透能力。黏度越大,浆液越黏稠,流动性能就越差。这时,浆液被覆能力加强,浸透能力削弱。上浆过程中,黏度应保持稳定,使上浆量和浆液对纱线的浸透与被覆程度维持不变。

在国际单位制中,液体黏度(η)的单位为帕·秒(Pa·s),将两块面积为 $1m^2$ 的板浸于液体中,两板距离为 $1m$,若加 $1N$ 的切应力使两板之间的相对速率为 $1m/s$,则此液体的黏度为 $1Pa·s$;在 CGS 制中,液体黏度的单位是泊(P),$1P = 0.1Pa·s$ 或 $1cP = 1mPa·s$,$20℃$ 时,水的黏度为 $1.0087cP$。液体黏度随着温度升高而减小。

在度量分散液体的黏度(η)时,也可以使用相对黏度值(η_r),其物理意义是分散液体的黏度(η)与介质黏度(η_0)之比。

$$\eta_r = \frac{\eta}{\eta_0} \qquad (3-1)$$

实验室中,浆液的黏度一般以旋转式黏度计和乌式黏度计测定。前者测得的是黏度,后者测得的是相对黏度。在调浆和上浆的生产现场,为快捷、简便地了解浆液黏度,一般使用黄铜或不锈钢制成的漏斗式黏度计,试验时,漏斗下端离浆液液面高约10cm,以浆液从漏斗式黏度计中漏完所需时间的秒数来衡量浆液黏度。

图 3-2 描述了几种淀粉浆液的黏度变化曲线。不同的淀粉种类,由于其支链淀粉含量不同,于是黏度也不同。含量高者,黏度亦大。

据上述分析可知:为稳定上浆质量,控制浆液对经纱的被覆和浸透程度,浆液用于经纱上浆宜处于黏度稳定阶段。在淀粉浆液调制时,浆液煮沸之后必须闷煮 30min,待达到完全糊化之后,再放浆使用。同时,一次调制的浆

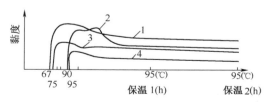

图 3-2 几种淀粉浆液的温度黏度变化曲线
1—芭芋淀粉 2—米淀粉 3—玉米淀粉 4—小麦淀粉

使用时间不宜过长,玉米淀粉一般为3～4h。否则,在调浆和上浆装置中,由于长时间高温和搅拌剪切作用,浆液黏度会下降,从而影响上浆质量。

(3)淀粉浆的浸透性。未经分解剂分解作用的淀粉浆黏度很高,浸透性极差,不适宜经纱上浆使用。经分解剂分解作用后,部分支链淀粉分子链裂解,浆液黏度下降,浸透性能得以改善。

(4)淀粉浆的粘附力。淀粉大分子中含有羟基,因此具有较强的极性。根据"相似相容"原理,它对含有相同基团或极性较强的纤维材料有高的粘附力,如棉、麻、粘胶纤维等亲水性纤维,相反,对疏水性纤维的粘附力就很差,不能用于纯合纤的经纱上浆。

(5)淀粉浆的成膜性。淀粉浆的浆膜一般比较脆硬,浆膜强度大,但弹性较差,断裂伸长小。玉米淀粉的浆膜机械性能优于小麦淀粉,其强度较大,弹性也稍好,因此玉米淀粉上浆效果比小麦淀粉好。但是,玉米淀粉浆膜手感粗糙,上浆率不宜过高。

以淀粉作为主黏着剂时,浆液中要加入适量柔软剂,以增加浆膜弹性,改善浆纱手感。柔软剂的加入可增加浆膜弹性、柔韧性,但浆膜机械强度亦有所下降。为此,柔软剂加入量应适度。淀粉浆膜过分干燥时会发脆,从纱身上剥落,在气候干燥季节,车间湿度偏低时,浆液中要适当添加吸湿剂,以改善浆膜弹性,减少剥落。

2. 变性淀粉 以各种天然淀粉为母体,通过化学、物理或其他方式使天然淀粉的性能发生显著变化而形成的产品称为变性淀粉。

淀粉大分子结构中甙键及羟基决定着淀粉的化学、物理性质,也是各种变性可能的内在因素。淀粉的变性技术不断发展,变性淀粉的品种也层出不穷。各种变性淀粉的变性方式及变性目的如表3－2所示。

表3－2 各种变性淀粉的变性方式及变性目的

变性技术发展阶段	第一代变性淀粉——转化淀粉	第二代变性淀粉——淀粉衍生物	第三代变性淀粉——接枝淀粉
品　种	酸解淀粉、糊精、氧化淀粉	交联淀粉、淀粉酶、醚化淀粉、阳离子淀粉	各种接枝淀粉
变性方式	解聚反应,氧化反应	引入化学基团或低分子化合物	接入具有一定聚合度的合成物
变性目的	降低聚合度及黏度,提高水分散性,增加使用浓度(高浓低黏浆)	提高对合纤的粘附性,增加浆膜柔韧性,提高水分散性,稳定浆液浓度	兼有淀粉及接入合成物的优点,代替全部或大部合成浆料

表3－2中提到了高浓低黏浆料。浆料都是有机高分子化合物,在调制浆液的过程中,增加浓度必然会引起浆液黏度的提高。但是,高浓低黏浆料能够在较高浓度下呈现低黏度。淀粉类浆料的苷键容易酸水解,通过变性使淀粉分子长链切断,相对分子质量下降,黏度降低,从而可获得高浓低黏的效果,通常用于高、中压上浆工艺。譬如酸解淀粉,当其浆液浓度为6%、温度为95℃时,黏度为5mPa·s(在同样条件下,玉米原淀粉的黏度为43mPa·s,甚至会更高),通

常在该条件下,黏度小于 8～10mPa·s 的变性淀粉即可称为高浓低黏浆料。

下面介绍几种常用的变性淀粉。

（1）酸解淀粉。

①变性原理。在淀粉悬浊液中加入无机酸溶液,利用酸可以降低淀粉分子甙键活化能的原理,使淀粉大分子断裂,聚合度降低,形成酸解淀粉。

②上浆性能。酸解淀粉的外观和原淀粉基本相同。在水中经加热后,酸解淀粉粒子容易分散,也容易达到完全糊化状态。由于淀粉粒子膨胀较小,相对分子质量明显降低,故成浆后浆液黏度低,流动性好,但黏度稳定性比原淀粉略有下降。酸解淀粉浆膜较脆硬,与原淀粉相似。浆液对亲水性纤维具有很好的粘附性,在混合浆中可代替 10%～30% 的合成浆料,是一种适宜于一般混纺纱上浆的变性淀粉浆料。

（2）氧化淀粉。

①变性原理。氧化淀粉是用强氧化剂对淀粉大分子中甙键进行氧化断裂,并使其羟基氧化成醛基和羧基所形成的产品。氧化后,淀粉大分子得到裂解,聚合度下降,并含有羧基基团,羧基的存在是氧化淀粉的结构特点。

②上浆性能。氧化淀粉外观为色泽洁白的粉末。成浆后黏度低,流动性好,浸透性强,黏度稳定性好,不易凝胶,与原淀粉相比,它对亲水性纤维的粘附性有所提高,形成浆膜比较坚韧,是棉纱、粘胶纤维纱的良好浆料。

（3）酯化淀粉。

①变性原理。淀粉大分子中的羟基被化学活泼性较强的酯化剂(有机酸或无机酸)酯化后形成的产物叫酯化淀粉。用于经纱上浆的主要有醋酸酯淀粉、磷酸酯淀粉、氨基甲酸酯淀粉(尿素淀粉)和其他酯化淀粉。

酯化淀粉的酯化程度以取代度(缩写成 DS)表示,取代度是指淀粉大分子中每个葡萄糖基环上羟基的氢被取代的平均数,取代度的数值在 0～3 之间。

②上浆性能。淀粉大分子中带有疏水性酯基后,对疏水性合成纤维的粘附性、亲和力加强。因此从原理上说,这类浆料对聚酯纤维混纺或纯纺纱有较好的上浆效果。与磷酸酯淀粉相比,醋酸酯淀粉和聚酯纤维的溶度参数比较接近,因此上浆效果比磷酸酯淀粉为好,也较为实用。

酯化淀粉的浆液黏度稳定,流动性好,不易凝胶,浆膜也较柔韧,可用于棉、毛、粘胶纤维纱、涤棉混纺纱上浆。用于毛纱及粘胶纤维纱上浆时,为防止高温对这类纤维的损伤而采取的较低温上浆,正是利用了该浆液凝胶倾向弱的特点。

（4）醚化淀粉。

①变性原理。淀粉大分子中的羟基被化学试剂(卤代烃、环氧乙烷等)醚化,生成的醚键化合物称为醚化淀粉。醚化淀粉除保留原有淀粉化学结构外,还引入了醚化基团。醚化基团的数量反映了淀粉的醚化程度,对醚化淀粉性质有很大影响。醚化淀粉的醚化程度亦以取代度表示。用于经纱上浆的醚化淀粉有羧甲基淀粉(CMS)、羟乙基淀粉(HES)、羧丙基淀粉等。

②上浆性能。醚化淀粉的亲水性和水溶性改善程度与取代基性能及取代度有关。取代度过低,水溶性改善不明显;相反,则水溶性良好,溶解速度快,但成本提高。醚化淀粉浆液黏度稳

定,浆膜较柔韧,对纤维素纤维有良好的粘附性。低温下浆液无凝胶倾向,故适宜于羊毛、粘胶纤维纱的低温上浆(55~65℃)。醚化淀粉具有良好的混溶性,加入一定量的醚化淀粉,能使混合浆调制均匀。

(5)交联淀粉。

①变性原理。淀粉大分子的醇羟基与交联剂的多元官能团形成二醚键或二酯键,使两个或两个以上的淀粉分子之间"桥接"在一起,呈多维空间网络结构的反应,称为交链反应。淀粉大分子的醇羟基与交联剂发生交链反应形成以化学键连接的交联状大分子,即成为交联淀粉。

②上浆性能。交联淀粉黏度热稳定性好,聚合度增大,黏度也增加,浆膜刚性大、强度高、伸长小。浆纱中,一般使用低交联度的交联淀粉,进行以被覆为主的经纱上浆,如麻纱、毛纱上浆。也可与低黏度合成浆料一起,作为涤棉、涤麻、涤粘纱的混合浆料。

(6)接枝淀粉。

①变性原理。为了改善淀粉浆浆膜脆、吸湿性差、对涤棉纱粘附力差的缺点,将改善淀粉浆上浆性能的高分子单体的低聚物接枝到淀粉大分子上,形成接枝淀粉。通过链式反应,在淀粉主链上产生了一条由高分子单体构成的侧链。

②上浆性能。根据经纱上浆的要求,对淀粉进行接枝改性技术,可以使接枝淀粉兼有淀粉和高分子单体构成的侧链两者的长处,又平抑了两者的不足,表现出优良的综合上浆性能。譬如,以淀粉作为骨架大分子,把丙烯酸酯类的化合物作为支链接到淀粉上,所形成的接枝淀粉共聚物兼有淀粉和丙烯酸酯类浆料的特性。以丙烯酸酯或醋酸乙烯酯接枝的淀粉,可以对涤棉纱和合纤上浆,并且淀粉浆膜的柔软性和弹性得到改善。与其他变性淀粉相比,接枝淀粉对疏水性纤维的粘着性、浆膜弹性、成膜性、伸度及浆液黏度稳定性均有很大提高。因此,接枝淀粉是最新一代的、从原理上说也是最有前途的一种变性淀粉。例如,应用接枝淀粉对涤棉纱上浆,可以替代部分或全部聚乙烯醇浆料,不仅可以减少浆纱毛羽,还可以减少由聚乙烯醇浆料退浆引起的环境污染。

变性淀粉还有许多种类。与天然淀粉相比,变性淀粉在水溶性、黏度稳定性、对合成纤维的粘附性、成膜性、低温上浆适应性等方面都有不同程度的改善。应当指出,在经纱上浆中,变性淀粉的使用品种将越来越多,使用比例、使用量也会越来越大,以至完全替代聚乙烯醇浆料,是一种绿色浆料。

(二)动物胶

动物胶属于硬朊类蛋白质,从动物骨、皮等结缔组织中提取得到。动物胶是由各种氨基酸的羧基(—COOH)与相邻的亚氨基(—NHR)首尾相连而成。动物胶可分为明胶、皮胶、骨胶等。精制品明胶为无味、无臭、无色或带黄色的透明体,皮胶呈棕色半透明状,骨胶呈红棕色半透明状。

动物胶主要在毛纱、粘胶丝或醋酯长丝等浆纱生产中使用。动物胶的上浆性能分述如下。

(1)水溶性。动物胶在低温水中不溶解,但能吸收水分而膨胀形成凝胶。将凝胶液加热到70℃以上,因网状分子裂解而溶解于水,成为水溶液。

(2)黏度及浸透性。动物胶浆液的浓度和黏度之间,只有在浓度很低(1%~2%)时才维持正比关系。浓度增大后,黏度的增长速度远高于浓度的增长速度,以至上浆的动物胶浆液对经纱的浸透能力较差。为此,浆液配方中需加入适量助剂,以改善浆液的浸透性能。动物胶有明显的凝胶倾向,当浆液温度降低时,黏度显著增加,对纱线的浸透性能恶化。浆液温度 65 ~ 80℃时,黏度比较稳定,90℃时浆液黏度下降。因此,上浆温度宜控制在 65 ~ 80℃之间。

（3）动物胶浆液的黏度与 pH 值关系。如图 3 - 3 所示,为稳定浆纱质量,生产中控制 pH 值为 6 ~ 8,这时浆液的黏度较大,稳定性也好。

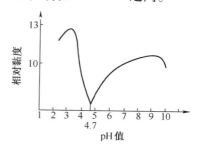

图 3 - 3　明胶溶液的 pH 值与相对黏度的关系曲线

（4）粘附性。动物胶对纤维素纤维和蛋白质纤维具有良好的粘附性。

（5）成膜性。动物胶浆液成膜比较粗硬,缺乏弹性,容易脆断。因此,浆液配方中要加入柔软剂,以提高浆膜柔韧性。

（6）霉变性。动物胶是微生物的培植剂。因此,浆液在 30 ~ 40℃温度下,十分容易霉变、腐败,而当温度在 20℃以下或 80℃以上时,由于细菌繁殖较慢,浆液不会发霉。因此,浆液不宜在 30 ~ 40℃温度下久存,使用中应采取防腐措施。

（三）纤维素衍生物

浆纱使用的纤维素衍生物有羧甲基纤维素（CMC）、羟乙基纤维素 HEC、甲基纤维素 MC 等,其中又以 CMC 为常用浆料。

（1）水溶性。CMC 为一种高分子阴离子型电解质,其水溶性由取代度决定。取代度大于 0.4 时,CMC 才具有水溶性。用于浆纱的 CMC 取代度一般为 0.7 ~ 0.8。在调浆桶中以 1000r/min 的高速搅拌能溶解。

（2）黏度。CMC 的聚合度决定了其水溶液的黏度,聚合度越低,CMC 在水中溶解的范围越宽,经纱上浆中常用的 CMC 的聚合度在 300 ~ 500 之间,在 2% 浓度、25℃时,它的黏度为 400 ~ 600mPa · s。CMC 浆液的黏度随温度升高而下降;温度下降,黏度又重新回升。浆液在 80℃以上长时间加热,黏度会发生下降。CMC 浆液的黏度与 pH 值有密切关系,在浆液 pH 值偏离中性时,其黏度逐渐下降,当 pH < 5 时,会析出沉淀物。为此,上浆时浆液应呈中性或微碱性。

（3）上浆性质。CMC 分子中由于极性基团的引入,使它对纤维素纤维具有良好的粘附性和亲和力。一般在纯棉细特纱和涤棉纱上浆中使用。CMC 浆液成膜后光滑、柔韧,强度也较高。但是浆膜手感过软,以至浆纱刚性较差,在使用聚乙烯醇作为主浆料时,往往加入适量的 CMC,以改善上浆后的浆纱分纱性能。CMC 浆膜吸湿性较好。车间湿度大时,浆膜容易吸湿发软、发粘。因此 CMC 浆料一般不作为主黏着剂使用。CMC 浆液有着良好的乳化性能,能与各种淀粉、合成浆料及助剂进行均匀的混合,是一种十分优秀的混溶剂。在混合浆料中加入少量 CMC 作为辅助黏着剂,就是利用了它混溶性能好的优点,使混合浆调制均匀。

（四）聚乙烯醇

聚乙烯醇,又称 PVA,是聚醋酸乙烯通过甲醇钠作用,在甲醇中进行醇解而制得的产物。

醇解产物有完全醇解型和部分醇解型等几种类型。前者称完全醇解 PVA,后者称部分醇解 PVA,完全醇解 PVA 的大分子侧基中只有羟基（—OH）,而部分醇解 PVA 的大分子侧基中既有羟基（—OH）,又有醋酸根（—CH_3COO）。醇解度是指聚乙烯醇大分子中,乙烯醇单元占整个单元的摩尔分数比(mol/mol)%。完全醇解 PVA 和部分醇解 PVA 的醇解度不同。完全醇解 PVA 的醇解度为(98±1)%;部分醇解 PVA 的醇解度为(88±1)%。

制造维纶的聚乙烯醇称纺丝级聚乙烯醇,其醇解度在 99.8% 以上。浆料级聚乙烯醇的醇解度为 87%~99%。聚合度为 500~2000。但是,目前受 PVA 的生产限制,浆纱中使用的部分醇解 PVA 的聚合度为 500~1200,完全醇解 PVA 的聚合度为 1700,如完全醇解 PVA1799 的聚合度为 1700,醇解度为 99%。

1. PVA 的一般性质 PVA 为无味、无臭、白色或淡黄色颗粒。成品有粉末状、片状或絮状,相对密度在 1.21~1.34 之间。

2. PVA 的上浆性能

(1)水溶性。完全醇解 PVA 分子中尽管含有较多羟基,但大分子之间通过羟基已形成较强的氢键缔合,以致对水分子的结合能力很弱,水溶性很差。在 65~75℃ 热水中不溶解,仅能吸湿及少量膨胀。在沸水中和在高速搅拌(1000r/min)的作用下,部分氢键被拆散,"游离"羟基数增加,水溶性提高,经长时间(1~2h)后充分溶解。部分醇解 PVA 的分子中有适量的醋酸根基团存在,醋酸根基团占有较大的空间体积,使羟基之间的氢键缔合力削弱,在热水中能被拆散,表现为良好的水溶性。部分醇解 PVA 在 40~50℃ 温度水中经保温搅拌能完全溶解。

(2)黏度。PVA 浆液的黏度和浓度关系在定温条件下接近成正比;在定浓条件下,黏度和温度关系接近于反比。浆液黏度还与 PVA 醇解度有着密切联系,图 3-4 所示为两者的关系曲线。曲线表明:当醇解度为 87% 时,PVA 溶液的黏度最小。

完全醇解 PVA 的溶液黏度随时间延长逐渐上升,最终可成凝胶状。部分醇解 PVA 的溶液黏度则比较稳定,时间延续对黏度影响很小。PVA 的黏度还与聚合度有关,聚合度越高,黏度越大。PVA 浆液在弱酸、弱碱中黏度比较稳定,在强酸中则被水解,黏度下降。

(3)粘附性。不同醇解度的 PVA 浆液对不同纤维的粘附性存在差异。完全醇解 PVA 对亲水性纤维具有良好的粘附性及亲和力,部分醇解 PVA 对亲水性纤维的粘附性则不及完全醇解 PVA。由于大分子中疏水性醋酸根的作用,部分醇解 PVA 对疏水性纤维具有较好的粘附性。而完全醇解 PVA 则很差,尤其是对疏水性强的涤纶纤维,如图 3-5 所示。

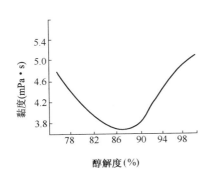

图 3-4 醇解度与黏度关系(浓度 4%、
温度 25℃)

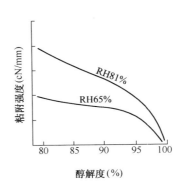

图 3-5 PVA 对聚酯薄膜的粘附强度

（4）成膜性。PVA浆膜弹性好,断裂强度高,断裂伸长大,耐磨性好。其拉伸强度、断裂强度及耐屈曲强度均较原淀粉、变性淀粉、CMC等浆料好。PVA聚合度越高,浆膜强度越高。由于大分子中羟基的作用,PVA浆膜具有一定的吸湿性能,吸湿性随醇解度、聚合度的增大而减小,在相对湿度65%以上的空气中能吸收水分,使浆膜柔韧,充分发挥其优良的力学机械性能。PVA浆液在静止时,由于水分的蒸发,液面有结皮现象,浆纱时易产生浆斑,使织造时经纱断头增加。由于PVA浆膜的内聚力大于浆膜与经纱之间的粘附力,分纱时易破坏经纱表面的浆膜完整性,使毛羽增加。

现将CMC、PVA和淀粉的浆膜性能列于表3-3,以作比较。

表3-3　不同黏着剂的浆膜性能

黏　着　剂	断裂强度（N/mm²）	断裂伸长率（%）	耐磨次数（次）	耐屈曲次数（次）
CMC	32.05	11.8	100	680
PVA（1799）	42.24	165.1	937	10000
玉米淀粉	47.82	4.0	63	341
小麦淀粉	34.50	3.2	61	185

（5）混溶性。聚乙烯醇浆料具有良好的混溶性,在与其他浆料（如合成浆料等）混用时,能良好均匀地混合,混合液比较稳定,不易发生分层脱混现象。但与等量的天然淀粉混合时很易分层,使用时应十分注意。

（6）其他性能。由于聚乙烯醇具有良好的粘附性和力学机械性能,因此是理想的被覆材料。但是,PVA浆膜弹性好,断裂强度高,断裂伸长大,因此浆纱分纱性较差,在干浆纱分绞时分纱阻力大,浆膜容易撕裂,毛羽增加。为此,在PVA浆液中往往混入部分浆膜强度较低的黏着剂（如CMC、玉米淀粉、变性淀粉等）,以改善干浆纱的分纱性能。

3. 变性聚乙烯醇　聚乙烯醇调浆时浆液易起泡、浆液易结皮、浆膜分纱性差是其主要缺点。为克服这些缺点,可以对聚乙烯醇进行变性处理。比较成熟的变性方法有PVA丙烯酰胺共聚变性、PVA内酯化变性、PVA磺化变性及PVA接枝变性。变性聚乙烯醇浆料在40～50℃温水中保温搅拌1h可溶,溶液均匀,与其他黏着剂混溶性强,浆液不会结皮,在调制和上浆过程中不易起泡。变性聚乙烯醇浆料适宜于低温（85℃以内）上浆,并且黏度稳定。浆膜机械强度减小,分纱性良好,浆膜完整、光滑,而且退浆方便。

（五）丙烯酸类浆料

丙烯酸类浆料的最大特点是:对疏水性纤维具有优异的粘附性能,水溶性好,易于退浆,不易结皮,对环境污染小。但其吸湿性和再粘性强,所以只能作辅助浆料使用。丙烯酸类浆料的性能主要取决于组成单体本身的性能及其配比,聚合工艺对其性能也有较大影响。

第一代丙烯酸类浆料主要产品有聚丙烯酸甲酯、聚丙烯酰胺等,其外观为黏稠液体,含固量在8%～14%。它们的特点是对疏水性纤维具有良好的粘附性,并且浆膜柔韧,弹性好,水溶性及退浆性能好;但浆膜软,吸湿性、再粘性较高,流动性差,使用不便。使其应用受到一定限制,只能用作辅助浆料,已逐渐淘汰。

第二代丙烯酸类浆料黏度较低,含固量在25%左右,粘附性、吸湿再粘性都得到改善,可全部取代丙烯酸甲酯、丙烯酰胺和其他辅助浆料,亦可部分取代PVA。

第三代产品为粉末状固体丙烯酸类浆料,其外观为白色粉末,含固量在90%以上。性能较第二代产品有所改善,调浆使用较方便,为组合浆料的生产奠定了基础。

丙烯酸类浆料主要有如下几种。

1. 聚丙烯酸甲酯浆料　聚丙烯酸甲酯浆料(简称PMA),习惯上称为甲酯浆。聚丙烯酸甲酯浆料以丙烯酸甲酯(85%)、丙烯酸(8%)和丙烯腈(7%)三种单体以过硫酸铵为引发剂通过乳液共聚而成。

聚丙烯酸甲酯浆料的外观为乳白色半透明凝胶体,有大蒜味,具有较好的水溶性,可与任何比例的水互溶,黏度较为稳定。由于它的侧链中主要是非极性的酯基,分子链间的作用力较小,因此浆膜强力低,伸度大,急弹性变形小,弹性差,是一种低强高伸、柔而不坚的浆料,对疏水性纤维有很高的粘附性,但其热再粘性高,在车间温度较高时,纱线易产生粘连现象。聚丙烯酸甲酯浆料主要用于涤棉混纺经纱上浆的辅助黏着剂,以改善纱线的柔软性及浆料的粘附性。

2. 聚丙烯酰胺浆料　聚丙烯酰胺浆料(简称为PAAm),习惯上称为酰胺浆,是一种水溶性高分子化合物,它是由丙烯酰胺并体聚合而成。

聚丙烯酰胺浆料是一种无色透明黏稠体,具有良好的水溶性,能与任何比例的水混溶,但在水中遇到无机离子(如Ca^{2+}、Mg^{2+}等)会产生絮凝沉降作用,且黏度下降。聚丙烯酰胺浆料成膜性好,侧基为较活泼的能互相形成氢键的极性酰胺基,因而浆膜强度高、伸度低,是一种高强低伸、坚而不柔的浆料,对棉纤维有良好的粘附性,用于苎麻、棉、粘胶纤维、涤棉织物经纱的上浆有良好的效果。

3. 醋酸乙烯酯丙烯酰胺共聚浆料　醋酸乙烯酯丙烯酰胺共聚浆料也是一种聚丙烯酸类浆料,呈乳白色黏稠状体,黏度较高,含固量可达到25%~30%。醋酸乙烯酯丙烯酰胺共聚浆料其性能界于聚丙烯酸甲酯和聚丙烯酰胺浆料之间。醋酸乙烯酯丙烯酰胺共聚浆料没有大蒜味,对人体无害,所以生产中大都替代聚丙烯酸甲酯用于涤棉混纺经纱的上浆。

4. 聚丙烯酸盐多元共聚浆料　近年来,对聚丙烯酸盐多元共聚浆料的研究、开发获得了较大的发展,其目的在于利用两种或两种以上不同性能的单体,并以不同配比,在一定温度条件下进行共聚,以获得不同性能的浆料,如良好的粘着性、水溶性、耐磨性以及较低的吸湿性。例如丙烯酸和丙烯酰胺的共聚物(钠盐或氨盐),丙烯酸、丙烯腈和丙烯酰胺的共聚物,或丙烯酸、丙烯酰胺、醋酸乙烯酯和丙烯腈的四元单体共聚物等,共聚后再用氢氧化钠或氨水中和得到其钠盐或氨盐。这类浆料含固量可以达到25%~30%,黏度可根据需要调节,对亲水性纤维的粘附性较好,广泛用于棉、粘胶纤维、苎麻、涤棉等织物经纱的上浆。

5. 固体聚丙烯酸(酯)浆料　液体聚丙烯酸类浆料由于含固量较低,运输和使用都不大方便,为此国内外研究开发了多种含固量高(>95%以上),运输、使用都比较方便的固体聚丙烯酸(酯)浆料。固体聚丙烯酸(酯)浆料一般采用喷雾烘干法或沉淀聚合法生产,有聚丙烯酸酯和聚丙烯酸盐两类,前者对疏水性纤维的粘附性较好,后者对亲水性纤维的粘附性较好,但吸湿性较大。

6. 喷水织机疏水性合纤长丝用浆料　这类浆料包括聚丙烯酸盐类和水分散型聚丙烯酸酯两类。聚丙烯酸盐类浆料是丙烯酸及其酯在引发剂的引发下聚合,用氨水增稠生成铵盐,浆料中含有极性基(—COONH$_4$),使浆料具有水溶性,满足调浆的需要。烘燥时铵盐分解放出氨气,成为含有(—COOH)基团吸湿性低的浆料,使浆膜在织造时具有耐水性,符合喷水织造的要求。织物退浆时用碱液煮练,浆料变成具有水溶性基团的聚丙烯酸钠盐,达到退浆目的。近年来开发的水分散型聚丙烯酸酯乳液以丙烯酸、丙烯酸丁酯、甲基丙烯酸甲酯、醋酸乙烯酯单体为原料,用乳液聚合法共聚而成。该浆料对疏水性纤维有良好的粘附力,烘燥时随水分子的逸出,乳胶粒子相互融合,形成具有耐水性的连续浆膜,它的耐水性优于聚丙烯酸盐类浆料,织物退浆亦用碱液煮练。

丙烯酸类浆料发展趋势大致有以下几类。

(1)改变浆料形态。以前这类浆料为溶液态,含固率低;现在将其粉末化,有效含量高,使用方便。

(2)取代PVA浆料,PVA浆成膜强韧,而丙烯酸类浆膜却偏软,通过聚合单体软硬搭配和使用合成技术有望得到完全取代PVA的聚丙烯酸类浆料。

(3)开发特定用途的丙烯酸类浆料。由于丙烯酸类浆料的可调性很强,调整浆料大分子链的侧基可在很宽范围内改变浆料性能。因此,当新纤维、纺织新技术出现后,对浆料有所要求时,首先被考虑的是丙烯酸类浆料,例如用于喷水织机浆纱的浆料、碳纤维浆纱的浆料等。

(六)聚酯浆料

目前,短纤经纱上浆所用合成浆料主要是聚乙烯醇(PVA)。PVA对聚酯纤维粘附力小,而且退浆困难,退浆废液中的PVA难以生物降解,环境污染大,国内外正大力倡导不用PVA。由于聚酯浆料具有与聚酯大分子相似的化学结构,根据"相似相容"理论,对聚酯纤维有较高的粘附力,同时在分子结构中引入了水溶性基团,使其具备了较好的水溶性,便于退浆。

聚酯浆料是由对苯二甲酸与二元醇及其他有机化合物共聚而成,浆料中含有—NH$_2$、—OH,—COO$^-$等基团,具有含固量高、水溶性好、黏度低、渗透性好、对聚酯纤维粘附性好等优点;而且浆膜柔软光滑、韧性大、抗拉强度高、吸湿性能好,对涤棉纱、纯棉纱有良好的粘附性能,能部分替代或完全替代PVA浆料,可减少后处理时产生的污染。但在浆膜强度、伸长等方面略不如PVA,有待进一步研究。

(七)组合(即用)浆料

在传统的浆料工程中,一个完整的浆液配方由几种黏着剂和3~5种助剂所组成,配方是建立在各厂长期的经验基础之上而非严格的科学基础之上。但随着大生产的发展和分工的社会化,为了解决浆料多元供应的麻烦,避免各用户在配方和计量上出现差错,试图将配方中各组分定量混配,并将液态组分也制成固态,以单一形态的产品供应市场。可达到科学而准确地制备浆液的目的,因此就开发了组合(即用)浆料。

组合(即用)浆料的形成基于两方面技术的发展:其一,水溶性变性淀粉和变性PVA的应用;第二,固态丙烯酸系浆料的制造和应用。组合浆料的发展由此而形成两条技术路线:一条以变性PVA为主辅以变性淀粉;另一条则以丙烯类共聚树脂为主辅以变性淀粉。组合(即用)浆料作为今后浆料发展方向之一,应以少组分、高性能、品种适应广为前提。变性淀粉、变性PVA和各种共聚浆料的研究开发为组合浆料提供了基础条件,尤其是接枝淀粉的研究和应用,使得少组分组合浆料这种设想成为可能。

二、助剂

助剂是用于改善黏着剂某些性能不足,使浆液获得优良的综合性能的辅助材料。助剂种类很多,但用量一般较少。选用时要考虑其相溶性和调浆操作方便。

(一)分解剂

淀粉的分解剂有酸性、碱性和氧化分解剂三类。

图3-6所示为小麦淀粉加入碱性分解剂硅酸钠及不加硅酸钠的黏度变化曲线。曲线反映了淀粉分解剂使淀粉大分子水解,降低大分子的聚合度和黏度,使浆液达到适于经纱上浆的良好流动性和均匀性;降低淀粉的糊化温度,缩短淀粉浆液达到完全糊化状态所需的时间,从而缩短浆液调制时间。

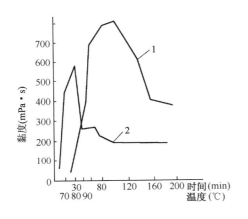

图3-6 小麦淀粉加硅酸钠分解剂的
黏度变化曲线
1—不加硅酸钠 2—加硅酸钠

1.碱性分解剂 碱在高温及氧存在的条件下使淀粉大分子裂解,黏度下降,起到分解作用。使用碱分解剂时操作比较方便,分解作用缓和,有利于黏度稳定。常用的碱性分解剂有硅酸钠和氢氧化钠。硅酸钠的用量一般为淀粉重量的$4\% \sim 8\%$。氢氧化钠的用量为淀粉重量的$0.5\% \sim 1\%$。

2.酸性分解剂和氧化分解剂 酸性分解剂和氧化分解剂一般用于天然淀粉的变性加工,产品为酸解淀粉和氧化淀粉。淀粉的大分子遇酸后迅速发生水解反应,淀粉的聚合度减小,淀粉浆液黏度下降,渗透性增大。纺织厂应用的酸性分解剂有盐酸(用量为淀粉重量的$0.2\% \sim 0.3\%$)、硫酸(用量为淀粉重量的$0.4\% \sim 0.5\%$)等。

氧化分解剂使淀粉中的羟基氧化成羧基,浆液的黏度下降,淀粉对水和纤维的亲和力增加。氧化分解剂有氯胺T(用量为淀粉重量的$0.4\% \sim 0.5\%$)、次氯酸钠(有效氯重量为淀粉重量的$0.5\% \sim 1.2\%$)、漂白粉(有效氯重量为淀粉重量的0.12%)。

3.生物酶分解剂 生物酶分解剂是应用酶在一定温度范围内与淀粉发生反应,使淀粉大分子1,4甙键断裂,淀粉降解,黏度降低,常在淀粉调浆时加入生物酶分解剂,目前应用较多的生物酶分解剂为DDF,其用量为淀粉的5%。

(二)浸透剂

浸透剂即润湿剂,是一种以润湿浸透为主的表面活性剂。经纱通过浆槽时,浆液向经纱内部的浸透扩散程度与浆液的表面张力有关。表面张力越小,浸透扩散能力越强,在浆液中加入少量浸透剂的作用是使浆液表面张力降低,增加浆液与经纱界面的活性,改善浆液的浸透润湿能力。

用于经纱上浆的浸透剂一般为阴离子型和非离子型表面活性剂。在中性及弱碱性浆液中使用阴离子型表面活性剂;在酸性浆液中宜采用非离子型表面活性剂。

浸透剂一般用于疏水性合成纤维上浆。在棉纤维的细特、高捻或精梳纱上浆时亦可使用,以加强浸透上浆的效果,其用量为黏着剂的1%以下。

(三)柔软润滑剂

浆液中加入柔软润滑剂的目的是改善浆膜性能,使浆膜具有良好的柔软、平润性、降低摩擦因数,赋予浆膜更好的弹性,以减少织造时的经纱断头,提高织机效率。

1. 浆纱油脂 常用的柔软、润滑剂多数为油脂类物质,以动物油脂为主,它具有柔软、润滑为一体的性质。油脂的作用是使黏着剂分子链间松弛,从而增加其可塑性,降低浆膜的刚性,增加弹性伸长,同时还具有降低纱线与经停片、综丝和钢件之间的摩擦因数的作用。

浆纱用油脂要求性质均匀稳定,一般是以多种动物油脂(牛油、羊油等)的混合物经氢氧化钠在一定温度下部分皂化而成的具有一定熔点、比重、皂化值、碘值及酸值范围的化合物,呈固态或半固态,以适应浆纱工艺的要求。有时为了改善其乳液稳定性,还加入一些起分散乳化作用的表面活性剂。

油脂的用量一般为黏着剂干重的2%～8%,高密低特织物用量可适当增加,以淀粉类为主体的黏着剂,油脂用量较化学浆料为高。

2. 固体浆纱蜡片 固体浆纱蜡片(柔软润滑剂)是用于各类经纱上浆的新一代柔软润滑剂,有效成分几乎达100%。它是由动植物油脂经氢化精制而成,并根据纤维的特性和上浆的要求,添加有抗静电剂、消泡剂、增塑剂等,一般不含矿物石蜡。是一种高效柔软润滑剂,具有良好的柔软润滑性、抗静电性和增塑性,是纺织经纱上浆较优良的柔软润滑剂,也可作为浆纱后上蜡用。主要质量指标为:色泽和外观为白色或淡黄色片或块状固体,有效成分 >99.0%,不溶物≤0.1%,pH 值 7 左右,能分散在 60℃以上的热水中,熔点 47～55℃。固体浆纱蜡片一般用量为主浆料干重的 3%～5%。

3. 浆纱油剂 浆纱油剂是由高纯度的矿物油和多种表面活性剂、抗静电剂等复配而成的。矿物油是一种优良的润滑剂,对纱线具有良好平滑作用,可降低浆纱的摩擦因数,改善浆纱的导电性能,但柔软作用较差,对纱线几乎无任何柔软作用。用量一般为黏着剂量的 2%～3%,亦可根据织物经纱上浆要求增减。

(四)抗静电剂

疏水性合成纤维吸湿性差,是电的不良导体。在浆纱和织造过程中容易形成静电聚积,以至纱线毛茸耸立,在开口运动时与相邻经纱互相缠连,影响织造顺利进行。为克服这一缺点,在浆液中加入少量以消除静电为主的表面活性剂,不仅能起到良好的抗静电效果,而且还使浆膜平滑。作为抗静电剂的表面活性剂有离子型和吸湿型两种,离子型抗静电性能比吸湿型抗静电剂好,如抗静电剂 SFNY、静电消除剂 SN 等。

(五)防腐剂

浆料中的淀粉、油脂、蛋白质等都是微生物的营养剂。坯布长期储存过程中,在一定的温度、湿度条件下容易长霉。在浆料配方中加入一定量的防腐剂,可以抑制霉菌的生长,防止坯布储存过程中的霉变。

浆纱常用防腐剂有 2 – 萘酚与 NL – 4 防腐剂。在碱性浆液中,2 – 萘酚的用量一般为黏着剂重量的 0.2% ~ 0.4%,酸性浆中为 0.15% ~ 0.3%。NL – 4 防腐剂主要成分为二羟基二氯二苯基甲烷,又称双氯酚,简称 DDM,具有较强的杀菌能力,用量同 2 – 萘酚。

(六)吸湿剂

吸湿剂的作用是提高浆膜的吸湿能力,使浆膜的弹性、柔软性得到改善。合成浆料的浆膜一般具有良好的弹性和柔软性,因此浆料配方中不必使用吸湿剂。淀粉浆膜的缺点是脆硬,过于干燥时会脆裂、落浆。在冬季干燥的气候条件下,当淀粉上浆率较高时,可以考虑在浆液中加入适量的吸湿剂,以减少织造过程中经纱的脆断现象。

常用的吸湿剂甘油是无色透明略带甜味的黏稠液体。甘油的使用量一般为淀粉重量的 1% ~ 2%。此外,具有大量亲水性基团的表面活性剂也可作为吸湿剂使用。

(七)消泡剂

浆液起泡不仅给浆纱操作带来不便,而且会引起上浆量不足和不匀,影响浆纱质量。产生浆液起泡的原因很多,如 PVA 浆的使用、调浆的水质、淀粉浆料的质量等。黏度大的浆液中"泡沫寿命"也长,一旦产生泡沫之后,就难以自然消除。

当浆液中泡沫生成之后,分批加入少量油脂类柔软剂,可以作为消泡剂降低气泡膜的强度和韧度,使气泡破裂。常用的消泡剂有松节油、辛醇、硅油、可溶性蜡等。

三、浆料的质量指标

为保证浆纱质量稳定,浆料的质量必须符合上浆要求。纺织厂应对每批浆料的物理、化学性质进行抽样检查,并严格保管制度,控制使用期限。目前,抽样检查时所进行的都是常规检验项目,如淀粉的含水、色泽、细度、黏度、蛋白质、酸值、灰分、斑点等。随着各种新型合成黏着剂、变性黏着剂、助剂的不断开发及应用,检验项目也将逐步扩充,如浆料官能团的鉴别、混合浆的分析等。

随着科学技术的发展,近代有机分析手段已能基本满足浆料质量检验工作的需要。譬如在 Fourier 红外吸收光谱仪上,利用化合物中每一种官能团在各种振动方式上都有一定自振频率的特点,根据红外光照射该化合物时,红外光中某一频率与官能团的一种自振频率相同,将发生共振,该频率红外光将被吸收的原理,由红外吸收光谱图可以迅速、准确地进行各种官能团的定性及定量分析。在气相色谱仪上,混合浆料的各种组分被瞬时汽化分离,并进行色谱分析,最后由电子计算机打印出混合浆料成分的定性或定量的分析结果。

第二节　浆液配方与调浆

随着上浆要求的不断提高,经纱上浆通常使用由几种黏着剂组成的混合浆料或共聚浆料。因此,在纺织厂的浆液调制及浆料加工厂的浆料生产中,都需要对浆液(包括浆料)配方进行设计。浆液配方的设计工作也就是正确选择浆料组分、合理制定浆料配比的工作。

一、浆料组分的选择

浆料组分的选择即黏着剂和助剂的选择,选择时应当遵循以下原则。

1. 根据纱线的纤维材料选择浆料 为避免织造时浆膜脱落,所选用的黏着剂大分子应对纤维具有良好的粘附性和亲和力。从粘附双方的相容性来看,双方应具有相同的基团或相似的极性。根据这一原则确定黏着剂之后,部分助剂也就随之而定。几种纤维和黏着剂的化学结构特点如表3-4所示。

表3-4　几种纤维和黏着剂的化学结构特点对照表

浆 料 名 称	结 构 特 点	纤 维 名 称	结 构 特 点
淀粉	羟基	棉纤维	羟基
氧化淀粉	羟基、羧基	粘胶纤维	羟基
褐藻酸钠	羟基、羧基	醋酯纤维	羟基、酯基
CMC	羟基、羧甲基	涤纶	酯基
完全醇解PVA	羟基	锦纶	酰胺基
部分醇解PVA	羟基、酯基	维纶	羟基
聚丙烯酸酯	酯基、羧基	腈纶	腈基、酯基
聚丙烯酰胺	酰胺基	羊毛	酰胺基
动物胶	酰胺基	蚕丝	酰胺基

在棉、麻、粘胶纤维纱上浆时,显然可以采用淀粉、完全醇解PVA、CMC等黏着剂,因为它们的大分子中都有羟基,从而相互之间具有良好的相容性和亲和力。以淀粉作为主黏着剂使用时,浆液中要加入适量的分解剂(对天然淀粉)、柔软剂和防腐剂,当气候干燥和上浆率高时,还可以加入少量吸湿剂。

麻纱的表面毛羽耸立,使用以被覆上浆为特点的交联淀粉或CMC、PVA、淀粉组成的混合浆料,可以获得较好的上浆效果。

涤棉纱的上浆浆料一般为混合浆料。混合浆料中包含了分别对亲水性纤维(棉)和疏水性纤维(涤纶)具有良好亲和力的完全醇解PVA、CMC和聚丙烯酸甲酯。采用单一黏着剂——部分醇解PVA理论上同样可行,因为部分醇解PVA中既有亲水性的羟基,又有疏水性的酯基,对涤棉纱具有较强的粘附性能,但是在实际使用中考虑到价格因素,很少单一使用。

以天然淀粉或变性淀粉代替混合浆中部分PVA浆料,用于涤棉纱上浆,不仅能降低上浆成本,而且还可改善浆膜分纱性能。为提高混合浆中各黏着剂的均匀混合程度,可以在配方中适当增加具有良好混溶性能的CMC含量,但用量不宜过多。

对烘燥后的浆纱进行后上蜡,蜡液中加入润滑剂和抗静电剂,以提高浆膜的平滑性和抗静电性能,使涤棉纱纱身光滑、毛羽贴伏。

羊毛、蚕丝、锦纶分子中都含有酰胺基,因此以带有酰胺基的动物胶和聚丙烯酰胺作为黏着剂就比较适宜。使用动物胶时,要针对动物胶浆膜的特点,在浆料配方中加入柔软剂和防腐剂。

聚丙烯酰胺的吸湿性大,不宜单独使用,可作为黏着剂中一个组分使用。用聚丙烯酰胺上浆的羊毛坯呢长期放置容易霉变,因此配方中应加入防腐剂。

醋酯长丝和涤纶长丝分子中都有酯基,使用含有酯基的部分醇解 PVA、聚丙烯酸酯浆料,能满足长丝上浆所提出的浸透良好、抱合力强、浆膜坚韧的要求,浆料配方中可以酌情加入润滑剂、浸透剂和抗静电剂。

动物胶对醋酯丝、粘胶丝具有良好的粘附性,锦纶、羊毛、蚕丝与淀粉、PVA、CMC 等黏着剂之间存在较大的亲和力,正是因为粘附双方符合了极性相似的条件。

2. 根据纱线的线密度、品质选择浆料　细特纱具有表面光洁、强力偏低的特点,上浆的重点是浸透增强并兼顾被覆。因此,纱线上浆率比较高,黏着剂可以考虑选用上浆性能比较优秀的合成浆料和变性淀粉,浆料配方中应加入适量浸透剂。

粗特纱的强力高,表面毛羽多,上浆是以被覆为主,兼顾浸透,上浆率一般设计得较低。浆料的选择应尽量使纱线毛羽贴伏,表面平滑,纯棉纱一般以淀粉为主。

对于捻度较大的纱线,由于其吸浆能力较差,浆料配方中亦可加入适量的浸透剂,以增加浆液流动能力,改善经纱的浆液浸透程度。

股线一般不需要上浆。有时,因工艺流程需要,股线在浆纱机上进行并轴加工。为稳定捻度、使纱线表面毛羽贴伏,在并轴的同时,可以让股线上些轻浆或过水。

3. 根据织物组织、用途、加工条件选择浆料　制织高密织物的经纱,由于单位长度上受到的机械作用次数多,因此经纱的上浆率要高一些,耐磨性、抗屈曲性要好一些。在织机车速高、经纱上机张力较大时也应如此。黏着剂可以考虑选用 PVA、丙烯酸酯类合成浆料和变性淀粉,浆料配方中应加入适量浸透剂。

当车间相对湿度较低时,在使用淀粉或动物胶作为主黏着剂的浆料配方中,应加入适量吸湿剂,以免浆膜因脆硬而失去弹性。

部分需特殊后整理加工的织物,在不影响浆液性能的前提下,其经纱上浆所用的浆料配方中可直接加入整理助剂。这些助剂除赋予织物特殊的使用功能外,还可以作为一种浆用成分,提高经纱的可织性。

为增强市销坯布手感厚实、色泽悦目的效果,在浆料配方中可加入适量的增重剂和增白剂。

应当注意,浆料的各种组分(黏着剂、助剂)之间不应相互影响,更不能发生化学反应。否则,上浆时它们不可能发挥各自的上浆特性。例如黏着剂受不同酸碱度影响会发生黏度变化,甚至沉淀析出。离子型表面活性剂与带非同类离子的浆用材料共同使用会失去应有的效能。

二、浆料配比的确定

浆料组分选择之后,就需进一步确定各种组分在浆料中所占有的比例。确定浆料配比的工作主要是优选各种黏着剂成分相对溶剂(通常是水)的用量比例。溶剂外的其他助剂使用量很少,可以在黏着剂用量确定之后,按一定的经验比例,直接根据黏着剂用量计算决定。

目前,受纺织工艺研究水平的限制,还不可能以理论分析的方法来精确计算各种黏着剂相对溶剂的最优用量比例。一般都要依靠工艺设计人员丰富的生产经验和反复的工艺试验,才能较好地完成浆料配比的优化工作。试验方法有很多,譬如旋转试验设计法、正交试验设计法等。一种好的试验方法应当具备试验次数少,包含信息较广,最优配比的预报正确、可信等特点。纺织工艺优化工作中常用的二次通用旋转试验设计法,是一种比较理想的试验设计方法。它把工艺参数——各种黏着剂对溶剂的比例作为浆纱工艺过程的输入变量 X;把工艺优化目标——浆纱的各项质量指标作为输出变量 Y。通过试验和回归统计,建立起比较精确的 X 与 Y 之间的统计关系 $Y = F(X)$。利用这些关系,可以方便地找到各种黏着剂相对溶剂的最优配比。

三、浆液配方实例(表3-5)

(一)纯棉纱的浆液配方(配方实例见表3-5,序号1、2、3)

对一般纯棉纱采用淀粉浆,上浆成本低,上浆效果较好,对环境污染也少。细特高密品种(如府绸、防羽绒布等)上浆时,为提高经纱可织性,也经常采用以淀粉为主的混合浆,混合浆的上浆率比淀粉浆低一些。对于上浆率较高的淀粉浆配方,要适当增加柔软剂的用量,防止浆膜脆硬。对于特细纱,由于单强低,纱体纤维排列紧密,纱体内空间较少,上浆时纱线吸浆率小,不容易上浆,选用高浓低黏浆;对密度高、总经根数多的织物,上浆时覆盖系数大,容易造成上浆不均匀,也应选用高浓低黏对纤维粘附性能良好,使纱绒毛羽伏贴,浆膜性能优良,具有较高的强度、柔软性和吸湿性的浆料。

表3-5 浆液配方实例

序号	品种:经特×纬特(tex) 经密×纬密(根/10cm)	配 方	上浆率(%)
1	普梳棉府绸 C14.5×C14.5　　523.5×283	PVA1799 37.5kg,PVA—205 8kg,LMA(丙烯类)5kg,油2kg,调浆体积0.85m³	12
2	精梳棉防羽绒布 JC7.3×JC7.3　　681×614	PVA1799 35kg,PVA—205 25kg,磷酸酯淀粉25kg,LMA(丙烯类)12.5kg,油3kg,调浆体积0.85m³	16
3	精梳棉缎纹织物 CJ9.7×9.7　　787×602	PVA1799 45kg,PVA—205 25kg,变性淀粉30kg,AD(丙烯类)15kg,油3kg,调浆体积0.85m³	14.5
4	涤棉细布 T65/C35 13.1×13.1　　346.5×252	PVA1799 37.5kg,变性淀粉40kg,AD(丙烯类)10kg,油2.5kg,2－萘酚0.125kg,调浆体积0.85m³	10
5	涤棉府绸 T65/C35　13×13　433×299	PVA1799 62.5kg,变性淀粉37.5kg,AD(丙烯类)15kg,油3kg,2－萘酚0.15kg,调浆体积0.85m³	12
6	细旦纯涤府绸 T12.3×T12.3　　523.5×322.5	PVA1799 50kg,PVA—205 25kg,变性淀粉12.5kg,聚丙烯酸25kg,柔软剂3kg,抗静电剂6kg,调浆体积0.85m³	13
7	高比例涤棉防羽绒布 T90/C10　13×13　523.5×370	醋酸酯淀粉60kg,PVA1799 35kg,PVA—205 20kg,丙烯酸酯5kg,蜡片5kg,调浆体积0.85m³	13

续表

序号	品种:经特×纬特(tex) 经密×纬密(根/10cm)	配　　　　方	上浆率(%)
8	醋酯长丝平纹织物	水100%,PVA—205 2.5%,聚丙烯酸酯3%,乳化油0.5%,抗静电剂0.2%	3~5
9	粘胶长丝纺类织物	水100%,骨胶6%,CMC 0.4%,甘油0.5%,皂化矿物油0.5%~0.75%,浸透剂0.3%,苯甲酸钠0.1%~0.3%	4~5
10	苎麻平布 27.8×27.8　　236×236	PVA1799 25kg,变性淀粉37.5kg,聚丙烯酸10kg,柔软剂4kg,甘油1.5kg,调浆体积0.85m³	12
11	全毛平纹 25×25　　284×261	PVA1799 45kg,变性淀粉35kg,聚丙烯酸12kg,CMC 5.5kg,柔软剂1.5kg,抗静电剂1kg,调浆体积0.85m³	10

(二)涤棉纱的浆液配方(配方实例见表3-5,序号4、5)

涤棉纱上浆可以使用以PVA为主的化学浆。近年来,由于变性淀粉浆料及其丙烯酸类浆料不断开发,并部分或完全取代PVA及传统的甲酯、聚丙烯酰胺,用于涤棉品种上浆。其混合浆能扬长避短,使经纱上浆质量有一定程度的提高。

(三)细旦涤纶短纤纱的浆液配方(配方实例见表3-5,序号6)

细旦纯涤纶短纤纱的强力和伸长均明显优于同特数的不同混纺比例的涤棉纱,因此增强已不是上浆的主要目的。由于该类纱线上3mm以上的有害毛羽多,在生产过程中经摩擦后易起毛起球,同时在织造工序中,由于毛羽和静电的双重影响,易使纱线相互纠缠,导致梭口不清,影响织造的顺利进行。因此,贴伏毛羽、减少静电、提高耐磨是此类纱线上浆的主要目的。配方应以PVA(包括一定比例的部分醇解PVA)为主,并加入变性淀粉、聚丙烯酸,辅以适量的抗静电剂和柔软剂。这一配方同样适合高比例涤棉混纺纱(实例见表3-5,序号7)。

(四)长丝的浆液配方(配方实例见表3-5,序号8、9)

粘胶长丝和铜氨长丝可以用动物胶和CMC上浆。动物胶为主黏着剂时,浆液配方中加入适量吸湿剂和防腐剂。醋酯、涤纶、锦纶长丝都是疏水性纤维,静电严重,长丝容易松散、扭结,因此上浆时要加强纤维之间的抱合。这些纤维一般以聚丙烯酸酯类共聚浆料上浆,有时也可加入一些低聚合度的部分醇解PVA(如PVA—205)。合纤长丝的含油率要控制在1%左右。含油过多会严重影响上浆效果。

(五)麻纱、毛纱的浆液配方(配方实例见表3-5,序号10、11)

由于苎麻毛羽长,细节多而强力高,上浆应以被覆为主,浸透为辅;同时麻纤维伸长小,易产生脆断,要求浆膜柔软,弹性好,并有一定的吸湿性。因此,麻纱上浆的要求是浆膜坚韧完整,纱身毛羽贴伏,使经纱在织机上开口清晰,顺利织造。PVA具有优良的浆膜机械性能,可用作主黏着剂。在浆液配方中加入适量的丙烯酸类或变性淀粉浆料,则有利于提高 PVA 浆膜的分纱性能,使浆膜完整、光滑。为提高麻浆纱的柔韧和平滑性能,可以适量用油脂或其他柔软剂,如采用浆纱后上蜡工艺,则效果更为显著。

对精纺毛经纱进行上浆,考虑到毛纱的毛羽粗、长、卷曲而且富有弹性,贴伏毛羽是毛纱上浆应解决的关键问题。其次,毛纱的耐热性差,强度尤其是湿强度比较低,容易产生意外伸长和断头,常发生缠绕上浆辊的现象,故上浆过程较难控制。毛纤维表面有鳞片,湿热状态下会产生缩绒,容易产生上浆不匀。毛纱本身的临界表面张力低,而且毛纱上含有油脂,浆液难以对毛纱形成很好的浸透和粘附。因此,在配方中应重点考虑贴伏毛羽、加强浸透。

(六)新型纤维的浆液配方

1. Tencel 纤维织物 由于 Tencel 纱线刚度大,毛羽多,强度高,故上浆目的在于保持弹性与贴伏毛羽。

上浆工艺配置以 170cm Tencel、18tex × 28tex、433 根/10cm × 268 根/10cm 平纹织物为例,浆料配方(调浆体积 0.85m³):PVA1799 35kg;酸解淀粉 15kg;固体丙烯类浆料 3kg;浆纱膏 5kg;后上蜡 0.3%。浆槽温度 85℃;烘干温度 90℃;浆槽黏度 7.5s;上浆率 7.5%;回潮率 11.5%。

2. Modal 纤维织物 由于 Modal 纤维的比电阻很高,纤维在纺织加工过程中相互摩擦或与其他材料摩擦时易产生静电,因此易使纱线发毛,同时静电对飞花的吸附会在经停片处积聚花衣,经纱相互纠缠,造成经纱断头,既影响织造效率又形成各种织疵。而且 Modal 纱毛羽多,吸湿性强。

上浆工艺配置(调浆体积 0.85m³):PVA1799 50kg;氧化淀粉 25kg;AD(丙烯类浆料)10kg;抗静电剂 3kg;防腐剂 0.2kg;上浆率 6% ~ 7%;回潮率 2% ~ 3%;伸长率 0.5% 以内;浆槽黏度 5 ~ 5.5s;浆槽温度 95℃;浆槽 pH 值 6 ~ 7;供应桶黏度 6 ~ 7s。

3. 芳纶纤维织物 由于芳纶纤维虽然强度高,但条干较差,同时存在刚度大、细节多、毛羽长而多的缺点。因此上浆的目的贴伏毛羽,柔软耐磨,宜采用高浓度、中黏度、重加压、贴毛羽、偏高上浆率和后上油的工艺。

上浆工艺配置以 160cm 芳纶、19.6tex × 19.6tex、236 根/10cm × 236 根/10cm 平纹织物为例,浆料配方(调浆体积 0.85m³):PVA1799 60kg;酸解淀粉 20kg;E—20(酯化淀粉)30kg;丙烯类浆料 6kg;润滑剂 4kg;后上蜡 0.3%。上浆率 11.2%;回潮率 3.5%;伸长率 0.8%。浆槽温度 90℃;浆槽黏度 12s ± 0.5s;压浆辊压力 5/13.8(kN)。

四、浆液的质量指标及控制

各种浆料的调制方法不同,它们的质量指标也有所差异。浆液的质量指标主要有浆液总固体率、浆液黏度、浆液酸碱度、浆液温度、浆液粘附力和浆膜力学机械性能等。

(一)浆液总固体率(又称含固率)

浆液质量检验中,一般以总固体率来衡量各种黏着剂和助剂的干燥重量相对浆液重量的百分比。浆液的总固体率直接决定了浆液的黏度,影响经纱的上浆率。

测定浆液总固体率的方法有烘干法和糖度计(折光仪)检测法。

(二)浆液黏度

浆液黏度是浆液质量指标中一项十分重要的指标,黏度大小影响上浆率和浆液对纱线的浸透与被覆程度。在整个上浆过程中浆液的黏度要稳定,它对稳定上浆质量起着关键的作用。

影响浆液黏度的主要因素有浆液流动时间、浆液的温度、黏着剂相对分子质量及黏着剂分子结构。

(三)浆液酸碱度

浆液酸碱度(pH 值)是浆液中氢离子浓度(负对数)的指标。氢离子浓度大,浆液呈酸性;反之,则呈碱性。浆液酸碱度对浆液黏度、粘附力以及上浆的经纱都有较大的影响。棉纱的浆液一般为中性或微碱性,毛纱则适宜于微酸性或中性浆液,人造丝宜用中性浆,合成纤维不应使用碱性较强的浆液。

浆液酸碱度可以用精密 pH 试纸及 pH 计来测定,用 pH 试纸测定时,将 pH 试纸插入浆液大约 3~5mm,很快取出与标准色谱比较,即可看出结果。pH 计因测定时手续较繁,纺织工厂一般不用。

(四)浆液温度

浆液温度是调浆和上浆时应当严格控制的工艺参数。特别是上浆过程中浆液温度会影响浆液的流动性能,使浆液黏度改变,浆液温度升高,分子热运动加剧,浆液黏度下降,渗透性增加;温度降低,则易出现表面上浆。对于纤维表面附有油脂、蜡质、胶质、油剂等拒水物质的纱线而言,浆液温度会影响这些纱线的吸浆性能和对浆液的亲和能力。例如棉纱用淀粉浆一般上浆温度在 95℃以上,有时,过高的浆液温度会使某些纤维的力学性能下降,如毛纱和粘胶纤维纱不宜高温上浆(一般以 55~65℃为宜)。

(五)浆液粘附力

浆液粘附力作为浆液的一项质量指标,综合了浆液对纱线或织物的粘附力和浆膜本身强度两方面的性能,直接反映到上浆后经纱的可织性。

测定浆液粘附力的方法有粗纱试验法和织物条试验法。

(1)粗纱试验法是将 300mm 长、一定品种的均匀粗纱条在 1% 浓度浆液中浸透 5min,然后以夹吊方式晾干,在织物强力机上测定其断裂强力,以断裂强力间接地反映浆液粘附力。

(2)织物条试验法是将两块标准规格的织物条试样,在一端以一定面积 A 涂上一定量的浆液后,以一定压力相互加压粘贴,然后烘干冷却并进行织物强力试验,两块织物相互粘贴的部位位于夹钳中央,测粘结处完全拉开时的强力 P。则浆液粘附力为强力 P 与面积 A 的比值。

影响浆液粘附力的因素有黏着剂大分子的柔顺性、黏着剂的相对分子质量、被粘物表面状态、粘附层厚度、黏着剂的极性基团等。

(六)浆膜性能

测定浆膜性能可以从实用角度来衡量浆液的质量情况,这种试验也经常被用作评定各种黏着剂材料的浆用性能。

影响浆膜性能的因素有黏着剂大分子的柔顺性、黏着剂的相对分子质量、分子极性及高聚物的结晶能力、水分等。

（七）浆液的质量控制

为控制浆液质量，调浆操作要做到定体积、定浓度、定浆料投放量，以保证浆液中各种浆料的含量符合工艺规定。调浆时还应定投料顺序、定投料温度、定加热调和时间，使各种浆料在最合适的时刻参与混合或参与反应，达到恰当的混合反应效果，并可避免浆料之间不应发生的相互影响。调制过程中要及时进行各项规定的浆液质量指标检验，调制成的浆液应具有一定黏度、温度、酸碱度。

关车时，要合理调度浆液，控制调浆量，尽量减少回浆。回浆中应放入适量防腐剂并迅速冷却保存。回浆使用时，可在调节酸碱度后与新浆混合调制使用，或加热后作为降低浓度的浆直接使用。

五、浆液调制

浆液的调制是浆纱工程中一项关键性的工作。在调浆过程中，以一定的浆液调制方法，把浆料调制成适于经纱上浆使用的浆液。浆液调制方法应当根据不同浆料的特性合理设计，一旦确定之后要严格遵照执行。科学而又一致的调浆操作是浆纱质量稳定、良好的基本保证。

浆液的调和工作在调浆桶内完成。调浆桶分常压调浆桶和高压调浆桶（图3-1）两种。各种调浆桶都具有蒸汽烧煮和机械搅拌两种功能。高压调浆桶的特点是采取高温高压煮浆，在高温高压条件下，黏着剂的溶解速率加快，调浆时间缩短，并且调和的浆液混合良好。在淀粉浆调制时，利用高温高压下的高速搅拌切力强行分解，还可以减少分解剂的用量，并使浆液迅速达到完全糊化状态。

浆液调制完毕后，把浆液输入供应桶中，进行上浆的浆液供应。目前也经常采用供应桶与调浆桶合并使用的方式，直接由调浆桶进行供浆。如供浆过程时间较长，为防止浆液不匀，要进行搅拌，但搅拌速度应为低速，以免黏着剂分子受过度的机械剪切作用发生裂解，使浆液黏度下降。

浆液的调制方法有定浓法和定积法两种。定浓法一般用于淀粉浆的调制，它通过调整淀粉浆液的浓度来控制浆液中无水淀粉的含量。定积法通常用于合成浆料和变性淀粉浆料的调浆工作，它以一定体积水中投入规定重量浆料来控制浆料的含量。目前，对淀粉浆也有采取既定浓又定积的调浆方法。

六、浆液的输送

浆液以重力输送和压力输送两种形式，通过输浆管路送往浆纱机的预热浆箱。预热浆箱的浮球阀在箱内浆液液面低于某一高度时打开，浆液流入箱内；当液面高于一定高度时，阀门关闭，停止进浆。

（一）重力输送

重力输送是利用浆液的自重，依靠调浆桶与预热浆箱之间较大的高度差，让浆液自动地沿输浆管路流入预热浆箱。这种输浆形式避免了输浆泵的机械作用,对于浆液黏度稳定十分有利。因此,重力输送形式被广泛采用,在中小型织布厂,输浆管路不长的条件下,更是屡见不鲜。重力输送的缺点是浆液在输浆管路中有静止阶段,会引起不定量的沉淀,影响浆液浓度和上浆质量。另外,高黏度浆液的重力输送也比较困难,所以在重力输送的管路中往往也设有压力输送的备用旁路,当输送流动性较差的浆液时,可以改用重力、压力并用的输送形式。

(二)压力输送

压力输送是利用输浆泵的机械作用把浆液输送到预热浆箱。它的优点是输送能力强,即使是高黏度的浆液也能顺利输送。但是,泵对浆液产生机械剪切作用,使黏着剂大分子裂解,黏度下降。

第三节　上　浆

经纱在浆纱机上进行上浆,典型的上浆工艺流程如图3-7所示。纱线从位于经轴架1上的整经轴中退绕出来,经过张力自动调节装置2,进入浆槽3上浆,湿浆纱经湿分绞辊4分绞和烘燥装置5烘燥后通过上蜡装置6进行后上蜡,干燥的经纱在干分绞区7被分离成几层,最后在车头8卷绕成织轴。

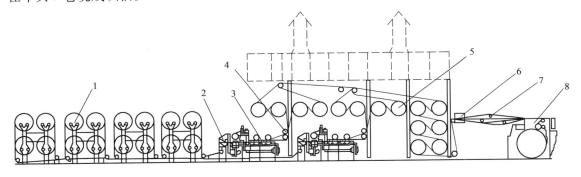

图3-7　上浆工艺流程图

良好的上浆加工不仅使经纱的强度增加,毛羽贴伏,耐磨性大大改善,弹性和柔软性得到维持,而且织轴中纱线上浆均匀,伸长一致,回潮合格,织轴圆整。

一、上浆的质量指标及其检验

上浆的质量分为浆纱质量和织轴卷绕质量两部分。浆纱质量指标有上浆率、伸长率、回潮率、增强率和减伸率、浆纱耐磨次数和浆纱增磨率、浆纱毛羽指数和毛羽降低率。织轴卷绕质量指标有墨印长度、卷绕密度和好轴率。这些指标中部分为常规检验指标,如上浆率、伸长率、回潮率等。生产中应根据纤维品种、纱线质量、后加工要求等,合理选择部分指标,对上浆质量进行检验。

（一）浆纱质量指标及其检验

1. 上浆率　上浆率是反映经纱上浆量的指标，经纱上浆率为浆料干重与原纱干重之比，以百分数表示。

生产中，经纱上浆率的测定方法有计算法和退浆法。

（1）计算法。将织轴称重，扣除空织轴本身重量后，得到浆纱重量，再按回潮测湿仪测得的浆纱回潮率，可以算出浆纱干重 G。原纱干重 G_0 为：

$$G_0 = \frac{(n \cdot L_m + L_s + L_1) \cdot Tt \cdot m}{1000 \times 1000 \times (1 + W_g) \cdot (1 + C)} \qquad (3-2)$$

式中：W_g——纱线公定回潮率；

$\quad L_m$——浆纱墨印长度，m；

$\quad L_s$——织轴上机纱长度，m；

$\quad L_1$——织轴了机纱长度，m；

$\quad Tt$——纱线特数，tex；

$\quad m$——总经根数；

$\quad n$——每轴匹数；

$\quad C$——浆纱伸长率。

进而，得到上浆率 J 为：

$$J = \frac{G - G_0}{G_0} \times 100\% \qquad (3-3)$$

（2）退浆法。将浆纱纱样烘干后冷却称重，测得浆纱干重 G，然后进行退浆，把纱线上的浆液退净。不同黏着剂的退浆方法不同，淀粉浆或淀粉混合浆用稀硫酸溶液退浆，粘胶纱上的淀粉浆以氯胺 T 溶液退浆，聚丙烯酸酯则适于氢氧化钠溶液退浆。退浆后的纱样放入烘箱烘干，冷却后称其干重 G_2，最后计算退浆率。

$$T = \frac{G - \dfrac{G_2}{1-\beta}}{\dfrac{G_2}{1-\beta}} \times 100\% \qquad (3-4)$$

式中：T——退浆率；

$\quad \beta$——浆纱毛羽损失率。

浆纱毛羽损失率的测定是取原纱作煮练试验，试验方法与退浆方法一致，然后计算浆纱毛羽损失率。

$$\beta = \frac{B - B_1}{B} \times 100\% \qquad (3-5)$$

式中：B——试样煮练前干重；

B_1——试样煮练后干重。

退浆率测定时间较长,操作也比较复杂,但以它估计浆纱上浆率比较准确。计算法虽具有速度快、测定方便等特点,但由于部分数据存在一定误差(如浆纱伸长率、回潮率等),因此估计浆纱上浆率不如退浆法准确。

2. 伸长率 浆纱伸长率反映了浆纱过程中纱线的拉伸情况。拉伸过大时,纱线弹性损失,断裂伸长下降。因此,伸长率是一项十分重要的浆纱质量指标。伸长率为浆纱的伸长与原纱长度之比,用百分数表示。

伸长率的测定方法有计算法和仪器测定法两种。

(1)计算法。计算法根据整经轴纱线长度、织轴纱线长度、回丝长度以及织轴数等,按照定义公式计算浆纱伸长率。

$$E = \frac{M(n \cdot L_m + L_s + L_l) + L_j - (L - L_b)}{L - L_b} \times 100\% \qquad (3-6)$$

式中:M——每缸浆轴数;

n——每轴匹数;

L_m——浆纱墨印长度,m;

L_s——织轴上机纱长度,m;

L_l——织轴了机纱长度,m;

L_j——浆回丝长度,m;

L_b——白回丝长度,m;

L——整经轴绕纱长度,m。

(2)仪器测定法。仪器测定法是以两只传感器分别测定一定时间内整经轴送出的纱线长度和车头拖引辊传递的纱线长度,然后以定义公式计算伸长率。

$$E = \frac{L_1 - L_2}{L_2} \times 100\% \qquad (3-7)$$

式中:L_1——车头拖引辊传递的纱线长度;

L_2——整经轴送出的纱线长度。

仪器测定法是一种在线的测量方法,它的测量精度比计算法高,而且信息反馈及时,有利于浆纱质量控制。

3. 回潮率 浆纱回潮率是浆纱含水量的质量指标,它反映浆纱烘干程度。烘干程度不仅关系到浆纱的能量消耗,而且影响了浆膜性质(弹性、柔软性、强度、再粘性等)。浆纱回潮率为浆纱中水分重量与浆纱干重之比,用百分数表示。

实验室里浆纱回潮率和退浆率一起测定。浆纱机烘房前装有回潮率测湿仪,能及时、连续地反映纱片的回潮率。

4. 增强率和减伸率 增强率和减伸率分别描述了经纱通过上浆后断裂强力增大和断裂伸长率减小的情况。

增强率 Z 的定义公式为：

$$Z = \frac{P_1 - P_2}{P_2} \times 100\%$$ (3-8)

式中：P_1——浆纱断裂强力；

P_2——原纱断裂强力。

减伸率 D 的定义公式为：

$$D = \frac{\varepsilon_0 - \varepsilon_1}{\varepsilon_0} \times 100\%$$ (3-9)

式中：ε_1——浆纱断裂伸长率；

ε_0——原纱断裂伸长率。

5. 耐磨次数和增磨率 耐磨性是纱线质量的综合指标，通过耐磨试验可以了解浆纱的耐磨情况，从而分析和掌握浆液和纱线的粘附能力及浆纱的内在情况，分析断经等原因，为提高浆纱的综合质量提供依据。浆纱耐磨次数能直接反映了浆纱的可织性，是一项很受重视的浆纱质量指标。浆纱耐磨次数在纱线耐磨试验仪上测定，把浆纱固定在浆纱耐磨试验机上（国内无浆纱耐磨定型检测仪器，可在纱线耐磨仪或纱线抱合力仪上测定），根据浆纱的不同细度施加一定的预张力，记录浆纱磨断时的摩擦次数，并计算 50 根浆纱耐磨次数的平均值及不匀率，作为浆纱耐磨性能指标。

为了比较浆纱后纱线耐磨性能的提高程度，可用浆纱增磨率表示，按下式计算：

$$M = \frac{N_1 - N_2}{N_2} \times 100\%$$ (3-10)

式中：M——浆纱增磨率；

N_1——50 根浆纱平均耐磨次数；

N_2——50 根原纱平均耐磨次数。

另一种评定浆纱耐磨性能的方法是：按耐磨取样法取浆纱 100 根，分两组，一组作为拉伸试验，求得浆纱平均断裂强度 P 及平均断裂伸长率 L，另一组在耐磨试验机上经受一定次数的摩擦，将试样取下作拉伸试验，求得残余平均断裂强度 P_0 及残余断裂伸长率 L_0，以断裂强力、断裂伸长降低率来评定浆纱的耐磨性能，按以下公式计算。

$$Q_j = \frac{P - P_0}{P} \times 100\%$$ (3-11)

式中：Q_j——耐磨后浆纱断裂强度降低率。

$$S_j = \frac{L - L_0}{L} \times 100\%$$ (3-12)

式中：S_j——耐磨后浆纱断裂伸长降低率。

6. 毛羽指数及毛羽降低率 浆纱表面毛羽贴伏程度以浆纱毛羽指数和毛羽降低率表示。浆纱表面毛羽贴伏不仅能提高浆纱耐磨性能，而且有利于织机开清梭口，特别是梭口高度较小的无梭织机，有资料表明在喷气织机生产过程中由于纱线毛羽引起的织机停台高达50%以上。

毛羽指数在纱线毛羽测试仪上测定，它表示在单位长度纱线的单边上，超过某一投影长度的毛羽累计根数。浆纱后浆纱对原纱毛羽指数的降低值对原纱毛羽指数之比的百分率称为浆纱毛羽降低率。对棉纱来说，毛羽长度一般设定为3mm以上，10cm长纱线内单侧长达3mm毛羽的根数称为毛羽指数。毛羽降低率按下式计算：

$$M_{j} = \frac{R_{1} - R_{2}}{R_{1}} \times 100\% \qquad (3-13)$$

式中：R_{1}——原纱单位长度上毛羽长度达3mm的毛羽指数平均值；

R_{2}——浆纱单位长度上毛羽长度达3mm的毛羽指数平均值。

纱线毛羽测量一般在国产YG171A（B）型毛羽仪上进行，该仪器还可拍摄经纱和浆纱试样的投影照片，可根据照片进行目测评定，这种方法是浆纱毛羽的离线检测法。也可采用更为方便的在线毛羽检测仪，仪器型号为BT—2型。

7. 浆纱关键质量指标的确定 对浆纱的质量指标（也可认为可织性指标）研究随着无梭织机的广泛使用变得日益重要。无梭织机是高速、高效、高自动化程度的先进织机，织造工艺普遍采用大张力、小梭口、强打纬、高速度。因此，除对织前工艺路线及设备的配套选择有所要求外，对原纱和半制品质量有着与有梭织机不同的要求，尤其是浆纱质量，因此浆纱的可织性对无梭织造十分重要。浆纱可织性的提高一般从纱线强力增加、伸长保持、毛羽减少和耐磨提高四个方面加以衡量。

增强率和减伸率是目前国内评定可织性的主要指标，也是工厂常规试验项目。但由于经纱在织机上所受的最大张力和断裂伸长远低于经纱自身断裂强度和断裂伸长。也就是说，织造过程中的断头率与强伸指标的相关性不大。

毛羽是指伸出纱体表面的纤维，短纤纱上浆的主要目的是伏贴毛羽。只有毛羽伏贴才能提高织造性能。如果毛羽多，会使邻纱之间相互纠缠，造成开口不清，不但增加断头，而且严重影响织物质量。对无梭织机而言，经纱是在高速度大张力下经受摩擦，提高耐磨性能尤为重要。只有减少毛羽、提高耐磨，才能提高效率。

总之，从织造断头原因与织机效率分析可发现，浆纱的增强、减伸等指标不能完全反映浆纱的实际织造性能。在浆料和配方合理确定后，增强、减伸指标的一般要求均能达到，可以认为这些指标只是浆纱质量的一般指标。相反，随原纱条件的改善，因其本身具有较高的强力，不强求通过上浆使纱线强力提高过多，而纱线的毛羽和耐磨性能必须加以考虑，增强和减伸指标在一定程度上可用耐磨指标替代。因此，应将浆纱的毛羽和耐磨指标列为评定浆纱质量的重要指标。

（二）织轴卷绕质量指标及其检验

1. 墨印长度 墨印长度的测试用作衡量织轴卷绕长度的正确程度。墨印长度可以用手工测长法直接在浆纱机上摘取浆纱测定，亦可利用伸长率测定仪的墨印长度测量功能进行测定。

2.卷绕密度 卷绕密度是织轴卷绕紧密程度的质量指标。织轴的卷绕密度应当,卷绕密度过大,纱线弹性损失严重;卷绕密度过小,卷绕成形不良,织轴卷装容量过小。

生产中以称取纱线重量,测定纱线体积来检测织轴卷绕密度。

3.好轴率 好轴率是比较重要的织轴卷绕质量指标,它是指无疵点织轴数在所查织轴总数中占有的比例。

疵点织轴的规定见第四节"六、浆纱的产量与浆纱疵点"部分。

在实际生产中,有时好轴率不能充分反映织轴的内在质量。因此,有些纺织厂把织造效率作为浆纱工序的主要评价指标,取得一定效果。

二、浆纱机的传动

目前浆纱机的传动方式很多,比较先进的传动方式都具备以下特点:浆纱速度变化范围宽广、过渡平滑;经纱伸长控制准确,卷绕张力恒定,并具有自动控制能力。

新型浆纱机传动系统中用于浆纱速度控制的装置主要有:以可控硅作无级调速控制的直流电动机;通过直流发电机输出电压作无级调速控制的直流电动机;可平滑变速的交流整流子电动机;交流感应电动机配合液压式无级变速器;交流感应电动机配合 PX 调速范围扩大型无级变速器;交流变频调速。如 GA301 型浆纱机主传动用 JZS2—71—1 型交流整流子电动机;祖克 S432 型浆纱机由直流电动机或微速电动机传动;大雅 500 型浆纱机采用电磁滑差离合器与三相交流异步电动机传动。祖克、本宁格等最新型浆纱机,取消了传统的边轴传动及调节各区张力的无级变速器,分别在车头织轴卷绕、拖引辊、烘房、上浆辊和引纱辊等处用变频电动机单独传动,每个单元有速度反馈系统,运用同步控制技术,实现各单元之间的精确同步。图 3 – 8 为祖克 S432 型浆纱机传动系统,全机由直流电动机 1 或微速电动机 2 传动。正常开车时,直流电

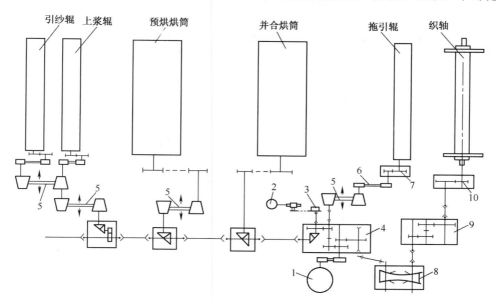

图 3 – 8 祖克 S432 型浆纱机传动系统

动机 1 通过齿轮箱 4 变速分三路传出,一路经一对铁炮 5、一对皮带轮 6、减速齿轮 7 传动拖引辊;另一路经 PIV 无级变速器 8、齿轮箱 9、一对减速齿轮 10 传动织轴;第三路就是传动边轴,来拖动烘筒、上浆辊和引纱辊运行。速度范围为 2 ~ 100m/min。

全机微速运行时,微速电动机 2 得电回转,经蜗杆蜗轮减速箱及一对链轮减速后,通过超越离合器 3 传动齿轮箱 4 内的齿轮,而使全机以 0.2 ~ 0.3m/min 速度运行。这一微速运行的功能主要是防止因停车或落轴时间过长产生浆斑等疵轴。按快速按钮后,直流电动机启动,超越离合器 3 起分离作用,从而使微速电动机传动系统与齿轮箱 4 脱开。

祖克 S432 型浆纱机主传动采用直流电动机可控硅双闭环调速系统,主电路采用三相全桥式整流电路,由 380V 三相电源经进线电抗器供电,可控硅整流输出驱动它激直流电动机,改变可控硅控制角的大小,就能改变电驱电压的数值,从而改变电动机转速。直流电动机可控硅调速系统的特点是具有恒转矩特性,调速范围大(调速比为 50),全速范围内控制性能优良。

图 3 - 9 为祖克新型浆纱机传动控制图,采用七单元(七只变频)控制全机传动,其变频器属于高动态性并带有速度反馈的矢量控制通用变频器。其中车头一只变频器控制织轴卷绕,车头另一只变频器控制拖引辊传动;烘房有一只变频器控制十二只烘筒传动;一只浆槽有两只变频器,一只变频器控制上浆辊传动,另一只变频器控制引纱辊传动,双浆槽共有四只变频器,因此全机共七只变频器,也称七单元传动。这种传动方式与传统的边轴传动相比,传动的可靠性和张力控制精度得到大大提高。

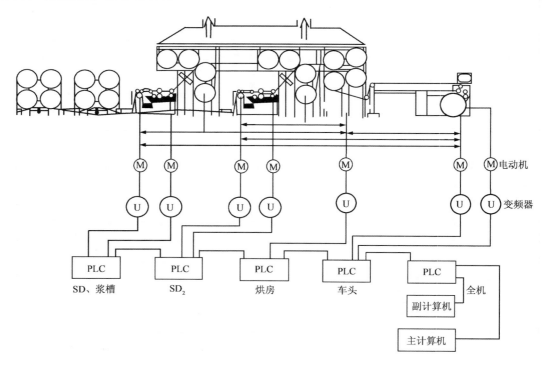

图 3 - 9 祖克新型浆纱机传动控制图

除浆纱机主传动系统外,还有一些独立的传动系统,如循环风机传动、排气风机传动、上落轴传动、湿分绞棒传动、循环浆泵传动等传动系统。这些独立的辅助传动系统与主传动系统之间存在着电气上的联动关系。

三、经纱退绕

经纱从整经轴上退绕下来,整经轴退绕区为经纱伸长第一控制区,该区的经纱伸长通过退绕张力来间接控制。退绕过程中要求退绕张力尽可能小,使经纱的伸长少,弹性和断裂伸长得到良好维护。退绕的张力应当恒定,各整经轴之间退绕张力要均匀一致,以保证片纱伸长恒定、均匀。

整经轴上经纱的送出方式有积极式和消极式两种。积极式送出装置以较小的预设定退绕张力主动送出经纱,纱线的退绕张力受到精确控制,对弱纱或不宜较大张力的经纱退绕十分有利。长丝浆纱机的轴对轴上浆(浆纱机上只有一只整经轴退绕,上浆后的经轴在并轴机上并轴)都采用积极式送出装置。消极式送出和整经轴摩擦制动相结合的经纱退绕方式中,引纱辊通过经纱带动整经轴回转,进行纱线退绕。为控制退绕张力恒定,防止车速突然降低时,由于整经轴惯性以至经纱过度送出所造成的纱线松弛和扭结,采用了相应的摩擦制动措施。例如常用的弹簧夹制动如图3-10(a)所示,气动带式制动如图3-10(b)所示,还有皮带重锤式制动、聚乙烯轴承制动等。

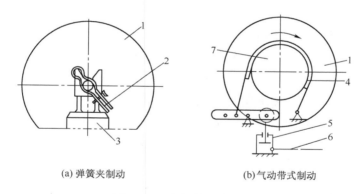

(a) 弹簧夹制动　　　　　　　　　(b) 气动带式制动

图3-10　整经轴制动方式

1—整经轴　2—弹簧夹　3—经轴架　4—制动带　5—气缸　6—进气管　7—制动盘

(一)整经轴制动与退绕张力控制

整经轴的制动采用弹簧夹制动以改变弹簧夹紧程度来控制摩擦制动力,它的制动力较小,在紧急刹车时容易引起纱线扭结。随着整经轴直径逐渐减小,要经常根据整经时放入的千米纸条信号改变弹簧夹紧力,以保证纱线退绕张力恒定,各整经轴之间张力一致。但是这种控制方法很难满足张力均匀、适度的要求,并且给浆纱操作带来诸多不便。

现代浆纱机上常用气动带式制动。各整经轴的制动气压、制动力一致,于是各轴退绕张力基本接近。退绕张力可以预先设定,并由张力自动调节系统控制。当整经轴直径变化或受某些干扰因素影响引起退绕张力改变时,自动调节系统迅速地改变气缸压力,调整制动带对整经轴的制动力,将其恢复到设定数值。

(二)经轴架形式

经轴架的形式可分为固定式和移动式、单层与双层(包括山形式)、水平式与倾斜式。

(1)移动式经轴架的部分换轴工作在浆纱机运转过程中进行,因此停机完成换轴操作所需的时间大大缩短,有利于提高浆纱机的机械效率,是浆纱技术的一个发展趋向。

(2)双层经轴架的换轴和引纱操作不如单层经轴架方便。但是,双层经轴架节省机器占地面积,而且因上下层经纱容易分开,故十分适宜于经纱的分层上浆。目前常用的双层经轴架为四轴一组,见图3-11所示,四只整经轴由一个框架支撑,又称箱式轴架。轴架之间留有操作弄,站在操作弄的站台上能方便地对整经轴进行检查及各项处理工作。

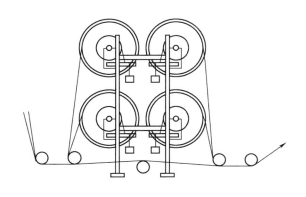

图3-11 双层经轴架

(3)倾斜式经轴架能满足各轴纱片相互独立、分层清晰的要求,适用于在进入浆槽之前,以钩筘作分绞操作的经纱上浆(色经纱上浆等)。部分浆纱机上,为减小浆槽与相邻的第一只整经轴之间的高度差,也采用一列倾斜式经轴架。

(三)退绕方式与退绕张力控制

尽管经轴架形式繁多,但它们的经纱退绕方式只有互退绕法和平行退绕法两种。平行退绕法又可分为上退绕法、下退绕法和垂直退绕法。

1.互退绕法 典型的互退绕法如图3-12中(a)、(d)所示。这种方法引纱操作比较简单,纱线排列比较均匀整齐,转动平稳。但是,后方的整经轴,特别是最后一轴由于缺乏这种控制,容易转动不稳,反复发生过度送出,以至纱片松弛,为此,要对该轴施加较大的摩擦制动力。

互退绕法的整经轴(不包括最后一轴)转动时,整经轴除由该轴纱线拖动外,还受到经纱片的助动作用。越往机前,整经轴所受助动力越大。最后一轴既无助动作用,又必须受最大的摩擦制动力,因此与其他轴相比,它的纱线退绕张力和伸长明显增加,生产中经常发现该轴白回丝过长的现象。经纱片对部分整经轴进行助动的同时,还伴随有上抬作用;相反,对另一部分整经轴又有下压作用。于是在整经轴转动轴承处产生的摩擦阻力也不同,助动作用和轴承摩擦阻力的差异引起各轴纱线退绕张力不匀,回丝量增加。

2.平行退绕法 平行退绕法克服了互退绕法张力不匀、回丝量大的缺点。应用下退绕法如图3-12(b)、(e)所示,给引纱操作带来不便。采用上退绕法如图3-12(c)所示,经纱的断头不易及时发现。双层经轴架上兼用上退绕法和下退绕法如图3-12(g)、(h)所示时,下层整经轴断头的发现和处理都不太容易。相对而言,垂直退绕法如图3-12(f)所示,纱线断头的观察和处理十分方便。

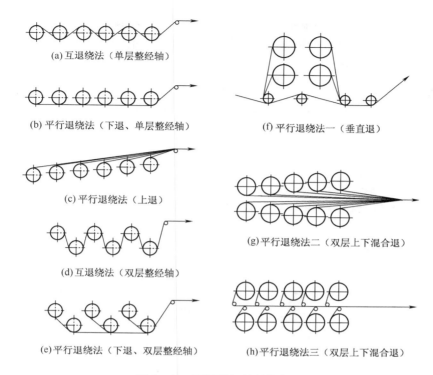

图 3 - 12　不同的经纱退绕方法

四、上浆及湿分绞

经纱在浆槽内上浆的工艺流程如图 3 - 13 所示。纱线由引纱辊 1 引入浆槽,第一浸没辊 2 把纱线浸入浆液中吸浆,然后经第一对上浆辊 3 和压浆辊 4 浸浆压浆,将纱线中空气压出,部分浆液压入纱线内部,并挤掉多余浆液。此后,又经第二浸没辊 5 和第二对上浆辊 6 和压浆辊 7 做再次浸浆与压浆。通过两次逐步浸压的纱线出浆槽后,由湿分绞棒将其分成几层(图中未画出),再进入燥房烘燥。蒸汽从蒸汽管 8 通入浆槽,对浆液加热,使其维持一定温度。循环浆泵 9 不断地把浆箱 10 中的浆液输入浆槽,浆槽中过多的浆液通过溢流管 12 从溢流口 11 流回浆箱,保持一定的浆槽液面高度。

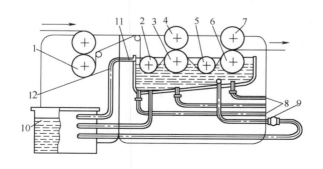

图 3 - 13　经纱在浆槽内上浆工艺流程

（一）上浆机理

1. 浸浆与压浆　纱线在浆槽中经受反复的浸浆和压浆作用,浸压的次数根据不同纤维、不同的后加工要求而有所不同。纱线上浆一般采用单浸单压、单浸双压、双浸双压、双浸四压(利用两次浸没辊的侧压)。粘胶长丝上浆还经常采用沾浆(由上浆辊表面把浆液带上,并带动压浆辊回转,经丝在两辊之间通过时沾上浆液),沾浆上浆量很小。各种浸压方式如图 3 - 14 所示。

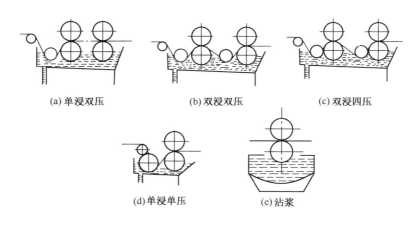

(a) 单浸双压　　　　　(b) 双浸双压　　　　　(c) 双浸四压

(d) 单浸单压　　　　　(e) 沾浆

图 3 - 14　各种浸压方式

纱线在一定黏度的浆液中浸浆时,主要是纱线表面的纤维进行润湿并粘附浆液,自由状态下浆液向纱线内部的浸透量很小,带有一定量浆液的纱线进入上浆辊 1 和压浆辊 2 之间的挤压区经受压浆作用,上浆辊表面带有的浆液 4、压浆辊表面微孔中压出的浆液、连同纱线 3 本身沾有的浆液在挤压区入口处混合并参与压浆,如图 3 - 15 所示。

根据弹性流体动压润滑理论可以定性地分析,即使在压浆辊的重压下,挤压区中纱线的上下仍然存在一层浆液液膜,液膜的厚度决定了挤压区内实际参与挤压过程的浆液量以及纱线经挤压后所带浆液量。它和压浆辊轴线方向单位长度内的压浆力 P、浆液黏度 η、浆纱速度 v 有关,压浆力越大,浆液黏度越低,浆纱速度越慢,则液膜厚度越小。因此,浆纱机慢速运行时压浆力要适当减弱,否则液膜厚度过小,尽管挤压区入口处有足够的浆液,但挤压区内参与挤压的浆液量不足,浆纱经挤压后所带浆液量过少,以致纱线上浆过轻。在高浓高黏浆液上浆时,要采用高压上浆,避免液膜厚度过大,上浆过重。

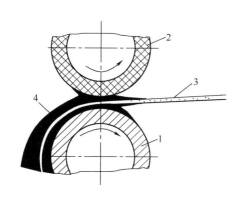

图 3 - 15　挤压区中的液膜

在挤压区内,压浆辊的压浆力使浆液向纱线内部浸透。由 Darcy 定律可作判断:压浆力越小,浆液的黏度越大,浆液对纱线的渗透率越小,则浸透速度越低,浆液对纱线浸透不利。因此,较高黏度浆液上浆时要增大压浆力(采用高压上浆)、增大压力梯度,以维持合理的浆液浸透速度。应当指出,压力增大时浆液的动态黏度会有所增加,纱线受压密作用渗透率也会有所减小,从而产生降低浸透速度的反作用。但是,这种反作用所造成的影响不如压力增加的正作用强烈。

经过挤压之后,纱线表面的毛羽倒伏、粘贴在纱身上,高压上浆尤为明显地表现出毛羽减少的效果。从微观角度分析,吸有浆液的经纱通过强有力的挤压之后,浆液与纤维的分子距离更加接近,分子间力与氢键缔合力增强,并加速分子的相互扩散,结果浆液对纤维的润湿性能、粘附强度得到提高。纱线离开挤压区时,发生了第二次浆液的分配。压浆力迅速下降为零,压浆辊表面微孔变形恢复,伴随着吸收浆液,由于这时经纱与压浆辊尚未脱离接触,故微孔同时吸收挤压区压浆后残剩的浆液和经纱表面多余的浆液。如微孔吸浆过多,则经纱失去过量的表面粘附浆液,使经纱表面浆膜被覆不良;相反,经纱表面粘附的浆液过量,以致上浆过重。

2.纱线覆盖系数 浆槽中纱线的排列密集程度以覆盖系数来衡量,覆盖系数的计算公式为:

$$K = \frac{d_0 \cdot M}{B} \times 100\% \tag{3-14}$$

式中:K——覆盖系数;

d_0——纱线计算直径,mm;

M——总经根数;

B——浆槽中排纱宽度,mm。

纱线的覆盖系数是影响浸浆及压浆均匀程度的重要指标。排列过密的经纱之间间隙很小,于是压浆后纱线侧面出现"漏浆"现象。为改善高密条件下的浸浆效果,可以采用分层浸浆的方法,使浸浆不匀的矛盾得到缓解,"漏浆"现象有所减少。但是,解决问题的根本方法是降低纱线覆盖系数,采用双浆槽(图3-9)或多浆槽上浆,也可采取轴对轴上浆后并轴的上浆工艺路线。降低覆盖系数不仅有利于浸浆、压浆,而且对下一步的烘燥及保持浆膜完整也十分有效。不同纱线的合理覆盖系数存在一定差异,一般认为覆盖系数小于50%(即纱线之间的间隙与直径相等)时可以获得良好的上浆效果。

(二)湿分绞

湿分绞棒安装在浆槽与烘房之间。经纱出浆槽后被湿分绞棒分成几层以分离状态平行进入烘房,以便初步形成浆膜后才并合,这样可避免烘燥后浆纱之间相互粘连,减少出烘房进行分绞时的困难,对保护浆膜完整、降低落浆率、减少毛羽、提高浆纱质量极为有利。分绞过程中湿分绞棒本身作主动慢速回转,以防止表面生成浆垢。长丝浆纱机的湿分绞棒中还通入循环冷却水,防止分绞棒表面形成浆皮以及短暂停车时纱线粘结分绞棒。在热风式浆纱机或热风烘筒式浆纱机上,湿分绞的效果比较明显。一般湿分绞棒根数为3~5根。

(三)浆槽区的纱线伸长控制

浆槽区(从引纱辊到第二上浆辊)为纱线伸长的第二控制区。该区内纱线的伸长和张力应比整经轴退绕区的(第一控制区)小,于是退绕区内产生的部分纱线伸长在浆槽区得到恢复,通常称这种伸长减少的现象为负伸长。负伸长的目的是使纱线在较小的张力状态下进行良好的浸浆和压浆,并且减少纱线的湿态伸长。

浆槽内可能达到的负伸长量与浸压次数有关。浸压次数增加,纱线受到拉伸作用就增大,可能达到的负伸长量就减少。因此,在满足浸透和被覆要求的条件下,应尽量减少浸压次数,以避免不必要的纱线湿态伸长。

(四)上浆率和浆液浸透与被覆的控制

不同纤维、不同纱线对上浆率和浆液的浸透与被覆有不同要求。例如,长丝上浆重在浸透,使纤维抱合;毛纱、麻纱上浆侧重被覆,让纱身光洁、毛羽贴伏;棉纱上浆则两者兼顾,其中细特棉纱上浆率高于粗特棉纱。因此,上浆过程中要根据具体上浆对象严格控制上浆率,合理分配浸透和被覆比例。上浆率波动,浸透与被覆比例不当,会对织造产生严重影响。

浆纱过程中,主要通过以下几个因素来控制上浆率和浆液的浸透、被覆程度。

1. 浆液的浓度、黏度和温度　浆液浓度增大,一般黏度也就增加,黏度增加使挤压区液膜变厚,参与挤压的浆液量增多。如果第二次分配中压浆辊的吸浆能力稳定,那么液膜厚度就基本决定了纱线的上浆率,液膜增厚,上浆率增大。但是从Darcy定律可知:浆液黏度增加,其浸透速度下降,浸透能力削弱,浸透到内部的浆液少而被覆在表面的浆液多。当浆液黏度过大时,会引起上浆率过高,形成表面上浆,纱线弹性下降,减伸率增大,织造时产生落浆和脆断头。同时,浆料消耗量大,上浆成本提高。相反,黏度过小则液膜厚度过小,上浆率过低,并且浸透偏多,被覆过少,其结果为浆纱轻浆起毛,织机开不清梭口,经纱断头增加。浆液温度影响其黏度。温度增高,分子热运动加剧,浆液流动性能提高,表现出黏度下降。浆液温度的变化通过黏度的变化对浆纱上浆率和浆液的浸透与被覆程度产生影响。浆液温度过高或过低会带来由黏度过低或过高所产生的弊端。对于部分表面存在拒水性物质(油、蜡、脂)的纤维,浆液温度的提高有利于浆液对纤维的润湿及粘附,影响上浆率的变化。

上述分析表明:上浆过程中要做到浆液定浓、定黏和定温,以控制浆纱上浆率和浆液浸透与被覆程度。

2. 压浆辊的加压强度　压浆辊的加压强度就是挤压区内单位面积的平均压力。加压强度提高,则挤压区液膜厚度减小,上浆率下降,浆液浸透增多,被覆减少。过大的加压强度会引起浆纱轻浆起毛;过小,则纱线上浆过重,并且形成表面上浆。

在传统的单浸双压低浓浆液常压(压浆力小于6kN)上浆时,压浆辊加压强度的工艺设计原则为前重后轻(即第一压浆辊加压强度大、第二压浆辊加压强度小)。这样,在第一压浆辊的挤压区内,由于重压纱线获得良好的浆液浸透;在第二压浆辊的挤压区内,轻压使液膜较厚,以保证压浆后纱线的合理上浆率及表面浆液被覆程度。

用于双浸双压中压(压浆力20~40kN)上浆的浆液浓度和黏度较高,相应的压浆辊加压强度工艺设计原则为前轻后重,逐步加压。高浓度条件下,第二压浆辊加压强度较大,使液膜不致过厚,以免上浆过重。

3. 浆纱速度　浆纱速度决定了液膜厚度。浆纱速度对上浆率的影响由两方面因素决定:一方面,速度快,压浆辊加压效果减小,浆液液膜增厚,上浆率高;另一方面速度快,纱线在挤压区中通过的时间短,浆液浸透距离小,浸透量少。两方面因素的综合结果,过快的浆纱速度引起上浆率过高,形成表面上浆;而过慢的速度则引起上浆率过低,纱线轻浆起毛。现代化浆纱机都具有高、低速的压浆辊加压力设定功能,高速时压浆辊加压力大,低速时压浆辊加压力小。在速度和压力的综合作用下,液膜厚度和浸透浆量维持不变,于是上浆率、浆液的浸透和被覆程度基本稳定。

浆纱速度还与挤压前的浸没辊浸浆时间有关。速度快,浸浆时间短,对挤压前的纱线润湿和吸浆不利。

因此,上浆过程中应当稳定浆纱速度,并尽量采用压浆辊压浆力自动调节系统。

4. 压浆形式及加压装置　压浆形式有多种,普遍采用多点浸压方式,如双浸双压形式。祖克等浆纱机采用双浸四压形式,即浸没辊能加侧压,强化了浸压效果,且浸没辊受上浆辊的摩擦传动,起到送浆纱的作用,可以减少纱线的湿态伸长。在祖克 S432 型浆纱机中,由于其侧压点低于浆液液面,使浆纱离开浸没辊的侧压点后再次浸没在浆液中,达到四浸四压目的,提高浆液的渗透和被覆。

压浆辊加压装置的形式有杠杆式、弹簧式和气动式。杠杆式和弹簧式需人工调节和控制,所以易产生压浆辊压力不稳定和两端压力不一致等问题,造成上浆不均匀。气动加压装置具有自动调压、调节方便、压浆力稳定、易于实行自动控制等优点而被新型浆纱机广泛采用。

5. 压浆辊表面的状态　传统的压浆辊表面包覆绒毯(或毛毯)和细布。由于包卷操作不便,熟练程度要求较高,易造成包卷质量不稳定,因此逐步被橡胶压浆辊所替代。橡胶压浆辊外层为具有一定硬度的橡胶层。一种橡胶压辊的表面带有大量微孔,另一种为光面。一般光面橡胶压浆辊作为第一压浆辊,微孔表面橡胶压浆辊作为第二压浆辊。

各种压浆辊都具有吞吐浆液的功能,在挤压区入口吐出浆液,而在挤压区出口吸收浆液。相对而言,光面橡胶压浆辊的吞吐能力较弱。压浆辊表面细布的新旧和橡胶压浆辊表面微孔状况,决定了挤压区进出口处压浆辊的浆液吞吐能力,特别是出口处第二次浆液分配的吸浆能力。因此,压浆辊表面状态对上浆率和浆液被覆与浸透程度起着重要作用。

6. 纱线在浆槽中浸压次数、穿纱路线、浸没辊形式及其高低位置　改变纱线在浆槽中浸压次数及穿纱路线,可以改变浆液对纱线的浸透程度和浆纱上浆率。浸压次数增加,浸浆长度增大,浆液对纱线的浸透程度和纱线上浆率也相应提高。长丝上浆率低,一般采用单浸单压或沾浆方式;短纤纱通常以单浸双压方式上浆,压浆力符合前重后轻的原则,上浆率和浆液对纱线的浸透与被覆比较适当;在中压、高压上浆或对上浆率大、浆液浸透程度要求较高的纱线上浆时,可以采用双浸双压,甚至双浸四压方式,以加强浸压效果,压浆力的设计符合前轻后重原则。

穿纱路线确定后,浸没辊的高低位置就决定了纱线的浸浆时间,从而影响纱线的润湿和粘附浆液程度,因此上浆过程中要固定浸没辊高度。

浸没辊形式对浸浆情况有较大影响。花篮式浸没辊是一个空心转笼,转笼与纱线接触面积很小,因此有利于纱线双面浸浆。但是花篮式浸没辊给清洁工作带来不便,并且转动时会搅动浆液引起泡沫。目前较多使用的是实心辊形式的浸没辊,部分浆纱机上以三根实心辊倾斜排列构成纱线的浸浆区域,浸浆效果较好,有利于浆纱机的高速。

7. 浆槽中纱线的张力状况 浆槽区的纱线负伸长使上浆纱线的张力下降,纤维之间的间隙扩大,显然有利于纱线的浸浆和压浆。

五、烘燥

湿分绞后的纱线在烘燥区内被烘干,纱线表面形成浆膜。对烘燥过程提出的要求为:纱线伸长小、浆膜成形良好、烘燥速度快、能量消耗少。

浆纱的烘燥方法按热量传递方式分为热传导烘燥法、对流烘燥法、辐射烘燥法和高频电流烘燥法。目前常用的热风式、烘筒式和热风烘筒相结合的烘燥装置主要采用对流和热传导烘燥法。

(一)烘燥原理

反映浆纱烘燥过程的烘燥曲线如图3-16所示。曲线1表示了浆纱的烘燥速度(烘燥过程中纱线回潮率变化速度)变化规律。可以看出,整个浆纱烘燥过程分为三个阶段,即预热阶段、恒速烘燥阶段和降速烘燥阶段。曲线2和曲线3则分别表示纱线的温度和回潮率变化规律。

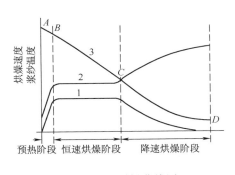

图3-16 烘燥曲线图

1. 预热阶段 预热阶段中,纱线温度迅速增高,水分蒸发的速度逐步加快,烘燥速度上升到一个最大值。回潮率由A变为B,变化的绝对量不大。

2. 恒速烘燥阶段 恒速烘燥阶段的特征是:
①纱线吸收热量后表面水分大量汽化,由于毛细管作用,使足够的水分源源不断地移到纱线表面,满足汽化需要,有如水分从液体自由表面的汽化过程,纱线回潮率线性下降;
②汽化带走的热量与吸热量平衡,故纱线温度不变,纱线与空气接触表面的温度 t_1 和空气湿球温度相等。

3. 降速烘燥阶段 在降速烘燥阶段中(图中C点之后),由于浆膜逐步形成,阻挡了纱线内水分向外迁移和热量向内传递。于是纱线表面供汽化的水分不足,汽化速度下降,纱线吸热量大于汽化带走的热量,结果纱线温度上升,回潮率变化渐渐缓慢,烘燥速度逐步下降为零。

(二)烘燥方法对烘燥速度及能量消耗的影响

1. 对流烘燥法 热风式烘燥装置主要采用对流烘燥法。热空气是载热体,向纱线传递热量,同时又是载湿体,带走纱线蒸发的水分。与纱线进行热湿交换后的热空气要循环回用,以节约能量。为防止热空气中含湿量过度增加,进而引起热空气湿球温度过高,烘燥势降低,影响热量传递,一般在热空气循环回用过程中要排除部分热湿空气,并补充一些干燥空气,经混合、加热后投入使用。这种载热体与载湿体合二为一的烘燥形式显然不够合理,热湿空气的不断排除不仅带走水分,同时也带走了热量,引起能量损失。

物质内水分从温度高、湿度高的部位向温度低、湿度低的部分移动。在降速烘燥阶段中,由于浆膜阻隔,热量不易向纱线内部传递,于是纱线的表面温度高,纱线的内部温度低,所形成的温度梯度指向纱线外部,与湿度梯度相反,对湿度梯度作用下水分由里向外的移动产生阻挡效果,影响水分向外迁移,从而烘燥速度低,降速烘燥过程延续时间较长,如图 3 – 17 所示。这是对流烘燥法烘燥速度低的另一主要原因。

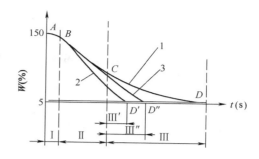

图 3 – 17 几种烘燥法纱线回潮率变化的对比
1—对流烘燥法 2—热传导烘燥法 3—对流与热传导相结合 Ⅰ—预热阶段 Ⅱ—恒速烘燥阶段 Ⅲ、Ⅲ′、Ⅲ″—降速烘燥阶段

2. 热传导烘燥法 烘筒式烘燥装置主要采用热传导烘燥法。烘筒作为载热体,通过接触向纱线传递热量,而周围的空气是载湿体,带走浆纱蒸发的水分,载热体和载湿体分离是热传导烘燥法的优点之一。烘燥过程中水分蒸发,在烘筒表面形成积滞蒸汽层使烘燥势下降,影响水分汽化速度。因此,在烘筒外装排气罩,以高速气流作为载湿体迅速排走积滞蒸汽层,让干燥的空气补充到纱线表面,维持整个烘燥过程中较高的烘燥势。与对流方式相比,导热系数高是热传导方式的优点之二。在烘燥过程中,烘筒向纱线传递热量快,其烘燥速度比热风式明显提高。

在降速烘燥阶段中,纱线靠近烘筒的一侧湿度大、温度高,于是湿度梯度和温度梯度方向一致,促进纱线内的水分逆湿度梯度方向移动,有利于加快烘燥速度,缩短降速烘燥阶段。这是热传导烘燥法的优点之三。

热传导烘燥法在烘燥速度上明显优于对流烘燥法,图 3 – 17 中曲线 1、2 表明了两者降速烘燥时间的显著差异。在蒸汽消耗方面,前者的节能效果十分明显。

(三)烘燥方法对浆纱质量的影响

1. 对流烘燥法 对流烘燥法的烘燥装置(烘房)中绕纱长度大,由于长片段的纱线行进时缺乏有力的握持控制,于是纱线伸长较大、片纱伸长也不够均匀。当纱线排列密度较大时,因热风的吹动纱线会黏成柳条状,以致浆纱分绞困难,分绞后浆膜撕裂,毛羽增多,影响浆纱质量。但是,对流烘燥法纱线与烘房导纱件表面接触很少,特别是湿浆纱经分绞、分层后烘燥时,纱线相互分离,浆液很少粘贴导纱件表面,对于保护浆膜、减少毛羽十分有利。为此,对流烘燥法常被用作湿浆纱的预烘(特别是长丝和变形纱上浆),预烘到浆膜初步形成即止。在浆膜初步形成之前的等速烘燥阶段中,水的汽化速度快,对流烘燥的烘燥速度并不低,这是对流烘燥法常被用作预烘的另一原因。

2. 热传导烘燥法 热传导烘燥法中,纱线紧贴主动回转的烘筒前进,使纱线受到良好的握持控制,并且纱线行进中排列整齐有序。因此,热传导烘燥法对纱线伸长控制十分有利,纱线的伸长率小,仅为对流烘燥法的 60% 左右,并且片纱伸长均匀,伸长率易于调整。

热传导烘燥法浆膜容易粘贴烘筒,破坏浆膜的完整性,对最先接触湿浆纱的几只烘筒要进行防粘处理。另外,烘筒上相邻纱线之间有粘连现象,特别是纱线排列密度较大时粘连严重,引起浆纱毛羽增加。由于热传导烘燥法对湿浆纱进行烘燥时会产生上述弊端,目前部分纱线上浆时采用对流和热传导相结合的烘燥装置,即热风烘筒联合式烘燥装置。该装置先以对流方式使纱线初步形成良好的浆膜,然后再用热传导方法强化烘干,并使纱线经过熨烫,毛羽贴伏。

(四)烘房内纱线穿纱方式对浆纱质量的影响

目前,浆纱机一般采用双浆槽,片纱出浆槽后,由一层分成两层后上预烘烘筒,这样两只浆槽的纱线就分成四层由预烘烘筒烘燥,达到一定干燥度后,在并合烘筒上并合,如图3-18所

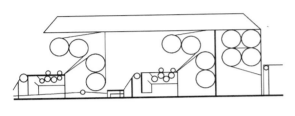

图3-18 烘房内穿纱方式

示。这种穿纱方式有如下特点:湿区纱路较短,有利于控制湿区伸长;烘筒排列较低,操作方便;烘房排汽罩靠近浆槽,利于排湿;烘房穿纱路线灵活,可分层也可不分层;从浆纱质量考虑,可减少烘燥时纱线粘连机会,使纱线出烘房后方便分纱、提高浆膜的完整率、减少毛羽。

(五)几种常用的烘燥装置

1. 烘筒式烘燥装置 烘筒式烘燥装置中,纱线从多个烘筒表面绕过,其两面轮流受热,蒸发水分,故烘干比较均匀。烘筒的温度一般分组控制,通常为2~3组。湿纱与第一组烘筒接触时,正值预烘和等速烘燥阶段,水分大量汽化,要求烘筒温度较高,提供较多热量,适当地提高烘筒温度还有助于防止浆皮粘结烘筒。后续烘筒的温度可以低一些,因为浆纱水分蒸发速度下降,散热量较小,过高的烘筒温度会烫伤纤维和浆膜。

2. 热风烘筒联合式烘燥装置 热风烘筒联合式烘燥装置中,纱线先经热风烘房预烘,图3-19所示为大循环烘燥装置的热风烘房的结构示意图。

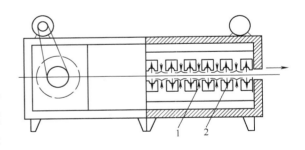

图3-19 热风烘房示意图
1—喷嘴 2—吸嘴

热风烘房的长度和个数可根据上浆的具体要求选择。合纤长丝上浆时,为加强预烘效果,一般采用两个串联着的热风烘房,烘房长度约10m。湿浆纱经热风烘燥后,含水率下降约75%,浆纱表面浆膜初步形成,然后由烘筒烘干到预定的浆纱回潮率。

六、后上蜡与干分绞

1. 后上蜡 烘干的纱线离开烘筒后尚有余热,于是紧接着进行后上蜡加工。浆纱后上蜡通常采用上蜡液的方法,其装置如图3-20所示。后上蜡有单面上蜡和双面上蜡之分,双面上蜡比较均匀,效果较好,但机构较复杂。

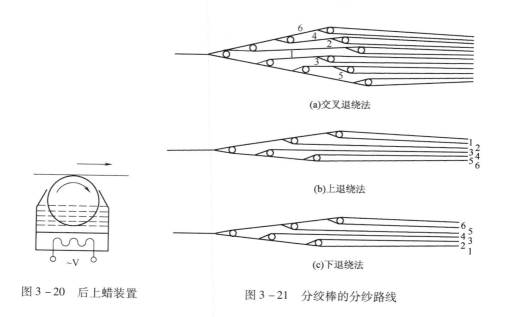

(a)交叉退绕法

(b)上退绕法

(c)下退绕法

图 3 - 20　后上蜡装置　　　　　　　　图 3 - 21　分绞棒的分纱路线

2. 干分绞　干分绞棒的根数为整经轴数减一。比较简单的单层经轴架有如图 3 - 21 所示的三种典型分纱路线,图中"1,2,3,…"表示整经轴的序数,1 号为最后一只整经轴。质量要求较高的细特高密织物经纱上浆时,每一只整经轴的纱线还要分绞,形成两层见图 3 - 21(a)所示,通常称为小分绞或复分绞,这对于减少并头、绞头疵点十分有利。

七、湿分绞区、烘燥区和干分绞区的纱线伸长控制

纱线在烘燥区内由湿态转变为干态,干态和湿态条件下纱线的拉伸特性有所不同。干态条件下纱线可以承受一定的拉伸作用,并且拉伸后的变形也容易恢复。但是,纱线在湿态下拉伸会引起不可恢复的永久变形,使纱线弹性损失,断裂伸长下降,因此烘燥过程中要尽量减小对湿浆纱的拉伸作用。

在传统的热风式浆纱机上,从第二上浆辊到车头拖引辊为一个纱线伸长控制区,通过调节两辊之间的差微变速器来改变它们表面线速度的差异,从而控制该区纱线伸长。该区域中纱线处在干湿两种状态下,由于干分绞区纱线必须维持一定张力数值,以便纱线顺利分绞,结果使湿区浆纱的张力也比较大,这种把干区和湿区合二为一的伸长控制方法显然会导致纱线湿态伸长增大,对浆纱质量产生不利影响。

烘筒式浆纱机上烘筒的传动方式有链条积极传动和链条摩擦传动(或摩擦离合器链条传动,摩擦力可调)两种。链条积极传动的烘筒对纱线有控制作用,纱线的前进速度由烘筒表面线速度决定。链条摩擦传动的烘筒既能主动回转,又不会对纱线产生强制的牵引作用,烘筒的表面速度基本上由纱线的前进速度决定。目前较多的浆纱机把浆纱湿区的烘筒设计成链条摩擦传动方式,以自动适应浆纱在烘干过程中伸长和收缩特性的变化,减少浆纱的湿态伸长。由于干浆纱或较干的浆纱具有一定的承受拉伸能力,因此浆纱干区的烘筒被设计成链条积极传动

方式,以便对纱线的运动实行积极控制。

热风烘筒联合式浆纱机中,考虑到浆纱经单程或双程热风烘房预烘后浆膜已初步形成,纱线已初步烘干,因而烘筒的传动都采用链条积极传动方式。烘筒区作为干区和湿区的分界,对纱线进行积极控制。

浆纱分区伸长控制常采用变频调速方法,在某一伸长区两端,两只变频电动机分别控制两根导纱辊以固定转速回转,当两导纱辊以不同的表面线速度回转时,就产生一定的伸长率,如其中一只变频电动机的转速改变后,伸长率随之变化。

八、浆轴卷绕

上浆后的纱线被卷绕成浆轴,织造工序对浆轴卷绕要求如下:纱线卷绕张力和卷绕速度恒定,浆轴卷绕密度均匀、适当,纱线排列均匀、整齐,浆轴外形正确、圆整。浆纱机上通过浆轴恒张力卷绕、压纱辊的浆轴加压和伸缩筘周期性空间运动来满足上述要求。同时为了与各类无梭织机配套,织轴卷绕应具有正反卷绕功能。

(一)浆轴恒张力卷绕

从拖引辊到浆轴卷绕点是第五纱线伸长控制区,该区的纱线经上浆和烘干,能经得起较大的外力拉伸作用。为适应浆轴卷绕密度均匀、适当的要求,该区纱线卷绕张力就应当恒定,并且张力数值稍大。实现恒张力卷绕的方法有很多,下面就几种典型的方法作简要介绍。

1. 重锤式无级变速器 重锤式无级变速器能根据卷绕力矩的变化自动调整卷绕速度,保证纱线的恒张力、恒速度卷绕。该机构适应高速,并具有传递力矩大、能量损耗少等特点。用于张力自动调节的 GZB 重锤式无级变速器由变速和调节两部分组成,其结构如图 3 - 22 所示。调节重锤的位置可以设定纱线的卷绕张力。

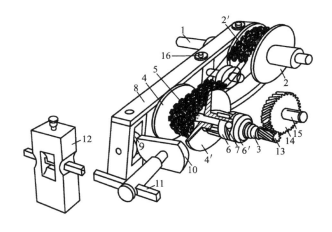

图 3 - 22　GZB 型重锤式张力自动调节无级变速器

1—定速输入轴　2、4—固定链轮　2′、4′—活动链轮　3—变速输出轴　5—滚珠链
6、6′—压力凸轮　7—钢球　8—调速杠杆　9—转子　10—控制凸轮　11—重锤杠杆
12—重锤　13、14—减速齿轮　15—转动轴　16—调速杠杆支点

2. 液压式无级变速器 液压式无级变速器恒张力卷绕原理与重锤式无级变速器相同,它以可调的气缸作用力代替重锤重力作卷绕张力调节,张力数值以气缸压力显示,操作十分方便。

3. 张力反馈调速的 P 型链式无级变速器 浆轴恒张力卷绕的自控系统由张力检测、控制和执行机构三部分组成,其工作原理如图 3-23 所示。摆动辊 1 受浆轴卷绕张力和气缸 3 的推力处于平衡位置,气缸 3 的推力由调压阀 2 根据卷绕张力的要求进行调节。电位计 4 的电位要进行设定,使摆动辊 1 的平衡位置对准指示器 10 上标记。

当卷绕张力变化后,摆动辊绕 O_1 轴转动,偏离平衡位置,带动电位计 6 改变电位值,电位值改变信号输入到控制器 5,与电位计 4 的设定电位相比较,然后控制器发出控制信号,使伺服电动机 7 做正反转动,调整无级变速器 8 的变速比,使输出轴转速变化,维持浆轴 9 恒定的卷绕速度和卷绕张力。

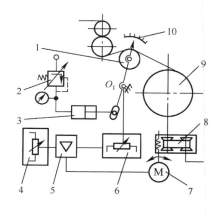

图 3-23 恒张力卷绕工作原理图

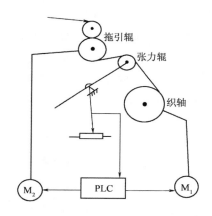

图 3-24 PLC 控制的恒张力卷绕原理

4. PLC 控制的恒张力卷绕 如图 3-24 所示,两只变频电动机(M_1、M_2)分别传动织轴和拖引辊,在织轴和拖引辊之间设置了一套张力检测机构。其中,张力辊受卷绕张力的作用产生位置变化,带动电位器零点偏移而发出信号,通过可编程控制器(PLC),将输出信号传递给其中的一只变频电动机,自动调节织轴或拖引辊的转速,使张力回到设定值,达到恒张力卷绕的目的。

(二)压纱辊的浆轴加压

为获得适当而又均匀的浆轴卷绕密度,浆纱机和并轴机都采用浆轴卷绕压纱辊加压装置。部分长丝浆纱机轴对轴上浆后还需并轴加工,这种浆纱机上一般不装加压装置。

新型浆纱机都采用液压方式进行浆轴卷绕加压,部分加压机构还兼有自动上轴和落轴功能。液压式浆轴卷绕加压给操作带来很大方便,并且加压压力的调节比较准确,浆轴卷绕过程中加压力不变。

(三)伸缩箱周期性空间运动

传统的浆纱机上装有轴向移动的布纱辊和两根偏心平纱辊,布纱辊做轴向移动布纱,有利

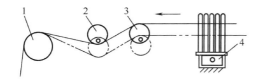

图 3 – 25　平纱辊工作情况

1—测长辊　2、3—平纱辊　4—伸缩筘

于浆轴上纱线均匀排列,互不嵌入,使浆轴表面平整。平纱辊的工作情况如图 3 – 25 所示。新型浆纱机的伸缩筘做轴向往复移动,部分伸缩筘在往复运动的同时还做筘面的前后摆动,组成周期性的空间运动,兼有布纱辊和平纱辊两者的功能。

九、浆纱墨印长度及测长打印装置

浆纱墨印长度是表示织成一匹布所需要的经纱长度。在浆纱过程中,浆纱机的测长打印装置根据所测得的浆纱长度,以浆纱墨印长度为长度周期,间隔地在浆纱上打上或喷上墨印,作为量度标记。

早期的浆纱机都使用差微式机械测长打印装置。这种装置容易产生机械故障,引起墨印长度不准(又称长短码)等浆纱疵点。新型浆纱机一般采用电子式测长装置,在测长辊回转时,通过对接近开关产生的脉冲信号进行计数,从而测量测长辊的回转数,即浆纱长度。

喷墨打印装置采取非接触式的喷印工作方式,在浆纱高速运动时可以避免打印动作对浆纱的机械损伤。

第四节　浆纱综合讨论

一、浆纱过程的自动控制

浆纱过程的自动控制主要包括浆纱机上经纱张力、压浆辊压力、浆液温度、浆液液面高度、烘筒及热风温度、浆纱回潮率、上浆率等工艺参数或质量指标的自动控制以及调浆系统的自动控制。

(一)压浆辊压力自动控制

浆纱速度变化时,为维持上浆率不变,压浆辊压力要作相应调整。实现这一功能的自动控制系统分气动和液动两类。典型的气动式自动控制原理如图 3 – 26 所示。

测速辊 1 带动测速发电机 2 转动,将纱线速度转换成电压信号并输入到控制器 3。控制器 3 的电路参数已由调节器 4、5 分别根据高速和低速时工艺规定的压浆辊压力作了相应的预设定。浆纱过程中,气缸 6、7 上部空气压力决定了压浆辊加压力的大小,该压力通过压力传感器 8 转换成电压信号,电压信号输入到控制器 3 后,控制器 3 根据预设定参数及当前的车速和压力,发出控制信号。控制信号控制三种压浆辊的压力变化状态。

(1)浆纱速度不变,二位三通电磁阀 9、10 均不工作,压浆辊维持原有压浆力不变。

(2)浆纱速度提高,电磁阀 9 的线圈通电,电磁阀 10 断电,压缩空气经电磁阀 9、单向节流阀 11、12 分别充入气缸 6、7 上部,使压浆辊压力增加。

（3）浆纱速度降低,电磁阀10通电,电磁阀9断电,气缸6、7上部的压缩空气经单向节流阀11、12、电磁阀10、消声器13排到空气中,压浆辊15压力减小。

压浆辊压力由数码管14显示。经自动调节之后,压浆辊的压力和浆纱速度符合预设定的相关关系。

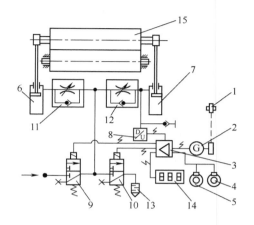

图 3－26 压浆辊压力自动控制原理图

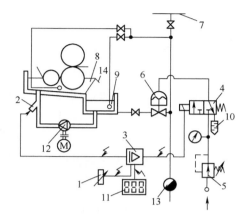

图 3－27 浆液温度自控系统工作原理图

1—电位计 2—温度传感器 3—控制器
4—二位三通电磁阀 5—减压阀 6—薄膜阀
7—总蒸汽管 8—浆槽 9—预热浆箱
10—消声器 11—数码管 12—循环浆泵
13—疏水器 14—溢流板

(二)浆液温度自动控制

浆槽蒸汽加热采取直热式和间热式两种,间热式蒸汽加热的浆液温度自动控制原理如图3－27所示。浆液温度由电位计1进行预设定,温度传感器2把当前浆液温度转换成电压信号输入到控制器3,并与电位计1的预设定电位进行比较。然后,由控制器3发出控制信号,使二位三通电磁阀4的线圈通电或断电,从而改变阀位。当浆液温度低于预定值时,电磁阀4线圈通电,压缩空气经减压阀5、电磁阀4、进入到薄膜阀6上部,使薄膜阀打开。蒸汽由总蒸汽管7经薄膜阀6进入浆槽8和预热浆箱(或称溢浆槽)9的夹层,对浆液进行间接加热,使浆液温度提高,当浆液温度高于预定值时,电磁阀4断电,阀位改变,薄膜阀上部压缩空气经电磁阀4、消声器10排到空气中,薄膜阀关闭,停止对浆液加热,于是浆液温度逐渐回落,通过连续的调节,浆液温度始终维持在预定数值附近。浆液的当前温度由数码管11显示。

(三)浆液液面高度自动控制

浆液液面高度通常以溢浆方式加以控制。循环浆泵不断地把浆液从预热浆箱输入到浆槽,过多的浆液通过溢流板流回预热浆箱,从而自动维持一定的液面高度。这种方式控制准确、可靠,较长时间停车过程中浆液仍在循环流动,不易产生浆液结皮和沉淀等现象,并且结构简单,液面高度调节十分方便,因此应用非常广泛。但是,循环浆泵的机械剪切力对浆液黏度稳定存在一定的不利影响。

(四)烘筒及热风温度自动控制

烘筒及热风的温度自控原理与浆液温度自控原理基本相同。

烘房的热风温度容易测量,控制系统根据当前热风温度和设定温度的差异,调节薄膜阀通往散热器的蒸汽量,控制散热量,使热风温度维持在一定的数值范围之内。

(五)浆纱回潮率自动控制

在浆纱回潮率自动控制系统中,对回潮率的检测有四种方法:电阻法、电容法、微波法和红外线法。其中,用电阻法检测,以改变浆纱速度来进行回潮率自动控制的形式采用较多。

随着浆纱回潮率的变化,浆纱电阻发生变化,通过浆纱的电流也相应变化。变化的电流在控制仪中放大并转换成电压信号,该信号与预设定的回潮率电压相比较,然后由控制电路发出脉冲信号,控制浆纱机升降速装置做升速或降速,使湿纱通过烘燥区域的时间缩短或延长,从而控制浆纱回潮率。

(六)浆纱上浆率的自动控制

影响浆纱上浆率的因素很多,譬如浆液浓度、黏度、温度、浆纱机的速度、压浆辊压力、浸没辊位置等,生产过程中,一般以这些因素为检测和控制对象,通过固定或调整这些影响因素来实现浆纱上浆率稳定的目的。

目前,采用以下几种检测原理,直接对浆纱上浆率进行在线检测。

利用 β 射线在线测定原纱和浆纱的绝对干燥重量,然后计算并显示浆纱上浆率。

应用微波测湿原理,对浆纱的压出回潮率 W_i 和原纱回潮率 W_j 进行连续测定,仪器根据式(3-15)计算并显示浆纱上浆率 S:

$$S = \frac{D(W_j - W_i)}{D + DW_i - 1} \qquad (3-15)$$

式(3-15)中的 D 为浆液总固体率,由人工定期测量并输入到上浆率测定仪。可见,仪器测得的浆纱上浆率尚不能真正反映其连续变化过程。

浆纱上浆率的控制主要通过控制压浆辊压力来实现,亦有采用改变浆槽中浆液浓度和浆液温度的方法。考虑到浆液温度和浓度调整过程中的延时因素,为加快调整速度,可以使用小型浆槽,尽量减少浆槽中的浆液量。

祖克新机型上配置了一套上浆率在线检测系统,也称为 Tellcoll 系统,作用原理如图3-28,通过人工输入浆液密度、浆液浓度、纱线根数以及纱线特数,采用超声波传感器测量上浆信号,包括自动测定浆纱长度和浆液体积,再自动计算获得上浆率。如与设定值有偏差,则由压浆力来调节,以实现均匀恒定的上浆率。

(七)调浆系统的自动控制

自动调浆系统由计算机监控完成各项调浆操作。其主要功能有:自动配料和装料;定量加水控制;煮浆时间和煮浆温度控制;调浆不同阶段中搅拌器速度的控制;浆液温度和黏度的连续

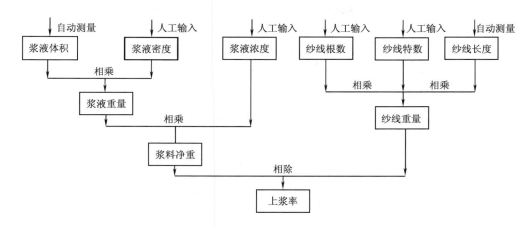

图 3 - 28　上浆率自动检测系统

在线检测;操作流程的控制和显示;自动记录调浆日期、时间以及有关质量指标,如黏度、温度等。

二、长丝上浆

合纤长丝上浆决定着织造加工的优劣。根据合纤长丝的特点,上浆工艺要掌握:强集束,求被覆,匀张力,小伸长,保弹性,低回潮率和低上浆率。上浆率应视加工织物品种不同而有所差异。上浆通常采用丙烯酸类共聚浆料。为克服摩擦静电引起丝条松散、织造断头,在经丝上浆时采取后上抗静电油或后上抗静电蜡的措施,以增加丝条的吸湿性、导电性和表面光滑程度。用于上浆加工的合纤长丝含油率要控制在 1.5% 以下,过高的含油将导致上浆失败。

合纤长丝的受热收缩性能决定了上浆及烘燥的温度不宜过高,特别是异收缩丝,高温烘燥会破坏其异收缩性能。烘燥温度要自动控制,保证用于并轴的各批浆丝收缩程度均匀一致,防止织物条影疵点的产生。

低捻长丝(如粘胶人造丝等)需通过上浆加工来提高其织造性能。经丝先由分条整经机制成经轴,再在烘筒式浆丝机上加工成浆轴。经丝的上浆方式有两种:如经丝不接触浆液液面,仅在上浆辊和压浆辊之间通过,称为沾浆;如经丝进入浆液液面以下,在上浆辊与压浆辊之间呈"S"形绕过,则称为浸浆。烘筒式浆丝机采取单轴上浆形式,即一只经轴浆成一只浆轴,工艺流程很短,如图 3 - 29 所示。由于单轴上浆形式流程短并且经丝在烘燥前后均不受分绞作用,所以经丝断头少,排列均匀、整齐,伸长也小。其缺点是经丝之间产生粘连。因此,单轴上浆形式局限于上浆率不高、织物经密较低、浆槽内覆盖系数较小的经丝上浆,上浆后经丝之间的轻度粘连不至影响织机上经丝的清晰开口。为减少长

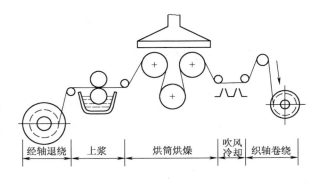

图 3 - 29　烘筒式浆丝机工艺流程

经轴退绕　上浆　烘筒烘燥　吹风冷却　织轴卷绕

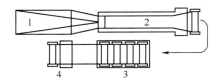

图 3-30　整浆联合的加工工艺路线

1、2—整浆联合机的筒子架及浆纱部分

3、4—并轴机的轴架及车头卷绕

丝之间的粘连现象,提高浆膜完整性,烘燥装置亦可采用先热风后烘筒、经丝分层的烘燥方式。

无捻长丝(如锦纶、涤纶无捻长丝)的捻度极小(0.1~0.2 捻/m 左右),纤维之间集束性很差,而且一般用于高经密织物的织造,为此上浆时要特别加强纤维的集束性,避免长丝的相互粘连。通常,无捻长丝的上浆加工采取整浆联合的工艺路线,如图 3-30 所示,这是一种两阶段的加工系统。

在整浆联合机上,各根长丝之间保持很大的间距(1.5mm 左右),在相互分离的状态下进行上浆。长丝出浆槽后,经过一至两个热风烘房的分层预烘,在浆膜基本形成之后再由烘筒进一步烘干。因此,经丝的圆度和浆膜完整性很好,其织造性能大大提高。如津田驹 KSH 系列高速长丝浆纱机,长丝上浆后先在两个热风烘箱中以无接触方式预烘,再经五个烘筒烘燥,从而可使丝的表面保持光滑和丝本来的圆形截面。为实现"单丝"上浆,降低浆槽内经丝的覆盖系数,整浆联合机所卷绕的浆轴上经丝根数设计成很少(800~1200 根),因此还需在并轴机上将几只浆轴并合成一只浆轴。该工艺路线的缺点是生产效率稍低,各浆轴的经丝之间受热过程和卷绕张力不匀有可能造成织物"条影"疵点。

在两阶段系统中,由于整经断头引起的停车会影响浆纱质量、降低设备效率,因此目前亦有使用整浆分离的三阶段加工工艺路线,如图 3-31 所示,经丝的加工分整经、轴对轴上浆、并轴三阶段完成。与两阶段加工工艺路线相比,三阶段加工工艺路线流程长、占用机台多、生产成本高。鉴于国产长丝的质量,为避免整经断头的停车影响浆纱质量,国内普遍采用三阶段加工工艺路线。

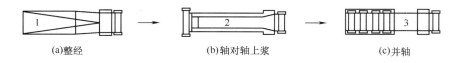

(a)整经　　　(b)轴对轴上浆　　　(c)并轴

图 3-31　整浆分离的三阶段加工工艺路线

三、靛蓝染浆联合加工

靛蓝劳动布(俗称靛蓝牛仔布)的经纱染浆加工工艺路线有以下几种:分批整经、染浆联合加工;球状整经、绳状经条染色、分纱拉经、上浆;分批整经、经轴染色、上浆;绞纱染色、绞纱上浆、分条整经,即小经小浆工艺流程;松式筒子染色、倒筒、分批整经、上浆,即大经大浆工艺流程。

目前,前两种加工流程应用较为广泛。第一种染浆联合机加工的流程短、生产效率高。从产品质量来看,第二种流程由于球经、绳状染色、轴经上浆法的靛蓝染色均匀且稳定,纱束经分纱、拉经、上浆加工后,兼有"混和"的特点。因此,成布横向色差小,外观均匀平整,手感柔软舒适,但此法工艺流程长、设备多、占地大、生产费用也高。

靛蓝染浆联合机的工艺流程如图3-32所示。在气动张力装置控制下,经纱从经轴上退绕下来,经1~3只水洗槽作润湿纱线,清洗棉杂、棉蜡或预染处理。由于靛蓝染液的上染率较低,不易被纤维吸收,因此经预处理后的纱线需通过4~6道染槽及透风架的反复浸、轧、氧化,才能获得理想的色泽效果。其中每道加工包括:10~20s的染液浸渍,压榨力可作无级调节的轧辊轧压,1~1.5min的空气氧化。染色后的经纱通过1~2只水洗槽洗涤,并由烘筒式烘燥装置作染色预烘,使染料进一步固着在纱线上。然后,经纱由单浆槽或双浆槽上浆,经烘筒烘干,在最后卷绕成浆轴之前,经纱绕过补偿储纱架的导辊,储纱架可以存储40~120m经纱,这一措施可使浆轴更换时不必中断连续的染浆生产过程,防止织物产生"条花"疵点。

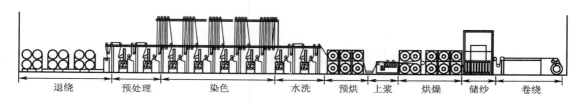

| 退绕 | 预处理 | 染色 | 水洗 | 预烘 | 上浆 | 烘燥 | 储纱 | 卷绕 |

图3-32　靛蓝染浆联合机的工艺流程

提高分批整经的整经轴加工质量,减少倒、断、绞头是为了保证染浆联合机既能正常运行,又不发生停车或减速。这不仅提高了设备的效率,而且有利于克服由停车或车速快慢变化所造成的染色色差。

四、浆纱工艺设计原理

(一)浆纱工艺设定与调整

浆纱工艺设定的任务是根据织物品种、浆料性质、设备条件的不同确定正确的上浆工艺路线,实现浆纱工序总的目的和要求。

浆纱工艺设定的主要内容有浆料的选用、确定浆液的配方和调浆方法、浆液浓度、浆液黏度和pH值、供浆温度、浆槽浆液温度、浸浆方式、压浆辊加压方式和重量、湿分绞棒根数、烘燥温度、浆纱速度、上浆率、回潮率、总伸长率、墨印长度、织轴卷绕密度和匹数等。

关于浆料的选用和确定,浆液配方的依据及方法,在本章第二节已经叙述,现将其他有关参数的设定叙述如下。

1. 浆液浓度和黏度

(1)浆液浓度。上浆率随着浆料的组成、浆液浓度、上浆工艺条件(压浆力、压浆辊表面硬度、上浆速度)等因素的不同而变化。在同一浆料和上浆工艺条件不变的情况下,浆液浓度与上浆率成正比例关系。在原纱质量下降、开冷车使用周末剩浆、按照生产需要车速减慢、蒸汽含水量增加等情况下,应适当提高浆液浓度。

（2）浆液黏度。一般情况下,浆液黏度低,则浸透多,粘附在纱线表面的浆液少;而高黏度浆液则相反,纱线的浸透少而表面被覆多。

2. 浆液使用时间 为了稳定和充分发挥各类淀粉的粘着性能,一般采用小量调浆,用浆时间以不超过 2~4h 为宜,化学浆可适当延长使用时间。

3. 上浆温度 上浆温度应根据纤维种类、浆料性质及上浆工艺等参数制定。实际生产中有高温上浆(95℃以上)和低温上浆(60~80℃)两种工艺。一般情况下,对于棉纱无论是采用淀粉浆还是化学浆均以高温上浆为宜。因为棉纤维的表面附有棉蜡,蜡与水的亲和性差,影响纱线吸浆,且棉蜡在80℃以上的温度下才能溶解,故一般宜采用高温上浆;对于涤棉混纺纱高温和低温上浆均可。高温上浆可加强浆液浸透,低温上浆多用于纯 PVA 合成浆料,一般配方简单,还可以节能,但必须辅以后上蜡措施。粘胶纤维纱在高温湿态下,强力极易下降,故上浆温度应较低。

4. 压浆辊的加压重量和加压方式

（1）压浆辊的加压重量。压浆力的大小取决于压浆辊自重和加压重量,一般粗特纱,高经密,强捻纱,压浆力应适当加重;反之,对细特纱可适当减轻。为了浆纱机节能和提高车速,目前已逐渐采用重加压工艺,最大压浆力可达40kN。

（2）压浆辊配置。对于双压浆辊压力配制的两种方式前面已叙述,先重后轻和先轻后重各自的侧重点不同。应该指出的是双压浆辊中起决定性作用的是靠近烘房的压浆辊(即第二只)。从压出回潮率的大小来看,前一种配置方式大于后者。因此,压浆辊配置工艺应根据具体情况和需要而定。

5. 浆纱速度 浆纱速度的确定与上浆品种、设备条件等因素有关,浆纱的速度应在浆纱设备技术条件的速度范围内。通常浆纱机的实际开出速度为 35~60m/min。

6. 上浆率、回潮率和伸长率

（1）上浆率。上浆率的大小与纱线线密度、织物组织和密度、所用浆料性能和织机类型等因素有关,上浆率的确定要结合长期生产实践经验。表 3-6 为使用有梭织机织制纯棉平纹织物时的上浆率范围(所用浆料为混合浆)。表 3-7、表 3-8、表 3-9 为上浆率的组织修正、纤维种类修正和织机类型修正。

表 3-6　使用有梭织机织制纯棉平纹织物时的上浆率范围

纱线线密度(tex)	英　支	上浆率(%)	
		一般密度织物	高密度织物
29	20	8~9	10~11
19.4	30	9~10	11~12
14.5	40	10~11	12~13
11.7	50	11~12	13~14
9.7	60	12~13	14~15

表 3 - 7　按织物组织修正上浆率

织物组织	上浆率修正值(%)	织物组织	上浆率修正值(%)
平　纹	100	斜纹(缎纹)	80 ~ 86

表 3 - 8　按纤维种类修正上浆率

纤维种类	上浆率修正值(%)	纤维种类	上浆率修正值(%)
纯棉	100	涤棉、涤粘混纺纱	115 ~ 120
人造短纤纱	60 ~ 70	麻混纺纱	115
涤纶短纤纱	120		

表 3 - 9　按织机种类修正上浆率

织机种类	车速(r/min)	上浆率修正值(%)	织机种类	车速(r/min)	上浆率修正值(%)
有梭织机	150 ~ 200	100	高速剑杆织机	300 以上	120
片梭织机	250 ~ 350	115	喷气织机	400 以上	120
剑杆织机	200 ~ 250	110			

上浆率一般以检验退浆结果和按工艺设计允许范围(表 3 - 10)掌握并考核其合格率。

表 3 - 10　上浆率工艺设计允许范围

上浆率(%)	6 以下	6 ~ 10	10 以上
允许差异(%)	±0.5	±0.8	±1.0

上浆率的调节,一般通过改变浆液浓度和黏度来加以调节。压浆辊加压重量的改变也小幅度调节上浆率,但加压重量的过大改变将造成浸透和被覆的不恰当分配,故不宜采用。

(2)回潮率。回潮率的大小取决于纤维种类、经纬密度、上浆率高低和浆料性能等,回潮率参考范围见表 3 - 11。回潮率要求纵向、横向均匀,波动范围一般掌握在工艺设定值 ±0.5% 为宜。回潮率的调节有"定温变速"和"定速变温"两种方法,目前一般均采用"定温变速"的方法。

表 3 - 11　各种浆纱的回潮率

纱线品种	回潮率(%)	纱线品种	回潮率(%)
棉浆纱	7 ± 0.5	聚酯(100%)浆纱	1.0
粘胶浆纱	10 ± 0.5	聚丙烯腈(100%)浆纱	2.0
涤棉(65/35)混纺浆纱	2 ~ 4		

(3)伸长率。经纱在上浆过程中必然会产生一定量的伸长,伸长率的控制要求越小越好,

表 3 – 12 为伸长率参考数据。

表 3 – 12 伸长率参考数据

纤 维 种 类	伸长率(%)	纤 维 种 类	伸长率(%)
纯棉纱	1.0 以下	涤棉混纺纱	0.5 以下
棉维混纺纱	1.0 以下	纯棉及涤棉股线	0.2 以下
粘胶纱	3.5 以下		

7. 浆纱墨印长度　浆纱墨印长度 L_m 可用公式计算：

$$L_m = \frac{L_p}{n(1 - a_j)} \qquad (3-16)$$

式中：L_p——织物的公称联匹长度，m；

　　　n——联匹中的匹数；

　　　a_j——考虑了织物加放长度后的经纱缩率（比织物分析的实际缩率略大）。

（二）浆纱工艺参数实例

浆纱工艺参数项目及实例见表 3 – 13。

表 3 – 13　浆纱主要工艺参数实例

工 艺 参 数		品　　　　种		
		JC14.5 × JC14.5 523.5 × 393.5 棉防羽布	JC9.7 × JC9.7 787 × 602 直贡	C14.5 × C14.5 523 × 283 纱斜纹
工 艺	浆槽浆液温度(℃)	95	92	98
	浆液总固体率	14.2	11.5	11.2
	浆液 pH 值	8	8	7
	浆纱机型号	GA308	祖克 432 新机型	HS20—Ⅱ
	浸压方式	双浸双压	双浸四压	单浸三压
	压浆力（Ⅰ）(kN)	8.4	10	7.5
	压浆力（Ⅱ）(kN)	23.6	17	11
	接触辊压力(kN)	—	—	2
	压出回潮率(%)	<100	<100	<100
	湿分绞棒数	1	1	1
	烘燥形式	全烘筒	全烘筒	全烘筒
	烘房温度(℃) 预烘烘筒	120	125	125 ~ 135
	烘房温度(℃) 并合烘筒	110	115	100 ~ 125
	卷绕速度(m/min)	70	65 ~ 70	45
	每缸经轴数	由计算确定	由计算确定	由计算确定
	浆纱墨印长度(m)	由计算确定	由计算确定	由计算确定

工 艺 参 数		品　　　种		
		JC14.5×JC14.5 523.5×393.5 棉防羽布	JC9.7×JC9.7 787×602 直贡	C14.5×C14.5 523×283 纱斜纹
质量	上浆率(%)	12.8	14±1	13.4
	回潮率(%)	7±0.5	6.8±0.8	5.8
	伸长率(%)	1.0	<1	1.2
	增强率(%)	41.5	31.5	50.8
	减伸率(%)	23.6	22.5	18.1
	毛羽降低率(%)	86.1	65	68

五、浆纱的产量与浆纱疵点(包括浆丝疵点)

(一)浆纱的产量

浆纱的产量以每小时每台机器加工原纱的重量(kg)计,分为理论产量 G' 和实际产量 G。理论产量的计算公式为:

$$G' = \frac{6M \cdot v \cdot \text{Tt}}{10^5}\left[\,\text{kg}/(\text{台}\cdot\text{h})\,\right] \qquad (3-17)$$

式中:M——织轴总经根数;

v——浆纱速度,m/min;

Tt——纱线线密度,tex。

浆纱实际产量:

$$G = K \cdot G' \qquad (3-18)$$

式中:K——时间效率。

(二)浆纱疵点

浆纱疵点有很多种类,不同纤维加工时有不同的浆纱疵点产生。下面仅就具有共同性的一些主要浆纱疵点进行介绍。

1. 上浆不匀　由于浆液黏度、温度、压浆力、浆纱速度的波动以及浆液起泡等原因,使上浆率忽大忽小,严重者形成重浆和轻浆疵点。重浆会削弱经纱的弹性,引起织机上经纱脆断头,布面呈树皮皱状,并且落浆增加。轻浆对生产的危害更大,轻浆起毛使织机上经纱相互粘连断头,生产无法正常进行。

2. 回潮不匀　烘房温度和浆纱速度不稳定是回潮不匀的主要原因。浆纱回潮率过大,浆纱耐磨性差,浆膜发黏,纱线易粘连在一起,使织机开口不清,易产生跳花、蛛网等疵布,同时断头也增加,而且纱线易发霉;回潮率过小,则浆膜发脆,浆纱容易发生脆断头,并且浆膜易被刮落,使纱线起毛而断头。

3. 张力不匀　引起张力不匀的原因有很多,譬如各整经轴退绕张力不匀,全机各导纱辊不平行、不水平,浆轴卷绕中点不位于机台中心线上以致纱片歪斜等。张力不匀对织机梭口清晰度、经停机构的工作等都带来不利影响。反映在织物成品质量上,张力过小者形成经缩疵点,过大者产生吊经疵点。

4. 浆斑 浆液中的浆皮、浆块沾在纱线上经压轧之后形成分散性块状浆斑。另外长时间停车之后,上浆轴与浆液面接触处粘结的浆皮会沾到纱片上,形成周期性横条浆斑。浆液温度过高,沸腾的浆液溅到经压浆之后的纱片上,也会形成浆斑疵点,织机上,浆斑处纱线相互粘结,在通过经停片和绞棒时会断头。浆斑在成布上显现,则影响布面的清洁、美观和平整。

5. 倒、并、绞头 整经不良,如整经轴倒断头、绞头等,浆纱断头后缠绕导纱部件会产生浆轴倒断头疵点。整经轴浪纱会增加纱线干分绞的困难,从而引起纱线分绞断头,形成并头疵点。穿绞线操作不当,以致纱线未被分开,也是产生并头疵点的主要原因。纱线卷绕过程中搬动纱线在伸缩筘中位置及断头后处理不当、落轴割纱及夹纱操作不当会造成绞头疵点。倒、并、绞头对织造的影响很大,给穿筘工作带来困难,在织机上会增加吊经、经缩、断经、边不良等织疵。

6. 松边或叠边 由于浆轴盘片歪斜或伸缩筘位置调节不当,引起一边经纱过多、重叠,另一边过少、稀松,以致一边硬、一边软,又称软硬边疵点。织造时边纱相互嵌入,容易断头,并且边经纱张力过大、过小,造成布边不良。

7. 墨印长度不正确、流印、漏印 这是测长打印装置工作不正常或调节不当所引起的疵点,影响织机上落布工作,造成长短乱码。

8. 油污 导纱辊轴承处润滑油熔化后沾在纱片上,浆液内油脂乳化不良上浮,清洁工作不当等都是油污疵点的成因。严重的油污疵点要造成织物降等。

生产中(主要是棉织)以好轴率指标对浆轴的疵点情况进行考核,好轴率定义见第三节中"上浆的质量指标及其检验"。

六、高压上浆

压浆辊的压浆力分为常压(10kN 以下)、中压(20~40kN)和高压(70~100kN)三种。高压上浆是美国西点公司在 1978 年推出,并被其他公司竞相效仿的一种高效上浆技术。高压上浆技术的应用使浆纱速度大为提高,能量节约十分显著,并且上浆质量也有所提高。

(一)浆纱压出回潮率和浆液总固体率的关系

经纱通过浆槽上浆后,未经烘房烘燥时的回潮率称为浆纱压出回潮率。压出回潮率 W_i 的计算公式为:

$$W_i = \frac{G + W_j \cdot Y}{Y + m} \times 100\% \qquad (3-19)$$

式中:W_j——经轴上经纱回潮率;

Y——经纱干重,kg;

m——浆纱的浆料干重,kg;

G——经纱上浆时吸入的水分重量,kg。

对应的经纱上浆率 S 为：

$$S = \frac{m}{Y} \times 100\% \qquad (3-20)$$

假设经纱吸附浆液的浓度和浆槽中浆液浓度相等，则浆液的总固体率 D 为：

$$D = \frac{m}{G+m} \times 100\% \qquad (3-21)$$

于是，烘燥装置烘干单位重量（1kg）干经纱所需蒸发水分量 Q（kg）为：

$$Q = (W_i - W)(1+S) = \frac{S(1-D)}{D} + W_j - W(1+S) \qquad (3-22)$$

式中：W——浆纱回潮率。

根据式（3-22）在经纱回潮率 W_j 和浆纱回潮率 W 确定的条件下，得到 S、D 和 Q 三者的关系如图3-33所示，当上浆率 S 一定时（10%），浆液总固体率 D 的增加使烘干单位重量干经纱所需蒸发水分量 Q 下降，这意味着烘燥装置的负荷降低，能量消耗可以减少，浆纱速度得以提高。实测 22.6tex 涤棉经纱（T65/C35，总经根数6828，上浆率9.5%）上浆，当浆液总固体率为7.7%时，烘干每千克干经纱需蒸发水分 1.139kg；当浆液总固体率提高到12.3%时，烘干每千克干经纱需蒸发水分量下降到0.657kg。两者的蒸发水分量差异很大，后者使浆纱速度有可能显著提高。

（二）浆液总固体率和压浆辊压力的关系

浆液总固体率的增加使浆纱速度得以增加，同时也导致了浆液黏度的提高，从而对浆纱上浆率和浆液的被覆与浸透程度产生不良影响。为达到适当的上浆率和合理的被覆与浸透程度，必须增加压浆辊压力，采用中压或高压上浆。有关压浆辊压力与上浆质量的关系已经在"上浆及湿分绞"一节中做了详尽介绍。实测的上浆率、总固体率与压浆辊压力三者关系如图3-34所示。曲线表明，当浆液总固体率增加，为保证浆纱上浆率稳定不变，压浆辊的压力必须随之急

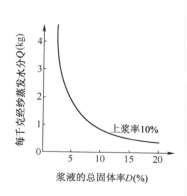

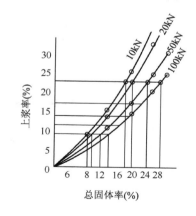

图 3-33　上浆率为 10% 时 Q 和 D 的关系
Q—烘干单位重量（1kg）干经纱所需蒸发水分量
D—浆液的总固体率（%）

图 3-34　上浆率、总固体率与压浆辊
压力的关系

剧增加。

从上述分析可知:提高浆液总固体率,是提高浆纱速度、减少浆纱能量消耗的积极、有效的措施,同时它也促进了高压上浆技术的产生与发展。

(三)高压上浆的有关问题

图 3-33 表明,当浆液总固体率达到一定数值之后,继续提高总固体率对 Q 值降低的作用不明显,不可能进一步减少浆纱能耗、提高浆纱速度。这说明浆液总固体率的选择应适当,不宜过高。有观点认为,过高的浆液总固体率必然造成过高的压浆辊压力,以致纱线形状被压扁,并且纱线上浆不匀,还可能损伤压浆辊。沿压浆辊长度方向,单位长度上合理的高压上浆压浆力为 98 ~ 294N/cm。

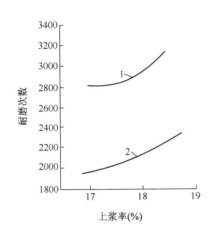

图 3-35 高压上浆与常压上浆的浆纱
耐磨性对比
1—高压上浆 2—常压上浆

与常压上浆相比,高压上浆的浆纱质量有所提高,主要表现为:纱线表面毛羽贴伏,浆液的浸透量明显增加。良好的浆液浸透不仅使纤维之间粘合作用加强,而且为浆膜的被覆提供了坚实的攀附基础。于是表现出浆纱耐磨性能大大改善,见图 3-35 所示。

适度的高压浆力并不使浆纱的圆度下降。经高压压榨之后,纱线的结构发生压缩,与常压上浆的浆纱相比,其纱线密度有所增加,上浆均匀和纱线结构压密效果使浆纱的织造性能得到改善。以浆纱的断裂强度和断裂伸长来比较,高压上浆和常压上浆之间不存在统计意义上的差别。这说明经高压上浆的纱线中,纤维未受到高压轧浆的损伤。

传统浆料在高浓度时黏度极高,流动性太差,给煮浆、输浆和上浆都带来困难,因此不能用于高压上浆。作为高压上浆的浆料应具有高浓低黏的特点。目前用做高压上浆的浆料有变性淀粉和变性 PVA 等。

由于压浆辊的加压力施于辊的两端,因此高压浆力会使压浆辊弯曲变形,结果两侧经纱所受压力大,中部经纱受压力小,产生经纱上浆率横向不匀现象(表 3-14)。压浆辊越长,不匀现象越明显。

表 3-14 压浆辊压力与上浆率横向不匀的关系

单位长度上压浆辊压力 （N/cm）	中部与两侧经纱上浆率之比	
	辊长 198cm	辊长 152cm
78.4	1.13	1.04
104.86	1.21	1.06
131.32	1.24	1.06

为克服上浆率横向不匀,对上浆辊的材质提出了较高的要求,并且辊芯被设计成枣核形,见

图3－36所示(为说明设计原理,在图中对施加高压时上浆辊和压浆辊的弯曲程度做了夸张),当压浆辊两端被施加高压力时,由于枣核形辊芯的作用,压浆辊壳体和上浆辊共同发生微小的弯曲变形,使经纱片上浆率能保持横向均匀。

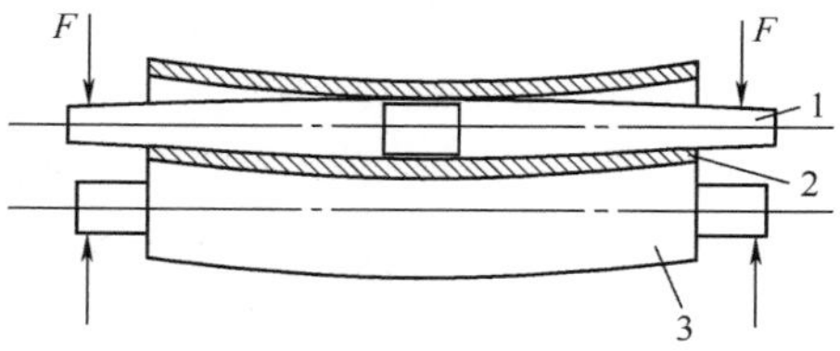

图3－36　压浆辊示意图
1—压浆辊枣核形辊芯　2—压浆辊壳体　3—上浆辊

七、提高浆纱产量及质量的技术措施

提高浆纱产量及质量的技术措施主要反映在上浆、浆液调制和浆料的开发应用三个方面。

(一)上浆技术措施

上浆方面的技术措施可以概括为:阔幅、大卷装、高速高产、低能耗、产品的高质量、生产过程的高度自动化和集中方便的操纵与控制。

为降低上浆过程中的浆纱压出回潮率,使用高浓度浆液上浆,采取了高压或中压上浆技术,压浆力随浆纱速度自动调节。这项措施不仅有利于提高浆纱速度,降低浆纱能耗,同时还大大改善了浆纱的织造性能。

纱线张力分区自动控制及显示,使浆纱伸长率得到有力的控制。特别是经轴架区域的气动式退绕张力调节装置还能有效地控制经纱片的张力均匀程度,减少回丝损失。

目前普遍应用烘筒式(多用于短纤纱加工)或热风烘筒联合式(常作无捻长丝加工)烘燥装置,经纱采取分层预烘的方法,这对于提高烘燥速度和烘燥效率,保护浆膜完整性,增加浆纱耐磨次数起到明显作用。使用链轮积极传动及链条摩擦盘传动的烘筒式烘燥装置可使浆纱伸长率降低到最小。

浆纱及浆液质量在线检测和自动控制,大大缩小了浆纱质量对运转操作人员技术素质的依赖程度,从而保证了浆纱的高质量,同时也减轻了工人的劳动强度。

浆纱机各单元部分实现标准化和组合化,用户可以根据不同的原料、纱线特数、经纱根数以及织造要求,十分方便地对单元部分进行优化选择及组合,既能形成一机多用的通用型浆纱机,也能组成满足某种特殊要求的专用型浆纱机。

在车头的控制板上集中了全机的操纵及电脑质量监控系统。它不仅采集运行数据,存储数据,测算工艺参数,打印记录与产量、质量、效率有关的各种数据,如工作时间、停机时间、机器效率、浆纱速度、浆纱长度、伸长率、上浆率等,还能根据测试数据自动地对上浆过程进行优化,以保证浆纱的高质量。

此外,其他上浆方法也被逐步完善,主要有以下几种。

1. 预湿上浆　预湿上浆见图3－37。纱线在进入浆槽前先经过高温预湿处理,洗掉纱线中的棉蜡、糖衣、胶质物等杂质,再经过高压轧力的挤压,将纱线中的大部分水分和空气压出,改善了纱体中的水分的分布,可减少纱线吸浆,加强了纤维间的抱合,毛羽贴伏,为均匀纱线上浆,提高纱线质量提供了保证。但预湿上浆也存在两个问题。

(1)上浆率难以控制。预湿后的纱线水分压余率难以掌握,尤其对疏水性纤维和其他纤维

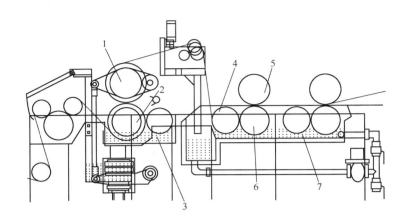

图 3 – 37 预湿上浆

1—上压辊 2—下压辊 3—预湿槽 4—浸没辊 5—压浆辊 6—上浆辊 7—浆槽

混纺的纱线,其轧余率很难测定,调浆时含固率难以掌握。

(2)调浆困难。因为预湿后的纱线一般含有 40% ~ 60% 的水分,要达到一定的上浆率就必须提高浆液浓度,而提高浓度则黏度增大又影响浆液的渗透。

因此,用好预湿上浆技术,还必须进一步研究。在中粗特纱线的上浆中应用预湿上浆,可以得到减少浆纱毛羽、降低上浆率、节约上浆成本的效果。

2. 溶剂上浆 这是一种用溶剂(一般为三氯乙烯、四氯乙烯)来溶解浆料(聚苯乙烯浆料)进行上浆的方法,它实现了上浆和退浆不用水的目的,从而避免了日益严重的废水处理和环境污染的困扰。由于所采用的溶剂蒸发快,对纱线的浸润性能好,因此浆纱能耗大大降低,浆纱质量有所提高。因溶剂和浆料循环回用,上浆及退浆的污水处理被革除,其总的生产成本与传统上浆方法相比有所下降。目前的溶剂浆纱机具有多功能,适用于合成纤维和天然纤维组成的各种纱线。

3. 泡沫上浆 顾名思义,泡沫上浆是以空气代替一部分水,用泡沫作为媒介,对经纱进行上浆的新工艺。浓度较大的浆液在压缩空气作用下,在发泡装置中形成泡沫。由于加入了发泡剂,因此泡沫比较稳定,并达到一定的发泡比率。然后用罗拉刮刀将泡沫均匀地分布到经纱上,经压浆辊轧压后泡沫破裂,浆液对经纱作适度的浸透和被覆。由于浆液浓度大,因而需采用高压压浆。泡沫上浆过程中,浆纱的压出回潮率很低,为 50% ~ 80%,或更小,因而起到节能、节水、提高车速、降低浆纱毛羽的明显效果。泡沫上浆的发泡比在(5 ~ 20):1 之间,泡沫直径在 50μm 左右为宜。泡沫要有一定的稳定性,常用的发泡浆料有低黏度级的 PVA、丙烯酸浆料、液态聚酯浆料以及这些浆料的混合浆都是易发泡的浆料。

4. 热熔上浆 经纱在整经过程中由涂浆器对其进行上浆。涂浆器由加热槽辊组成,安装于整经车头与筒子架之间。固体浆块紧贴在槽辊上,并被熔融到槽中,当经纱与槽辊的槽接触时,就把熔融浆施加到经纱上。然后,浆液冷却并凝固于纱线表面。其优点是:革除了调浆、浆槽上浆及烘燥等步骤,既缩短了生产流程,又比常规上浆节约能耗达 85%;浆纱相对槽辊接触点做同向移动,浆纱速度高于槽辊表面线速度,由于涂抹作用,浆纱表面毛羽得到贴伏,织造性能得到提高。聚合性热熔浆料容易回收,退浆容易,这种方法适合长丝上浆,可以增加丝的集束性,具有减摩、防静电作用。近年来对热熔浆料做了大量研究,主要解决凝固速度慢、上浆后纱线粘连、熔融浆流动性能差、上浆不匀等问题,从而推动了热熔上浆技术的迅速发展。

5. 冷上浆 它最适宜于色织和毛纺织行业,在分条整经机的经纱架与卷绕滚筒之间装一套类似于上蜡的简单装置,浆料或处理剂放在槽中,经纱在回转的浸浆辊上拖过,达到吸浆的目的。所用的材料,一般是具有较强粘附力的低熔点($50 \sim 75℃$)的高分子材料,例如各种形式的氧化乙烯缩合物或采用具有高粘附力的低相对分子质量聚乙烯醇和抗静电剂在水中的混合物作为冷上浆的浆料。这种上浆方式能节约大量的设备投资,比传统上浆的成本低85%,也能大幅度地降低能量的消耗和排放物的减少,有利于环境保护。但这种上浆方式的关键是需筛选出具有高粘附性的低熔点浆料。

除上述外,还有克茨法(Cutts)上浆、静电喷射上浆等技术。

(二)新浆料的研究及开发

随着纤维新品种的不断开发以及织机高速、高效的要求,浆料的研究开发工作也在逐步深入,主要的研究方向有:研制及开发新型的高性能的接枝淀粉,以取代大部分或全部PVA浆料,用于各种混纺纱,甚至纯化纤上浆。其目的是充分利用各种天然淀粉资源,降低浆料成本,减小退浆废液的处理难度。研制及开发各种类型的组合浆料及单组分浆料,提高浆料的上浆效果,简化调浆操作,而且有利于浆液质量的控制和稳定。研制及开发满足各种新型织造技术的特殊浆料,如用于喷水织机的水分散型聚丙烯酸酯乳液、用于涤纶短纤维和高比例涤棉混纺纱的聚酯浆料等。

(三)调浆技术发展趋势

计算机在调浆工序中的应用是调浆技术的主要发展趋势。在浆液调制过程中,每个浆料组分的称量及加入、煮浆时间、温度、搅拌速度、调煮程序都由计算机进行控制,实现全过程的自动化,同时计算机还对浆液的调煮质量进行在线的监控。及时发出相应的信号。这一措施确保了浆液配比的准确性及调制浆液的高质量。在控制台上还设有流程图显示屏和打印装置,可以随时显示调浆进程,打印各种工艺参数及浆液质量指标,为操作和管理带来很大方便。

本章主要专业术语

浆纱(warp sizing)

可织性(weavability)

浆料(sizing materials)

浆膜(sizing films)

耐磨性能(abrasion resistance)

断裂强度(breaking tenacity)

断裂伸长(elongation at break)

黏着剂(adhesive)

淀粉(starch)

黏度(viscosity)

黏度计（viscosimeter）

变性淀粉（modified starch）

酸解淀粉（acid hydrolysis starch）

氧化淀粉（oxidized starch）

酯化淀粉（esterified starch）

取代度（degree of substitution）

醚化淀粉（etherified starch）

交联淀粉（join starch）

接枝淀粉（grafted starch）

动物胶（glue）

羧甲基纤维素（carboxymethyl cellulose）

羟乙基纤维素（hydroxyethyl cellulose）

甲基纤维素（methyl cellulose）

聚乙烯醇（polyvinyl alcohol）

亲水性（hydrophility）

疏水性（hydrophobicity）

凝胶状（gelatin）

聚丙烯酸甲酯（polymethyl acrylate）

丙烯酸酯类共聚物（acrylicester copolymer）

聚丙烯酰胺（polyacrylamide）

共聚浆料（copolymer size materials）

助剂（sizing auxiliaries）

分解剂（starch splitter）

浸透剂（penetrant）

柔软剂（softening agent）

抗静电剂（antistatic agent）

润滑剂（lubricant）

防腐剂（antiseptic agent）

吸湿剂（deliquescent agent）

消泡剂（defoamer）

固体率（solid contents）

调浆桶（size mixer）

供应桶（supplying vat）

输浆泵（size delivery pump）

上浆（sizing）

上浆率（size loading, size add on）

浆纱回潮率（moisture regain of sized warp）

浆纱机（sizing machine）

双层经轴架（double layer warp beam creel）

上浆辊（sizing roller）

压浆辊（squeezing roller）

覆盖系数（covering coefficient）

浆槽（size box）

热风式烘燥装置（hot air dryer）

烘筒式烘燥装置（cylinder drying chamber）

伸缩筘（adjustable reed）

墨印长度（marks length）

并头（double ends）

整浆联合机（combined warping-sizing machine）

染浆联合机（indigo combined dyeing-sizing machine）

高压上浆（high pressure sizing）

泡沫上浆（foam sizing）

热熔上浆（hot melt sizing）

👉 思考题

1. 上浆的主要目的是什么？浆纱的工艺要求是什么？

2. 上浆后对经纱可织性提高反映在哪些方面？

3. 如何理解对浆纱的增强、耐磨和保伸？

4. 上浆对浆液的基本要求是什么？

5. 什么叫黏着剂、助剂？

6. 黏着剂的分类。目前常用的黏着剂有哪几类？

7. 试述淀粉浆料的主要性质。

8. 黏度和粘附性的基本概念,有何区别。

9. 什么叫直链淀粉和支链淀粉？它们在性质上有何不同？

10. 为什么淀粉浆必须用高温上浆？淀粉在水中加热时,随着温度的变化,浆液的黏度有何变化？

11. 淀粉上浆时应注意哪些问题？它适用于哪些纤维的上浆？

12. 常见的变性淀粉有哪些？试述酸解淀粉、氧化淀粉、酯化淀粉、醚化淀粉、接枝淀粉的上浆性能？

13. 什么叫 CMC 浆的代替度？试述 CMC 浆料的上浆性能？

14. 什么叫 PVA 的醇解度？完全醇解 PVA 和部分醇解 PVA 在上浆工艺性能上有何不同？

15. 常用的丙烯酸类浆料有哪些？它们的上浆特性如何？

16. 浆液中为何要用助剂？常用助剂有哪些？其作用是什么？

17. 确定浆料配方时主要考虑哪些因素？

18. 什么叫定积法调浆？掌握调浆的基本顺序和注意点。

19. 浆液的质量指标有哪些？其质量如何控制？

20. 浆纱的质量指标有哪些？其意义如何？

21. 什么叫浆纱覆盖系数？如何计算。使用双浆槽有什么条件？使用双浆槽有何优点。

22. 试述浆纱上浆率大小对织造生产的影响、影响上浆率的因素、调节上浆率的方法。

23. 试述浆纱回潮率大小对织造生产的影响、影响回潮率的因素、调节回潮率的方法。

24. 试述浆纱伸长率大小对织造生产的影响、影响伸长率的因素、调节伸长率的方法。

25. 浆纱干分绞的作用及方法。

26. 对浆纱主传动的要求,主传动的种类,了解主要机型的主传动的方式。

27. 经轴架的作用及要求。分析比较经轴架的排列方式和退绕方法。

28. 常用浆槽的形式有哪几种？各有什么特点？

29. 浸没辊、上浆辊、压浆辊有何作用？浸没辊的高低位置对浆纱性能有什么影响？

30. 试述各种浸压方式的利弊及适应品种。

31. 加压强度的配置对浆纱性能的影响。为什么要采用高压上浆,高压上浆有何特点？

32. 采用双压配置时,先轻后重和先重后轻的意图分别是什么？

33. 压浆辊表面状态对浆纱性能有什么影响？使用橡胶压浆辊的优点,橡胶压浆辊有哪两类,如何配置？

34. 湿分绞棒的作用及要求是什么？

35. 试述后上蜡的作用及上蜡方法。

36. 对浆纱织轴卷绕有什么要求？织轴卷绕有哪些主要方式？

37. 浆纱机织轴加压机构的主要形式。对加压机构有何要求？

38. 浆纱的烘燥方式主要可分为哪几类？各有什么特点？

39. 烘燥装置有几种类型,它们有什么特点?

40. 试述浆纱机测长打印的目的及机构组成。

41. 新型上浆技术有哪些? 预湿上浆有什么特点,它的适应性如何?

42. 浆纱过程自动控制有哪些? 介绍它们的基本工作原理。

43. 试述浆纱机上对纱线张力和伸长的要求,浆纱机上经纱的张力分区、各区张力和伸长的特点、调节伸长的方法。

44. 试述制订浆纱工艺的主要原则,浆纱工艺调节或设定的主要内容。

45. 介绍浆纱主要疵点及成因。

第四章　穿结经

本章知识点

1. 穿结经的目的、方法及相应的设备。
2. 经停片的作用和结构形式,有关的工艺参数(经停片重量、排列密度)。
3. 综框的作用和结构形式,综丝的作用和形式,有关的工艺参数(综丝长度和直径、排列密度)。
4. 钢筘的作用和结构形式,有关的工艺参数(筘号、筘齿厚度、每筘穿入数)。

　　穿结经是穿经和结经的统称,它的任务是把织轴上的经纱按织物上机图的规定,依次穿过经停片、综丝和钢筘。穿结经是织前经纱准备的最后一个工序。

　　穿结经是一项十分细致的工作,任何错穿(结)、漏穿(结)等都直接影响织造工作的顺利进行,增加停机时间和产生织物外观疵点。穿结经工作除少数因经纱密度大、线密度小、织物组织比较复杂的织物还保留手工穿结经外,现代纺织厂里大都采用机械和半机械穿结经,以减轻工人劳动强度,提高劳动生产率。

第一节　穿结经方法

一、半自动穿经和自动穿经

1. 半自动穿经　半自动穿经是用半自动穿经机械和手工操作配合完成穿经的,它以自动分经纱、自动分经停片和电磁插筘动作部分代替手工操作,从而使工人劳动强度得到减轻,生产效率得到提高,每人每小时穿经数达到1500~2000根。目前,半自动穿经的方法应用最广。

2. 自动穿经　自动穿经是用全自动穿经机来完成穿经工作。全自动穿经机有两大类型:主机固定而纱架移动和主机移动而纱架固定。两种类型的机械都包括有传动系统、前进机构、分纱机构、分(经停)片机构、分综(丝)机构、穿引机构、钩纱机构及插筘机构等。全自动穿经机极大地减轻了工人的劳动强度,操作工只需监视机器的运行状态,做必要的调整、维修以及上下机的操作。但是,目前自动穿经机还只适用于八页综以内的简单组织的织物,并且机器价格昂贵,因而国内纺织厂使用较少。

二、结经与分经

将了机织轴上的经纱与新织轴上的经纱逐根一一打结连接,然后拉动了机织轴的经纱把新织轴的经纱依次穿入经停片、综眼和钢筘,完成穿经工作,这种穿经方式称为结经。

结经有手工结经和结经机结经两种。手工结经完全由工人手工拾取经纱,然后逐一打结,劳动生产率低,只在少数丝织厂和麻织厂使用。

自动结经机有固定式和活动式两种。固定式自动结经机在穿经车间工作;活动式自动结经机可以移动到织机机后操作,直接在机上结经。两种接经机的机头结构都较复杂,它由挑纱机构、聚纱机构、打结机构、前进机构和传动机构五个主要部分组成。

结经方式由于利用了机经纱来引导新织轴经纱,所以效率较高。但如果是一个新的品种上机织造,或者了机织机的经停片、综丝、钢筘需保养维修或更换时,就不能采用结经方式。

在单轴上浆、并轴后形成的长丝织轴上,由于长丝容易产生错位,因而在穿经前还必须由分经机对其进行分经工作。分经就是把片经纱逐根分离成上下层,在两层间穿入分绞线,分绞线严格确定了经纱的排列次序,这十分有利于穿结经。在织机上,挡车工根据绞线也能方便正确地确定断经的位置,顺利完成断经接头和穿综、穿筘工作。

第二节　经停片、综框、综丝和钢筘

一、经停片

经停片是织机经停装置的断经感知件,织机上的每一根经纱都穿入一片经停片。当经纱断头时,经停片依靠自重落下,通过机械或电气装置,使织机迅速停车。

经停片由钢片冲压而成,外形如图 4-1 所示。图 4-1(a)是国产有梭织机使用的机械式

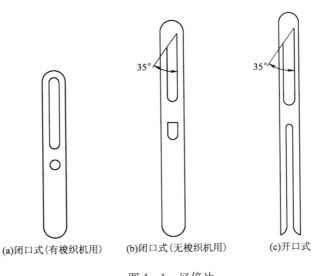

(a)闭口式(有梭织机用)　　(b)闭口式(无梭织机用)　　(c)开口式

图 4-1　经停片

经停装置的经停片;图4-1(b)、(c)是无梭织机使用的电气式经停装置的经停片。

经停片有开口式和闭口式两种。图4-1(a)、(b)是闭口式经停片,经纱穿在经停片中部的圆孔内;图4-1(c)是开口式经停片,经停片在经纱上机时插放到经纱上,使用比较方便。大批量生产的织物品种一般用闭口式经停片;品种经常翻改的织物采用开口式经停片。

经停片的尺寸、形式和重量与纤维种类、纱线线密度、织机形式、织机车速等因素有关。一般纱线线密度大、车速高,选用较重的经停片。毛织用经停片较重,丝织用经停片较轻。纱线线密度与经停片重量的关系如表4-1所示。

表4-1　纱线线密度与经停片重量的关系

纱线线密度(tex)	9以下	9~14	14~20	20~25	25~32	32~58	58~96	96~136	136~176	176~
经停片重量(g)	1以下	1~1.5	1.5~2	2~2.5	2.5~3	3~4	4~6	6~10	10~14	14~17.5

每根经停片杆上的经停片密度(片/cm)可用式(4-1)计算:

$$P = \frac{M}{m(B+1)} \tag{4-1}$$

式中:M——织轴上经纱总根数;

　　　m——经停片杆的排数(通常为4排或6排);

　　　B——综框的上机宽度,cm。

无梭织机上,每根经停片杆上的经停片允许密度与经停片厚度的关系见表4-2。

表4-2　经停片最大允许密度与经停片厚度的关系

经停片厚度(mm)	0.15	0.2	0.3	0.4	0.5	0.65	0.8	1.0
经停片允许密度(片/cm)	23	20	14	10	7	4	3	2

二、综框

综框是织机开口机构的重要组成部分。综框的升降带动经纱上下运动形成梭口,纬纱引入梭口后,与经纱交织成织物。常见的综框有木综框和金属综框。无梭织机使用的一种金属综框的结构如图4-2所示。

上综框板1、下综框板2和综框横头3通过螺钉连接,综丝杆4与上下综框板及综框横头成一体组成综框,综丝5挂在综丝杆上。

有梭织机综框有单列式和复列式两种。单列式每页综框只挂一列综丝;复列式每页综框挂2~4列综丝,用于织制高经密织物,如丝织生产常用2列综丝的复列式综框。无梭织机基本都是单列式。

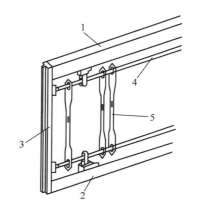

图4-2　综框示意图

三、综丝

综丝主要有钢丝综和钢片综两种。

有梭织机通常使用钢丝综,无梭织机都使用钢片综。钢丝综由两根细钢丝焊合而成,两端

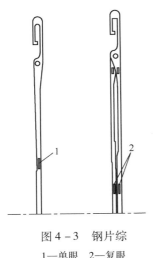

呈环形,称为综耳,中间有综眼(综眼形状有椭圆形、六边形等多边形状),经纱就穿在综眼里。为了减少综眼与经纱的摩擦,同时便于穿经,综眼所在平面和综耳所在平面有45°夹角。

无梭织机使用的钢片综如图4-3所示,它有单眼式和复眼式两种,复眼式钢片综的作用类似于复列式综框。钢片综由薄钢片制成,比钢丝综耐用,综眼形状为四角圆滑过渡的长方形,对经纱的磨损较小。综眼及综眼附近的部位,每次开口都要和经纱摩擦,因而这个部位是否光滑是综丝质量高低的重要标志。

图4-3　钢片综
1—单眼　2—复眼

综丝的规格主要有长度和直径。综丝的直径取决于经纱的粗细,经纱细,综丝直径小。综丝的长度可根据织物种类及开口大小选择,棉织综丝长度可用式(4-2)计算:

$$L = 2.7H + e \qquad (4-2)$$

式中:L——综丝长度,mm;

　　　H——后综的梭口高度,mm;

　　　e——综眼长度,mm。

丝织、绢织综丝长度通常为330mm。

综丝在综丝杆上的排列密度不可超过允许范围,否则会加剧综丝对经纱的摩擦,从而增加断头。为了降低综丝密度,可增加综框数目或采用复列式综框。

棉织综丝使用密度参见表4-3。

表4-3　棉织综丝密度与纱线线密度关系

棉纱线密度(tex)	36～19	19～14.5	14.5～7
综丝密度(根/cm)	4～10	10～12	12～14

四、钢筘

钢筘是由特制的直钢片排列而成,这些直钢片称筘齿,筘齿之间有间隙供经纱通过。钢筘的作用是确定经纱的分布密度和织物幅宽,打纬时把梭口里的纬纱打向织口。在有梭织机上,钢筘和走梭板组成了梭子飞行的通道。在喷气织机上采用异形钢筘,见图4-4(c),这种筘还起到减少气流扩散和纬纱通道的作用。

1. 钢筘的分类　钢筘从外形上看,可分为普通筘和异形筘(又称槽形筘)如图4-4所示,前者使用广泛,而异形筘仅在喷气织机上使用。从钢筘制作方式看,又可分为胶合筘和焊接筘。

图 4 - 4(a)所示为胶合筘,它用胶合剂和扎筘线 3 把筘片 1 固定在扎筘木条 4 上,筘的两边用筘边 2 和筘帽 5 固定。图 4 - 4(b)所示为焊接筘,它全部由金属构成,筘片 1 用钢丝扎绕后用锡铅焊料焊牢在筘梁 6 上,两边同样用筘边固定。图 4 - 4(b)所示为异形筘片 7。

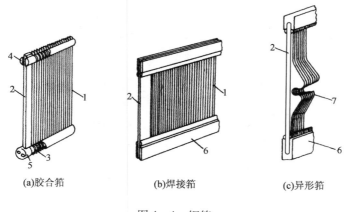

(a)胶合筘　　　　　(b)焊接筘　　　　　(c)异形筘

图 4 - 4　钢筘

2. 筘号　钢筘的主要规格就是筘齿密度,称为筘号。筘号有公制和英制两种,公制筘号是指 10cm 钢筘长度内的筘齿数;英制筘号是以 2 英寸钢筘长度内的筘齿数来表示。

公制筘号可按式(4 - 3)计算:

$$N = \frac{P_j \times (1 - a_w)}{b} \qquad (4 - 3)$$

式中:N——公制筘号;

P_j——经纱密度,根/10cm;

a_w——纬纱缩率;

b——每筘齿中穿入的经纱根数。

经纱在每筘齿中的穿入数与布面丰满程度、经纱断头率等有密切关系,高经密织物受到的影响就更大。一般织造平纹织物,每筘齿穿入 2~4 根经纱;斜纹、缎纹织物可根据经纱循环数合理确定,如三枚斜纹每筘齿穿三根,四枚斜纹每筘齿穿四根。每筘齿中穿入经纱数少,织物外观匀整,但必然采用较大的筘号,从而筘齿密,经纱可能因为摩擦而断头。有些工厂试用双层筘织制高经密织物,较好地解决了这一问题。双层筘的穿法如图 4 - 5 所示。

钢筘两端部分的筘齿称为边筘,边筘的密度有时与中间的密度不相同。边经纱穿入边筘,其穿入数要结合边组织来考虑,一般为地经纱穿入数的倍数。

3. 筘齿厚度　用作筘齿的直钢片应富有弹性,无棱角,光滑平整。筘齿厚度随筘号而定,筘号大、筘齿密,则厚度小,反之则厚度大(表 4 - 4)。筘齿宽度,棉织生产中通常有 2.5mm 和2.7mm 两种,丝织生产中常用2.0mm。

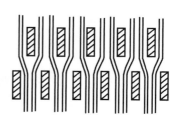

图 4 - 5　双层筘的经纱穿法

表 4 - 4　筘号与筘齿厚度表

筘　　　号	筘齿厚度（mm）	筘　　　号	筘齿厚度（mm）
70	0.66	170 ~ 190	0.24
80	0.57	190 ~ 210	0.22
90	0.5	210 ~ 220	0.2
100	0.45	230 ~ 240	0.19
110	0.4	250 ~ 270	0.18
120	0.36	270 ~ 290	0.17
130	0.33	300 ~ 310	0.16
140	0.3	320 ~ 360	0.15
150	0.28	360 ~ 380	0.14
160	0.26	380 ~ 400	0.135

本章主要专业术语

穿经（drawing - in）

结经（tying - in）

分经（splitting，reading - in）

半自动穿经机（semi - automatic drawing - in machine）

全自动穿经机（automatic drawing - in machine）

自动结经机（automatic warp tying - in machine）

分经机（warp sheet splitting machine）

分绞线（separating thread）

经停片（dropper）

综框（heald frame）

综丝（heald wire）

钢筘（reed）

思考题

1. 试述穿结经的任务及作用。

2. 穿结经方法有哪几种？各有什么特点？

3. 经停片、综框、综丝和钢筘的作用是什么？

4. 筘号的定义是什么？何为公制筘号、英制筘号？

第五章　定捻和卷纬

本章知识点

1. 定捻的目的和作用机理,定捻的方式及设备,定捻质量控制。
2. 卷纬的目的,纤管形式,卷纬成形与工艺要求,主要的卷纬机械。

经过加捻的纱线,特别是加强捻后,纤维产生了扭应力,在纱线张力较小或自由状态下,纱线会发生退捻、扭曲。为防止这种现象的产生,使后道加工顺利进行,必要时以定捻加工来稳定这些纱线的捻度。

在有梭织机上,卷纬形式为管纱(俗称纡子),它可以分为直接纬和间接纬两种。在细纱机上直接将纬纱卷绕成管纱,称直接纬;将细纱机落下来的管纱经络筒,再通过卷纬加工卷绕成管纱,称为间接纬。间接纬加工成本高,但管纱质量高,纬纱疵点少,因而丝织、毛织和高档棉织的有梭织机生产都采用间接纬。

在无梭织机上,不需要卷纬、而是用大卷装的筒子纬纱直接参与织造。

第一节　纱线定捻

根据不同纤维原料、不同捻度,纱线定捻可采用不同的方式。对于绉类织物,应暂时定捻,因为加捻产生的扭应力在后整理时需要被释放出来,才能得到织物设计所预期的"绉效应",使织物表面光泽柔和,并有轻微的高低不平,以改善织物的外观。

纱线定形是利用纤维具有的松弛特性和应力弛缓过程,把纤维的急弹性变形转化成缓弹性变形,而纤维总的变形不变。通过加热和加湿,可以使这种应力弛缓过程加速,在较短的时间内完成定形、定捻工作。

一、自然定形

自然定形就是把加捻后的纱线在常温常湿下放置一段时间。纤维内部的大分子相互滑移错位,纤维内应力逐渐减少,从而使捻度稳定。自然定形方式适用于捻度较小的纱线,比如1000 捻/m 以下的人造丝在常态下放置 3 ~ 10 天,就能达到定形目的。

二、加热定形

加热定形即把需定形的纱线置于一密室中,通过热交换器(用蒸汽或电热丝)或远红外线,使纤维吸收热量温度升高,分子链节的振动加剧,分子动能增加,使线型大分子相互作用减弱,无定形区中的分子重新排列,纤维的弛缓过程加速,从而使捻度暂时稳定。

由于合成纤维具有独特的热性质,因而定形必须控制在玻璃化温度之上、软化点温度之下进行,否则达不到定形目的。

加热定形适用中低捻度的人造丝,一般掌握温度为 $40 \sim 60℃$,时间为 $16 \sim 24h$ 。目前利用烘房热定形的日趋减少,通常是用定形箱来进行热定形。

三、给湿定形

给湿定形是使水分子渗入到纤维长链分子之间,增大彼此之间的距离,从而使大分子链段的移动相对比较容易,加速弛缓过程的进行。对于棉纺织行业来说,纱线过度吸湿会恶化纱线的物理机械性能,在布面形成黄色条纹,并且引起管纱退解困难。纱线给湿后的回潮率要控制适当,通常棉纱回潮率控制在 $8\% \sim 9\%$ 为宜。

纱线给湿定形有如下几种方式。

1. 喷雾法　棉织生产采用喷雾法时,纱线室内的相对湿度保持在 $80\% \sim 85\%$,纱线存放 $12 \sim 24h$ 后取出使用。存放 24h 之后,纡子表面的回潮率可提高 $2\% \sim 3\%$ 左右。

2. 给湿间给湿　丝织生产中,低捻度的天然丝线在相对湿度 $90\% \sim 95\%$ 的给湿间内存放 $2 \sim 3$ 天,也可得到较好的定捻效果。若原料为低捻人造丝,则相对湿度控制在 80% 左右。

3. 水浸法　把纬纱装入竹篓或钢丝篓里,浸泡到 $35 \sim 37℃$ 的热水中 $40 \sim 60s$,取出后在纬纱室内放置 $4 \sim 5h$,再供织机使用。用于浸泡的池水应保持清洁,每隔 $2 \sim 3h$ 换一次水,以免污染纱线。

4. 机械给湿法

(1)毛刷式给湿机工艺流程如图 5 - 1 所示。毛刷将溶有浸透剂的溶液喷洒到纬纱上,对纬纱给湿。

(2)喷嘴式给湿机工艺流程如图 5 - 2 所示。喷嘴式给湿机给湿均匀,占地面积小。它的构造因喷嘴不同而有单孔与多孔之分,输送纬纱管的帘子亦有双层、三层等不同形式。

用摇头喷雾器来给湿,也是一种简单的机械给湿方法。

如果在给湿液中添加浸透剂,可以加快水向纤维内部的浸透作用。

四、热湿定形

根据定形原理,加捻后的纱线在热湿的共同作用下,定形的速度大大加快。另外,随着纱线卷装的增大,纱层的卷绕堆积厚度增加,很可能产生内外层纱线受到热湿空气作用时间差异变大,从而带来定形的差异。为了解决这个问题,可以采用如图 5 - 3 所示热定形箱来定形。

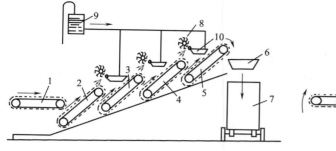

图 5-1　毛刷式给湿机　　　　　　　　　图 5-2　喷嘴式给湿机

1—供给帘子　2、3、4、5—输送帘子　6—漏斗　7—运输箱

8—毛刷　9—溶液箱　10—溶液槽

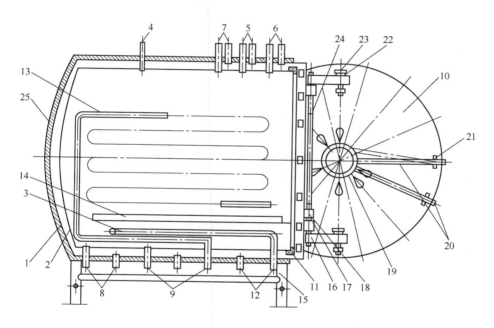

图 5-3　热定形箱

1、2—箱体的外筒和内筒　3—O 形管　4—接真空泵阀　5—接温度计　6—接压力表　7—接安全阀

8—接排水阀　9—接疏水器　10—箱盖　11—盘根　12—进汽管　13—加热管　14—导轨

15—座架　16—回转托架　17—挡卷　18—轴承　19—手轮　20—压紧方钢　21—固定扣

22—轴承　23—回转蜗杆　24—回转轴　25—保温石棉层

　　热定形箱大多为卧式圆筒形,它由两只钢板圆筒套合而成夹层圆筒,待定形纱线放置在内圆筒里。从设备的构成中可以看出,这种定形设备可以有如下几种定形方式。

1.热湿定形　高温蒸汽可同时进入内筒和外筒,使待定形纱线和蒸汽直接接触,吸收到水分和热量。

2.真空定形　为了加快高温蒸汽渗透到纱线内层的速度,可以用真空泵先把筒内空气抽出,产生负压,然后再进高温蒸汽。

3.干热定形 高温蒸汽进入外筒和内筒的加热器。这样待定形纱线仅得到热量而没有水分。这种方法主要用于人造丝定形。

用热定形箱进行定形时,一定要先对定形箱预热,一般温度达到40℃后再放入待定形纱线。其次,排水阀工作状态应良好,有冷凝水时能及时排出,否则产生的冷凝水可能使纱线产生水迹。

部分纱线的定形工艺如下表所示。

热定形箱定形工艺

原料类别	温度(℃)	时间(min)	压力(kPa)
桑蚕丝:			
中捻	85	60	9.81
强捻	90~100	120	9.81~14.7
涤棉混纺纱(65/35)	80~85	40~50	4.9
粘胶人造丝中强捻	85	20	—
锦纶丝	70	120	9~12
涤纶丝	90	120	9~12

对比以上定形方式可知:热定形箱定形效果好,原料周转期短,对所有纱线、捻度均可使用,尤其适用于大卷装原料,是目前纱线定形的主要手段。其他定形方式仅适用部分情况,在原料周转、定形场所及设备允许的情况下,可选择使用。

定形质量的好坏主要看捻度稳定情况及内外层纱线捻度稳定是否基本一致,定形不足和定形过度都不符合要求,可通过定形时间和温度的搭配来调节。捻度稳定度可用下式来表达:

$$P = \left(1 - \frac{b}{a}\right) \times 100\%$$

式中:a——被测定捻后纱线长度,一般取50cm;

b——被测纱线一端固定,另一端向固定端平移靠近,到纱线开始扭结时,两端之间的距离,cm。

捻度稳定度 P 在40%~60%,即能满足织造的要求。

在生产现场可粗略确定定形效果,其方法是:双手拉直100cm长的定形后纱线,然后慢慢靠近至20cm,看下垂的纱线扭转数,若扭转3~5转则符合要求。

第二节　卷　纬

卷纬是把筒子卷装的纱线卷绕成符合有梭织造要求并适合梭子形状的纡子,它是在卷纬机上进行的。

有梭织机的补纬方式有手工换梭、自动换梭和自动换纡。纡管的形式不但和补纬的方式有关，还和卷绕的原料有关。如图5-4所示是几种常见的纡管，纡管的管身上有深浅、疏密不等的槽纹线，分别用于不同的纱线。如表面没有槽纹或槽纹浅而疏，适用于纤细长丝。图5-4(d)所示为半空心的纡管，常用于粗纺毛纱的卷装。在黄麻织机上，为增加纡子容纱量，采用无纡管的纡子。纡管的材料常用木材、塑料或纸粕。

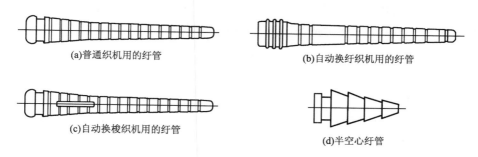

(a)普通织机用的纡管　　　　　　　(b)自动换纡织机用的纡管

(c)自动换梭织机用的纡管

(d)半空心纡管

图5-4　几种不同的纡管

一、卷纬成形与工艺要求

纡子的卷绕成形由纡管的旋转、导纱器（或纡管）的往复和导纱器（或纡管）的级升三个基本运动来完成。也有部分卷纬机还采用差微卷绕的方式来防止纱圈的重叠。

纡子上的纬纱在织造时被高速牵引退解，要保证退解顺利，且张力波动小，必须满足如下工艺要求。

（一）纡子成形良好

纡管的端部是一个锥体，锥顶角 δ 大，则退解阻力小，但易脱圈。一般棉织用纡管锥顶角为 $20° \sim 24°$，丝织为 $12° \sim 13°$。因此，纡子的卷绕相当于在锥形筒子上的短动程卷绕，纬纱每卷绕一个往复动程，在级升运动的作用下，导纱器向纡管的顶端移动一段距离，直至整个纡管绕满纱线，纡子的卷绕结构如图5-5所示。

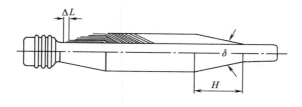

图5-5　纡子的成形

级升距离 ΔL 和导纱动程 H 对纡子成形有很大影响。导纱动程 H 确定后，级升距离 ΔL 越大，纡子尾部的锥顶角就越小，纡子直径也小，则卷绕容量下降；反之，级升距离确定，导纱动程 H 越大，纡子直径也大，卷绕容量增加，但纬纱退解时容易脱圈。

从络筒卷绕原理可知，合理选择卷绕比 i 的小数部分 a，可以起到防叠作用。需要注意的是,如果同时采用差微运动和防叠小数来防止纱圈重叠,则两者要搭配好,以免两者的纱圈位移值相互抵消,反而起不到防叠作用。

总之,纡子成形良好,一是要纡子表面平整,无重叠;二是要纡子的直径大小适中,纱线易退解、不脱圈。

(二)纡子卷绕张力均匀合理

纬纱卷绕张力,既和筒子退解时的张力有关,更和卷纬时的纱线张力有关。通过张力器来调节纱线卷绕张力,可使纡子张力适当、均匀,获得适当的卷绕密度,保证纡子的容纱量,也不损伤纱线的物理机械性能。

(三)合理的备纱卷绕长度

在自动补纬织机上,从探纬部件探测到纬纱用完,应换梭或换纡,到执行机构完成补纬动作,大约需要织机 2~3 转的时间,不同的探纬方式所需时间不等,为了防止产生缺纬疵点,在纡子底部一般应绕有 3 纬左右的纬纱备纱。

另外,纡子是在梭子中退解的,因此选用纡管时应和梭子内腔匹配。纡管太短,纡子太细,则容纱量少,增加换纬次数和回丝;纡管太长,纡子太粗,则纬纱退解困难,甚至断头。

二、卷纬机械

卷纬机分为卧锭式和竖锭式两类。卧锭式卷纬机的锭子工作位置呈水平状态;竖锭式卷纬机的锭子工作位置呈竖直状态。

1. 卧锭式卷纬机　目前常用的卧锭式自动卷纬机的工艺流程如图 5-6 所示。纬纱 2 从筒子 1 上退解下来,经导纱眼 3、张力装置 4、断头自停探测杆 5 上的导纱磁眼 6,引入导纱器 7 的导纱钩 8 上。纡管 9 夹持在主动锭杆 10 和被动锭杆 11 之间。导纱器引导纱线完成往复导纱和级升运动,主动锭杆旋转完成纡子的卷绕运动。三种运动协同进行,实现纡子卷绕成形。

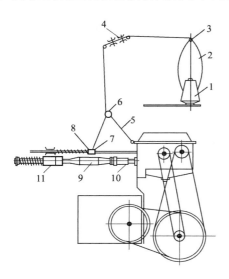

卧锭式自动卷纬机的主要机构及作用简述如下。

(1)卷绕机构完成卷绕、导纱、级升和差微运动。

(2)开关机构控制主轴的启动和停动。

(3)自动换管机构完成换管诱导、满管自停、落下满管、送上空管并重新开始卷绕。

(4)备纱卷绕机构完成备纱卷绕及备纱长度控制。

(5)断头自停机构当纱线断头时,使纡子卷绕自动停止。

(6)剪纱机构在换管时剪断纱线,并新管生头。

(7)张力装置能自动调节纬纱卷绕张力。

卧锭式自动卷纬机锭速快,自动化程度高,生产效率高,操作工劳动强度低,只需在纡管库中装入空纡

图 5-6　卧锭式自动卷纬机工艺流程

管,移走纤子,进行断头处理和清洁等工作。但这种设备每锭占地面积大,因此棉纺织厂中应用较少,常见于毛织、绢织生产。

丝织厂常用卧锭式普通卷纬机(即小油箱卷纬机)。这种卷纬机和卧锭式自动卷纬机相比,主要是降低了自动化程度,即去掉了自动换管机构、备纱卷绕机构、剪纱机构。但这种卷纬机构造简单,安装检修方便、价格低廉、传动平稳且成形正确,所以在丝织厂得到广泛应用。

2. 竖锭式卷纬机 使用较为广泛的一种竖锭式卷纬机结构与细纱机接近,其工艺流程如图 5-7 所示,纱线 1 从筒子 2 上退绕下来,经导纱钩 4、导纱棒 5、导纱钩 6、张力器 7、8 及导纱杆 9,穿入随导纱板 11 一起作升降运动的导纱钩 10 中。然后,卷绕到由锭子 12 带动的纤管 13 上。导纱板产生导纱和级升运动,锭子作旋转卷绕运动。主轴传动滚盘,通过锭带使锭子转动。锭子由锭杆、锭盘、锭胆、锭脚和锭钩组成。锭杆应当正直,在高速旋转时保持平稳。导纱板的升降导纱运动由成形凸轮控制,成形凸轮作用弧的形状决定了导纱板升降速比,进而影响卷绕层和束缚层的纱线卷绕角。一般采用导纱板升降速比 1∶3。这种竖锭式卷纬机具有产量高,纤子质量较好,工人看锭数多,每锭占地面积小,维修方便等优点,近年来在棉织生产中应用很广。

其他形式的卷纬机还有碗形卷纬机、大油箱普通卷纬机、GD501 自动卷纬机、半空心卷纬机和空心卷纬机等。

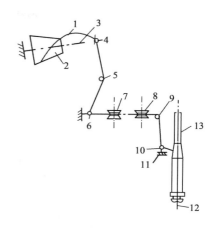

图 5-7 竖锭式卷纬机

本章主要专业术语

定捻(twist fixing)

毛刷式给湿机(brush - dewing machine)

喷嘴式给湿机(jet - dewing machine)

热定形箱(setting chamber)

捻度稳定度(twist stability)

纤子(cop)

卷纬(pirn winding)

直接纬(direct weft)

间接纬(indirect weft)

自动卷纬机(automatic pirn winding machine)

思考题

1. 试述纬纱准备的工艺流程。

2. 何谓直接纬纱和间接纬纱?

3. 纱线定捻的目的是什么?其方法有哪些?各有什么特点?如何评价定捻效果?

4. 为什么纬纱要经过卷纬加工?主要的卷纬机械有哪几种?了解它们的工作原理。

第六章　并　捻

本章知识点

1. 并捻的目的。
2. 股线的分类、特性及其表示方法。
3. 并捻设备（并捻机、捻线机、倍捻机）的工艺流程和工作原理。
4. 花式捻线的种类、结构及表示方法。
5. 花式捻线的纺制设备及形成原理。

将两根或多根细纱并合加捻成股线称为并捻，它是股线织物或花式线织物的经纬纱准备工序之一。股线的捻度比较小或并合根数比较少时，可用并捻联合机一次加工完成并合和加捻两道工序；若捻度比较大，往往将并线工序和捻线工序分别完成，这样有利于提高股线质量和加工效率。

股线的并合根数、颜色和捻度的多少是在织物设计时确定的。两根纱线并捻成的线称双股线，花式捻线大多由三根纱线并捻而成，多根纱线并合的复合线称为缆线。在丝织行业中，由于采用的原料大多是 2.31tex 的蚕丝，并合加捻应用极其广泛。

第一节　股　线

为了使股线的捻度稳定，抱合良好，股线加工时的捻向与原有纱线的捻度方向相反。如单纱、桑蚕丝为 Z 捻，所以第一次并捻时往往加 S 捻；如无特殊要求，则第二次并捻加 Z 捻。

一、棉毛型股线

由单纱制成的棉毛型股线经过并合后，粗细不匀的现象得到改善，因而条干均匀。

股线加上了一定的捻度，在扭力作用下，纤维向内层压紧，相互之间的摩擦力增大。因而股线的强度一般大于各单纱的强度之和，股线的耐磨性能、弹性也比单纱好。

股线与单纱的捻向相反，使股线表层纤维与纱线轴向之间的倾角减少，使股线手感柔软，光泽良好。

二、真丝、合纤型股线

真丝、合纤都是长丝型纤维,单丝本身只有极小的 Z 捻(200 捻/m 以下),单丝线密度也比较小,往往通过并捻来达到织物加工对原料的要求。

真丝、合纤型股线在并合时,除了同种类同粗细的原料并合之外,也有不同粗细、种类原料的并合。

真丝、合纤经过并捻形成股线后,条干均匀,弹性、耐磨性提高,光泽柔和,但因其单丝原基本无捻,所以股线手感变硬。股线的强度与所加的捻度有较大的关系。当所加的捻度较小时,捻度增大使股线的强度增加;但有些织物要求有较好的弹性和抗皱性,或者为使织物有良好的起绉效应,所加的捻度特别大,此时股线的强度并不增大。

此外,某些特殊风格的织物要求纱线经过反复多次的并捻;也有的股线并捻时原料粗细不同、强力不同,形成特殊的股线。

三、合股花式线

合股花式线常用两根或三根不同颜色的单纱经过一次或两次并捻而成。双股或多色股线被广泛用于毛织和色织生产中。

合股花式线在设计时由于采用不同原料、捻向和捻度,以及各种色纱进行组合,所以合股花式线的品种是很多的。例如:除了普通捻度的花式线外,还有强捻花式线和弱捻花式线;有用两根具有明显的细节、粗节细纱,使它们的粗段对粗段,细段对细段合并,并加捻成云纹线;有用一根较粗的具有强 Z 捻的细纱作芯纱和一根或数根一般 S 捻的细纱并合加捻,使粗芯纱均匀退捻而成波纹线;有用涤棉和涤纶三角丝、涤棉和金银丝、涤棉混纺纱和有光人造丝、毛纱和金银丝加捻而成的闪烁匀捻线。

股线特数等于其单纱特数乘以纱的股数。如组成股线的单纱其特数不同时,则以组成股线的各根单纱的特数之和作为股线的特数。股线的表示法如下例所示,若短纤维不注明原料种类的指棉纤维:

14 × 2 指 14tex 棉双股捻线;

T/C 14 × 2 表示 14tex 涤棉混纺双股捻线;

14 + R13 指 14tex 棉纱和 13tex 人造丝的并线;

14 + 14 指异色的 14tex 棉纱的并线。

四、并捻设备

1. 并捻机　棉型股线和合股花式线都可在并捻联合机上加工而成,其工艺流程如图 6 - 1 所示,在纱架 1 的筒管插锭 2 上,插有并纱筒子 3,并纱从筒子上引出,经过断头自停装置 15,水流槽中的玻璃杆 4 和横动导杆 5,绕过下罗拉 6 和上罗拉 7,然后经导纱钩 8、平面式钢领 9 上的钢丝圈 10 而绕上线管 11。当钢丝圈被并纱拖着随线管回转时,就使并纱加捻成捻线。锭子 12 的回转由滚筒 13 和锭带 14 所传动。

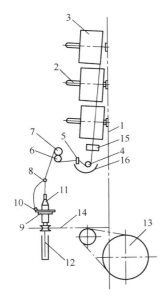

图 6-1　一般并捻机的流程

并捻加工是由多根单纱并合成一根股线,因而必须要有断头自停装置,而且必须正确灵敏,有一根单纱断头能立即停止卷取,以免并合根数已减少的股线被卷绕到筒子上,造成返工或疵品。丝织的并捻设备通常没有图 6-1 中的水槽 16。

并捻联合机在捻制棉线时,其锭速约为 10000r/min,捻制中长纤维时,其锭速约为 8000r/min,长丝用并捻机锭速为 6000r/min。

在丝织行业中,并合工序分有捻并和无捻并两种。当加工的股线捻度较大时,可采用无捻并合,然后加捻。这样虽分两道工序加工,但捻丝机加捻锭速较高,因而生产效率高。如果股线的捻度在 800 捻/m 以下,则可在有捻并设备上一次加工完成。丝织上常用的无捻并设备有 DB120 型,有捻并设备有 K071 型、GD121 型等。

2. 捻线机　捻线机纺制捻线有干法和湿法两种,干法就是水槽中不盛水,并纱在不加湿的情况下纺制成捻线;湿法就是水槽中盛有水,因玻璃杆在水中,故并纱绕过玻璃杆后纱身亦湿润,湿润的细纱可使毛茸伏贴纱身,若为棉捻线则强力亦略有提高。采用湿法捻线时,卷装易被沾污,故除有特殊要求者外,纺织厂采用干法生产捻线较多。

丝织上常用的捻丝机有 K091 型、GD141 型等。图 6-2 为捻丝机工艺流程图。

丝线自高速回转的并(络)丝筒子 1 上退出,经过衬锭 2、导丝钩 3 和导丝器 4 卷到有边的捻丝筒子 5 上,有边筒子由软木滚筒 6 摩擦传动。

与图 6-1 的并捻机相比,有两点差别非常明显。一是捻丝机退绕筒子安放在下方高速回转的锭子上,退绕丝线从下向上运动;二是卷取筒子采用摩擦传动,使丝线卷取线速度不随卷取直径的变大而增大,从而保证捻度不变。

捻丝机锭子的回转运动目前使用两种方式来传动。在老式的捻丝机上采用锭盘传动锭子,每个锭盘仅传动两个锭子,因而同一台机上的锭子速度差异比较大,造成被加捻丝线的捻度差异大。另一种是采用锭带来传动,同一台机上所有锭子,分成四个区域,由四根锭带分别传动。这样,锭子间锭速差异减少,从而捻度的不匀率也有较大的下降。

通常情况下,加工长丝、短纤、真丝、合纤等不同原

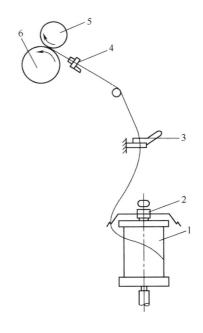

图 6-2　捻丝机工艺流程图

料,需用不同的捻丝机,因为现有捻丝设备的专用性较强,而通用性不够,这类设备在品种翻改快、加工批量小的情况下,就可能带来设备数量的不足或过剩。目前有一种新型捻丝机,能适应不同原料、不同捻度、不同粗细的纱线加工,可称为"通用"捻丝机。它有如下特点。

(1)同一台机上可加工不同原料,如长丝、短纤或者棉、毛、合纤等,也可以加捻单根丝、合股丝(最多6根)。

(2)因为机器上每个加工部位都完全独立,同一台机上可加工不同捻度要求的产品,因而能使设备的使用效率更高。

(3)可以加工花式纱线。

(4)通过计算机控制的工艺参数监控系统,新品研发的工艺可以在同样设备上进行复制。

3. 倍捻机 倍捻机的锭子(杆)每一个回转能在纱线上加上两个捻回。

锭子为立式的倍捻捻线机的加捻原理如图6-3所示。需加捻的合股纱(丝)1从静止的供纱(丝)筒子2上退解下来,从顶端进入空心锭杆3,然后从底部的储纱盘4上的边孔出来。当锭杆转一周,纱线在这里被加上一个捻回(图中A段)。纱线从储纱盘出来后,向上经过导纱(丝)钩5被引离加捻区域。由于储纱盘的回转作用。这里的纱线又被加上一个捻回(图中B段)。锭杆、储纱盘一起同速转动,所以锭子转一转,纱线被加上了同捻向的两个捻回。

从以上所述可知,被加捻纱线的加捻点在底部,而两个握持点(导纱钩,空心锭杆的顶部)在加捻点的上方(一侧),并且离开储纱盘后的纱线所形成的环圈包围住了空心锭杆顶部这个握住点,只有这样才能形成倍捻。

如图6-4所示,纱线从储纱盘边孔出来后,并不是马上就被引离向上,而是在储纱盘上绕

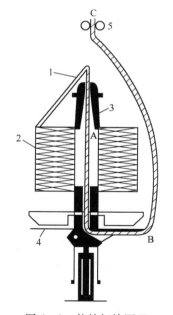

图6-3 倍捻加捻原理

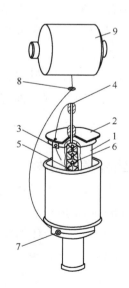

图6-4 倍捻锭子结构示意图

1—供纱(丝)筒子 2—衬锭 3—衬锭脚 4—空心锭杆 5—进纱管
6—钢珠 7—储纱盘 8—导纱(丝)钩 9—卷取筒子

一段长度,该段纱线长度所对的储纱盘的圆心角称为出丝角。空心锭杆的内部是张力调节装置,可以在里面放置钢珠或塑料珠6,通过选择不同直径、不同材料的珠子数量可以调节张力。一般要求调节到出丝角180°~270°左右,出丝角太大或太小都会造成纱线断头增加。出丝角太大可增加珠子数量或增大珠子直径,反之则减少珠子数量或直径。

倍捻捻回的方向同样取决于锭子的旋转方向,从上面往下看锭杆,锭杆顺时针回转得Z捻,逆时针回转则得S捻。

倍捻机捻度 T 计算公式如下:

$$T = \frac{Cn_1}{v}$$

式中:C——捻度系数,理论上为2;

n_1——锭子转速;

v——卷取筒子线速。

倍捻机由于锭子一转理论上可得到2个捻回,产量比一般捻线机高,并且捻度不匀率也较低,是很有发展前途的加捻机械。

常用的真丝倍捻机(RPR 型)锭速为 9000r/min,而化纤倍捻机 DT355 型锭速可达18000r/min。

第二节　花式捻线

花式捻线简称花式线,由三个系统的纱(芯纱、装饰纱和加固纱)组成。芯纱一般用 1~2 根纱或长丝组成;装饰纱是起环圈或结子的纱;加固纱是包绕在装饰纱外面的纱或长丝,它起着稳定环圈或结子形态的作用。

花式线除了运用单纱的不同原料、粗细、捻向、颜色、光泽等特征之外,还采用变化的送纱速度,故品种很多。由于花式捻线表面有结子或环圈,通过综眼,特别是钢筘时容易造成断头,所以除个别品种能作经纱外,绝大多数花式线只能作机织物的纬纱。

一、花式捻线种类及结构

常见的花式捻线有结子线、环圈线、结子环圈线和断丝线等,如图 6-5 所示。

图 6-5(a)、(b)为结子线,由芯线、装饰线和加固线组成,如三根线的色彩都不相同,就可形成三色结子线。(c)~(e)为环圈线,其中:(c)为环圈线中的花环线,它的环圈形状圆整,透孔明显;(d)为环圈线中的毛圈线;(e)为毛圈线中的辫子线,它的毛圈绞结抱合且长度较长;(f)、(g)为结子环圈线,它是用结子线作环圈线的加固线而形成的;(h)为断丝线,在断丝线中,有一根纱条是不连续的,以一段一段的形式出现,纱端暴露在花式线的表面。

由三种纱线系统纺制的花式捻线可用下法表示:前列代表芯纱、中列代表装饰纱、末列代表固纱;若由两种纱线系统纺制时,前列代表芯纱,后列代表装饰纱。若短纤维不注明原料种类的

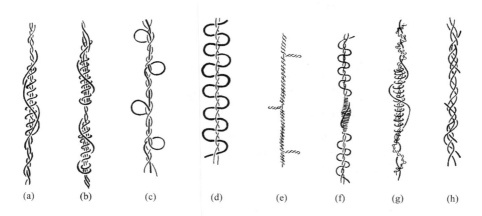

(a)　　(b)　　(c)　　(d)　　(e)　　(f)　　(g)　　(h)

图 6 - 5　常见花式捻线的结构示意

一般指棉纤维。例如：

14)14)14 表示一根 14tex 棉芯纱、一根 14tex 棉装饰纱和一根 14tex 棉加固纱所纺制成的花式捻线；

14×2)14)14 表示一根 14tex 棉股线做芯线、一根 14tex 棉纱做装饰纱和一根 14tex 棉加固纱所纺制成的花式捻线；

$\frac{13}{13}$)R13)13 表示两根 13tex 棉并纱作芯纱，一根 13tex 人造丝作装饰丝和一根 13tex 棉纱作加固纱所纺制成的花式捻线；

$\frac{36}{36}$)$\frac{13}{13}$ 表示两根 36tex 棉并纱作芯纱和两根 13tex 棉并纱作装饰纱所纺制成的花式捻线。

二、花式捻线的纺制

花式捻线是在花式捻线机上加工的,普通的二罗拉花式捻线机工艺流程和结子成形机构如图 6 - 6 所示。

芯纱筒子插在筒管插锭 3 上,芯纱 1(有时连同芯纱 2)往下通过前罗拉 4 和固定导纱杆 5,沿着梳栉 6 左侧向下。装饰纱 7(有时连同装饰纱 8)从筒子上引出,经过后罗拉 9、摆动导纱杆 10 和 11,绕过横木条 23 上的小凸钉 24,穿过芯纱 1 所在梳栉的导槽后绕在芯纱的纱身上。芯纱和装饰纱初步形成的花式线再往下通过导纱钩 12,钢丝圈 13,最后绕到花式线筒管 14 上。

成形凸轮 15 是形成花式捻线的关键器件,它决定了一个循环中有几个结子组成,决定了梳栉和凸钉的上下运动动程与速度,以及所形成的结子的紧密、疏松及大小。

在新型的棉用三罗拉花式捻线机上没有成形凸轮,它用三只电动机分别传动三对罗拉,通过计算机控制使罗拉按花式捻线工艺设计要求作变速转动,从而控制各根纱线的送出量。另有三只电动机分别传动空芯锭子、环锭锭子和钢领板的变速运动,以便根据花式线的特征与罗拉速度相配合,构成形形色色的花式捻线。该设备可按存储器中已编号的花式线的生产资料生产某编号的花式线,也可另行设计新品种。该机还可通过倍增器延长或缩短花式线结构形态的长

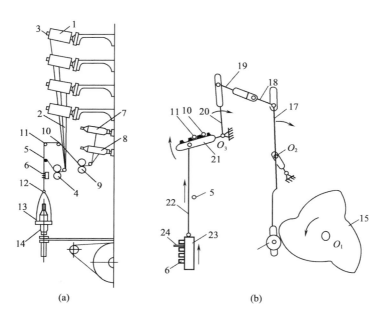

图 6-6　花式线工艺流程和结子成形机构

1、2—芯纱　3—筒管插锭　4—前罗拉　5—固定导纱杆　6—梳栉　7、8—装饰纱　9—后罗拉

10、11—摆动导纱杆　12—导纱钩　13—钢丝圈　14—筒管　15—成形凸轮　16—成形凸轮转子

17—双臂杆　18、19—可调节长度的连杆　20、21—摆臂　22—连杆　23—横木条

24—小凸钉　O_1—成形凸轮轴　O_2—双臂杆轴　O_3—摆臂轴

度。该机主要由纱架、喂入机构、空芯锭子、环锭装置和计算机控制系统 5 部分组成。

下面介绍几种花式捻线的形成原理。

1. 结子线　结子线的芯纱由转速较慢的前罗拉输送,装饰纱由转速较快的后罗拉输送。当梳栉在成形凸轮上升弧的推动下上升时,装饰纱稀疏均匀地缠绕在芯纱上。而当梳栉在成形凸轮下降弧的推动下下降时,梳栉下降速度比芯纱下降速度略快,但两者同方向运行,因而装饰纱以较紧密的形式再次绕在稀疏状的装饰纱外面。当梳栉再次上升时,装饰纱又较稀疏地绕在较紧密卷绕的装饰纱外面,这样就形成了一个自固结子。从以上一个结子的形成过程可知,成形凸轮的一个凸瓣形成一个结子,凸瓣的上升弧、下降弧及凸瓣所对的圆心角的大小,都对结子的大小、长短有影响。通常使用的成形凸轮有 7 个瓣,并且 7 个瓣的大小、形状均不相同。

装饰纱和芯纱的送出量是不相同的,它们的比值称为喂送比。显然,喂送比大,则送出的装饰纱量多,所形成的结子长且大。因此可以通过调节喂送比来改变结子大小、长短,一般的喂送比为(1.3~1.8):1。

2. 环圈线　速度慢的芯纱与速度快的装饰纱并合加捻,使装饰纱松弛地绕在芯纱上。然后再反向加捻退掉部分捻度,这时装饰纱更加松弛并在反向加捻离心力作用下离开芯纱形成环圈。为使形成的环圈稳定,把刚形成环圈的半成品纱与一根加固纱并合加捻就得到了环圈线。

纺制环圈线时,装饰纱与芯纱的喂送比约为(1.4~2.0):1,而加固纱与半制品纱的喂送比约为(1.0~1.1):1。

3. 断丝线　纺制断丝线可用间歇罗拉法,如图6-7所示。线速度较高的后罗拉1送出加固线2,线速度较低的前罗拉3送出芯纱4、5(2根)和断丝纱6。芯纱从中罗拉7两侧的凹槽中通过,而断丝纱被中罗拉7控制。中罗拉是间歇转动的,当它停转时,处于罗拉3与7之间的断丝纱6被拉断,并被芯线和加固线固定在纱线上,形成断丝线8。

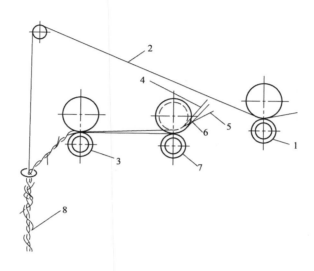

图6-7　断丝线的形成

4. 环圈结子线和断丝结子线　这两种花式线是前面三种单一外形花式线的组合,它们的形成分成两个阶段。第一阶段,先加工成未加加固线的半成品环圈线或者断丝线;第二阶段,把这半成品作为芯线与加固线并合加捻,此时这根加固线如同生成结子线时的装饰纱,并捻的同时生成自固结子,这就形成了环圈结子线或断丝结子线。

本章主要专业术语

并捻(doubling and twisting)

股线(ply yarn)

并捻联合机(doubling and twisting machine)

干法捻线(dry twisting)

湿法捻线(wet twisting)

倍捻机(double twisting frame)

花式线(ply complex yarn)

芯纱(core yarn)

装饰纱(effect yarn)

加固纱(lied yarn)

结子线(boucle yarn)

环圈线(loop yarn)

辫子线(snarly yarn)

结子环圈线(ratine and gimp yarn)

断丝线(broken component yarn)

三罗拉花式捻线机(3-roller complex twister)

☞ **思考题**

1. 股线有哪几种类型？介绍它们的结构特点。

2. 常用的并捻机械有哪几种？了解它们的工作原理。

3. 花式捻线有哪几种类型？介绍它们的结构特点。

4. 花式捻线有哪几种主要的纺制方法？介绍它们的形成原理。

通常，将经纬纱按织物的组织规律在织机上相互交织构成织物的加工称为织造。织机主要由完成开口、引纬、打纬、送经、卷取等"五大运动"的机构组成。各机构遵循织机工作圆图所规定的时间序列，相互协调，完成织物的加工成形。典型的织机工作流程为：织轴上的经纱绕过后梁，经绞杆或经停装置后，在前方分成上下两层，形成梭口，引纬器将纬纱纳入梭口，然后上下层经纱闭合并进一步交换位置，同时钢筘将纬纱推向织口，使经纬纱相互交织，初步形成织物。织轴不断放送适量的经纱，卷取辊及时将织物引离织口，使织造过程持续进行。

织机种类很多，按引纬方式分为有梭织机和无梭织机；根据经纱开口方式，分为凸轮开口织机、连杆开口织机、多臂开口织机、提花开口织机、平型多梭口织机和圆型多梭口织机；根据可加工的织物幅宽的宽狭和织物单位面积重量的大小，又可分为宽幅织机、狭幅织机和轻型织机、中型织机、重型织机等。

有梭织机以梭子为引纬器，将纬纱引入梭口。有梭织机有振动、噪声大，机物料消耗多，不利于高速、高产等缺点，因此一般的有梭织机正被逐渐淘汰。能自动完成补纬动作的有梭织机，能保证机器持续地运转，称为自动织机，否则称为普通织机。有梭织机至少有一侧梭箱的数目大于 1 时，称为多梭箱织机。有梭织机的通用性较差，分别以棉织机、毛织机、丝织机和麻织机来加工不同纤维的织物。

无梭织机是不用传统的梭子作引纬器的织机。其中喷气织机和喷水织机分别以高速流动的空气及水为引纬介质，将纬纱引入梭口，又称喷射织机；此外，剑杆织机和片梭织机分别以剑杆、片梭作为引纬器。引纬不用梭子是织造技术的进步，它降低引纬所产生的织机振动、噪声及机物料消耗，促进了织机高速、高产。伴随引纬方式的改革，无梭织机的机电一体化水平明显提高，其开口、打纬、送经、卷取、启制动机构和机架等也有重大的改进，如采用高速多臂开口机构、共轭凸轮打纬机构、电子送经机构、电子卷取机构、电磁离合器启制动机构、超启动力矩电动机、箱式机架等。因此，新型无梭织机车速高、振动和噪声小、品种适应性强、产品质量好，可加工的织物幅宽大大增加，其织轴和纬纱筒子采用大卷装，利于织物质量和产量的提高。

第七章 开 口

本章知识点

1. 梭口的基本概念,梭口的形状和尺寸,常见的三种梭口,梭口的清晰度,开口过程中经纱的拉伸变形及影响其大小的因素,梭口挤压度。

2. 如何表达一个开口周期内经纱运动的三个时期,综框运动角确定的基本原则,常用综框运动规律及对织造工艺的影响。

3. 凸轮和连杆开口机构的工作原理和适应性,消极式与积极式开口机构的区别。

4. 多臂开口机构的组成、分类和适应性,拉刀拉钩式多臂开口机构的提综和选综装置工作原理,包括纹板的制备和电子式选综的基本原理,回转偏心式多臂开口机构的提综和选综装置工作原理。

5. 单动式提花开口机构工作原理,复动式半开梭口、全开梭口提花开口机构工作原理,电子提花开口机构工作原理。

6. 连续开口的基本概念,包括纬向多梭口和经向多梭口。

在织机上,经纬纱的交织是形成机织物的必要条件。要实现经纬的交织必须把经纱按一定的规律分成上下两层,形成能供引纬器、引纬介质引入纬纱的通道——梭口,待纬纱引入梭口后,两层经纱根据织物组织要求再上下交替,形成新的梭口,如此反复循环,这就是经纱的开口运动,简称开口。经纱的开口运动是由开口机构来完成的。开口机构不仅要使经纱上下分开形成梭口,同时还应根据织物组织规律所决定的提综顺序,控制综框(经纱)升降的次序,使织物获得所需的组织结构。

开口机构一般由提综装置、回综装置和综框(综丝)升降次序的控制装置所组成。在织制不同类型的织物或织机速度不同时,应采用不同类型的开口机构。如织制平纹、斜纹和缎纹织物,一般采用凸轮和连杆开口机构。前者使用 2 ~ 8 页综框,适合较高的织机转速;后者专用于高速织制平纹织物,凸轮和连杆兼有把经纱分成上下两层及控制经纱升降的次序的作用。织制较复杂的小花纹织物则要采用多臂开口机构,一般使用 16 页以内综框,但最多可达 32 页综框。如织制更复杂的提花被面等大花纹织物时,则要采用提花开口机构,以直接控制每根经纱作独立的升降运动。多臂、提花开口机构中经纱的升降运动和升降次序分别由两个装置控制。

第一节 梭 口

一、梭口的形状

织机上的经纱是沿织机的纵向(前后)配置的,如图7-1所示。经纱从织轴引出后,绕过后梁 E 和经停架中导棒 D,穿过综眼 C 和钢筘,在织口 B 处同纬纱交织成布,再绕过胸梁 A,而后卷绕到卷布辊上形成布卷。

开口时,经纱随着综框的运动被分成上下两层,形成一个菱形的通道 BC_1DC_2,这就是梭口。构成梭口上方的一层经纱 BC_1D 为上层经纱,而下方 BC_2D 为下层经纱。梭口完全闭合时,两层经纱又随着综框回到原来的位置 BCD,此位置称为经纱的综平位置。

梭口的尺寸通常以梭口高度、长度和梭口角等衡量。开口时经纱随同综框做上下运动时的最大位移 C_1C_2 称为梭口的高度 H,从织口 B 到经停架中导棒 D 之间的水平距离为梭口的长度,它由前半部长度 l_1 和后半部长度 l_2 组成,l_1 与 l_2 的比值称为梭口的对称度。梭口的前半部 BC_1C_2 是梭口的工作部分,梭子或其他引纬器即从这里通过并纳入纬纱,完成经纬交织,$\angle C_1BC_2$ 称为梭口前角,$\angle C_1DC_2$ 称为梭口后角。通常,在梭口的高度相同的条件下,为了得到比较大的梭口前角和筘前梭口高度(上下层经纱与钢筘交点的距离)以利于引纬,常采用前半部梭口长度小于后半部长度的不对称梭口。

经纱处于综平位置时,经纱自织口到后梁同有关机件相接触的各点连接线称为经纱位置线,如图7-1中的连线 $BCDE$。如果 D、E 两点在 BC 直线的延长线上,则经纱位置线将是一根直线,称为经直线。经直线只是经纱位置线的一个特例。折线 $ABCDE$ 则称之为织机上机线。在一般情况下,梭口形状在梭口高度方向上并不对称。

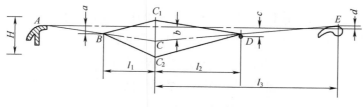

图7-1 梭口的几何形状

在织机上机线上,ABC 必为一条直线。同时,经停架中导棒位置 D 随后梁高度 d 的改变而改变,使 CDE 始终成一条直线。一般胸梁高度不变,胸梁表面常作为基准用于衡量织口、综平时的综眼以及后梁相对于胸梁的高度。织口和综平时的综眼位置一旦确定,一般不再改变。故在实际生产中所进行的经纱位置线的调整,确切地说是指改变后梁的高低、前后位置。

二、梭口形成方式

不同类型的开口机构,在开口过程中形成梭口的方式不完全相同。按开口过程中经纱的运动特征,它们分为中央闭合梭口、全开梭口和半开梭口。

(一)中央闭合梭口

在每次开口运动中,全部经纱都由综平位置出发,分别向上下两个方向分开形成所需梭口。在梭口闭合时,所有上下层经纱都要回到综平位置。不论该综框的经纱下一次开口时是否保持在原来位置,都必须回到综平位置,然后再根据下一次梭口的要求由综平位置出发,如图7-2(a)所示。织物组织如图7-2(d)所示。

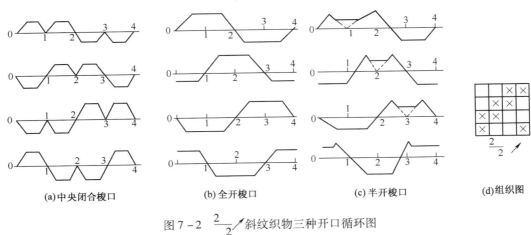

(a)中央闭合梭口　　　(b)全开梭口　　　(c)半开梭口　　　(d)组织图

图7-2　$\frac{2}{2}$／斜纹织物三种开口循环图

开口过程中上下层经纱的张力变化规律一致,可通过后梁的摆动进行集中调节。由于经纱每次都能回到综平位置,故对挡车工处理断头是方便的。但这种开口方式增加了经纱受拉伸和摩擦的次数,可能增加经纱的断头,且形成梭口时,所有经纱都在运动,梭口不够稳定,对引纬不利。一些毛织机和丝织机上的多臂开口机构或提花开口机构采用中央闭合梭口。

(二)全开梭口

下一次开口时,经纱要变换位置的综框升降到新的位置,而其他经纱所在的综框保持静止不动,如图7-2(b)所示。全开梭口在开口过程中经纱受拉伸和摩擦的次数减少,有利于降低经纱的断头率,且形成梭口时只有部分经纱在运动,梭口较稳定,对引纬也是有利的。但由于综平时经纱不汇合成一片,故在织造非平纹织物时需专门设置平综装置,以利于处理经纱断头。凸轮、多臂和提花三种开口机构均可采用全开梭口。

(三)半开梭口

与全开梭口基本相同,按照织物组织的要求,仅部分经纱上下交换位置,而需要继续留在下层的经纱保持不动,但需要留在上层的经纱则需稍微向下降,然后在形成下次梭口时再上升至原来的位置,如图7-2(c)所示。有些多臂开口机构属于半开梭口。

三、梭口清晰程度

织机上常采用多页综织造,为使各页综在作升降运动时相互不干扰,彼此之间需留有一定间距,因而各页综至织口的距离各不相同。各页综的动程配置使梭口满开时会形成不同清晰程度的梭口。梭口的清晰程度,对能否顺利引纬以及降低经纱断头等有重要影响。

在梭口满开时,若某页综框的梭口高度 H_i($i=1$、2、$\cdots$)与该页综框到织口的距离 L_i($i=1$、2、$\cdots$)成正比,则梭口前部的上层经纱应在一个平面中,下层经纱处在另一个平面,这种梭口叫清晰梭口,如图 7 – 3(a)所示。在其他条件相同的情况下,清晰梭口的前部具有最大的有效空间,引纬条件最好。但是,当综框页数较多或综框间距较大时,后几页综框的梭口高度过大,以至于相应的经纱伸长过大,易产生断头。为了缓解这一矛盾,通常将后几页综框的梭口高度适当减小,其结果使下层经纱不处在一个平面内,上层经纱也不处在另一个平面内,这种梭口称为非清晰梭口,如图 7 – 3(b)所示。虽然这种梭口各页综框动程差距缩小,经纱张力比较均匀,但其前部有效空间小,对引纬极为不利,易造成经纱断头、跳花、轧梭及飞梭等织疵或故障,在实际生产中除特殊情况外一般不采用非清晰梭口,而采用半清晰梭口,即下层经纱处在一个平面内,上层经纱不处在一个平面内的梭口,如图 7 – 3(c)所示。在有梭织机上织制细特高经密平纹织物(如府绸、羽绒布等)时,通常采用小双层梭口(属非清晰梭口),如图 7 – 4 所示。不论在上层或下层,总是第三页综的经纱高于第一页综的经纱 δ,第四页综的经纱高于第二页综的经纱 δ,这样可使第一页、第三页综框与第二页、第四页综框的综平位置错开,相当于全部经纱交错时密度减半,有利于开清梭口。

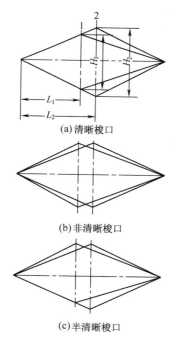

(a)清晰梭口

(b)非清晰梭口

(c)半清晰梭口

图 7 – 3　梭口的清晰程度

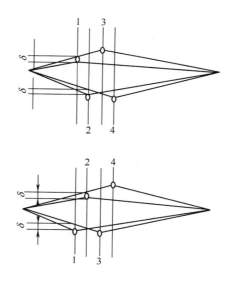

图 7 – 4　小双层梭口

1、2、3、4—综框

四、经纱的拉伸变形

(一)拉伸变形的计算

开口过程中,经纱受到拉伸、摩擦(经纱与经停片、综丝、钢筘之间,经纱与经纱之间)和弯曲(在综丝眼处)等机械作用,容易引起断头。拉伸变形越大,经纱断头越多。

若不考虑送经和织物卷取过程的影响,并假设综平和梭口满开时织口 B 位于同一位置且梭口上半部和下半部的开口高度相等,开口过程中上下层经纱的拉伸变形 λ_1、λ_2,可根据梭口的几何形状求得,如图 7-1 所示。

$$\lambda_1 = BC_1 + C_1D - BC - CD = \frac{H}{2l_1l_2}\left[\frac{l_1+l_2}{4}H - l_2(b-a) - \frac{l_1l_2}{l_3}(b+d)\right] \qquad (7-1)$$

$$\lambda_2 = BC_2 + C_2D - BC - CD = \frac{H}{2l_1l_2}\left[\frac{l_1+l_2}{4}H + l_2(b-a) + \frac{l_1l_2}{l_3}(b+d)\right] \qquad (7-2)$$

$$\Delta\lambda = \lambda_2 - \lambda_1 = \frac{H}{l_1l_2}\left[l_2(b-a) + \frac{l_1l_2}{l_3}(b+d)\right] \qquad (7-3)$$

式中各参数的含意可从图 7-1 中直接得到。当后梁位于胸梁之上时 d 值取"+",反之取"−"。$\Delta\lambda$ 代表下层经纱变形大于上层经纱变形的部分,通常是一个正值。

(二)影响拉伸变形的因素

式(7-1)和式(7-2)中,参数 a、b 值是不变的,梭口前部长度 l_1 由筘座摆动动程决定,也是个常量,因此影响拉伸变形的参数是梭口高度、梭口后部长度及后梁高度。

1. 梭口高度对拉伸变形的影响 在梭口后部长度一定的情况下,经纱变形几乎与梭口高度的平方成正比。在快速变形条件下,经纱的伸长量同引起伸长变形的外力成正比,即梭口高度的少量增加会引起经纱张力的明显增大。因此,在保证纬纱顺利通过梭口的前提下,梭口高度应尽量减少。

确定合理的梭口高度,涉及的因素很多,既要考虑引纬器的结构尺寸,又要考虑引纬运动与筘座运动的合理配合。同时,梭口高度与织物的结构、经纱性质及织物品种等因素有关。通常是在钢筘处于最后位置时,根据引纬器的结构尺寸来确定梭口的合理高度。现以梭子引纬为例,根据梭子的高度和宽度,同时注意在筘座摆到最后位置时梭子正通过梭口这一条件,如图 7-5 所示。该时梭子前壁处的梭口高度 h_0($h_0 = h_s + x$)一般稍高于梭子的前壁高度 h_s 若干距离 x,x 的选择确定了梭口高度。

由于梭子并不是在筘座位于最后位置这一瞬间通过梭口的,实际上梭子开始进入梭口时筘座还没有到达其最后的位置,而当筘座由其最后方位置开始向前摆动时,梭子却还没有完全飞出梭口。因此,当梭子刚进入梭口和即将离开梭口时,梭子前壁处的梭口高度 h_0 都要比梭子的前壁高度 h_s 小,经纱对梭子形成挤压。

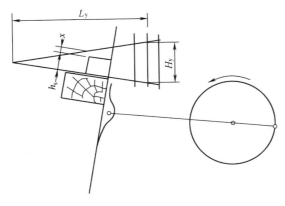

图 7-5 梭口高度的确定

经纱对梭子的挤压程度用挤压

度 P 衡量,以百分数表示:

$$P = \frac{h_s - h_0}{h_s} \times 100\% \qquad (7-4)$$

式中:h_s——梭子前壁高度;

$\quad\quad h_0$——经纱片在梭子前壁处的梭口高度。

对于棉织物,进出梭口的挤压度可分别达到25%和70%。

2. 梭口长度对拉伸变形的影响 梭口后部长度增加时,拉伸变形减少;反之,拉伸变形增加。这一因素在生产实际中视加工纱线原料和所织制织物的不同而灵活掌握。例如,由于真丝强力小,通常把丝织机的梭口后部长度放大。又如,在织造高密织物时,可将梭口后部长度缩短,通过增加经纱的拉伸变形和张力,使梭口得以开清。

3. 后梁高低与拉伸变形 后梁高低将对梭口上下层经纱张力的差值产生影响,该影响可以通过以下三种情况来加以考察。

(1)后梁位于经直线上。此时,$\Delta\lambda = 0$,上下层经纱张力相等,形成等张力梭口。

(2)后梁在经直线上方。此时 $\Delta\lambda > 0$,下层经纱的张力大于上层经纱,形成不等张力梭口。上下层经纱张力差值将随后梁、经停架的上抬而增大。

(3)后梁在经直线下方。$\Delta\lambda < 0$,下层经纱的张力小于上层经纱,但这种不等张力梭口在实际生产中极少应用。

第二节　开口运动规律

在开口过程中,经纱由综框带动作升降运动形成梭口,综框运动的性质对经纱的断头有着很大的影响。在梭口的形状和尺寸确定后,综框运动规律就成为影响开口运动效果的根本因素,对保证织造顺利进行和提高织机生产率及织物质量有着重要意义。

一、综框运动角及其分配

(一)综框运动角的表示

织机主轴每一回转,经纱形成一次梭口,其所需要的时间,称为一个开口周期。在一个开口周期内,经纱的运动经历三个时期。

(1)开口时期。经纱离开综平位置,上下分开,直到梭口满开为止。

(2)静止时期。梭口满开后,为使纬纱有足够的时间通过梭口,经纱要有一段时间静止不动。

(3)闭合时期。经纱经一段时间的静止后,再从梭口满开的位置返回到综平位置。

经纱从离开综平位置,上下分开,到重新返回这个位置完成一次开口。在开口过程中,上下交替的经纱达到综平位置的时刻,即梭口开启的瞬间,称为开口时间,俗称综平时间,它是重要

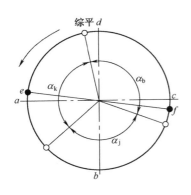

图 7-6 织机工作圆图

的工艺参数。通常,标注有织机主要机构运动时间参数的主轴圆周图称为织机工作圆图,用以表示织机运动时间的配合关系,如图 7-6 所示。图中箭头表示主轴回转的方向,除个别情况外,主轴总是按逆时针方向回转。工作圆图的前方、下方、后方和上方四个特征位置(记为 a、b、c、d)分别称为前心、下心、后心和上心。摆动筘座到达最前和最后位置 e、f 时,主轴所在的位置分别称为前止点(前死心)和后止点(后死心)。前止点的主轴位置角为 0°,作为度量基准。图中开口时间的长短用开口角 α_k 表示,静止时间的长短用静止角 α_j 表示,闭口时期的长短用闭口角 α_b 表示。在闭合和开口时期内,综框处于运动状态之中,所以 $\alpha_b + \alpha_k$ 便是综框运动角。应该指出,织机主要机构运动时间的配合关系有时也用周期图表示。

(二)综框运动角的分配

开口角、静止角和闭口角的分配,随织机筘幅、织物种类、引纬方式和开口机构形式等因素而异。在有梭织机上,为使梭子能顺利地通过梭口,要求综框的静止角大些,但增加静止角,势必缩小开口角和闭口角,从而影响综框运动的平稳性。因此,对一般平纹织物来说,为了兼顾梭子运动和综框运动,往往使开口角、静止角和闭口角各占主轴的1/3 转,即120°。随着织机筘幅的增加,纬纱在梭口中的飞行时间也将增加,因此,综框的静止角应适当加大,而开口角和闭口角则相应减小。在采用三页以上综框织制斜纹和缎纹类织物时,为了减少开口凸轮的压力角,改善受力状态,常将开口角和闭口角扩大。在喷气织机上采用连杆开口机构时,由于这种机构的结构关系,开口角和闭口角较大,而静止角为零。在设计高速织机的开口凸轮时,考虑到在开口过程中开口机构所受载荷逐渐增加,而在闭口过程中开口机构所受载荷逐渐减小,为使综框运动平稳和减少凸轮的不均匀磨损,常采用开口角大于闭口角。

二、综框运动规律

综框运动规律表示综框在运动(闭口、开口)过程中的位移与织机主轴回转角 ωt 之间的关系,它对经纱断头和织机振动都有较大的影响。常见的综框运动规律有简谐运动规律和椭圆比运动规律。随着织机速度的提高,多项式运动规律也得到了较多的采用。

1. 简谐运动规律 一个动点在圆周上绕圆心做等角速度运动时,此点在直径上的投影点的运动即为简谐运动。取综框在最低处(或最高处)位移 S 为 0,综框开始闭合时织机主轴回转角 ωt 为 0,并设 $\alpha_k = \alpha_b$,则综框做简谐运动的位移方程:

$$S = \frac{S_x}{2}\left(1 - \cos\frac{\pi\omega t}{\alpha_y}\right) \tag{7-5}$$

式中:S_x——任一页综框动程;

ω——织机主轴角速度；

ωt——织机主轴回转角；

α_y——综框运动角，$\alpha_y = \alpha_b + \alpha_k = 2\alpha_b$。

对上式求导一次和二次，可得出综框运动速度 v 和加速度 a（公式从略）。现设 $\alpha_y = \alpha_k + \alpha_b = (120° + 120°) \times \pi/180° = 4.19\ rad$，$S_x = 110mm$，$\omega = 200 \times \pi/30 = 20.94 rad/s$。由此可做出综框位移 S、速度 v、加速度 a 的曲线，如图 7−7 中曲线 A 所示。

由图 7−7 曲线 A 可见，在综平前后，综框运动速度快，此时经纱张力小，非但不会造成断头，而且有利于开清梭口；而在闭口开始后的一个时期，综框运动缓慢，对梭子飞出梭口有利。但由于综框从静止到运动和从运动到静止之间过渡时的加速度值不为零，使综框产生振动，不利于做高速运动。因此，简谐运动规律一般用于低速织机（如有梭织机）的开口机构。

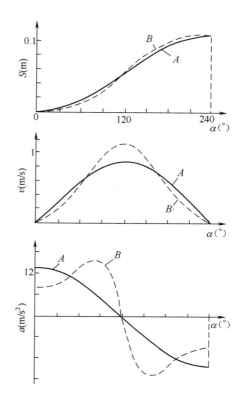

图 7−7　简谐运动规律和椭圆比运动规律比较

2. 椭圆比运动规律　一个动点在椭圆上绕中心做等角速度转动时，此点在椭圆短轴上的投影点的运动即为椭圆比运动规律。当椭圆的长短半轴之比为 1 时，即为简谐运动规律。椭圆的长短半轴之比的大小对综框运动加速度变化幅度影响很大，一般此比值取 1.2~1.3。若 S_x、ω 和 α_y 取值同前，上述比值为 1.2008 时，综框加速度最大值与简谐运动规律相同，但综框从静止到运动和从运动到静止之间过渡时的加速度值比简谐运动规律小；比值大于 1.2008 时，综框加速度最大值超过简谐运动规律，而综框从静止到运动和从运动到静止之间过渡时的加速度值变得更小。图 7−7 中虚线 B 分别是椭圆比运动规律的位移、速度、加速度的曲线，与简谐运动规律相比，在综平前后经纱张力小时，椭圆比运动规律的综框运动速度更快，更有利于开清梭口；在闭口开始后的一个时期，综框运动更缓慢，更有利于梭子飞出梭口；综框从静止到运动和从运动到静止之间过渡时的加速度值较小，从而综框产生的振动小。

3. 多项式运动规律　综框的多项式运动规律有多种，其中一种的位移方程为：

$$S = \left(\frac{S_x}{2}\right)\left[35\left(\frac{\omega t}{\alpha_y}\right)^4 - 84\left(\frac{\omega t}{\alpha_y}\right)^5 + 70\left(\frac{\omega t}{\alpha_y}\right)^6 - 20\left(\frac{\omega t}{\alpha_y}\right)^7\right] \qquad (7-6)$$

该运动规律可使综框运动开始和运动结束的瞬时加速度都为零，从而避免综框产生振动，适用于织机高速运转。

第三节　开口机构

一、凸轮和连杆开口机构

（一）消极式开口机构

1. 综框联动式凸轮开口机构　图7-8是有梭织机织制平纹织物时的凸轮开口机构。综框下降由凸轮积极驱动,综框上升依靠两页综框的关联作用。此时,对应的凸轮对上升综框只起约束作用,因此这是消极式凸轮开口机构。这种开口凸轮习惯上称为踏盘。图中凸轮1和2以180°相位差联结在一起,并固装在织机的凸轮轴又称中心轴3上。凸轮轴每一回转,就通过转子4、5使两根踏综杆6、7按相反的方向上下摆动一次,由吊综辘轳8连在一起的前、后页综框9、10做一次升(降)、降(升)运动,形成两次梭口。前后综通过吊综带11分别吊在辘轳的小、大直径的圆周面上。这里,凸轮兼有带动综框运动,把经纱分开形成梭口和控制综框升降次序两种作用。梭口的高度由凸轮的大小半径之差以及踏综杆作用臂的长短来决定,而综框的运动规律则由凸轮外廓曲线形状决定。

图7-9(a)是平纹开口凸轮,它的外缘轮廓由若干段弧线所围成,这些弧线分别对应开口、静止和闭合三个阶段。其中大半径圆弧线AB和小半径圆弧线CD对应综框(经纱)在下方和上方形成开口过程中的静止阶段,称为静止弧线;连接大、小半径圆弧的弧线AD和BC使综框(经纱)由上方位置过渡到下方位置和由下方位置过渡到上方位置,前者称

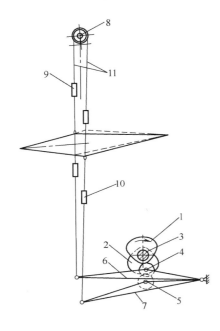

图7-8　有梭织机织制平纹时的
联动式凸轮开口机构

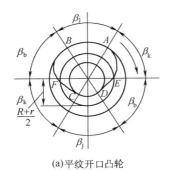

(a)平纹开口凸轮

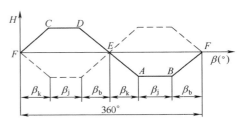

(b)开口周期图

图7-9　平纹开口凸轮及开口周期图

下降弧线,后者称上升弧线。在下降弧线和上升弧线上必有两点 E 和 F,在这里,运动综框上下平齐,处于综平位置。这就表明,凸轮每一回转,受它控制的一组经纱便依次经历上方静止(CD 弧线)、闭合(DE 弧线)、综平(E)、开口(EA 弧线)、下方静止(AB 弧线)、闭合(BF 弧线)、综平(F)、开口(FC 弧线),又回到上方静止的变化,完成两次开口动作。用开口周期图表示,如图 7 – 9(b)中的实线所示。受另一凸轮控制的另一组经纱的运动情况如图中的虚线所示。

由此可见,凸轮一转,对应一个梭口的变化周期,经纱依次形成织物的一个纬向组织循环数 R_w 所对应的所有梭口。每开一次梭口,凸轮转过的角度为: $\beta = \dfrac{360°}{R_w}$。

对于平纹织物来说,因为 $R_w = 2$,所以凸轮回转 $\dfrac{360°}{2} = 180°$ 便完成一次开口;而对于 $\dfrac{1}{2}$ 右斜纹来说,因为 $R_w = 3$,梭口变化周期中要形成三次梭口,所以凸轮每回转 $120°$,经纱便完成一次开口。

由于斜纹一个完全组织的三根经纱同纬纱的交织规律相同,仅在时间上依次滞后一个梭口,相当于凸轮的 1/3 转。因此,制织三页斜纹织物时,要采用外形相似的、互成 $120°$ 相位差配置的三只开口凸轮。

用这种开口机构织制斜、缎纹类织物时,凸轮轴与织机主轴的传动比为 $1/R_w$,开口凸轮不能直接安装在中心轴上,需另外增设凸轮轴。安装凸轮时要注意凸轮的回转方向,以使各页凸轮有相同的回转方向。同时要区别凸轮的大小,第一页综框配以大小半径差最小的凸轮,最后一页综框则配以大小半径差最大的凸轮。

综框联动式凸轮开口机构简单,安装维修方便,制造精度要求不高。但是吊综皮带在使用过程中会逐渐伸长,故必须周期地检查梭口位置;其次,因踏综杆挂综处做圆弧摆动,致使综框在运动中产生前后晃动,增加经纱与综丝摩擦,容易引起经纱断头,不适应高速织机。经验表明,这种开口机构的极限转速为 230r/min 左右;同时,当所织品种的 R_w 比较大(例如 $R_w = 6$),凸轮只回转很小的角度($60°$)便要完成一次开口动作(开口、静止、闭口),势必使凸轮表面的压力角增大,导致其外缘迅速磨损。为了减小压力角,必须放大凸轮的基圆直径(偏心度不变),但由于开口凸轮尺寸受到其他机构的空间限制,因此这种开口机构一般只适合织制 $R_w \leq 5$ 的织物。此外,由于辘轳式吊综装置安装在织机的顶梁上,影响了机台的采光,不利于挡车工检查布面,同时还有可能造成油污疵点。因此,在新型织机中,不采用这种联动式凸轮开口机构。

2. 弹簧回综式凸轮开口机构　弹簧回综式凸轮开口机构如图 7 – 10 所示。每页综框对应一只开口凸轮,凸轮箱安装于织机墙板的外侧,故这种凸轮开口机构也称为外侧式凸轮开口机构。凸轮 1 与转子 2 接触,当凸轮由小半径转向大半径时,将转子压下,使提综杆 3 顺时针转过一定的角度,连接于提综杆铁鞋 4 上的钢丝绳 5、5′ 同时拉动综框下沿,将综框 6 拉下,综框上沿通过钢丝绳 7、7′ 连接到吊综杆 8、8′ 内侧的圆弧面上,吊综杆的外侧连接有数根回综弹簧 9、9′,回综弹簧始终保持张紧状态。当综框下降时,回综弹簧被拉伸,储蓄能量。当凸轮由大半径转向小半径时,弹簧释放能量,使综框回复至上方位置。

这种开口机构中,综框下降是受凸轮驱动的,而综框上升则依靠弹簧的恢复力,因此也是消

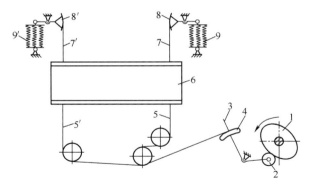

图7-10 弹簧回综式凸轮开口机构

1—凸轮 2—转子 3—提综杆

4—提综杆铁鞋 5、5′、7、7′—钢丝绳

6—综框 8、8′—吊综杆 9、9′—回综弹簧

极式凸轮开口。弹簧恢复力的调节通过增减弹簧根数来完成,根据织物品种不同,综框每侧可选择 7～15 根拉伸弹簧。这种形式的开口机构最高响应的织机转速可达 1000r/min。各页综框的开口凸轮可以互换。改变铁鞋在提综杆上的位置即可调节综框动程,而各页综框的最高位置则通过初始吊综来设定。弹簧回综的缺陷是拉伸弹簧长期使用后会产生疲劳现象,恢复力减弱,以致造成开口不清,产生三跳织疵。弹簧回综式凸轮开口机构常用于轻薄、中厚织物的加工。

在实际生产中,凸轮可灵活运用,如纬重平织物可用一般平纹凸轮来织制。用 $\frac{2}{2}$ 斜纹凸轮,改变穿综方法,可以织破斜纹和山形斜纹;相间采用不同穿综方法,可织 $\frac{2}{2}$ 斜纹和 $\frac{2}{2}$ 方平组织相间的条子织物,代替多臂开口机构。

凸轮开口机构的不足之处,其一是只能生产简单组织的织物。如果织制较为复杂的织物,凸轮外形曲线将变得非常复杂,为减小压力角,又必须将凸轮基圆直径放大,以致开口机构变得过分笨重。其次,一定的凸轮外形只能生产一定开口规律的织物品种。为了适应织物品种多变的要求,必须储备大量的各种开口凸轮,这在实际生产中是不经济的。事实上,凸轮外形曲线一般由小半径到大半径、大半径到小半径、大半径到大半径和小半径到小半径共四种不同弧段拼接而成。如果采用模块化设计方法,将这四种弧段对应的凸轮部分分列开来,单独制造,而后将它们按织物组织的要求如同链条一样串联起来形成纹链,即可满足各种复杂的开口要求。图7-11(a)是无梭织带机的纹链开口机构的简图。纹链 1 由图 7-11(b)所示的四种不同形状(弧段)的链块按开口规律要求串接而成,套装于齿形滚筒 2 上,主轴每一回转,滚筒转过一块链块,驱动综框 3 完成相应的开口动作。每页综框对应一条长度相同的纹链,前后页综框的纹链块可以互换,综框动程通过改变提综杆 4 的支点位置来调节。纹链开口可适应较为复杂的织物组织的织造,纬纱循环长达数十纬,最高可响应 1800r/min 的织机转速。

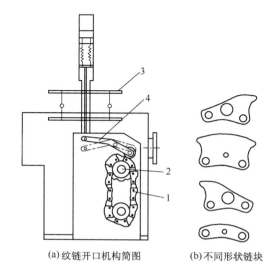

(a)纹链开口机构简图   (b)不同形状链块

图7-11 纹链开口机构

（二）积极式开口机构

1. 共轭凸轮开口机构 在以上消极式凸轮开口机构中,由于回综不是开口凸轮驱动、控制,因此容易造成综框运动的不稳定。积极式凸轮开口机构可克服此缺陷。共轭凸轮开口机构和沟槽凸轮开口机构就是随金属加工技术的进展发展起来的积极式开口机构,它们的加工精度要求很高。

共轭凸轮开口机构利用双凸轮积极地控制综框的升降运动,不需吊综装置。其传动过程见图7-12。凸轮2从小半径转至大半径时(此时凸轮2′从大半径转至小半径)推动综框下降,凸轮2′从小半径转至大半径时(此时凸轮2从大半径转至

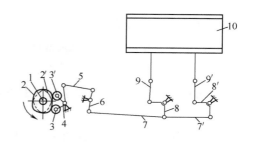

图 7-12　共轭凸轮开口机构
1—凸轮轴　2、2′—共轭凸轮　3、3′—转子
4—摆杆　5—连杆　6—双臂杆　7、7′—拉杆
8、8′—传递杆　9、9′—竖杆　10—综框

小半径)推动综框上升,两只凸轮依次轮流工作,因此综框的升降运动都是积极的。由于共轭凸轮装于织机外侧,能充分利用空间,可以适当加大凸轮基圆直径和缩小凸轮大小半径之差,达到减小凸轮压力角的目的。此外,共轭凸轮开口机构从摆杆一直到提综杆都是刚性连接,因此综框运动更为稳定和准确。

2. 连杆开口机构 凸轮开口机构能按照优化的综框运动规律进行设计,所以工艺性能好,但凸轮容易磨损,制造成本高。因此,在织制简单的平纹织物时,尚需寻求更为简单的高速开口机构。连杆开口机构就能满足这种需要。

如图7-13所示,由织机主轴按2∶1传动比传动的辅助轴1的两端装有相差180°的开口曲柄2和2′,通过连杆3和3′与摇杆4和4′连接。摇杆轴5和5′上分别装有提综杆6和6′(错开安装),而提综杆6和6′又通过传递杆7和7′与综框8和8′相连。这样当辅助轴1回转时,提综杆6和6′便绕各自轴心上下摆动,两者的摆动方向正好相反,因此综框8和8′便获得了平纹组织所需要的一上、一下的开口运动。

图7-13中,综框处于上下位置时没有绝对静止时间,其相对静止时间则由曲柄和连杆的长度,以及各结构点的位置而定,优化结构参数,以求得较长的相对静止时间。与凸轮开口机构相比,连杆开口机构易加工,运动平稳,机构磨损小,适应高速,但只用于平纹织制。因此,这种开口机构用于加工平纹织物的高速喷气织机和喷水织机。

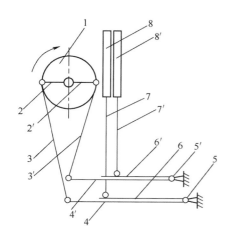

图 7-13　六连杆开口机构

3. 电子开口机构 在电子开口机构中每一页综框都由单独的伺服电动机驱动,通过油箱内齿轮减速,传动连杆带动综框运动。各页综框的开口时间、静止时间、相位角和提综顺序可根据织物组织规律在织机的控制面板上进行设定。伺服电动机根据设定值准确、平稳和积极

地驱动综框上下运动,图7-14是电子开口机构的原理图。图7-14(a)中伺服电动机1的驱动力矩经由连轴器传递给齿轮2,齿轮2传动大齿轮3,驱使与大齿轮3同轴固定的偏心轮4转动。偏心轮4通过开口连杆5使三臂摆杆6摆动,三臂摆杆6又通过连杆7推动双臂摆杆8,与两摆杆相连的综框连杆9驱动安装在其上的综框10作上下开口运动。伺服电动机1的旋转方向、转动和静止时间以及转速通过织机主控制CPU和电子开口控制器来控制,如图7-14(b)所示。

电子开口机构可对每页综框的开口时间和静止角、相位角进行最优化,不仅能用于由传统凸轮开口机构织造的高密织物和多臂开口机构织造的复杂组织织物的织造,甚至可用于技术要求高的,在经纱松弛状态下进行织制的织物加工,使引纬失误减少,具有较强的产品品种适应性。

电子开口机构可以允许综框在梭口上下方有不同的停顿时间,这样打纬条件得到改善,可提高高密织物质量。电子开口机构也可使各页综框的开口时间适当错开,防止经纱开口时相互纠缠。

电子开口机构的各页综框相互独立,因此和多臂开口机构不同,不受向上和向下开口的综框数量差异的限制,从而可比较容易地满足不同织物组织的织造需求,在使用的综框数量、梭口角和织造速度等方面可与传统多臂开口机构相媲美,目前使用的综框数达到16页。

由于在织机的控制面板上设定开口工艺参数,使得小批量织造不同种类的织物时,更灵活快捷,操作简便。

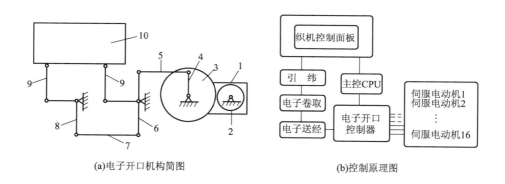

(a)电子开口机构简图   (b)控制原理图

图7-14　电子开口机构的原理图

1—伺服电动机　2—齿轮　3—大齿轮　4—偏心轮　5—开口连杆　6—三臂摆杆

7—连杆　8—双臂摆杆　9—综框连杆　10—综框

二、多臂开口机构

凸轮开口机构由于受到凸轮结构的限制,只能用于织制纬纱循环较小的织物。当纬纱循环数 R_w 大于5时,一般就要采用多臂开口。

最简单的多臂开口机构如图7-15所示。拉刀1由织机主轴上的连杆或凸轮传动,作水平方向的往复运动。拉钩 2 通过提综杆 4、吊综带 5 同综框 6 连接。由纹板 8、重尾杆 9 控制的竖针 3 按照纹板图所规定的顺序上下运动,以决定拉钩是否为拉刀所拉动,从而决定与该拉钩连接的综框是否被提起。7 为回综弹簧。

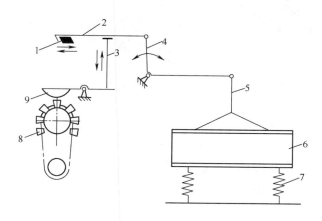

图 7 - 15　多臂开口机构示意图

　　纹板的结构如图 7 - 16 所示。每块纹板上有两列纹钉孔,呈错开排列,第一列、第二列纹孔分别对准弯头重尾杆和平头重尾杆,每列纹孔控制一次开口。若干纹板串联成环形纹板链,环形纹板链套在花筒上,由花筒驱动。因为花筒是八角形的,故纹板的总数应不小于 8 块(可控制 16 纬)。环形纹板链上纹孔列数应为组织循环纬纱数的整数倍,如果组织循环纬纱数为奇数,则应乘上一个偶数,以得到整数块纹板。

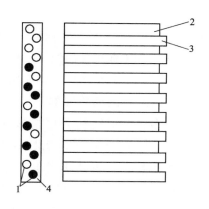

图 7 - 16　纹孔与重尾杆的对应
1—钉孔　2—平头重尾杆　3—弯头重尾杆　4—纹板

　　环形纹板链上每一块纹板的纹孔中可按要求植纹钉或不植纹钉。当纹板转至工作位置时,纹孔中所植纹钉抬起对应的弯头重尾杆或平头重尾杆,使竖针下降,下一次开口时其对应的综框上升。反之,纹孔中不植纹钉,对应的弯头重尾杆、平头重尾杆、竖针不动,综框维持在下方位置。为保证拉刀、拉钩的正确配合,纹板翻转应在拉刀复位行程中完成。

　　纹板制备是指根据纹板图的要求在纹板上植纹钉的操作。图 7 - 17 是复合斜纹的纹板图和纹板钉植法。图中黑点表示植有纹钉,圆圈表示不植纹钉的孔眼。虽用 4 块纹板即可织造,但因纹板总数至少需 8 块,故重复排列一个纬纱循环。

　　从多臂开口机构的工作原理可以看出,它由下列功能装置组成:选综装置、提综装置和回综装置。选综装置包括信号存储器(纹板、纹纸或存储芯片)和阅读装置,其作用是根据织物组织控制综框升降顺序,而提综和回综装置则分别执行提综和回综动作。

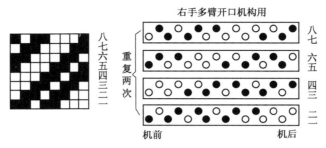

图 7 – 17 $\frac{2}{1}\frac{2}{3}$↗ 复合斜纹的纹板图和纹板钉植法

（一）多臂开口机构的分类

多臂开口机构按拉刀往复一次所形成的梭口数分为单动式和复动式两种类型。单动式多臂开口机构的拉刀往复一次仅形成一次梭口，每页综框只需配备一把拉钩（图 7 – 15），拉动拉钩的拉刀由织机主轴按 1:1 的传动比传动，因此主轴一转，拉刀往复一次，形成一次梭口。由于拉刀复位是空程，造成动作浪费。

复动式多臂开口机构上，每页综框配备上下两把拉钩，由上下两把拉刀拉动。拉刀由主轴按2:1的传动比传动，因此，主轴每两转，上下拉刀相向运动，各作一次往复运动，可以形成两次梭口。

单动式多臂开口机构的结构简单，但动作比较剧烈，织机速度受到限制，因此仅用于织物试样机、织制毛织物和工业用呢的低速织机上。相对而言，复动式多臂开口机构动作比较缓和，能适应较高的速度，因而获得了广泛的应用。

按信号存储器和阅读装置的不同组合，多臂开口机构可分成机械式、机电式和电子式三类。机械式多臂开口机构采用机械式信号存储器和阅读装置，信号存储器有纹钉方式和穿孔带方式。纹钉能驱动阅读装置工作；在使用穿孔带时，阅读装置的探针主动探测纹板有无纹孔的信息。机电式多臂开口机构采用纹板纸作信号存储器，阅读装置通过光电系统探测纹板纸的纹孔信息（有孔、无孔）来控制电磁机构的运动。该电磁机构与提综装置连接，于是电磁机构的运动便转化成综框的升降运动。在电子多臂开口机构中，储存综框升降信息的是集成芯片——存储器（如 EPROM 等），作为阅读装置的逻辑处理及控制系统则依次从存储器中取出纹板数据，控制电磁机构乃至提综装置的运动。电子多臂开口机构简单、紧凑，适合高速运转，其信号存储器的信息储存量大，更改方便，为织物品种的翻改提供极大便利，是多臂开口机构的发展方向。

按提综装置的结构不同，多臂开口机构又可分成拉刀拉钩式和回转式两类。前者历史悠久，但机构复杂，较难适应高速运转；后者采用回转偏心盘原理，机构简单，适合高速运转。

若按回综方式不同，多臂开口机构也可分成积极式和消极式两种。前者的回综由多臂机构积极驱动，后者则由回综弹簧装置完成。拉刀拉钩式提综装置可配积极回综装置，也可配消极回综装置，而回转式多臂均采用积极式回综装置。

（二）积极式多臂开口机构

1. 拉刀拉钩式 目前织机上使用量较大的拉刀拉钩式多臂开口机构如图 7 – 18 所示，它属于积极复动式全开梭口的高速多臂机,由提综、选综和自动找纬三部分组成。

（1）提综装置。如图 7-18 所示,综框的提升由上下拉刀 12、17 与上下拉钩 11、16 控制,综框的下降由复位杆 6 推动平衡杆 18 而获得。拉刀与复位杆等组成一个运动体。两副共轭凸轮装在凸轮轴的两边,主副凸轮分别控制拉刀 12、17 和复位杆 6 做往复运动。当上拉刀 12 由右向左运动时,上拉钩落下与上拉刀的缺口接触而被上拉刀拉向左边,与拉钩连接的平衡杆 18 即带动提综杆 19 绕轴芯逆时针方向转动,通过连杆 20 等使综框上升。如上拉钩未落下,拉钩与拉刀不接触,则综框下降或停于下方。下拉刀 17 与下拉钩 16 等工作情况亦然。

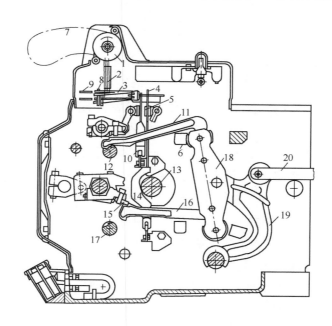

图 7-18　2232/S 型多臂机示意图

1—花筒　2—探针　3—横针　4—竖针　5—竖针提刀　6—复位杆　7—塑料纹纸　8—横针抬起板
9—横针推刀　10—上连杆　11—上拉钩　12—上拉刀　13—主轴　14—下连杆　15—定位杆
16—下拉钩　17—下拉刀　18—平衡杆　19—提综杆　20—连杆

在前述的单动式和复动式单花筒多臂开口机构中,拉刀在开始移动一段距离之后才与拉钩接触,于是接触产生拉刀与拉钩间的冲击,引起动作失误、机件磨损。为了消除这一现象,拉刀开始移动之前做微量的自转,在与拉钩啮合之后再做共同移动,这自转是由凸轮轴两端的沟槽凸轮来控制的。拉钩运动结束后,沟槽凸轮通过连杆使拉刀微量倒转以恢复原来的初始位置。

（2）选综装置。选综装置分机械式和电子式两种。机械式选综装置是由花筒、塑料纹纸、探针和竖针等组成,如图 7-18 所示。塑料纹纸 7 卷绕在花筒 1 上,靠花筒两端圆周表面的定位输送凸钉来定位和输送。纹纸上的眼孔根据纹板图而定,有孔表示综框提升,无孔表示综框下降。在图 7-18 中,当纹纸相应位置上有孔时,探针 2 穿过纹纸孔伸入花筒 1 的相应孔内。每根探针 2 均与相应的横针 3 垂直相连接,横针抬起板 8 上抬时相应的横针 3 随之上抬,在横针的前部有一小孔,对应的竖针 4 垂直穿过。在竖针 4 的中部有一突钩,钩在竖针提刀 5 上。

当横针推刀 9 向右作用时就推动相应抬起的横针 3 向右移动,此时竖针的突钩就与竖针提刀 5 脱开,同竖针 4 相连的上下连杆 10 或 14 就下落,穿在上下连杆 10 与 14 的下中部长方形孔中的上下拉钩 11 或 16 即落在上下拉刀 12 或 17 的作用位置上,拉钩 11 或 16 随拉刀 12 或 17 由右向左运动,就提起综框。反之,纹纸上无孔时,探针 2、横针 3 和竖针 4 随即停止运动,此时竖针的突钩就与竖针提刀 5 啮合,于是上下拉钩 11 与 16 就脱离上下拉刀的作用位置,此时综框停在下方不动。

当所织织物的纬纱循环较大或经常更换织物品种时,纹纸(纹板)制备都是一项既耗时又繁琐的工作。此外,机械式选综装置的结构比较复杂,不利于对信号作高速阅读,一定程度上影响到整个机构的高速适应性。事实上,纹纸(纹板)状态(有孔、无孔或有钉、无钉)是典型的二进制信号,非 0 即 1。选综装置则读入该二进制信号,并经过放大后输出二进制控制逻辑(如突钩与提刀啮合或脱开)。因此,选综装置可等效成逻辑信号处理和控制系统。电子多臂开口机构正是基于这种思路,随着计算机控制技术的发展而发展起来的,各种电子多臂开口机构的提综装置可以不同,但电子控制基本原理却是完全一样的。

该多臂机综框运动规律为简谐运动,有一定的静止时间,有利于引纬运动。其高速适应性增强,品种适用范围广,故障织疵少,最高车速达 450r/min,使用综片数分 12、20、28 三档,可安装在织机上方、下方或机侧,常为各种剑杆织机和片梭织机所采用。

2. 偏心盘回转式 新型拉刀拉钩式多臂开口机构虽然有了很大的改进,但基于拉刀拉钩原理的多臂开口机构都存在着共同的本质性缺陷:由于拉钩靠自重下落与拉刀啮合,因此不适宜高速运转;综框升降时,开口负荷全部集中于拉刀拉钩的啮合处,局部应力过大,导致拉刀刀口变形磨损。当织物向重厚型发展时,只能采取加固局部零部件的方法;机构较复杂,维护保养困难。

为了适应织机高速化需要,国外 20 世纪 70 年代发明了偏心轮回转式多臂开口机构,并于 20 世纪 80 年代中期投入使用。回转多臂开口机构采取回转变速装置和偏心轮控制装置联合作用的方式使综框获得变速升降运动。

(1)回转变速装置。图 7 - 19 是回转变速装置的示意图。大齿轮 1 固定不动,短轴 O 由织机侧轴通过链轮、链条传动,做匀速回转运动。短轴 O 带动连杆 5(实际上为一圆盘)通过连杆 3 使一对行星齿轮 2 环绕大齿轮 1 旋转。行星齿轮 2 固装在连杆 3 一端,连杆另一端与方形滑

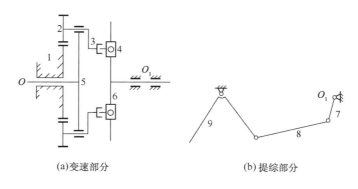

(a)变速部分　　　　　　　　　(b)提综部分

图 7 - 19　回转变速装置

块4相连,方形滑块嵌在滑槽6内,滑槽6又与多臂机主轴O_1连成一体。在主轴O_1上固装有偏心轮传动机构7,通过连杆8传动提综臂9。当织机运转时,通过上述机构使综框做变速往复运动。该变速运动是行星轮运动与滑块机构运动复合的结果,可获得织机主轴转角100°。

（2）偏心轮控制装置。图7-20是偏心轮控制装置的示意图。偏心轮3经滚珠轴承安装在圆环2上,圆环2用键固定在主轴1［即图7-19(a)中的O_1］上。偏心轮3（相当于图7-19中7）上设有供导键5进出的长方形滑槽。曲柄盘4（相当于图7-19中8）经滚珠轴承安装在偏心轮3上,它的另一端连接提综臂11（相当于图7-19中9）,组成一个四连杆机构［参见图7-19(b)］。控制系统由花筒9、纹纸10、分度臂6、导键5和偏心轮3组成。综框运动取决于花筒9上塑料纹纸10的信号,即纹纸上有孔表示提升综框,无孔表示综框下降。纹纸信号通过拉杆7,分度臂6控制导键5运动。导键5的作用是将圆环2的运动传递给偏心轮3,再传到曲柄盘4和提综臂11,使综框运动。当导键嵌进圆环上两个槽口中的任意一个时,即可传动偏心轮,此时综框运动。若导键脱开圆环槽口,则综框不动。

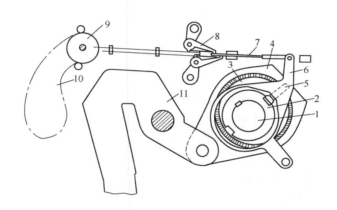

图7-20 偏心轮控制装置示意图

1—主轴 2—圆环 3—偏心轮 4—曲柄盘 5—导键 6—分度臂 7—拉杆

8—棘爪 9—花筒 10—纹纸 11—提综臂

（三）多臂开口机构的选择

在织机的各个组成部分中,多臂开口机构是相对独立且价格较为昂贵的组件,选型好坏将直接影响到整台织机的生产效率。因此,选型时必须考虑到多方面的因素,这些因素一般是指织机种类、织机转速和幅宽、织物种类和多臂开口机构的价格等。

对于有梭织机来说,由于织机档次低、速度慢等原因,选择传统拉刀拉钩式多臂开口机构较为合适。就高速织机而言,最好选用回转式多臂开口机构;织机幅宽较大时,无论采用拉刀拉钩式或回转式多臂开口机构,都需特别注意多臂机构的开口静止阶段的长短,以免由于挤压度过大（尤其在剑杆织机上）造成边经纱断头和三跳等织疵。如果织制厚重型织物,可选用回转式多臂开口机构或增强型拉刀、拉钩式多臂开口机构。对于机电一体化程度较高的织机,宜选用电子多臂开口机构,以便其与织机主计算机间的数据通讯。多数情况下,多臂开口机构的价格应与织机主机的价格相适应,这也是多臂开口机构选型的一条基本原则。

三、提花开口机构

凸轮开口机构和多臂开口机构都通过综框的升降形成梭口,由于综框页数有限,因此这两种开口机构仅能织制原组织及小花纹组织织物。在提花开口机构上,每一根经纱都由一根可以单独运动的综丝控制,因此经纱同纬纱的交织规律具有相当大的变换灵活性,织物的经向组织循环数可以为100~2000根。

如同多臂开口机构一样,提花开口机构也由选综装置、提综装置和回综装置组成。根据提综装置的提刀往复一次所形成的梭口数,也分成单动式和复动式。提花开口机构控制综丝,多臂开口机构控制综框,但两者的控制原理是一致的。

(一)单动式提花开口机构

图7-21是单动式提花开口的简图。所谓单动式是指提花开口机构的刀箱8在主轴一回转内,上下往复运动一次,形成一次梭口。

提综运动主要由刀箱、提刀和竖钩等完成。刀箱8是一个方形的框架,由织机的主轴传动而作垂直升降运动。刀箱内设有若干把平行排列的提刀9,对应于每把提刀配置有一列直接联系着经纱的竖钩7。竖钩的下部搁置在底板6上,并通过首线5、通丝3与综丝1相连,经纱则在综丝的综眼中穿过。每根综丝的下端都有小重锤2,使通丝和综丝等保持伸直状态,并起回综作用。

当刀箱上升时,如果竖钩的钩部在提刀的作用线上,就被提刀带动一同上升,把同它相连的首线、通丝、综丝和经纱提起,形成梭口上层。刀箱下降时,在重锤的作用下,综丝连同经纱一起下降。其余没有被提升的竖钩仍停在底板上,与之相关联的经纱则处在梭口的下层。

选综装置由花筒13、横针10、横针板12等组成。横针10同竖钩7呈垂直配置,数目相等,且一一对应,每根竖钩都从对应横针的弯部通过,横针的一端受小弹簧11的作用而穿过横针板12上的小孔伸向花筒13上的小纹孔。花筒同刀箱的运动相配合,作往复运动。纹板14覆在花筒上,每当刀箱下降至最低位置,花筒便摆向横针板。如果纹板上对应于横针的孔位没有纹孔,纹板就推动横针竖钩向右移动,使竖钩的钩部偏离提刀的作用线,与该竖钩相关联的经纱在提刀上升时不能被提起;反之,若纹板上有纹孔,纹板就不能推动横针和竖钩,因而竖钩将对应的经纱提起。刀箱上升时,花筒摆向左方并顺转90°,翻过一块纹板。每块纹板上纹孔分布规律实际上就是一根纬纱同全幅经纱交织的规律。由于横针及竖钩靠纹板的冲撞而作横向移动,纹

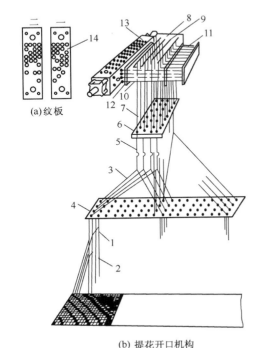

(a)纹板

(b) 提花开口机构

图7-21　单动式提花开口机构简图

板受力大,寿命较短。

在提花开口机构上,一块纹板对应一纬的经纱升降信息。图7-21(a)画出了第一、第二两块纹板的纹孔分布,这两块纹板代表了织物组织的第1、第2纬的经纬交织状态。提花开口机构中,竖钩的横向排列称为行,前后排列称为列。图7-21(b)是10行4列的提花开口机构。行数和列数之积即为竖钩的总数,俗称口。提花开口机构的工作能力即以此数来衡量。4为目板。

单动式提花开口机构的刀箱在主轴一回转内上下往复一次,底板与刀箱运动方向相反,也作一次上下往复。可见,每次提综完成后,梭口上下两层经纱必在中间位置合并,而后形成新的梭口。显然,单动式机构提刀的运动较为剧烈,不利于高速运转。

(二)复动式提花开口机构

1. 复动式半开梭口提花开口机构 图7-22为复动式单花筒提花开口示意图,相间排列的两组提刀1、2,分别装在两只刀架上。织机主轴回转两转,两组提刀交替升降一次,控制相应的竖钩3、4升降。竖钩的数目是相同容量单动式提花开口机构的两倍。每根通丝7由两根竖钩通过首线5、6控制,而这两根竖钩受同一根横针8的控制。因此,两只刀架的上升都可使通丝获得上升运动,并能连续上升任何次数。如上次开口竖钩3上升,竖钩4在下方维持不动,则竖钩3下方的首线和全部通丝将随着竖钩3上升;若下次开口中这组通丝仍需上升,则竖钩3下降而竖钩4上升,约在平综位置相遇,继续运动时首线和通丝即随竖钩4再次上升,竖钩3下面的首线将呈松弛状态,所以形成的是半开梭口。

复动式双花筒半开梭口提花开口机构中,一根横针控制一根竖钩,所有横针分成两组,由两只花筒分别控制。两只花筒轮流工作,通常一只花筒管理奇数纬纱时经纱的提升次序,而另一只则管理偶数纬纱时经纱的提升次序。

2. 复动式全开梭口提花开口机构 全开梭口提花开口机构与半开梭口提花开口机构的不同之处在于:当要求经纱连续形成梭口上层时,由于停针刀和竖钩上的停针钩相互作用,使位于上层的经纱维持原状不动。

(1)双钩竖针运动原理。如图7-23所示,1、2为交替运动的上下刀箱,与刀箱相配的双钩

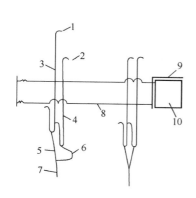

图7-22 复动式单花筒提花开口示意图

1、2—提刀 3、4—竖钩 5、6—首线 7—通丝
8—横针 9—纹板 10—花筒

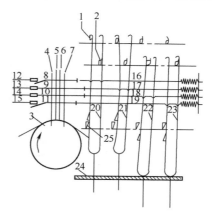

图7-23 双钩竖针运动原理

竖针 20、21、22、23 直立在栅板 24 上,与控制双钩竖针的横针 16、17、18、19 上的两弯头相配。横针后端由弹簧作用使竖针复位,在横针的前端有辅助横针 8、9、10、11,分别与探针 4、5、6、7 对应,12、13、14、15 为横针推刀箱的推刀。织机主轴一转,纹板纸 3 便沿着花筒上的箭头方向转过一块,接着探针开始探测。若纹板纸上有孔,探针 4、7 下降,对应的辅助横针 8、11 的前端也下降,则当横针推刀向右运动时,由于未对准辅助横针 8、11,使 8、11 及对应的横针 16、19 保持不动,与其相配的竖针 20、23 也不动。接着当下刀箱 2 上升时,竖针 23 被提升,形成梭口的上层,而竖针 20 仍保持在提起的位置上。

与此同时,若探针 5、6 所对应的纹板纸无孔时,探针 5、6 下降受阻,与其相对应的辅助横针 9、10 及对应的横针 17、18 被横针推刀向右推动,横针的弯头又推动竖针 21 使其脱离停针刀 25,待上刀箱 1 下降时,竖针 21 随之下降。竖针 22 则被推开使其脱离下刀箱 2 的提刀的作用线,即不被提升,这就使 21、22 所连的经丝形成梭口的下层。

显然,双钩型竖针在工作过程中,由于横针的作用会产生弯曲、变形和磨损,织造厚重织物时将更为严重,最终影响提综能力和织机车速的进一步提高。

(2)单根回转式竖针运动原理。图 7 – 24 所示的提花开口机构的回转竖针结构,与其他结构的竖针相比,工作过程中不产生震动,承载能力较大,可以适应高速运转。每根回转竖针上有 4 个钩(1、2、3、4),停针钩 3 与底钩 4 同向,上钩 1 相对底钩 4 向右成 45°,而下钩 2 则向左成 45°,回转竖针的工作过程分为五个阶段。图 7 – 24(a)表示回转竖针的底钩贴在底板 D 上,竖针位于最低位置,经纱位于梭口下层,上提刀 A 和下提刀 B 分别做上下移动;图 7 – 24(b)表示

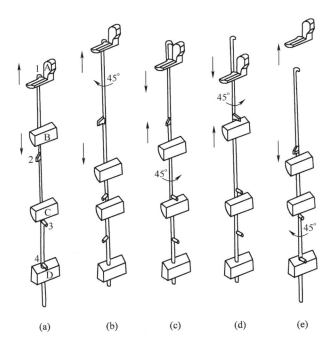

(a)　　　　(b)　　　　(c)　　　　(d)　　　　(e)

图 7 – 24　单根回转式竖针运动原理

1—上钩　2—下钩　3—停针钩　4—底钩　A—上提刀　B—下提刀　C—停针刀　D—底板

竖针顺时针方向转过45°,上钩1与上升的上提刀A相垂直而被提升,同时,下钩2也同方向转过45°而避开了下提刀B下降,此时经纱位于梭口的上层;图7-24(c)表示上提刀A下降,竖针逆时针方向转过45°,停针钩3停在停针刀C上,竖针随上提刀略有下降;图7-24(d)表示竖针继续逆时针方向回转45°,下钩2与上升的下提刀B垂直而被再次提起。图7-24(e)表示竖针随下钩2下降,竖针顺时针方向转过45°,底钩4停在底板D上。

(三)电子提花开口机构

1. 电子提花开口机构 电子提花开口机构中废除了机械式纹板和横针等控制装置,而用电磁铁来控制首线的上下位置。图7-25为以一根首线为提综单元的电子提花机开口机构的工作原理示意图。提刀7、6受织机主轴传动而做速度相等、方向相反的上下往复运动,并分别带动用绳子通过双滑轮1连在一起的提综钩2、3做升降运动。如上一次开口结束时提综钩2在最高位置时被保持钩4钩住,提综钩3在最低位,首线在低位,相应的经纱形成梭口下层。此时,若织物交织规律要求首线维持低位,电磁铁8得电,保持钩4被吸合而脱开提综钩2,提综钩2随提刀6下降,提刀7带着提综钩3上升,相应的经纱仍留在梭口下层,如图7-25(a)所示;图7-25(b)表示提刀7带着提综钩3上升到最高处,提刀6带着提综钩2下到最低

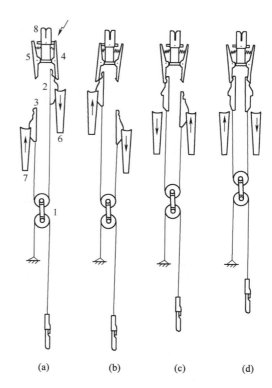

图7-25　电子提花机开口机构的工作原理示意图

处,首线仍在低位;图7-25(c)表示电磁铁8不得电,提综钩3上升到最高处并被保持钩5钩住,提刀6带着提综钩2上升,首线被提升;图7-25(d)表示提综钩2被升至保持钩4处时,电磁铁8不得电,保持钩4钩住提综钩2,使首线升至高位,相应的经纱到梭口上层位置。由于提综单元中运动件极少,由这种提综单元组成的提花开口机构最高可响应1000r/min的织机转速。

电子提花开口机构的工作容量目前已发展到2688片钩,即可控制1344根经纱的独立升降运动。它一般配置在剑杆织机和片梭织机上,主要用于织制领带和商标带织物。除了控制经纱以外,这种机构也经常同时用于控制选纬、送经和卷取运动。

2. 电子提花纹板制备系统 图7-26是电子提花纹板制备系统的框图,由图案输入、处理和纹板数据输出等三部分组成。由于提花图案较为复杂,系统提供了四种输入手段。如果图案原稿是彩图、意匠图和投影放大图等纸质载体,一般通过高分辨平板扫描仪将图案输入主机内

存;若为实物,则借助于 CCD 摄像系统输入;当需将穿孔带连续纹板转制成电子纹板(如 EPROM)时,则可通过纹板阅读机将纹板信息输入;设计人员还可用电子笔在数字化仪上徒手绘画,现场创作提花图案。实际生产中,第一种手段最为常用。

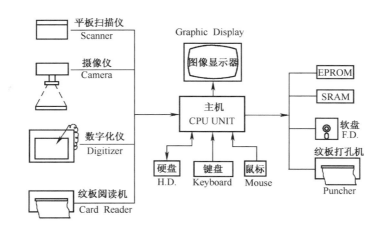

图 7-26　电子提花纹板制备系统的框图

读入主机内存的提花图案(数据)由 CAD 软件经人机交互处理后,产生纹板数据输出。输出方式取决于纹板制备系统与提花控制系统的接口方式,共有四种供选择:EPROM、SRAM 卡(静态随机存储器)、软磁盘和连续纹板。第三方式对应的提花控制系统必须配备磁盘驱动器,而第四方式则用于为机械式提花开口机构制作纹板。

四、连续开口机构
(一)纬向多梭口

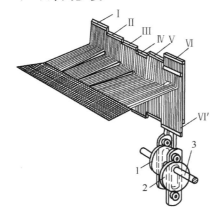

图 7-27　纬向连续开口
1、2—开口凸轮　3—传动轴
Ⅰ、Ⅱ、Ⅲ、Ⅳ、Ⅴ、Ⅵ、Ⅵ′—综框

织物形成过程的间断性是现有织机的致命缺陷,它限制着进一步提高织机产量,为此人们致力于探索织物形成过程连续的可能性。要使织物形成过程连续,必须首先连续开口。实践表明,连续开口在纬纱方向发生的为多,即在纬纱方向形成多梭口。用来加工管状织物的常见的圆形织机就是在纬纱方向连续开口的例子。为了实现低速高产,在传统机上采用多个载纬器引纬,此时连续开口所形成的多个梭口如图 7-27 所示。

梭口沿纬向被分成 m 个单元,每个单元由一组综框构成。在织制平纹织物时,一组综框为两页,它们由一对开口凸轮 1、2 控制。在传动轴 3 上安装控制各组综框的凸轮时,相邻两对之间保持相位差 α。于是织机运动过程中综框运动构成了如图 7-28 所示的波形梭口。图中画出了一个基本的全波波形,它的长度为 $2L$,它由 K 组运动规律相同但初相位不等的综框形成。相邻两组综框运动的相位差 α 为:

$$\alpha = \frac{360°}{K}$$

织机沿纬向共有 i 个如图 7-28 所示的全波波形,其中同时移动着 $2i$ 个载纬器。这时,载纬器可以低速运行,从而织机的噪声、振动、零件损耗等将大大降低。

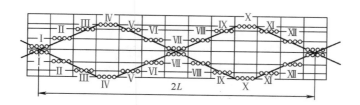

图 7-28　波形梭口

(二)经向多梭口

M8300 型织机是 Sulzer—Rüti 公司研制的新一代经向多梭口织机。如图 7-29 所示,该织机在经纱方向依次打开的梭口中,同时引入四根纬纱 1(图中画出两根)。经纱 6 在回转的织造转子上面通过,借助梭口形成元件使经纱抬起进入上梭口位置,织造转子(图中未注)的弧度和旋转使得转子上的开口片 2 按顺序打开梭口。在开口片插入经纱片以前,经纱位置由经纱定位杆 7 的纬向精密移动进行控制,被开口片抬起的那部分经纱形成上层梭口 4,其余经纱留在原地形成下层梭口 5。经纱定位杆起到单相织机中综丝和综框的作用,经纱密度和织物组织的复杂程度决定了所需经纱定位杆的根数,每根经纱都必须单独穿入指定经纱定位杆的一只孔中,每根经纱定位杆的微移动受控于织物组织的要求。目前 M8300 型织机已能生产平纹、斜纹等

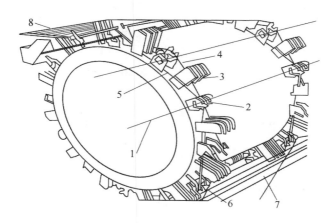

图 7-29　M8300 型织机开口示意图

1—纬纱　2—开口片　3—打纬片　4—上层梭口　5—下层梭口

6—经纱片　7—经纱定位杆　8—织物

标准织物组织,最大经纱密度为450根/10cm。一旦形成一个梭口,低压空气就带引纬纱穿过梭口,在此引纬过程中,后续的纬纱开始进入随后的开口片之中。当一根纬纱完全引入后,它就在进口侧布边处被夹住并剪断。此后,该纬纱由紧随在每一开口片之后的特殊打纬片3打紧。由于经纱定位杆紧贴在织造转子下方并与其轴向平行,操作非常方便。经纱定位杆的质量和动程都极其微小,所以提高运动速度尚有很大潜力。

本章主要专业术语

开口(shedding)

梭口(shed)

经组织点(riser)

纬组织点(sinker)

综丝(heald)

织轴(beam)

后梁(back rest)

经停架中导棒(dropper mid guide rod)

综眼(heald eye)

钢筘(reed)

织口(cloth fell)

胸梁(front rest)

卷布辊(cloth roller)

综平位置(healds level)

经纱位置线(warp line)

经直线(linear warp line)

中央闭合梭口(center-closed shed)

全开梭口(open shed)

半开梭口(semi-open shed)

清晰梭口(clear shed)

非清晰梭口(nonclear shed)

梭口高度(depth of shed)

筘座(slay)

开口时期(period of shed opening)

静止时期(period of dwell)

闭合时期(period of shed closing)

织机工作圆图(diagram of loom timing)

开口时间(timing of shed)

凸轮开口(tappet shedding)

消极式开口机构(negative shedding motion)

踏盘(tappet)

凸轮轴(cam shaft)

中心轴(center shaft)

经纱断头(end-breakage)

纹链开口(pattern chain shed-ding)

共轭凸轮开口(conjugate cam shedding)

沟槽凸轮开口(grooved cam shedding)

电子开口(electronic shedding)

连杆开口(linkage shedding)

多臂开口(dobby shedding)

拉刀(knife)

拉钩(hook)

重尾杆(weighed feeler)

竖针(vertical rod)

多臂纹板(lag)

植纹钉(pegging)

选综装置(heald selecting motion)

提综装置(heald lifting motion)

回综装置(heald reversing motion)

单动式(single lift)

复动式(double lift)

穿孔纸(punched paper)

电子多臂开口机构(electronic dobby shed-ding)

偏心盘回转式多臂开口(rotary eccentric disk dobby shedding)

提花开口（jacquard shedding）

刀箱（griffe box）

提刀（knife）和竖钩（hook）

底板（grate）

首线（neck cord）

通丝（heald twine）

花筒（cylinder）

横针（needle）

横针板（needle board）

提花纹板（card）

电子提花开口（electronic jacquard shedding）

纹板阅读机（card reader）

连续开口（continual shedding）

多梭口（multished）

管状织物（tubular fabric）

圆形织机（circular loom）

载纬器（carriers）

波形梭口（wave shed）

思考题

1. 试述开口运动的目的及要求。

2. 常见的开口机构有哪几种？各有什么特点？

3. 什么是经纱位置线和经直线？

4. 织造时引起经纱断头的主要原因是什么？

5. 何谓开口时间（综平时间）、何谓织机开口工作圆图？

6. 何谓全开梭口、清晰梭口、小双层梭口？

7. 从梭口形状分析影响经纱拉伸变形的因素是什么？

8. 试述梭口高度和综框动程的区别。梭口高度是根据哪些因素确定的？

9. 什么是综框运动角？综框运动的三个时间角是如何分配的？

10. 常见的综框运动规律有哪几种？各有何特点？

11. 梭口挤压度的意义是什么？了解一般织机引纬器进出梭口时挤压度的数值。

12. 试述各种开口机构的作用原理及特点、适应场合。为何织制重厚织物的无梭织机广泛采用共轭凸轮开口机构？

13. 试述多臂开口机构的种类及其工作原理。多臂开口机构中，影响织机高速的原因是什么？

14. 试述提花开口机构的种类及其工作原理。

15. 掌握国产多臂开口机构的纹钉植法。

第八章 引 纬

本章知识点

1. 有梭织机的投梭、制梭、换梭,多色纬织造的装置及其原理。
2. 片梭织机的投梭机构的组成及其原理,片梭织机的引纬过程,多色纬织造的装置及其原理,片梭引纬的特点及品种适应性。
3. 剑杆织机的引纬形式及其特点,传剑机构的形式及其工作过程,剑杆织机的换色装置及其原理,剑杆引纬的特点及品种适应性。
4. 喷气织机的引纬原理,引纬装置的组成及其形式,喷气织机的多色纬装置及其原理,喷气引纬的特点及品种适应性。
5. 喷水织机的引纬原理,引纬装置的组成及其形式,喷水引纬的特点及品种适应性。
6. 无梭织机加固边的种类及形成。
7. 储纬器的形式及工作原理。

在织机上,引纬是将纬纱引入到由经纱开口所形成的梭口中。通过引纬,纬纱得以和经纱实现交织,形成织物。由于梭口开启遵循特定的运动规律,有一定的时间周期,因此引纬必须在时间上与开口准确配合,避免出现引纬器对经纱的损伤。引入的纬纱张力应适宜,避免出现断纬和纬缩疵点。

引纬装置是织机最主要的组成部分,它的形式通常是织机进行分类的依据。按引纬方式分,织机可以分为两大类:一类是用传统的梭子作引纬器(因携带纬纱卷装也称载纬器),这类织机被称之为有梭织机。另一类是 20 世纪初人们开始发明的一系列由新型引纬器(或引纬介质)直接从固定筒子上将纬纱引入梭口的织机,因不再采用传统的梭子而被称之为无梭织机。

梭子引纬具有三个特征:引纬器为一体积大、笨重的投射体,该投射体内装有容量较大的纬纱卷装——纡子,引纬器被反复发射和制停。有梭织机的投梭加速过程和制梭减速过程十分剧烈,使织机的零部件损耗多,机器振动大,噪声高。有梭织机的这些固有缺陷使得它们在织机中所占比例逐年下降,已呈现出无梭织机逐步取代有梭织机的发展趋势。

与有梭引纬相比,无梭引纬的特点是以体积小、重量轻的引纬器,或者以空气或水的射流来代替梭子引纬。由于引纬器或引纬射流具有很小的截面尺寸,因此梭口高度和筘座动程得到了相应的缩小,从而对经纱起到良好的保护作用,也使织机速度大幅度提高成为可能,特别是以流体作为引纬介质时,织机的速度可以超过1000r/min。随着无梭引纬技术的不断发展,织机幅宽也得到成倍扩大,片梭织机的幅宽达到5.4m,喷气织机为4.2m,剑杆织机为4.6m,喷水织机为3.2m。

目前已经得到广泛应用的无梭织机有片梭、剑杆、喷气和喷水四种。此外,还有一些新的引纬技术也已经问世,如多相织机,它可取得更高的入纬率,但由于存在一些局限性,目前尚未在生产中得到大量应用。

根据引纬技术的现状,本章先介绍有梭织机引纬,然后重点介绍片梭、剑杆、喷气和喷水四种无梭织机引纬,还包括无梭引纬所特有的一些辅助装置。

第一节　有梭引纬

一、梭子及其引纬过程

梭子不仅是有梭织机的引纬器,也是载纬器,有梭织机上纬纱卷装呈管纱形式容纳在梭腔内,这种纬纱卷装被称之为纡子。有梭织机的两侧各装有一套投梭机构和制梭装置,引纬结束后梭子制停在其梭箱中。

梭子的引纬过程为:引纬开始时,依靠织机上的投梭机构对梭子加速,梭子加速到最高速度(12m/s左右)后脱离投梭机构,呈自由飞行状态进入梭口,在飞越梭口后到达对侧的梭箱并同时受到制梭装置的作用,制停在对侧梭箱中,完成第一次引纬。下次引纬则由对侧的投梭机构将梭子发射到梭口中,并在梭子返回到这一侧梭箱的同时受到制梭装置的作用,制停在这一侧梭箱中,完成第二次引纬。通过上述两次引纬过程的重复,梭腔中纡子上的纬纱不断被引入梭口。

梭子一般用耐冲击、耐磨损、质地坚韧的优质或压缩木料制成,现多用工程塑料制成,两端镶有梭尖,梭尖是用中碳钢制成的圆锥体,以提高其耐冲击性能。为减少飞行阻力和顺利进出梭口,梭子表面很光滑,外形呈流线型。梭子的长度、宽度和高度由梭口的大小决定,梭口大一些,梭子长度、宽度、高度也可大些;反之,就要小些。梭子内腔尺寸大小应考虑纡子卷装容量和纬纱在梭腔中的退绕条件。如纬纱为纤细的长丝,梭子尺寸可小些;如纬纱为粗的毛、麻纱织造,为增加纡子的容纱长度,减少换纬次数,通常都采用尺寸较大的梭子。

由于有梭织机通常按照所适应织制的纱线原料分成棉、毛、丝、麻织机,梭子的类型随织机而异,图8-1为国产棉织自动换梭织机的梭子。纡子是插在梭芯1上的,梭芯根部的纡子座2上设有角销和底板弹簧,以防梭芯跳动,使纡子定位准确,保证纡管根部的探针槽对准梭子前壁的探针孔,以便探针对纡子上剩余的纬纱量进行探测。梭子前壁装有导纱磁眼4,导纱磁眼在梭子前壁上的位置有左右侧之分,磁眼在右侧的适应左手织机(即织机的开关车装置在左侧),磁眼在左侧的适应右手织机(织机的开关车装置在右侧)。梭子前壁有护纱槽,当梭子进入梭箱时,可避免机件对经纱的挤磨而断头。梭子底部开有凹槽,以减少对下层经纱的接触摩擦。

梭子底面与背面的夹角,应同钢箔与走梭板间的夹角一致,棉型织机的这个夹角为86.5°。梭子的重心处于梭子横截面的后下方,以增加梭子沿钢箔飞行的稳定性。为使纬纱引出时具有工艺上需要的张力,在梭腔内装有张力装置。张力装置的形式很多,有采用张力钢丝,或张力钢丝配合鬃毛刷,也有在梭子内腔壁上贴毛皮、长毛绒或加装尼龙环等方法。张力装置还起到控制纬纱退解气圈、均匀纬纱张力的作用。

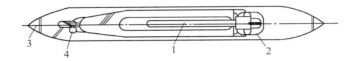

图 8 - 1　国产棉织自动换梭织机的梭子

1—梭芯　2—纡子座　3—梭尖　4—导纱磁眼

二、投梭机构

图 8 - 2 所示是一种常见的下投梭机构。在织机的中心轴 1 上固定了装有投梭转子 3 的投梭盘 2。中心轴回转时,投梭转子在投梭盘的带动下,打击投梭侧板 5 上的投梭鼻 4,使投梭侧板头端绕侧板轴突然下压,通过投梭棒脚帽 6 的突嘴使固结在其上的投梭棒 7 绕十字炮脚 10 的轴心做快速的击梭运动。投梭棒旋转,借助活套在其上部的皮结 8 将梭子 9 射出梭箱,飞往对侧。梭箱是击梭和制梭阶段梭子运动的轨道。十字炮脚固定在织机摇轴上(图中未标出),因此投梭棒能够随同筘座 25 一起前后摆动。击梭过程结束之后,投梭棒在投梭棒扭簧 11 的作用下回退到梭箱外侧。在投梭棒打击过程中,当梭子达到最大速度后便脱离皮结进入自由飞行阶段。

织机由静止状态被人工缓缓转动其主轴,皮结推动梭子移过的距离称为投梭动程,也称投梭力。在其他条件不变的情况下,投梭动程越大,梭子能达到的最大速度也越大。在实际生产中,需根据上机箱幅、梭子进出梭口时间以及投梭机构的动态特性确定所需的投梭动程。投梭动程的调节方法是:松开侧板后端的固定螺丝,向上调节侧板支点,侧板受投梭转子作用的动程将增大,则投梭动程也大;反之,向下调节侧板支点,侧板受投梭转子作用的动程将减小,则投梭动程也小。

梭子进入梭口的时间受所许可的进梭口挤压度制约,也就是要与开口、打纬(筘座位置)相配合,既不能早进梭口,以免挤压度过大,但也不能迟进梭口,因为进梭口迟,出梭口也迟,会导致梭子出梭口挤压度过大。因此,梭子必须按时进入梭口,这通过控制投梭时间实现。投梭时间指的是投梭转子开始与投梭鼻接触、皮结即将推动梭子时的主轴位置角。投梭时间的调节方法是:松开投梭转子在投梭盘上的位置,顺着投梭盘的转动方向前移投梭转子,将使投梭时间提前;反之,投梭时间推迟。

除下投梭机构外,在有些有梭织机上还有采用中投梭机构和上投梭机构。

投梭机构装在筘座上,筘座由四连杆机构驱动,投梭机构随筘座前后摆动。因此,梭子通过

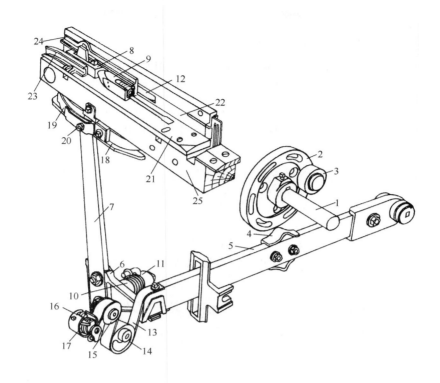

图 8 - 2　有梭织机的投梭和制梭装置

1—中心轴　2—投梭盘　3—投梭转子　4—投梭鼻　5—侧板　6—投梭棒脚帽　7—投梭棒
8—皮结　9—梭子　10—十字炮脚　11—扭簧　12—制梭板　13—缓冲带　14—偏心轮
15—固定轮　16—弹簧轮　17—缓冲弹簧　18—皮圈　19—皮圈弹簧　20—调节螺母
21—梭箱底板　22—梭箱后板　23—梭箱前板　24—梭箱盖板　25—筘座

梭口的运动是由沿筘座的相对运动和随筘座一起的牵连运动复合而成,其运动轨迹是一条空间曲线。梭子在梭口中自由飞行时受到经纱、钢筘、走梭板的摩擦阻力作用。如以筘座作为运动的参照系,则梭子做匀减速运动,梭子从进入梭口时的梭速 v_j 减为飞出梭口时的 v_c。梭子进入梭口的速度 v_j 应与织机速度 n 成正比,与梭子出入梭口的主轴位置角间隔 $(\alpha_c - \alpha_j)$ 成反比。为了不使梭子速度过高,则 $(\alpha_c - \alpha_j)$ 应尽可能大些,即允许梭子在梭口中飞行时间长些,也就是尽量利用梭口开放时间,让梭子早些进梭口、迟些出梭口。这由梭口开启规律和梭子进出梭口时所允许的挤压度决定,一般允许梭子进、出梭口时与经纱纱层存在着一定的摩擦和挤压,但要避免出现梭子对经纱的过分挤压,否则会造成损伤经纱,甚至发生轧梭。

三、制梭装置

1. 制梭装置的工艺要求　在梭子进入梭箱时,制梭装置发生作用,使梭子被制停,故有梭织机的梭箱既是投梭箱,也是制梭箱。制梭装置必须满足以下工艺要求。

（1）梭子的制停位置一致,梭子不能出现回跳,否则影响下一次投梭。

（2）制动不能太剧烈,避免纡子上的纱圈在制梭时脱落。

（3）制梭装置各部分负担合理,避免某种器件大量损坏。

（4）制梭产生的噪声要尽可能低。

2. 制梭过程　制梭机构如图 8−2 所示,梭子进入梭箱后的制梭过程可分为三个阶段。

（1）第一阶段为梭子与制梭铁斜碰撞制梭。制梭板 12 嵌入梭箱后板的长槽中,在制梭板后面压以制梭弹簧钢板。制梭板呈倾斜状,使梭子进入对侧梭箱后越向前受到的制梭力越大,斜碰撞使梭子速度有所下降,但这一制梭过程的作用是极有限的,根据弹性碰撞的理论计算可得出梭子速度仅下降了 1% 。

（2）第二阶段为制梭铁及梭箱前板对梭子摩擦制梭。梭子碰撞制梭铁向外转动后,制梭弹簧钢板使之复位重新压紧在梭子上,随梭子向前移动受到制梭铁和梭箱前板的摩擦制动作用,从而吸收梭子动能。

（3）第三阶段为皮圈在皮圈架上滑行的摩擦制梭及三轮缓冲装置制梭。梭子再向底部运动到一定位置后便和皮结撞击,此后将推动投梭棒向机外侧运动,一方面使投梭棒上的脚帽 6 把侧板 5 抬起,拉动缓冲带 13,再通过偏心轮 14 和固定轮 15,使装有缓冲弹簧 17 的弹簧轮 16 略作转动,此时靠缓冲带对偏心轮、固定轮的摩擦和缓冲弹簧的扭转,对梭子起缓冲作用;另一方面使投梭棒把皮圈 18 推向机外侧,靠皮圈弹簧 19 的压力所产生的摩擦阻力和皮圈的弹性伸长吸收梭子的部分动能,使梭子停留在规定的位置上。皮圈摩擦阻力的大小,可由调节螺母 20 进行调节。

在制梭过程的三个阶段中,起主要作用的是第三阶段,梭子大部分动能为皮结、皮圈和三轮缓冲装置所吸收。生产中表现出皮结、皮圈的损耗量较大,织机速度提高后损耗更为突出。

四、自动补纬装置

当纬纱即将用完时,需及时地对纬纱卷装进行补充,这是由自动补纬装置完成的。自动完成补纬运动的织机称之为自动织机。自动补纬装置分成自动换纡和自动换梭两大类。自动换纡是由纡库中的满纡子去替换梭子中的空纡子,自动换梭是由梭库中的满梭子去替换梭箱中的空梭子。由于换纡过程较换梭过程难以控制,现在的自动织机基本上都是自动换梭装置。自动换梭装置由探纬诱导和自动换梭两大部分组成。

（一）探纬诱导部分

图 8−3 所示为国产有梭织机上的探纬诱导装置,探针 1 穿在探针支持 2 的前后两个孔,能前后滑动。探针支持 2 固装在探针托架上。交叉锭 3 的一端穿过套筒支持 4 上的套筒 5,交叉锭弹簧 6 使钟形曲臂 7 压靠在辅助连杆 8 上,从而使探针 1 处于最前位置(最靠机后)。探针的前后位置在松开辅助连杆上的螺丝后就可调节。探针的左右位置正对着织机开关侧梭箱前板及梭子的前壁槽孔,正好触及纬纱管 9 的根部。因此当筘座摆到最前位置时,纡子上的纬纱使探针被迫后退,交叉锭 3 逆时针回转使它另一端的钩头 10 上抬,让过正向机前运动的纬纱锤上的交叉锭钩 11,套筒支持保持不动,不发动换梭。纬纱锤的运动由中心轴上的纬纱凸轮驱动。若纡子上的纬纱即将退完,因探针处已无纬纱,探针所对的仅是纡子上的凹槽,即使筘座摆到最前位置,探针也不后退,交叉锭 3 不转动,钩头 10 被正向机前运动的纬纱锤上的交叉锭钩 11 勾

住,随纬纱锤上的交叉锭钩继续向前,套筒支持开始向机前运动,推动敏觉杆 12 使传动杆 13 转动,发动换梭。

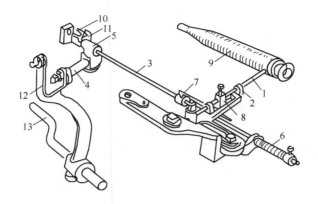

图 8 - 3 自动织机的探纬诱导部分

(二)自动换梭部分

探纬诱导部分是在织机的开关侧,而自动换梭装置是在织机的换梭侧。自动换梭装置如图 8 - 4 所示,需换梭的信号通过传动杆 1(即图 8 - 3 中的 13)做顺时针方向转动,提起撞嘴 2,使它与筘座脚上的 V 形螺钉 3 等高度,而传递给了自动换梭装置。当筘座再向前时,V 形螺钉 3 推动被提起的撞嘴 2,通过推梭轴 4、推梭臂 5 和连杆 6,使推梭框 7 推动梭库内最下面一只梭子 8 出梭库。当推梭框 7 所推梭子和梭箱逐渐靠近时,新梭子抬起前闸轨 9,压下前凸板 10,进入梭箱。当前闸轨 9 被抬起时,与其一体的扬起背板 11 也随之抬起,梭箱内的旧梭子就被新梭子

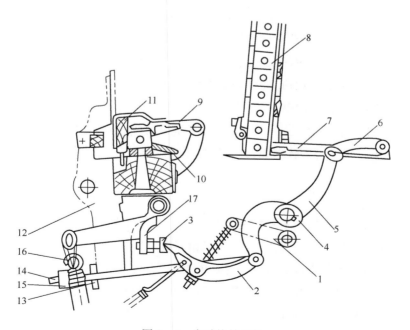

图 8 - 4 自动换梭机构

推出梭箱。当筘座运动至最前位置,新梭子完全占据梭箱,前闸轨9失去支持而落下复位,旧梭被排出梭箱,推梭过程结束,接下来,推梭框7复位,换梭结束。推梭框7和撞嘴2等依靠筘座脚12后侧的撞铁13推动回复杆14上的方铁15而复位。当换梭力超过一定范围时,安全弹簧16伸长变形,通过安全杆17使V形螺钉3向机后退,不强行推动撞嘴2,即不强行换梭,以保证换梭安全。

五、有梭织机的多色纬织造

有梭织机织制多色(种)纬纱时,需采用多梭箱织机。按多梭箱的安装位置和梭箱数量,可以分为单侧多梭箱和双侧多梭箱两类,前者有单侧两梭箱、单侧四梭箱形式,称之为1×2、1×4多梭箱织机,后者有双侧两梭箱、双侧四梭箱形式,称之为2×2、4×4多梭箱织机。

多梭箱织机在上机准备时,应根据色纬循环及梭箱安排(也称梭子配位),编制钢板链,正确地实现梭箱变换。

第二节　片梭引纬

片梭织机的引纬方法是用片状夹纱器将固定筒子上的纬纱引入梭口,这个片状夹纱器称为片梭。片梭引纬的专利首先是在1911年由美国人Poster申报,着手研制片梭织机是在1924年,从1942年起由瑞士苏尔寿(SULZER)公司独家研制,到1953年首批片梭织机正式投入生产使用,这使得片梭织机成为最早实用化的无梭织机。

片梭织机的种类有单片梭织机和多片梭织机之分,苏尔寿片梭织机属于多片梭织机,这种片梭织机在织造过程中,有若干把片梭轮流引纬,仅在织机的一侧设有投梭机构和供纬装置,故属于单向引纬。进行引纬的片梭在投梭侧夹持纬纱后,由扭轴投梭机构投梭,片梭高速通过分布于筘座上的导梭片所组成的通道,将纬纱引入梭口,片梭在对侧被制梭装置制停,释放掉纬纱纱端,然后移动到梭口外的空片梭输送链上,返回到投梭侧,再等待进入投梭位置,以进行下一轮引纬。单片梭引纬由于只用一把片梭,需两侧供纬和投梭,加之片梭引纬后的调头也限制织机的速度提高,故单片梭织机不够理想,其数量也很少。本节只介绍苏尔寿片梭织机。

一、片梭

如图8-5所示,片梭由梭壳1和梭夹2经铆钉3铆合而成。钳口5起夹持纬纱的作用,张钳器插入圆孔4时,钳口张开,纬纱落入钳口,张钳器拔出后,钳口夹紧纬纱。织造生产中,应根据所加工纬纱的纤维材料和细度合理选择片梭的型号,不同型号片梭的钳口形状和钳口夹持力是不同的,夹持力变化范围为600~2500cN,钳口之间的夹持力应确保夹持住纬纱。片梭表面应当光滑、耐磨,整个片梭的结构应符合严格的轴对称,过大的误差会引起梭夹钳口张开及夹纬的故障。

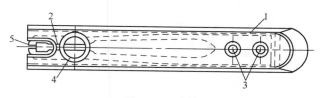

图 8 - 5 片梭

在织造过程中,每引入一根纬纱,梭夹钳口需打开两次,第一次打开是在投梭侧,让递纬器将纬纱纱端置于钳口之中;第二次打开是在片梭飞越梭口后,把片梭钳口中的纬纱释放掉。片梭尾部有两个孔,靠前部的圆孔供第一次打开递纬用,能将钳口打开到 4mm 供递纬器进入到钳口内,而靠后部的孔在引纬结束后打开钳口释放纬纱,其张开程度比递纬时小得多。

片梭是片梭织机的关键器件之一,而梭夹又是片梭的心脏。在织造过程中,梭夹的反复开启,易导致其疲劳损坏。梭夹的形状如图 8 - 6 所示,上下两臂 $A'F'$ 与 AF 对称,梭夹在开闭过程中受到的应力负荷属于非对称的脉动循环负荷,A 为应力最大的危险截面。

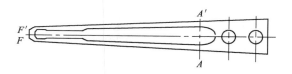

图 8 - 6 片梭梭夹

梭夹臂由于受到非对称脉动循环负荷的作用,易导致疲劳损坏,可从以下两个方面着手来提高其疲劳寿命。一方面合理设计梭夹臂的几何形状,即在保证工艺上所要求的夹持力情况下,通过设计合理的几何形状,使梭夹开启后的应力幅值减小,同时要注意避免应力集中。另一方面合理选择材料与热处理工艺。梭夹材质应有较高的疲劳极限及良好的韧性,尽量提高表面光洁度,并采取表面强化措施。

苏尔寿片梭织机为多片梭织机,需用若干把片梭循环引纬,每台织机所需片梭只数与上机筘幅大小有关,配备只数 = 上机筘幅(mm)/254 + 5。例如,3200mm 上机筘幅时,需配 18 只片梭。

二、片梭织机的扭轴投梭机构

1. 扭轴投梭机构的组成 图 8 - 7 所示为苏尔寿片梭织机上所用的扭轴投梭机构,该投梭机构的核心部件为扭轴 9,故称之为扭轴投梭机构,它由以下四个部分组成。

(1)扭轴部分。扭轴 9 的一端固装在机架上,成为固定端;另一端为自由端,装有击梭棒 10,其顶部与击梭块 11 相连,扭轴的一头与套轴 8 固定,套轴中部装有摇臂。

(2)四杆机构部分。四杆机构部分由套轴中部的摇臂、连杆 7、三臂杆杆 4 及机架组成。摇臂的回转中心为扭轴中心,三臂杠杆的回转中心为三臂杠杆轴 6。

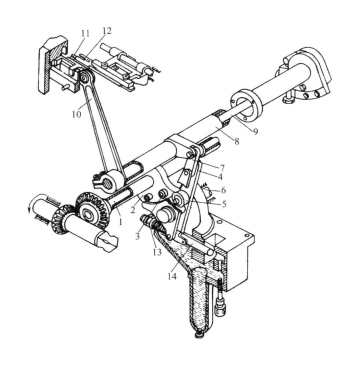

图 8 – 7　扭轴投梭机构

（3）投梭凸轮部分。投梭凸轮 2 装在投梭凸轮轴 1 上，投梭凸轮轴 1 借助于一对圆锥形齿轮由织机主轴以 1∶1 的速比传动。在投梭凸轮 2 上还装有解锁转子 3。

（4）液压缓冲部分。液压缓冲器的活塞 14 与三臂杠杆 4 的下端相连，当三臂杠杆逆时针方向转动时，使缓冲器内的油受压缩，从而产生缓冲作用。

2. 扭轴投梭机构的工作过程　扭轴投梭机构的工作原理是，在投梭前的相当长时间内，通过对扭轴的加扭来储存投梭所需的能量，投梭时，扭轴迅速恢复原状态，将储存的弹性势能释放，使片梭加速到所需的飞行速度。整个工作过程分为四个阶段。

（1）储能阶段。在这一阶段中投梭扭轴被加扭，储存弹性势能。随着投梭凸轮 2 转向大半径，驱动转子 5，使三臂杠杆 4 顺时针方向转动，连杆 7 向上移动，推动套轴 8 的摇臂逆时针方向转动，扭轴受到加扭，直到投梭凸轮半径不再增大为止，而此时三臂杠杆轴 6 的轴心恰好与连杆 7 的两端中心三点呈一直线，且定位螺钉 13 也刚好与三臂杠杆 4 下端相接触。

（2）自锁阶段。前一阶段结束时，四杆机构进入了自锁状态（摇杆 6 的作用力不能使摆杆 3 转动），这一状态将继续保持着。扭轴保持在最大扭转状态，击梭棒 10 及击梭块 11 静止在外侧位置，等待引纬片梭就位以及递纬器递纬等动作的完成。在这一阶段中，投梭凸轮 2 仍然保持匀速回转，转子 5 将脱开与投梭凸轮的接触。

（3）投梭阶段。四杆机构的自锁状态被解除，扭轴迅速复位使击梭块 11 完成击梭动作。这一阶段的开始是当投梭凸轮回转到其上的解锁转子 3 推动三臂杠杆 4 上的弧形臂时，转子的推动将使三臂杠杆 4 稍有逆时针方向转动，从而解除了原来的自锁状态，扭轴迅速复位，通过击梭棒和击梭块，使片梭 12 加速飞入由导梭片形成的梭道。

（4）缓冲阶段。缓冲阶段使整个投梭机构在投梭后迅速而平稳地静止在初始位置上。当三臂杠杆4复位到一定位置时,液压缓冲器的活塞14将开始起作用,此时片梭已经获得了所需速度,即投梭已经完成,整个投梭系统受缓冲作用而平稳地向初始状态恢复,到达初始位置时能静止下来,这样可避免扭轴反向扭转,不致出现自由扭转振动,从而提高了扭轴的寿命。

投梭结束时片梭获得的速度,即片梭最大速度与投梭系统的固有频率、投梭棒长度、扭轴的最大扭转角和液压缓冲开始时的扭轴扭转角有关。

3. 扭轴投梭机构的特点　扭轴投梭机构有三个特点。

（1）梭速完全取决于扭轴扭转角（扭轴储能）的大小,而与织机车速高低无关,因而有利片梭飞行稳定。

（2）扭轴加扭过程长（约300°）,加之合理的投梭凸轮曲线,故投梭机构耗用能量小而均匀。

（3）投梭结束后,整个投梭机构靠液压缓冲装置作用能迅速制停。

三、制梭

片梭进入制梭箱后,制梭装置吸收片梭动能,使片梭的速度迅速下降为零,并准确地制停在一定的位置上,制梭装置如图8－8所示。在片梭进入制梭箱之前,连杆5向左推进,制梭脚3下降,直至下铰链板4和上铰链板6位于一条直线,即进入死点状态。下制梭板2和制梭脚3之间构成了制梭通道。片梭飞入制梭箱后,进入制梭通道,下制梭板和制梭脚的制梭部分采用合成橡胶材料,对片梭产生很大的摩擦阻力,使片梭制停在一定位置上。

制梭脚的前侧装有接近开关组合1,上面有接近开关a、b、c。接近开关b用于检测片梭的

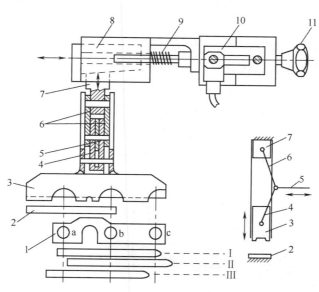

图8－8　片梭制梭装置

1—接近开关组合　2—下制梭板　3—制梭脚　4—下铰链板　5—连杆　6—上铰链板
7—升降块　8—滑块　9—调节螺杆　10—步进电动机　11—手柄

飞行到达时间,接近开关 a、c 则用于检测片梭的制停位置,从而以下述三种途径自动调整制梭力。

(1)当片梭制停在位置 Ⅰ,接近开关 a、c 均有信号发出,说明制梭力正常,步进电动机 10 不发生调节作用。

(2)当片梭制停在位置 Ⅱ,接近开关 a 无信号发生,说明制梭力不足,步进电动机立即转动一步,滑块 8 向右移动 1mm,升降块 7 下降,使制梭脚降低一定距离,经几次调整,直至片梭被制停在位置 Ⅰ。

(3)当片梭制停在位置 Ⅲ,接近开关 c 不发生信号,说明制梭力偏大。电脑自动记录制梭力偏大的次数,如果 27 次引纬中有 20 次制梭力偏大,则每 27 次引纬后步进电动机反向转动一步,使制梭脚上升一定距离,经几次调整直至片梭制停到位置 Ⅱ,然后,再自动调节到位置 Ⅰ。这样的调整方式有助于消除机构间隙对制梭的影响。

连杆 5 向右回退时,制梭脚上升,对片梭的制动被解除,以利后续的片梭回退和推出制梭箱,进入输送链。

四、片梭引纬过程

片梭织机的引纬系统主要包括筒子架、储纬器(见本章第六节"无梭引纬的辅助装置")、纬纱制动器、张力平衡装置、递纬器、片梭、导梭装置、制梭装置、片梭回退机构、片梭监控机构、片梭输送机构等。

片梭引纬时飞行速度很高,达到 30m/s 左右,加之质量轻、体积小,需采用由若干片导梭片组成的通道来控制片梭飞行。导梭片形状如图 8 - 9 所示,它们呈等间隔固装在筘座上。无梭织机的筘座分为分离式筘座和非分离式筘座。分离式筘座和引纬机构分开,引纬机构通常固定在机架上,不随筘座前后摆动,筘座由共轭凸轮驱动。引纬时筘座静止在最后方,有利引纬器从容越过梭口,所需梭口高度也较小,因筘座质量较轻,有利于提高车速。非分离式筘座上通常装有引纬机构,两者一齐前后摆动,织机采用普通的曲柄连杆打纬机构,其打纬动程较大,要求梭口高度也较大,避免引纬器进出梭口时与经纱的过分挤压,非分离式筘座的转动惯量较大,影响车速提高。片梭织机采用分离式筘座,投梭机构与筘座是分离的,片梭引纬时筘座静止在最后方,让片梭在导梭片组成的通道中从容飞越梭口。片梭到达接梭箱后,筘座向机前摆动打纬,导

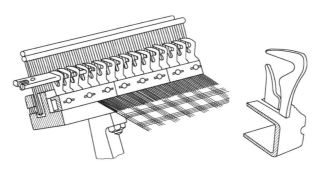

图 8 - 9　导梭片及其组成的通道

梭片向前从下层经纱退到梭口外，纬纱便从导梭片的脱纱槽中脱出留在梭口中，被钢筘继续打入织口形成织物。完成打纬后，随筘向后摆动，导梭片便又从下层经纱进入梭口，直至位于梭口中央并静止，供引下一纬的片梭飞行。

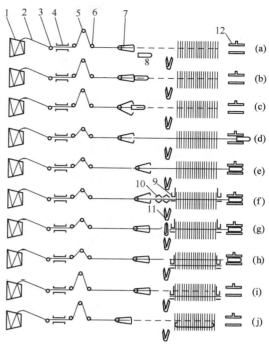

图 8 - 10　片梭引纬过程

片梭织机的整个引纬过程可根据片梭及纬纱的状态分为 10 个阶段。

（1）如图 8 - 10（a）所示，片梭 8 由右侧（制梭侧）经梭口下方的片梭输送链条输送到达左侧（投梭侧）梭箱，在进入投梭位置的提升过程中，片梭被翻向（由侧面向上翻转成水平状），梭夹被打开。纬纱 2 从筒子 1 引出后，经过储纬器（图中未画出），再经导纱器 3、制动器 4、张力调节器 5、导纱孔 6 后，其纱端被递纬器 7 的钳口所夹持。此时，制动器 4 制住纬纱，张力调节器 5 处于最高位置，制动器 4 和递纬器 7 之间的纬纱被张紧，以避免因松弛而扭结。

（2）如图 8 - 10（b）所示，片梭 8 已翻转水平的投梭引纬状态，进入投梭位置，递纬器 7 的钳口夹着纬纱位于打开的片梭钳口中，准备递交纬纱给片梭。

（3）如图 8 - 10（c）所示，片梭 8 的梭夹钳口闭合夹住纬纱纱端，递纬器 7 的钳口张开放掉纬纱，制动器 4 即将解除制动，张力调节器 5 也将开始下降，投梭准备已经完成，即将开始投梭。

（4）如图 8 - 10（d）所示，投梭机构使片梭 8 夹着纬纱飞越梭口，抵达右侧制梭箱 12，整个飞行过程中，制动器 4 均处于释放状态，张力调节器 5 向下降到最低位置。

（5）如图 8 - 10（e）所示，制动器 4 制动纬纱，片梭 8 借助于片梭回退器（图中未画出）退回到布边处，使制梭侧边经纱外纱头只留 15～20mm 长，同时张力调节器 5 上升以吸收掉片梭回退出的纬纱，在投梭侧，递纬器 7 向内侧移动至边经纱处，同样也只留纱尾长 15～20mm，剪纬后由它夹持住下一根纬纱的纱端。

（6）如图 8 - 10（f）所示，纬纱定位装置 10 接近纬纱，将纬纱推入张开的递纬器 7 钳口中。同时，两侧的纱尾钳 9 移至纬纱，将纬纱夹住。

（7）如图 8 - 10（g）所示，在投梭侧，递纬器 7 钳口闭合夹持住纬纱，张开的剪刀 11 上升至纬纱处准备剪纬，在制梭侧，片梭钳口打开，将纬纱释放。

（8）如图 8 - 10（h）所示，剪刀 11 剪断纬纱，递纬器 7 开始向外侧退回，张力调节器 5 再度上升吸收纬纱，片梭向机后方向退出制梭箱 12，向下落到输送链条上返回投梭侧。在投梭侧，又一把片梭进入盛梭盒内，等待提升到投梭位置。

（9）如图 8 - 10（i）所示，递纬器 7 继续回退，张力调节器 5 仍在上升，剪刀 11 下降复位，纱尾钳9夹住纬纱两端,随筘座一起向前运动,纬纱被打入织口。

(10)如图8-10(j)所示,递纬器7退到最外侧,张力调节器5上升至最高点。在采用折入边机构时,布边外的纬纱头已绕在折边机构的钩针上,由钩针将它勾入下一纬的梭口中,形成折入式布边。

上述各个阶段不断重复,便可引入一根根纬纱,织成织物。

五、片梭织机的多色纬织制

苏尔寿片梭织机中除了单色织造的机型外,还有可多色纬织造的机型,如混纬、两色任意顺序引纬、四色任意顺序引纬、六色任意顺序引纬。

在混纬方式的机型上,配置了两只递纬器,它们分别由各自的筒子供纬,织造时由这两只递纬器交替递纬给片梭,交替的比例是1:1,不能任意引纬。混纬的目的是为了消除纬纱色差或纬纱条干不匀给布面造成的影响。轮流从两个筒子上引入纬纱到织物中,可避免筒子之间的差异对织物外观的影响,混纬方式在由筒子供纬的无梭织机上应用很普遍。当然,混纬的机型也可以用于织制两色1:1交替引纬的产品。混纬机构较为简单,只要实现两只递纬器轮流与片梭的工作位置对准就可以了。

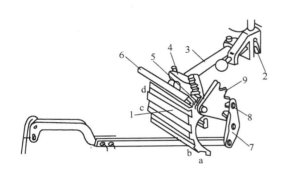

图8-11 四色任意顺序选色器

在多色任意顺序引纬的片梭织机上,每一种色纬都要用一只递纬器,即递纬器只数等于色纬数。递纬器分别夹持各自筒子上引出的纱端,当需要引入某种纬纱时则有相应的递纬器供纬。这些递纬器被安置在换色机构中的一圆弧形的选色器中。图8-11所示为四色任意顺序引纬的选色器,图中a、b、c、d为四种色纬的递纬器所在的燕尾截面滑槽,当某滑槽处于工作位置(与等待递纬的片梭对准)时,就由该滑槽的递纬器向片梭递纬,片梭引入相应颜色的纬纱。由哪一只递纬器递纬,在换色机构中是由图中连杆2的位置决定的,连杆2的高低位置借助于多臂开口机构中的两片提综臂控制,提综臂的位置取决于纹板纸上的穿孔情况,而纹板纸上的穿孔得根据纬纱配色循环进行。两片提综臂的升降刚好能组成四种状态,对应着连杆2的四种位置,再通过变换轴3上的扇形齿轮4,传动选色器轴6上的小齿轮5,最后使选色器1的位置发生变化,实现换色。当选色器变位时,锁位臂杆7上的定位销8从扇形定位板9的槽中退出,这时选色器轴6可转动换色。完成变位换色后,定位销8又进入扇形定位板9的槽中,使选色器1正确定位,保证递纬器与片梭对准,能够正常递纬。

在片梭织机上,任意顺序引纬的换色机构除了由多臂开口机构控制的换色机构外,还有用提花开口机构控制的,但都很复杂。片梭织机所能织制的色纬数较少,且随色纬数和开口机构不同,换色控制装置也不一样。

六、片梭引纬的品种适应性

片梭引纬类同有梭引纬,属于积极引纬方式,对纬纱具有良好的控制能力。片梭对纬纱的夹持和释放是在两侧梭箱中于静态的条件下进行的,因此片梭引纬的故障少,引纬质量好。纬纱在引入梭口之后,它的张力受到精确的调节。这些性能都十分有利于高档产品的加工。

(1)由于片梭对纬纱具有良好的夹持能力,因此用于片梭引纬的纱线范围很广,包括各种天然纤维和化纤的纯纺和混纺短纤纱、天然纤维长丝、化纤长丝、玻璃纤维长丝、金属丝以及各种花式纱线。但是,片梭在启动时的加速度很大,约为剑杆引纬的 10 ~ 20 倍,因此对于经弱捻纱、强度很低的纱线作为纬纱的织物加工来说,片梭引纬显然是不适宜的,纬纱容易断裂。

(2)片梭引纬具有 2 ~ 6 色的任意换纬功能,可以进行固定混纬比 1:1 的混纬和 4 ~ 6 色的选色。换纬时,选色机构的动作和惯性比较大,在非相邻片梭更换时,这种缺点比较明显。

(3)片梭织机的幅宽很大,当织机转速为 470r/min 时,入纬率可达 1400m/min,表现出低速高产的特点,显然对提高织物成品质量,减少织机磨损和机械故障有重要意义。

片梭织机的幅宽范围为 190 ~ 540cm,能织制单幅或同时织制多幅不同幅宽的织物。在单幅加工时,移动制梭箱的位置,可以方便地调整织物的加工幅宽。在多幅织造时,最窄的织物上机箸幅为 33cm,几乎能满足所有的织物加工幅宽要求。加工特宽织物和筛网织物,则是片梭引纬的特色。

(4)片梭引纬能配合多臂开口机构或提花开口机构,加工一些高附加值的装饰用织物和高档毛织物,如床上用品、窗幔、高级家具织物、提花毛巾被、精纺薄花呢、提花毛毯等。

片梭引纬通常采用折入边,因此布边是光边,在无梭织机各类布边中,属于经纬纱回丝损失最少的一种。在加工毛织物时,如加装边字提花装置,还可织制织物边字。织入边容易产生布边纬密过大、边织物过厚的缺点,因此,布边的经纱密度和钢箸穿入数要适当减少。

第三节 剑杆引纬

剑杆织机引纬方法是用往复移动的剑状杆叉入或夹持纬纱,将机器外侧固定筒子上的纬纱引入梭口。剑杆的往复引纬动作很像体育中的击剑运动,剑杆织机因此而得名。

在无梭织机中,剑杆织机的引纬原理最早被提出,起初是单根剑杆,以后又发明了用两根剑杆引纬的剑杆织机。在 1951 年的首届国际纺织机械展览会(ITMA)上就展出了剑杆织机样机,也正是在这次展览会上将无梭织机评为新技术。

自 1959 年以来,各种剑杆织机相继投入使用,现已发展成为数量较多的一种无梭织机。剑杆织机品种适应性强,原因在于剑杆织机是积极地将纬纱引入梭口中,引纬运动是约束性的,纬纱始终处于剑头的积极控制之下,凡棉、毛、丝、麻、玻璃纤维、化纤或轻、中、重型织物都可用相应的剑杆织机来织制。特别是近年来在提高纬纱在剑头之间交接的可靠性,以及尽可能减小剑头对经纱摩擦等方面取得了突破之后,大大提高了其竞争力。尤其是剑杆织机具有轻巧的选纬装置,换纬十分方便,在采用多色纬织造时,更显示出它的优越性。

一、剑杆引纬分类

剑杆引纬的形式最多,可按以下几个特征分类。

(一)剑杆的配置

剑杆的配置有单剑杆引纬和双剑杆引纬之分。单剑杆引纬仅在织机的一侧安装比布幅宽的长剑杆及其传剑机构,由它将纬纱携带穿过梭口至另一侧,或空剑杆伸入梭口到对侧握持纬纱后,在退剑过程中将纬纱拉入梭口完成引纬。双剑杆引纬在织机两侧都装有剑杆和相应的传剑机构,这两根剑杆分别称之为送纬剑和接纬剑。引纬时,纬纱由送纬剑送至梭口中央,然后交付给对侧也已运动到梭口中央的接纬剑上,两剑再各自退回,由接纬剑将纬纱拉过梭口。

这两种形式相比,单剑杆引纬时,纬纱不经历梭口中央的交接过程,故较可靠,剑头结构简单,但剑杆尺寸大,增加占地面积,且剑杆动程大,限制车速的提高。而双剑杆引纬时,剑杆轻巧,结构紧凑,便于达到宽幅和高速,梭口中央的纬纱交接现已很可靠,极少失误。因此,目前广泛采用的是双剑杆引纬。

(二)纬纱交接方式

双剑杆引纬时,纬纱在梭口中央由送纬剑交付给接纬剑,交接方式有叉入式和夹持式两种。

1. 叉入式引纬　叉入式的特征是送纬剑与接纬剑之间以纱圈交接纬纱,叉入式又可分为单纬叉入式和双纬叉入式。

(1)单纬叉入式引纬。单纬叉入式引纬过程如图 8 – 12 所示,纬纱从筒子引出,经过张力器 1 和导纱器 2、6 后,纬纱头端夹持在供纬夹纱片 3 中,送纬剑 4 和接纬剑 5 在梭口开启时相向进入梭口,当送纬剑头经过导纱器 6 时,纬纱便挂在送纬剑的叉口中,但纬纱纱端仍夹持在夹纱片 3 中,如图 8 – 12(a)所示。在梭口中央交接时,接纬剑 5 勾住纬纱纱圈,纬纱纱端则从夹纱片 3 中释放,接下来随接纬剑退出梭口,纬纱不再从筒子退绕,接纬剑将纬纱拉成单根留在梭

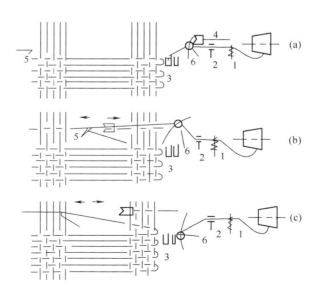

图 8 – 12　单纬叉入式引纬过程

口中,打纬后已织入的一纬仍与筒子相连,如图 8 – 12(b)所示。待送纬剑 4 将下一纬的纬纱纱圈交付给接纬剑时,导纱器 6 已将纬纱纳入剪刀剪断,与筒子相连的纬纱纱端又由夹纱片 3 夹持做下次供纬准备,引入的纬纱由接纬剑拉过梭口,如图 8 – 12(c)所示,至此引纬过程经历了两纬一个循环,刚引入到织物中的两纬相连但处于两个梭口中,如"发夹"状,每一梭口中仅有一根纬纱,故称单纬叉入式。单纬叉入式引纬时,纬纱与送纬剑剑头叉口和接纬剑剑头钩端之间有摩擦,接纬剑将纬纱拉出时纬纱稍有退捻且处于无张力状态,不易形成良好的布边,还有纬纱从筒子上退绕时的速度为剑杆速度的两倍,附加的纬纱张力过大,不利于高速。

(2)双纬叉入式引纬。双纬叉入式引纬过程如图 8 – 13 所示,纬纱经张力器 1、导纱器 2 后,穿入送纬剑 4 的孔眼中,被送纬剑送入梭口,两剑在梭口中央交接,接纬剑钩端 6 伸入送纬剑中勾住纬纱,如图 8 – 13(b)所示。接纬剑 5 已勾住纱圈退出梭口,在打纬的同时由撞纬片 3 使纱圈从接纬剑钩头上脱下来套到成边机构的舌针上,由舌针将它与上一个纬纱纱圈串套成针织边,如图 8 – 13(c)所示。送纬剑在退剑时,纬纱仍穿在剑头的孔内,接纬剑退回时,纬纱继续从筒子上退绕,这样每次引入梭口的纬纱为双根纬纱。双纬叉入式引纬只适于织制双纬织物,且无法换纬,故只能用于单色纬纱织制,有着很大的局限性。

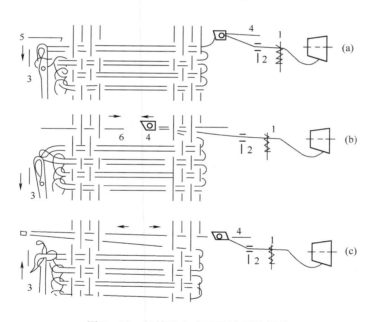

图 8 – 13　双纬叉入式引纬过程示意图

2. 夹持式引纬　夹持式的特征是送纬剑与接纬剑之间以纱端形式交接纬纱。夹持式引纬过程如图 8 – 14 所示,当送纬剑 4 向梭口中进剑时将梭口外处于引纬路线上的纬纱夹持住,同时纬纱剪刀 3 将与上一纬相连的纬纱剪断,送纬剑便夹持住纬纱的头端进入梭口引纬。送纬剑与接纬剑 5 在梭口中央相遇,纬纱便自动转移到接纬剑上,当接纬剑退出梭口时,剑头与开夹器相碰,使接纬剑夹纱钳口打开,释放纬纱纱端,完成引入一纬。

夹持式引纬时纬纱无退捻现象,且纬纱与剑头之间无摩擦,不损伤纬纱,纬纱始终处于一定

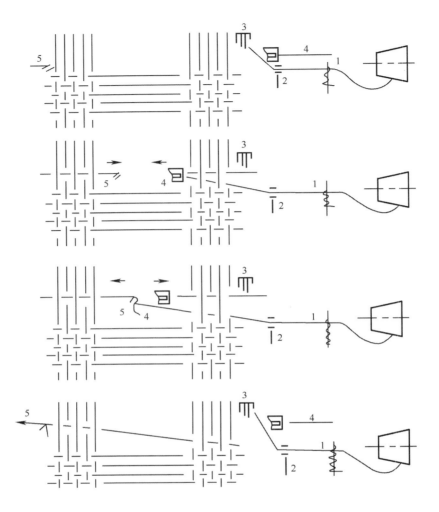

图 8 – 14　夹持式引纬过程

1—张力器　2—导纱器　3—纬纱剪刀　4—送纬剑　5—接纬剑

的张力作用下,故有利于其在织物中均匀排列。但两侧布边均为毛边,需设成边装置,剑头结构也较复杂。

（三）刚性与挠性剑杆

剑杆是刚性的,还是挠性的,通常作为剑杆织机的分类依据。

1. 刚性剑杆织机的引纬　刚性剑杆织机的剑头装在刚直坚牢的剑杆上,靠刚性剑杆往复运动完成引纬,梭口内不需设置导引剑杆的装置。刚性剑杆退出梭口后所占空间较大,使得机台占地面积大,而且剑杆较笨重、惯性大,不利于高速。

2. 挠性剑杆织机的引纬　挠性剑杆织机的剑头装在弹簧钢或复合材料制成的扁平条带上,靠挠性剑带的伸卷使剑头往复运动完成引纬,挠性剑带退出梭口后可卷绕在传剑轮盘上或缩到机架下方。挠性剑杆织机占地面积小,剑带质量轻,有利于高速,能达到的幅宽也大。

(四)传剑机构的位置

剑杆织机的传剑机构或固装在机架上,或固装在筘座上,前者采用分离式筘座,后者为非分离式筘座。

二、传剑机构

(一)非分离式筘座剑杆织机的传剑机构

在非分离式筘座剑杆织机上,剑杆的运动由筘座机构的运动和连杆机构的运动复合而成。一种引纬连杆机构如图 8 – 15 所示,送纬剑为六连杆机构,接纬剑为四连杆机构,两者的曲柄均装在织机主轴上。引纬连杆机构中最末一级摇杆的运动通过周转轮系与筘座运动复合成传剑运动,如图 8 – 16 所示。令最末一级摇杆的角速度为 ω_3,筘座脚由四连杆打纬机构驱动,其角速度为 ω_k,周转轮系输出轴的角速度为 ω_1,则:

$$\frac{\omega_3 - \omega_k}{\omega_1 - \omega_k} = \frac{Z_1}{Z_3} \tag{8-1}$$

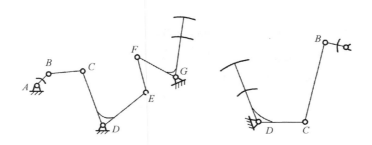

图 8 – 15 引纬连杆机构

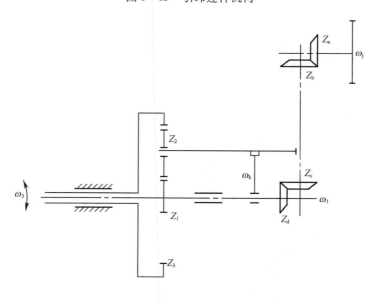

图 8 – 16 传剑运动的合成

由于圆锥齿轮 Z_1 相对于筘座脚的角速度为 $\omega_1 - \omega_k$，从而随筘座脚一起摆动的传剑齿轮的转速 ω_j 为：

$$\omega_j = (\omega_1 - \omega_k)\frac{Z_d Z_b}{Z_c Z_a} = (\omega_3 - \omega_k)\frac{Z_d Z_b Z_3}{Z_c Z_a Z_1}$$

因各齿轮齿数为常数，故令：

$$i = \frac{Z_d Z_b Z_3}{Z_c Z_a Z_1}$$

从而：

$$\omega_j = i(\omega_3 - \omega_k) \tag{8-2}$$

由此可见，在组成剑杆的运动中，引纬连杆机构的运动是传剑运动的基本部分，而筘座运动是作为修正部分，如图 8-17 所示，合成的运动规律可达到工艺上的要求。

剑杆织机上送纬剑动程 S_s 和接纬剑动程 S_j 之和 S 应为（图 8-18）：

$$S = a + b + c + B \tag{8-3}$$

式中：a——接纬剑剑头在接纬侧边经外移动的距离；

b——送纬剑剑头在送纬侧边经外移动的距离；

c——两剑在梭口中交接时的最大重叠尺寸（也称交接冲程）；

B——上机筘幅。

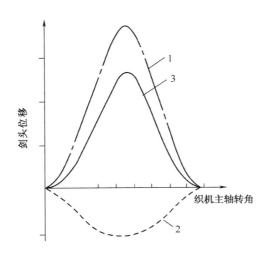

图 8-17　剑杆位移的合成

1—仅由引纬连杆机构运动引起的剑杆位移

2—仅由筘座运动引起的剑杆位移

3—引纬连杆机构和筘座运动共同引起的剑杆位移

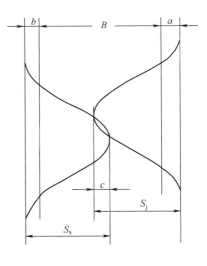

图 8-18　剑杆动程

对于一定机型的剑杆织机,a、b、c 保持不变,而织物的上机筘幅 B 由所织制的织物品种决定,因此剑杆动程应随上机筘幅作相应调整,调整方法与机型有关。在非分离式筘座剑杆织机上通过对引纬连杆机构中的曲柄半径进行变化就可实现,曲柄半径增大,剑头动程也增大,适应更大的上机筘幅。

图 8－19 为送纬剑、接纬剑的剑头速度曲线图。从图上可以看到:在起始处剑杆运动缓慢,而送纬剑更慢,在终了时亦是如此。这是由于送纬剑的引纬六连杆机构中最末一级摇杆在极限位置附近的运动较接纬剑的四连杆更缓慢的缘故,它有利于送纬剑能在较短的距离内正确夹持住纬纱,而且能较早地出梭口。而由接纬剑剑头夹持的纬纱一旦被释放后,必须立即被闭合的经纱夹持住,故接纬剑头不能过早地出梭口,采用四连杆机构就可以解决了。另外从图上还可看到:两剑的最大速度值均出现在剑头空载时,这有利于降低纬纱张力峰值。

对于用传剑齿轮传动冲孔剑带的剑杆织机,只要在上机时改变剑带与齿轮的初始啮合位置就可调整两剑头在梭口中央的交接冲程和交接位置,以保证它们在筘幅中央交接。为了控制剑带稳定地运动,筘座上装有双排导剑钩,在前后两侧控制着剑带的运动,如图8－20 所示。

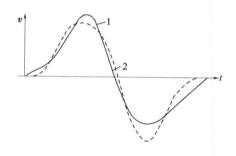

图 8－19　剑头速度曲线

1—接纬剑　2—送纬剑

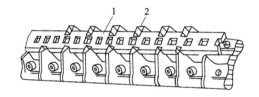

图 8－20　导剑钩对剑带的控制

1—剑带　2—导剑钩

(二)分离式筘座剑杆织机的传剑机构

在分离式筘座剑杆织机上,传剑机构不随筘座前后摆动,剑杆的运动完全由一套机构产生。这套机构有多种形式,主要有共轭凸轮式、空间曲柄连杆机构式、螺杆式等。

1. 共轭凸轮式传剑机构　图 8－21 所示为剑杆织机上的共轭凸轮式传剑机构。织机主轴3 上的共轭凸轮 1、2 驱动转子4 使摆轴5 往复回转,通过连杆7 使扇形齿轮8 往复摆动,再通过小齿轮9 和同轴的圆锥齿轮10 传动另一只圆锥齿轮11,使传剑齿轮12 往复回转。剑带是扁平的冲孔条带,与传剑齿轮12 啮合而往复进出梭口引纬。织机主轴转一转,两剑进出梭口一次,引入一纬。

剑头的运动完全取决于引纬凸轮的设计。剑杆动程随织物的上机筘幅大小需进行调节,是通过改变摆轴5 上的滑块6 位置,进而改变连杆7 的运动量实现的,若使连杆的运动量增加,则

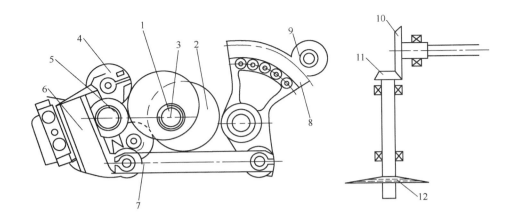

图 8 – 21　共轭凸轮式传剑机构

剑杆动程增大,反之则减小。

　　2. 空间曲柄连杆传剑机构　图 8 – 22 所示为剑杆织机上的空间曲柄连杆传剑机构。曲柄 1 绕曲柄轴 2 转动,经叉状连杆 3 带动摆杆 4 绕 O 点在 XOY 平面内作往复摆动。然后,运动通过连杆 5 传递到扇形齿轮 6,扇形齿轮驱动齿轮 7、传剑齿轮 8 作往复运动,进而带动剑带 9 完成进剑和退剑运动。织机主轴转一转,引入一纬。剑杆动程靠连杆 5 与扇形齿轮 6 联结点的位置进行调节。当联结点的位置向 O 移近时,传剑齿轮 8 的回转量增加,剑杆动程增大;反之,剑杆动程减小。

　　剑杆织机采用的空间曲柄连杆传剑机构,结构较为紧凑,能符合剑头的运动要求,但由于连杆机构本身的特点,故运动规律不及共轭凸轮理想。

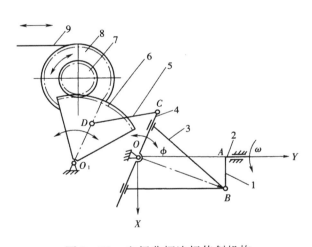

图 8 – 22　空间曲柄连杆传剑机构

　　3. 螺杆式传剑机构　图 8 – 23 所示为剑杆织机上的螺杆式传剑机构,织机主轴通过齿形带传动曲柄轮轴 1 转动,曲柄 2 通过连杆 3 传动滑块 4 往复运动,装在滑块 4 上的转子 5 与不等距螺杆 6 啮合,从而推动不等距螺杆 6 做正反旋转,螺杆末端装有传剑齿轮 7,由它传动剑带 8 伸缩使剑头进出梭口,完成引纬动作。剑杆动程的大小可以调节曲柄 2 的长度来实现。因螺杆是不等距的,故螺杆做变速回转运动,变速回转的规律是按剑头的运动规律要求的。这种传剑机构的传动链短,没有中间齿轮,故结构紧凑,运动精确,但滑块和不等距螺杆设计与制造难度较大。

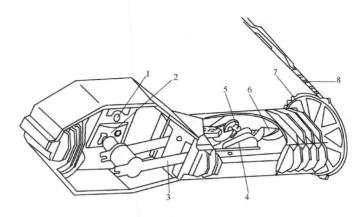

图 8 – 23　螺杆式传剑机构

三、剑杆织机的多色纬织制

剑杆织机在多色纬织制方面有其优越性,选色时只要使相应的纬纱处于送纬剑将要经过的引纬路线就可以了。故剑杆织机选色容易,装置简单,可使用的色纬数多。

剑杆织机在织制多色纬时可以采用两种形式的选纬装置:一种是采用专门的选纬装置;另一种是用多臂开口(或提花开口)机构控制选纬。

(一)专门选纬装置

专门选纬装置现多采用电子式,它由选纬信号和选纬执行两个部分组成。

1. 选纬信号部分　选纬信号部分由选纬纹纸及其传动和光电阅读装置组成。选纬纹纸如图 8 – 24 所示,两侧为传动和定位孔。纹纸首尾相接成环状,每纬由齿轮传动转过一排孔,每排有 8 个孔位,在处于工作位置孔位的内外两侧分别有 8 组红外发光二极管和光敏三极管。从红外发光二极管发出的红外光须经纹纸上的孔才能照射到光敏三极管上,有光照时,则光敏管的信号经控制部分电缆传到选纬执行部分,使相应的选纬针下降到剑头所经路线上,剑头在进剑时便将这种纬纱引入到梭口中。显然,每排 8 个孔位上都有一只孔,也仅有一只孔位上有孔。

新型剑杆织机上,选纬信号部分为一专门的控制器,不再采用选纬纹纸,而是通过按键直接输入选纬程序并存储。

2. 选纬执行部分　如图 8 – 25 所示,每一色纬的选纬针均有一套相同的执行单元。选纬针 1 的孔眼中穿有所控制的纬纱,选色信号部分使对应的执行单元

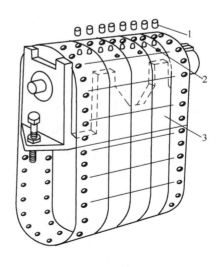

图 8 – 24　选纬纹纸

1—光敏管　2—红外发光管　3—纹纸

中的微型电磁铁 6 得电,钩子 5 使杆 4 的右端不能上抬,同时依靠凸轮 2 的作用,使杆 4 的左端上抬,杆 3 逆时针转动,选纬针 1 便下降到引纬路线上,等待送纬剑将其上的纬纱引入梭口,而其他单元中的选纬针仍在引纬路线的上方,不参与引纬。

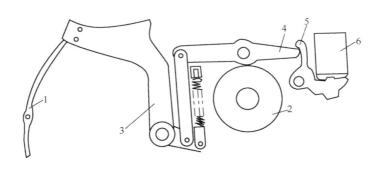

图 8 - 25　选纬执行单元

(二)多臂开口机构控制选纬

多臂开口直接控制选纬是用开口机构的提综单元的提综臂直接驱动选纬针,两者之间通过软轴连接,每一提综单元控制一只选纬针。上机时只要简单地把选纬信号同开口提综信号一样输入(电子多臂机)或打在纹板上(机械多臂机)。选纬要占用部分开口提综单元,减少了多臂机的用综数。如剑杆织机配置的是提花开口装置,则也可利用提花开口控制选纬。

四、剑杆引纬的品种适应性

剑杆引纬的特点决定了它的品种适应性。剑杆由传剑机构传动,设计合理的传剑机构使剑头运动具有理想的运动规律,保证了剑头在拾取纬纱、引导纬纱和交接纬纱过程中纬纱所受的张力较小、较缓和。与片梭引纬相比,剑杆头在启动纬纱时的加速度仅为片梭引纬的 $\frac{1}{10} \sim \frac{1}{20}$,这显然对一些细特纱、低强度纱或弱捻纱等一类纬纱的织造是有利的,从而保持较低的断纬率和较高的织机生产效率。

剑杆引纬以剑头夹持纬纱,纬纱完全处于受控状态,属于积极引纬方式。在织造强捻纬纱织物时(如长丝绉类织物、纯棉巴里纱织物等),抑制了纬纱的退捻和织物纬缩疵点的形成。

目前,大多数剑杆织机的剑头通用性很强,能适应各种不同原料、不同粗细、不同截面形状的纬纱,而无须调换剑头。

(1)剑杆引纬十分适宜加工装饰织物中纬向采用粗特花式纱(如圈圈纱、结子纱、竹节纱等)或细特、粗特交替间隔形成粗、细条,以及配合经向提花而形成不同层次和凹凸风格的高档织物,这是其他一些无梭引纬所难以实现或无法实现的。

(2)由于良好的纬纱握持和低张力引纬,剑杆引纬还被广泛用于天然纤维和人造纤维长丝的织造生产以及毛圈织物生产。

(3)剑杆引纬具有极强的纬纱选色功能,能十分方便地进行 8 色任意换纬,最多可达

16 色,并且选纬运动对织机速度不产生任何影响。所以,剑杆引纬特别适合于多色纬织造,在装饰织物加工、毛织物加工和棉型色织物加工中得到了广泛使用,符合小批量、多品种的生产特点。

(4)双层剑杆织机适用于双重织物、双层织物的生产。织机采用双层梭口的开口方式,每次引纬同时引入上下各一根纬纱。在加工双层起绒织物的专用剑杆绒织机上,还配有割绒装置。双层剑杆织机不仅入纬率高,而且生产的绒织物手感、外观良好,无毛背疵点,适宜加工长毛绒、棉绒、天然丝和人造丝的丝绒、地毯等织物。

(5)由于刚性剑杆引纬不接触经纱,对经纱不产生任何磨损作用,同时,剑头具有理想的引纬运动规律和对纬纱强有力的握持作用,因此在产业用纺织品的生产领域中,如玻璃纤维和其他一些高性能纤维的特种工业用技术织物的织造加工,有用刚性剑杆织机的。

第四节　喷气引纬

喷气织机的引纬方法是用压缩气流牵引纬纱,将纬纱带过梭口。喷气引纬的原理早在1914 年就由 Brooks 申请了专利,但直到1955 年的第二届 ITMA 上才展出了样机,其筘幅也只有44cm。喷气织机真正成熟是在此 20 多年之后。之所以经过这么长的时间,是因为喷气织机的引纬介质是空气,而如何控制容易扩散的气流,并有效地将纬纱牵引到适当的位置,符合引纬的要求,是一个极难解决的技术问题,直到一批专利逐步进入实用阶段,这一难题才得到解决。这些专利主要包括美国的 Ballow 异形筘、捷克的 Svaty 空气管道片方式及荷兰的 Te Strake 辅助喷嘴方式等。

最近十几年,随着电子技术、计算机技术在喷气织机上的广泛应用,其机构部分大大简化。与剑杆引纬机构和片梭引纬机构相比,喷气引纬机构的结构简单、零件轻巧、振动也小,可以采用非分离式筘座,将引纬部件直接安装在筘座上,随同筘座摆动,这为连杆式打纬机构的使用创造了条件。连杆式打纬机构为低副传动,共轭凸轮打纬机构为高副传动。因此,连杆式打纬机构加工比较方便,零件磨损较少。由于前述原因,喷气织机的价格较低(为相同装备水平的剑杆织机价格的 80% ~90%左右),投资成本较少。工艺性能更为理想,在织物质量、生产率方面有了长足的进步。喷气织机已成为发展最快的一种织机。

在喷气织机的发展过程中,已形成了单喷嘴引纬和主辅喷嘴接力引纬两大类型。在防止气流扩散方面也有两种方式:一种是管道片方式,另一种是异形筘方式。由引纬方式和防气流扩散方式的不同组合形成了喷气织机的三种引纬形式。

(1)单喷嘴＋管道片。该形式引纬完全靠一只喷嘴喷射气流来牵引纬纱,气流和纬纱是在若干片管道片组成的管道中行进的,从而大大减轻了气流扩散。

(2)主喷嘴＋辅助喷嘴＋管道片。前一种形式的喷气织机虽简单,但因气流在管道中仍不断衰减,织机筘幅只能到190cm,故人们在筘座上增设了一系列辅助喷嘴,沿纬纱行进方向相继喷气,补充高速气流,实现接力引纬。

（3）主喷嘴+辅助喷嘴+异形筘。前两种形式的喷气织机每引入一纬，管道片需在引纬前穿过下层经纱进入梭口与主喷嘴对准，引纬结束后，需再穿过下层经纱退出梭口。由于管道片具有一定厚度，且为有效地防止气流扩散紧密排列，这就难以适应高经密织物的织造，加之为保证管道片能在打纬时退出梭口，筘座的动程较大，也不利于高速。于是人们将防气流扩散装置与钢筘合二为一，发明了异形筘。异形筘的筘槽与主喷嘴对准，引纬时，纬纱与气流沿筘槽前进。由于这种引纬形式在宽幅、高速和品种适应性等方面优势明显，为喷气织机广泛采用。

一、喷气引纬原理

（一）射流的性质

压缩气流从圆形喷嘴射出时即形成圆射流，它具有"喷射成束"的特点，喷嘴喷出的气流速度为 $100 \sim 200 \text{m/s}$。当它们一旦接触周围空气时，靠近射流边界上的微团便要与相邻的静止空气发生混合，其结果是射流将自己的一部分动量传给周围的空气，使部分原来静止的空气被射流带动向前运动（称之为射流的卷吸作用）。与此同时，还使部分原来静止的空气获得较低的垂直于射流轴向的速度而缓慢地运动（称之为射流的扩散作用），这种现象沿射流的行进方向一直发生下去，导致射流能量的逐渐耗散，速度越来越低，射流截面也越来越大。

图 8−26 所示为圆射流的结构图，图中 O 为射流的极点，射流以轴线 OX 为对称轴，并沿边界 ae 和 bf 扩散成圆锥体，a、b 之间的距离为喷嘴直径 d_0，α 称为射流扩散角。在射流锥体中，除 abc 叫做射流的核心区外，其余部分叫做混合区，核心区内各点的流速相等，均等于喷口的流速 v_0，圆射流的扩散角一般为 $12° \sim 15°$，其核心区长度 S_0 为：

$$S_0 = \frac{kd_0}{a} \tag{8-4}$$

式中：d_0——喷嘴直径；

　　a ——喷嘴紊流系数，圆形喷嘴为 0.07；

　　k——实验常数，圆射流为 0.335。

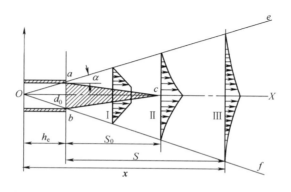

图 8−26　圆射流结构

过了核心区之后的射流,在同一截面上速度分布的规律是越接近于轴线位置的速度越大,且射流轴线上的流速 v 可用下面的经验公式计算:

$$v = \frac{0.97v_0}{0.29 + 2aS/d_0} \qquad (8-5)$$

式中:v ——距喷嘴出口为 S 处的射流中心点流速;

$\qquad v_0$ ——喷嘴出口处中心点流速;

$\qquad a$ ——喷嘴紊流系数(因喷嘴特性而异);

$\qquad d_0$ ——喷嘴出口处直径。

若以单个主喷嘴引纬形式为例,喷嘴直径 $d_0 = 11mm$,则射流轴线上的速度变化特征如图8 – 27 所示。在核心区长度范围内,轴心速度相等,在这之后流速下降很快。当 $S = 360mm$ 时,轴心的流速只有原来的 $1/5$;而在 $S = 740mm$ 处,只有原来的 $1/10$,难以满足引纬要求,需设置防气流扩散装置。

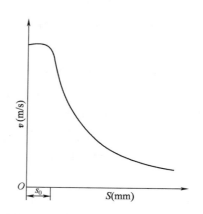

图 8 – 27 射流轴心气流速度的衰减

对于圆形喷嘴,可根据图 8 – 26 求出距喷口 S 处的射流截面直径 d_s 的大小。由图中几何关系可得:

$$d_s = d_0 + 2S\tan\alpha \qquad (8-6)$$

若 α 取中间值 $13.5°$,则:

$$d_s = d_0 + 0.48S$$

以上讨论的是圆射流的特性,若气流从矩形或椭圆形孔口喷射出来,则称之为扁射流,它的结构特征和参数计算与圆射流不同,较为复杂。

在采用接力引纬的喷气织机上,主喷嘴和辅助喷嘴射流轴线之间呈一定夹角,两者的射流在合流时发生碰撞。为使两股射流碰撞后的能量损失小而利用率高,主喷嘴和辅助喷嘴之间的夹角应小些,使合流后的射流更有利于引纬。

(二)气流引纬时纬纱的受力

纬纱在射流的控制下运动,长度为 l 的纬纱所受的射流牵引力 F 为:

$$F = \int_0^l \left[C_f \rho (v - u)^2 \pi D/2 \right] dl \qquad (8-7)$$

式中:C_f ——气流对纱线的摩擦因数(在 $0.025 \sim 0.033$ 之间,根据纱线的表面性质确定);

$\qquad \rho$ ——空气密度,kg/m^3;

$\qquad v$ ——作用在单元纱段上射流流速,m/s;

$\qquad u$ ——单元纱段的飞行速度,m/s;

D ——单元纱段的直径,m;

dl ——单元纱段的长度,m。

由式(8-7)可知,在其他条件相同时,C_f 值愈大的纱线,气流对纬纱的摩擦牵引力愈大。实验表明:空气阻力系数 C_f 与纤维种类、纱线表面的毛茸程度有关,如纤维表面光滑、纱身毛茸少的纱线的 C_f 值较小,反之则较大。

受气流牵引的纱线的表面积愈大,纱线受到的摩擦牵引力也愈大,即纱线直径粗时,纱线受到的摩擦牵引力大。纱线受到的摩擦牵引力,还与气流和纬纱的相对速度的平方成正比。在引纬开始时,气流速度很大,而纬纱处于静止状态,故两者的相对速度最大。随引纬的进行,气流速度因扩散作用越来越低,而纬纱速度越来越高,故气流和纬纱的相对速度下降,对应的纬纱所受的摩擦牵引力减小。但受气流牵引的纱线长度在增加,且增加得很快,两者增长的结果使 F 开始时迅速增加,经历一段时间后,F 不再有明显的增加。

实际引纬时,纬纱除了受到气流的摩擦牵引力外,还受到阻力的作用,阻力主要是纬纱进喷嘴之前与导纱器的摩擦引起的。

在喷气引纬时,纬纱飞行速度的平均值已突破 50m/s,纬纱飞行速度的大小和变化特征与引纬时气流速度的大小和变化特征密切相关。气流与纬纱速度的理想配合应为:纬纱飞行速度 u 尽量接近 v,但又不超过 v。这样既能保证纬纱以高速飞行,缩短纬纱的飞行时间,又能保证纬纱挺直。在接力引纬的喷气织机上,由于气流能按需要得到及时补充,使气流速度的波动范围小,$v-u$ 的差值变化也小到更加理想的程度,如图8-28所示,从而为提高喷气引纬质量和增加引纬幅宽,提供了良好的条件。

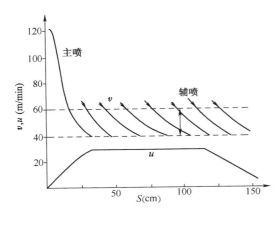

图8-28 喷气织机上 v 和 u 的变化

二、喷气引纬装置

(一)主喷嘴

1. 主喷嘴的结构 纬纱经储纬定长装置后到达主喷嘴,通过进纱孔进入主喷嘴。主喷嘴与压缩空气管相通,因此它是用来直接喷射纬纱的。在单喷嘴织机上完全靠它完成引纬,主喷嘴的尺寸较大,结构也较简单;而在接力引纬的喷气织机上,主喷嘴的直径较小,一般只有6mm左右,喷嘴的结构却更为复杂和精密,以获得理想的射流。

主喷嘴有多种结构形式,其中应用极为普遍的一种为组合式喷嘴,它的结构示意图如图8-29所示。组合式喷嘴由喷嘴壳体1和喷嘴芯子2组成。压缩空气由进气孔4进到环形气室6中,形成强旋流,然后经过喷嘴壳体和喷嘴芯子之间环状栅形缝隙7所构成的整流室5,整流室截面的收缩比是根据引纬流速的要求来设计的。整流室的环状栅形缝隙起"切割"旋流的作用,它将大尺度的旋流分解成多个小尺度的旋流,使垂直于前进方向的流体的速度分量减弱,而前进方向的速度分量加强,达到整流目的。

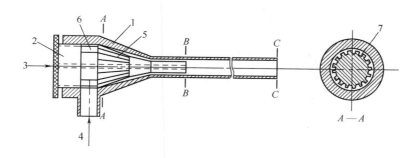

图 8－29 喷气织机主喷嘴结构示意图

在 B 处汇集的气流,将导纱孔 3 处吸入的纬纱带出喷口 C。BC 段为光滑圆管,称为整流管,对引纬气流进一步整流,当整流段长度与管径之比大于 6～8 时,整流效果较好,从主喷嘴射出的射流扩散角小,集束性好,射程也远。

喷嘴芯子在喷嘴壳体中的进出位置可以调节,使气流通道的截面积变化,从而改变射流的出流流量。

虽然主喷嘴将纬纱送出的距离较短,但有辅助喷嘴的接力作用,从而保证了引纬的要求。主喷嘴出口到防气流扩散装置的距离不能太大,否则射流截面直径因扩散将大于防气流扩散装置的直径,使相当部分的气流不能进入防气流扩散装置。

2. 主喷嘴的固装 主喷嘴的固装有两种形式。

(1)主喷嘴固定在机架上,不随筘座一起前后摆动,即分离式。最初几乎所有的喷气织机都采用这种方式,为使主喷嘴在引纬时能与管道片的孔或筘槽对准,要求筘座在后止点有相当长的相对静止时间,这会使筘座运动的加速度增大,不利于车速提高,加之筘座相对静止期间筘座仍有少量位移,这会造成防气流扩散装置内的气流压力出现驼峰,易造成纬纱头端的卷曲飞舞。

(2)主喷嘴固装在筘座上,随筘座一起前后摆动。它可以保证喷嘴与筘槽或管道片始终对准,允许的引纬时间角延长,加之筘座无需静止时间,打纬运动的加速度小,从而有利于宽幅、高速,同时可降低引纬所需的气压和耗气量。目前一些先进的喷气织机上在活动的主喷嘴之前,还附加一只辅助的固定喷嘴,可以使进入主喷嘴的纬纱更为稳定。

(二)防气流扩散装置

防气流扩散装置有两种,一种是管道片,另一种是异形筘。

1. 管道片 管道片组成管道,管道片之间要留有间隙以容纳经纱。在管道片的径向开有脱纱槽,以便完成引纬后,纬纱从管道中脱出留在梭口中。常见的管道片如图 8－30 所示,管道片上方的开口部分供引纬完成后,纬纱从管道片脱纱槽中脱出,留在梭口中。管道片防气流扩散效果好,但对经纱干扰重,筘座动程大不利于高速,因此新型喷气织机上都采用异形筘防气流扩散。

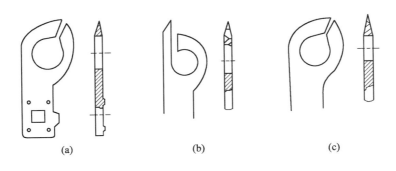

图 8 - 30　各种管道片的形状

2.异形筘　异形筘也称槽筘,其筘片如图 8 - 31 所示。主喷嘴与筘槽对准,喷出的气流牵引纬纱在这种特殊筘齿的凹槽内通过梭口。因此,在引纬时,筘槽必须位于梭口中央,如图 8 - 31(a)所示;而到打纬时织口接触筘槽上部,纬纱被打入织口,如图 8 - 31(b)所示。显然异形筘防气流扩散的效果不及封闭较多的管道片组成的管道,但它能适应高经密织物的织造,并为织机高速提供了可能。

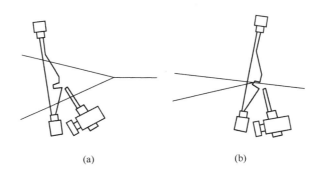

图 8 - 31　异形筘的形状

筘片的槽口十分光滑,槽口的高度和宽度各为 6mm 左右,梭口满开的尺寸也很小,在钢筘处的梭口高度(即有效梭口高度)只有 15mm 左右,钢筘打纬的动程也只有 35mm,这些均有利于织机的高速。筘齿的密度和间隙与普通筘一样,按上机筘幅和每筘穿入数确定筘号。

(三)辅助喷嘴

为在喷气织机上实现宽幅和高速,必须采用接力引纬方式,靠辅助喷嘴补充高速气流,保持气流对纬纱的牵引作用。在异形筘防气流扩散的喷气织机上采用辅助喷嘴,它单独安装在异形筘筘槽的前方,气流从调节阀输出后,进入电磁阀气室中心,电磁阀开启后,气流通过软管进入辅助喷嘴内腔,将气流喷出。

辅助喷嘴的喷孔大致可分为单孔型和多孔型。单孔型辅助喷嘴的圆孔直径在 1.5mm 左右,而后发展起来的多孔型的孔径在 0.05mm 左右。多孔型较典型的有 19 孔辅助喷嘴,19 只孔分 5 排分布,各排的孔数分别为 3、4、5、4、3 只。多孔型还有设置成放射条状或梅花状的。就喷出气流的集束性而言,多孔型要比单孔型理想,这是因为辅助喷嘴的壁厚很薄,而壁厚和孔径之比 < 1 时,气流的喷射锥角增大,集束性也差。在壁厚一定的情况下,用多个微孔取代单个圆孔将有助于增大壁厚与孔径之比值,提高了气流的集束性。

辅助喷嘴上喷孔所在的部位通常是微凹的,这样可防止喷孔的毛头刺破或刮毛经纱。辅助喷嘴的喷射角度与主射流的夹角要小,约 9° 左右,这使得两股射流碰撞后的变化率小,可充分利用合流后的气流速度。辅助喷嘴固装在筘座上,其间距取决于主射流的消耗情况,一般在靠近主喷嘴的前中段较稀,而后段较密,这样有助于保持纬纱出口侧的气流速度较大,减少纬缩疵点。

用了辅助喷嘴后大大地增加了喷气引纬的耗气量,为节约压缩空气,一般采用如图 8 - 32 所示的分组依次供气的方式,一般 2 ~ 5 只辅助喷嘴成一组,由一只阀门控制,各组按纬纱行进方向相继喷气。控制主喷嘴和辅助喷嘴的阀门均为电磁阀,电磁阀对喷射时间调节方便,便于实现自动控制。在喷气织机上所采用的电磁阀具有工作频率高、响应快的特性,以适应织机的高速。

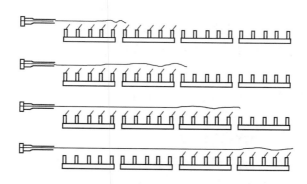

图 8 - 32　多喷嘴分组接力喷气

在一些喷气织机的出口侧外加装一只特殊的辅助喷嘴,也称延伸喷嘴,它的作用是拉伸引纬结束时的纬纱,可有效减少喷气引纬纬缩疵点。

(四)供气装置

制备高质量压缩空气的空气压缩系统如图 8 - 33 所示。

1. 空气压缩机　空气压缩机 1 将空气压入储气罐 2。由空气压缩机作用,空气压力被提高到 $7 \times 10^5 Pa$(该压力可调),空气温度也上升到 40℃。这时,空气中的大量水分凝结为冷凝水,

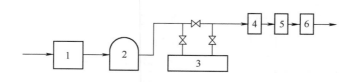

图 8 - 33　空气压缩系统示意图

由储气罐的排水管中排出,空气中90%以上水分被排除。空气压缩机有活塞式、螺杆式和涡轮式三种,目前以螺杆式和涡轮式应用较为广泛。空气压缩机又可分为加油式和不加油式,相应地产生了含油和不含油压缩空气。

2. 储气罐 储气罐2作为织造车间的压缩空气供气源,应具有很大的容气量,它衰减了来自空气压缩机的空气压力脉动,使供气压力保持稳定。同时,空气在储气罐内流动缓慢,让水分和一些有害杂质能从中分离出来。

储气罐流出的压缩空气经干燥器3进一步除去水分,通常采用的是冷冻式干燥器。压缩空气被冷却到20℃,于是水分被进一步冷凝出来,经干燥器之后,空气中99.9%的水分被排除,其大气压露点温度降为 −17℃。

3. 过滤器 主过滤器4对来自干燥器的压缩空气进行过滤。主过滤器的过滤精度达3～5μm,过滤对象是粒子较大的水、油、杂质。经过滤后,空气中3～5μm以上的杂质和99%的含油被除去。

过滤精度为0.3～1μm的辅助微粒过滤器5和过滤精度为0.01μm的微粉雾过滤器6,其过滤目的主要是除去经过主过滤器过滤后压缩空气中残留的油分,使空气含油量几乎下降为零,同时把相应尺寸的杂质微粒过滤出来。使用蜗轮式和不加油螺杆式空气压缩机时,由于压缩空气中不含油分,因此辅助微粒过滤器和微粉雾过滤器可以不用,或者只使用辅助微粒过滤器。

经这种流程生产的压缩空气能满足喷气织机用压缩空气的干燥、无油要求。

三、喷气织机的混纬与多色纬织制

喷气织机在织制多色纬时,每一种纬纱需要配置一只主喷嘴,以防纱线之间的缠绕,且要使每一只主喷嘴与防气流扩散装置对准,以达到良好的防扩散效果。由于异形筘的筘槽尺寸较小,在多个主喷嘴的情况下,难以保证每个主喷嘴喷射的气流都处于筘槽中的最佳位置。因此,对多色纬织制,喷气织机不及剑杆织机。同片梭织机一样,喷气织机目前较为成熟的最大色纬数为四种,此外还有两色任意引纬(可用来混纬)。

图8-34为JAT500型喷气织机上两色任意顺序织造的控制系统,结构很简单。两只主喷嘴4、5挨在一起,通过各自的储纬控制器3供纬,上机时,需将引纬顺序由操作键盘1输入计算机控制系统2。在织造过程中,由计算机控制在相应的时刻打开与色纬排列对应的主喷嘴的电磁阀,引入该种纬纱,而另一只喷嘴的电磁阀未被打开,不引纬。喷气织机上四色纬织造的控制也类似。

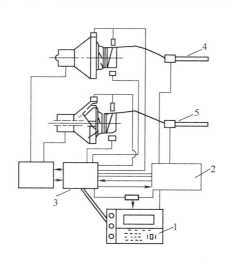

图8-34 喷气织机两色织造控制系统

四、喷气引纬的品种适应性

随着喷气引纬技术的迅速发展,喷气引纬的品种适应性和产品质量也得到了相应的提高。可用于轻薄直至重厚各种类型的织物加工,纬纱能选择4~6色,原料主要为短纤纱和化纤长丝。

(1)喷气引纬特别适宜于细薄织物加工,在生产低特高密单色织物时具有明显的优势。

(2)喷气引纬产量高、质量好、成本低,十分适宜于面大量广的单色织物生产,经济效益较好。

(3)采用管道式喷气引纬,进行需求量极大的中档和部分高档织物的中速生产,则经济效益和节能效果较为明显。

(4)喷气引纬属于消极引纬方式,引纬气流对某些纬纱(如粗重结子线、花式纱等)缺乏足够的控制能力,容易生产引纬疵点。气流引纬对经纱的梭口清晰度也有很严格的要求,在引纬通道上不允许有任何的经纱阻挡,否则会引起纬停关车,影响织机效率。应该注意:喷气织造的高速度和经纱高张力特点(经纱高张力有利于梭口清晰)对经纱的原纱质量和前织准备工程的半成品质量有很高的要求。

第五节　喷水引纬

喷水织机是继喷气织机问世后不久出现的又一种无梭织机,由捷克人斯瓦杜(Svaty)发明,1955年第二届ITMA上第一次展出了喷水织机。

喷水织机和喷气织机一样,同属于喷射织机,区别仅在于喷水织机是利用水作为引纬介质,通过喷射水流对纬纱产生摩擦牵引力,使固定筒子上的纬纱引入梭口。由于水射流的集束性较好,喷水织机上没有任何防水流扩散装置,即使这样它的筘幅也能达到两米多。

喷水织机的水射流集束性好,加之水对纬纱的摩擦牵引力也大,从而使喷水织机的纬纱飞行速度、织机速度都居各类织机之首。

在喷水织机上,织物织成后需在织机上除去绝大部分水,故只适用于合成纤维、玻璃纤维等疏水性纤维纱线的织造,因此喷水织机在织制品种上有着局限性。

喷水织机与喷气织机都是利用流体来引纬,所以引纬原理和引纬装置都很相似,但其特有的装置有喷射泵、水滴密封疏导和回收装置、织物脱水干燥装置等。喷水织机上与水接触的部件要防锈。

一、喷水引纬原理

喷水织机的水射流与喷气织机的射流相似,射流在喷嘴轴线上的速度最高,在等速核心区内速度相等,可按离开喷嘴的距离分为三段,如图8-35所示。

(1)初始段 L_A。这一段的长度就是核心区的长度,因此在初始段内的轴线上,各点的流速相等,等于水流喷出的速度。

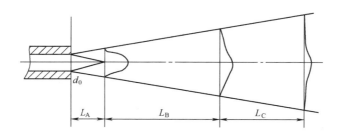

图 8 - 35　水射流断面结构示意图

（2）基本段 L_B。这一段中由于射流周围的空气不断地进入射流锥内，使射流的速度逐渐降低，射流截面逐渐扩大，但射流仍未出现分离现象，因而在基本段内的水流仍能起着牵引纬纱的作用。

（3）雾化段 L_C。这一段中射流中的水滴出现分离，射流束解体，水滴雾化而消散在大气之中，因而在雾化段内的水流已失去牵引纬纱的能力。

由此可见，喷水引纬主要依靠的是初始段和基本段内水射流对纬纱的牵引作用，从而织机的引纬幅宽与 L_A、L_B 的长度有关。根据实验，各段长度与孔径 d_0 有如下关系：

$$L_A = (69 \sim 96) d_0$$
$$L_B = (150 \sim 740) d_0$$
$$L_C = (230 \sim 880) d_0$$

水射流能够用于引纬的长度 L 大约为：

$$L = L_A + L_B = (219 \sim 836) d_0$$

若以较大的喷嘴内径 $d_0 = 2.8$mm 代入，则最大引纬长度 $L = 2340$ mm。

水射流中水滴的速度因受空气阻力而下降。空气阻力 F 可用下式表示：

$$F = \frac{1}{2} \rho_a C_d \pi r^2 v^2 \tag{8 - 8}$$

式中：ρ_a——空气的密度；

　　　C_d——球体阻力系数；

　　　r——水滴半径；

　　　v——水滴速度。

由于：

$$F = \frac{-m \mathrm{d}v}{\mathrm{d}t}$$

$$m = \frac{4}{3} \pi \rho_w r^3$$

式中：m——水滴质量；

　　　ρ_w——水的密度。

则有：
$$\frac{\mathrm{d}v}{\mathrm{d}t} = -kv^2$$

其中：
$$k = \frac{3\rho_a C_d}{8\rho_w r}$$

根据初始条件 $t = 0, v = v_0$，可解得：

$$v = \frac{v_0}{1 + kv_0 t}$$

又有：
$$v = \frac{\mathrm{d}S}{\mathrm{d}t}$$

则：
$$\mathrm{d}S = \frac{v_0 \mathrm{d}t}{1 + kv_0 t}$$

根据初始条件 $t = 0, S = 0$ 可解得：

$$S = \frac{1}{k}\ln(1 + kv_0 t)$$

$$v = v_0 \mathrm{e}^{-kS} \tag{8-9}$$

由此可见，水滴速度随其通过的距离 S 而呈负指数关系衰减，衰减的快慢还受到常量 k 值的影响。

二、喷水引纬装置

喷水引纬系统主要包括喷射泵和喷嘴。

（一）喷射泵

喷射泵是喷水织机引纬装置中的主要部分，每台喷水织机上都配有一台喷射泵，它在织机一回转中能提供可引入一纬的高压水流。喷射泵按工作方式分为定速喷射方式和定角喷射方式两种。喷射泵按其柱塞在织机上工作时的状态又分为立式和卧式两种。

1. 定速喷射方式的喷射泵　其柱塞将水吸入缸体的运动是靠凸轮驱动产生的，同时实现对弹簧的压缩，但对已吸入到缸体内的水的加压是利用弹簧的恢复力驱使柱塞运动实现的，因此，与定速喷射方式对应的喷射泵被称为弹簧泵，定速喷射方式的水速、水量和水压不随车速变化，而喷射角（喷射过程占织机主轴的角度）随车速增加而增加，其特点是压力调整较容易，目前基本都采用这种工作方式。

2. 定角喷射方式的喷射泵　其柱塞将水吸入缸体的运动也是靠凸轮驱动产生的，对已吸入到缸体内的水的加压也是由凸轮驱使柱塞运动实现的，因此，与定角喷射方式对应的喷射泵被称为凸轮泵。定角喷射方式的水量和喷射角不随车速变化，而水速和水压随车速增加而增加，其特点是压力调整相当困难，故现在很少采用。

3. 卧式吸入型弹簧泵　图8-36所示为卧式吸入型弹簧泵，它由稳压水箱、进出水阀、引纬水泵三个部分组成。

（1）稳压水箱。由稳压水箱（图 8-36 的 16）向喷射泵提供引纬所需的水，其水位稳定，消除气泡并进行了过滤。稳压水箱的水流通过车间内的分配管路从进水孔送入稳压水箱中，进水孔处装有一自动开关，当水位达到规定液面时，在浮球作用下关闭进水阀，反之则开启进水阀。滤网防止杂物进入泵体，通过橡胶管将稳压水箱的出水孔和泵体的进水阀相连接。

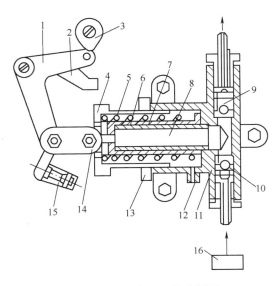

图 8-36　喷水织机的喷射泵

1—角形杠杆　2—辅助杆　3—凸轮　4—弹簧座　5—弹簧
6—弹簧内座　7—缸套　8—柱塞　9—出水阀　10—进水阀
11—泵体　12—排污口　13—调节螺母　14—连杆
15—限位螺栓　16—稳压水箱

（2）进水阀和出水阀。出水阀 9 和进水阀 10（图 8-36）都是一种球形阀，其作用原理也相同。当进水阀 10 的钢球与阀座的下方密接封闭后能阻止水流进入，而出水阀 9 的钢球与阀座的上方密接后，水流能从阀座边孔流出。当柱塞 8 在凸轮作用下向左运动时，缸套 7 内为负压状态，进水阀 10 的钢球接触阀座下方密接，阻止水流流出。当柱塞 8 在凸轮作用下向右运动，对水流加压时，进水阀 10 关闭，而出水阀 9 打开，水流通过出水阀形成射流从喷嘴喷出。

（3）引纬水泵。引纬水泵主要由缸套 7、柱塞 8、弹簧 5、弹簧座 4、弹簧内座 6、调节螺母 13、凸轮 3 与角形杠杆 1 等组成（图 8-36）。

凸轮 3 装在织机墙板外侧的副轴上，作顺时针方向的转动。当凸轮 3 由小半径转向大半径时，通过角形杠杆 1 和连杆 14 拖动柱塞 8 向左运动，则弹簧内座 6 连同弹簧 5 一起向左运动，弹簧被压缩，同时水流进入泵体。当凸轮 3 转至最大半径后，随凸轮继续转动，角形杠杆 1 与凸轮脱离，角形杠杆被迅速释放，柱塞 8 在弹簧 5 的作用下向右运动，对缸套内的水进行压缩，增大的压力使出水阀 9 打开，射流从出水阀经喷嘴射出，牵引着纬纱向前飞行。

引纬水泵的参数主要有柱塞动程、喷射水量、射流压力和喷射开始时间等。

①柱塞动程的调节。柱塞的最大动程取决凸轮大小半径之差和角形杠杆长短臂的比值。该比值一定时，可通过限位螺栓 15 将柱塞动程调小，限位螺栓的位置越高，柱塞动程越小。

②喷射水量的调节。在柱塞直径一定时（从 14～22mm 共有 5 种，与织机筘幅有关，筘幅越宽，柱塞直径也越大），则由柱塞的动程决定喷射水量，柱塞的动程减小，水量也随之减小。

③射流压力的调节。射流压力的大小与柱塞直径、弹簧的刚度以及弹簧初始压缩量有关。柱塞直径和弹簧参数（弹簧的刚性系数为 15～25N/mm 范围内）决定了喷射泵的射流最大压

力。当柱塞直径和弹簧一定时,射流压力靠调节弹簧初始压缩量进行调整,将弹簧座 4 向右拧,则初始压缩量增加,射流压力增大,反之将减小。引纬水泵的最大压力可达 $300 \sim 350 N/cm^2$。

④喷射开始时间。引纬凸轮大半径脱离角形杠杆的瞬间即为喷射时间,因而由引纬凸轮在其轴上的固定相位决定。若要推迟喷射时间,只要松开凸轮,逆时针转过一个角度即可;反之,顺时针转过一个角度,就可提前喷射时间。

(二)喷嘴

喷水织机上只有一只喷嘴,整个引纬就是靠它完成的。由于水射流的集束性远较气流好,因而喷水织机的喷嘴比喷气织机的短,但结构更为复杂和精密。

典型的喷嘴结构如图 8 - 37 所示。它由喷嘴体 3、导纬管 1、喷嘴座 2 和衬管 4 等组成。压力水流进入喷嘴后,通过环状通道 a 和 6 个沿圆周方向均布的小孔 b、环状缝隙 c,以自由沉没射流的形式射出喷嘴。环状缝隙由喷嘴管 1 和衬管 4 构成,移动喷嘴管 1 在喷嘴体 2 中的进出位置,可以改变环状缝隙的宽度,调节射流的水量。6 个小孔 b 对涡旋的水流进行切割,减小其旋度,提高射流的集束性。

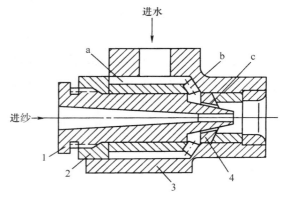

图 8 - 37 喷嘴

喷水引纬对水质要求较高,这是因为水中含有的杂质会腐蚀和堵塞水泵、管道及喷嘴,轻者影响引纬,造成织疵,重者损坏机件,缩短机器寿命。机上用水需净化,指标有浊度、pH 值、硬度、正离子含量、负离子含量、高锰酸钾消耗量和蒸发残存物等。

三、喷水引纬的品种适应性

喷水引纬以单向流动的水作为引纬介质,这有利于织机高速。在几种无梭引纬织机中,喷水织机是车速最高的一种,适用于大批量、高速度、低成本的织物加工。

(1)喷水引纬通常用于疏水性纤维(涤纶、锦纶和玻璃纤维等)的织物加工,加工后的织物要经烘燥处理。

(2)在喷水织机上,纬纱由喷嘴的一次性喷射射流牵引,射流流速按指数规律迅速衰减的特性阻碍了织机幅宽的扩展,最宽的织机幅宽为 3.2m。因此,喷水织机常用于窄幅或中幅的织物加工。

(3)喷水织机可以配备多臂开口装置,用于高经密原组织及小花纹组织织物的加工,如绉纹呢、紧密缎类织物、席纹布等。喷水织机的选纬功能较差,最多只能配用三只喷嘴,进行双纬色或三纬色织造。使用两只喷嘴的织机常用于织制纬纱左右捻轮流交替的合纤长丝绉类或乔其纱类织物。

喷水引纬是消极引纬方式,梭口是否清晰是影响引纬质量的重要因素。

第六节　无梭引纬的辅助装置

在有梭织机上,随着梭子被反复投射,引入织物中的纬纱是连续的,选择适当的经纬纱交织方式(边组织)可以形成优良的织物布边。无梭引纬代替有梭引纬后,其引纬方式发生改变的同时,纬纱在织物中的形态也发生变化,纬纱在布边处不连续,形成所谓的毛边,这种毛边的经纬纱之间没有形成有效的束缚,非常容易散脱。为此,在无梭织机上,需通过专门的成边装置对布边进行处理,以形成所谓的加固边。

无梭引纬除了布边不同外,无梭织机的供纬方式也不同。无梭织机用卷装容量大的筒子供纬,纬纱首先被卷绕到储纬器上,然后利用载纬器或喷射介质拉出储纬器上的纬纱引入梭口。因此,加固边装置和储纬器是无梭织机形成质量合乎要求的织物和高速引纬所必需的辅助装置。

一、加固边装置

在无梭织机上,加固边的种类及形成方法主要有下列几种。

(一)折入边

折入边应用较广,在片梭、剑杆和喷气织机上都可采用。折入边形式如图 8 - 38 所示,它用折边机构将上一个梭口内纬纱留在梭口外的部分(一般为 10 ~ 15mm 长)折回到下一个梭口内,从而在布边处形成与有梭织机上相类似的光边。

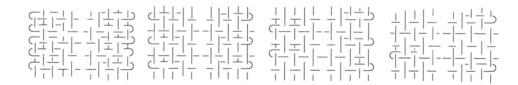

图 8 - 38　折入边形式

折入边装置较为复杂,在片梭织机上采用的折入边装置中,与纬纱接触的部件有边纱钳和钩纱针,两侧各有一组,通过边纱钳和钩纱针的运动配合,形成折入边,其工作过程如图 8 - 39 所示。图 8 - 39(a)中,边纱钳 1 在引纬过程中已夹持住处于一定张力状态下的上一纬纬纱的两端,钩纱针 2 在打纬后穿过下一纬梭口的下层经纱后,向机外侧方向移动,接近边纱钳上的纬纱。在图 8 - 39(b)中,钩纱针在返回时勾住纬纱纱端,边纱钳将纬纱释放。在图 8 - 39(c)中,纬纱已被钩纱针勾入到下一纬的梭口中。

剑杆织机的折入边装置与片梭织机类似,但剑杆织机上采用折入边时需设置假边,假边与布边隔开一定距离。利用假边将引入的纬纱纱端握持,保持纬纱处于张紧状态,并配合边纱钳和钩纱针形成折入边。喷气织机上是利用压缩气流,靠加装吸嘴将上一纬的纱端吸持,起到边

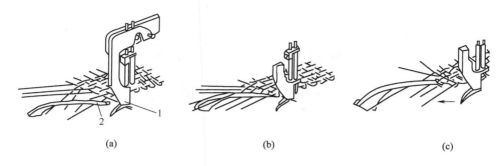

图 8 - 39　片梭织机上折入边的形成

纱钳的作用,也不要设置假边,故它简化了折入边装置。

　　折入边的经纱与布身经纱卷绕在同一只织轴上,边经可穿入布身的综片内,较为方便,两侧的回丝消耗也较少,对于原料价格贵的品种较适宜。但折入边使得布边处纬密增加(在每根两侧都折入的情况下,纬密提高 1 倍),虽布边坚牢,但边部厚而挺,对后道印染、整理会产生不良影响。为了减轻这种影响,可采用每隔一纬折入的两侧折入边,或每纬仅在一侧折入的折入边(纬密增加了 1/3);若采用每隔一纬在一侧折入的折入边,纬密较布身只增加 1/4,这种部分折入形成的折入边,也可采用改变钢筘穿入数来解决布边增厚问题。

(二)纱罗绞边

　　1. 纱罗绞边的组织结构　采用纱罗绞边装置时,留在梭口外的纬纱纱端不再被折回,而是利用一组或几组绞经纱和地经纱在布边处与纬纱构成纱罗组织,如图 8 - 40 所示。图中(a)、(b)、(c)分别为二经、三经、四经纱罗的组织结构。纱罗绞边的边经纱分成地经、绞经两个系统,地经在每次开口过程中只作垂直升降运动,而绞经需按一定规律通过地经的上方(或下方),交替地从地经一侧移动到另一侧,从而交织出经纱与纬纱之间有较大束缚力的纱罗组织。

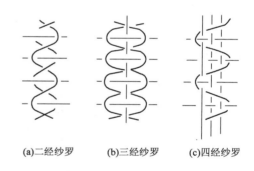

(a)二经纱罗　　(b)三经纱罗　　(c)四经纱罗

图 8 - 40　纱罗绞边组织

　　2. 纱罗绞边的开口装置　纱罗绞边是靠专门的纱罗开口装置实现的,它种类较多,现以片综纱罗绞边装置为例加以介绍。这种开口装置需借助于两页平纹综框的一上一下运动规律,故即使织制其他织物组织,这两页平纹综框也是必备的。

　　3. 纱罗绞边装置的综片结构　纱罗绞边装置的综片结构如图 8 - 41 所示,绞边综 1、2 通过其上部的综耳(图 8 - 42 中 b)挂在一对做平纹运动的综框上,U 形综 3 的两臂分别穿过绞边综的导孔内,它上部的综耳固定在可做升降运动的吊综挂板上,吊综挂板的上端与一回综弹簧连接,吊综挂板始终保持着将 U 形综上提。

　　4. 纱罗绞边的形成步骤　绞经纱 A 穿在 U 形综的综眼内,地经纱 B 则穿在两片绞综之间,

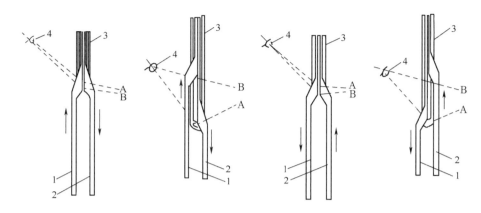

图 8 - 41　纱罗绞边装置的综片结构

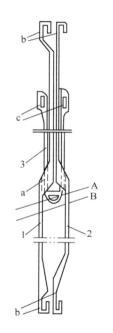

图 8 - 42　纱罗绞边的形成
1、2—绞边综　3—U 形综
4—导纱杆折入边
a—绞边综的导孔　b、c—综耳

通过平纹综框的传动,纱罗绞边装置按下列四个步骤形成纱罗绞边,如图 8 - 42 所示。

(1)绞边综 1 上升,绞边综 2 下降,到达综平位置。U 形综 3 随上升的绞边综 1 也上升到综平位置。

(2)绞边综 1 继续上升,绞边综 2 继续下降,分别到达各自的最上、最下位置。U 形综 3 跟随绞边综 2 下降,绞经纱 A 成为下层经纱,地经纱 B 滑到 U 形综的左侧,并借助于导纱杆 4 的上抬运动,地经纱 B 沿 U 形综与绞边综 1 之间的间隙上升,成为上层经纱。

(3)由引纬装置完成向梭口里引入一纬后,绞边综 1 下降,绞边综 2 上升,到达综平位置。U 形综 3 随上升的绞边综 2 也上升到综平位置。

(4)绞边综 1 继续下降,绞边综 2 继续上升,分别到达各自的最下、最上位置。U 形综 3 跟随绞边综 1 下降,绞经纱 A 成为下层经纱,地经纱 B 滑到 U 形综的右侧,并借助于导纱杆 4 的上抬运动,地经纱 B 沿 U 形综与绞边综 2 之间的间隙上升,成为上层经纱。

如此反复便形成了二经纱罗绞边组织。

(三)绳状边

它应用在喷气织机和喷水织机上。绳状边利用两根边纱相互盘旋构成与纬纱的抱合而形成布边,如图 8 - 43 所示。图中右侧为绳状边组织,左侧为布身组织。

绳状边的形成机构如图 8 - 44 所示,主要由周转轮系组成,壳体齿轮 Z 受织机主轴的传动,一对对称安装的行星轮 Z_1、Z_2 装在壳体齿轮上,中心轮 Z_3 固定不动。行星轮 Z_1、Z_2 的齿数只是中心轮 Z_3 的一半。边纱筒子装在行星轮 Z_1、Z_2 上,并附有张力装置,因此,织造过程中整个

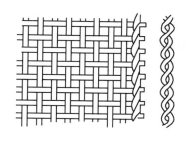

图 8 - 43　绳状边组织结构

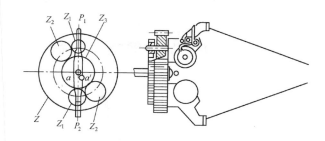

图 8 - 44　绳状边的成边机构

系统运动使两根边纱以摆线规律运动,如图中的 P_1aP_2、$P_1a'P_2$ 所示,aa' 的距离可调,一般控制在 10 ~ 14mm,以避免两套装置的碰撞。织机主轴每转一转,壳体齿轮转 $\frac{1}{2}$ 转,行星轮转过 1 转,完成一次开口和成边运动。这种成边机构高速适应性较好。

除了折入边、纱罗绞边和绳状边三种最常用的无梭织机布边外,还有热熔边及针织边等,但它们与特定的纬纱材料和引纬方式联系在一起,应用受到限制。

二、储纬器

储纬器是无梭织机上为适应高入纬率而普遍采用的装置,它是一个典型的机电一体化装置。靠自身电动机的传动,储纬器将纬纱从筒子上预退绕到其储纱鼓上,引纬时纬纱再从储纱鼓上退出。采用储纬器后,纬纱退绕张力大大降低,且消除了退绕直径变化的影响,张力均匀性提高。

储纬器的储纱鼓是一个具有光滑表面的圆柱体,或者是锥角很小的圆锥体、棱柱体等。储纬时纱线以均匀的低张力平行地卷绕到储纱鼓表面,适当调节储纬器的纱线卷绕速度,可以使纱线从筒子上退绕的过程几乎连续地进行,纬纱的最大退绕速度下降为原来的 $\frac{1}{2}$ ~ $\frac{1}{3}$,于是纬纱退绕张力大大降低。加之储纱鼓直径不像筒子直径会发生变化,则可获得非常均衡的纬纱张力。因此,采用储纬器后使引纬过程中的纬纱张力小而均匀,储纬器已经成为引纬系统中一个必不可少的部分,它对降低纬纱断头率、减少织物纬向疵点起着重要作用。

储纬器可分为两大类。一类用于积极式引纬——剑杆引纬和片梭引纬。因通过引纬器引纬,纬纱始终受引纬器控制,所以储纬器仅用作储存纬纱。每次引纬时,运动着的引纬器握持纬纱头端,从储纬器上拉下所需长度的纬纱。另一类用于消极式引纬——喷气引纬和喷水引纬。在喷气织机和喷水织机上,纬纱受射流的牵引向前飞行,若射流的启闭时间或压力略有变化,最终将导致引入的纬纱长短不一。为了解决这一问题,必须控制每次引入的纬纱长度,也就是纬纱定长。目前喷射织机上已普遍采用将储纬和纬纱定长两个功能合二为一的定长储纬器。

(一)普通储纬器

根据储纱鼓是否转动,储纬器分为动鼓式储纬器和定鼓式储纬器两种。

1. 动鼓式储纬器 早期的储纬器大多为动鼓式,如图 8 – 45 所示。储纱鼓 6 绕其轴线做回转运动,把纬纱卷绕在鼓上,完成动鼓式储纬器的纱线卷绕,纬纱的卷绕张力由进纱张力器 3 调节。采用这种绕纱方法的储纬器结构比较简单。

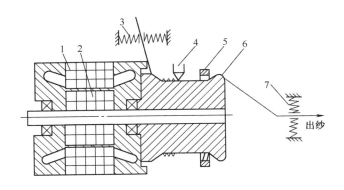

图 8 – 45　动鼓式储纬器

1—定子　2—转子　3—进纱张力器　4—检测装置

5—阻尼环　6—储纱鼓　7—出纱张力器

储纱鼓前方的阻尼环 5 用鬃毛或锦纶制成。阻尼环在对纬纱施加退绕张力的同时,又起到控制鼓面上纱圈的作用,使纱绕在储纱鼓上的卷绕运动正常进行。阻尼环还阻止了纬纱退绕时抛离储纱鼓形成气圈的可能性,防止纬纱缠结。在退绕终了时,阻尼环约束着鼓面上纬纱分离点,使纬纱不至过度送出。阻尼环有"S"向和"Z"向之分,适用于"S"捻或"Z"捻的纬纱。鬃毛或锦纶的毛丝直径也按纬纱的细度分为粗、细两种。

储纬量检测装置 4 用于控制储纱鼓上纬纱的储存量。当纱线储存到光电反射式检测装置所对准的位置时,反射镜面被遮盖,检测装置发出信号使储纱鼓停止转动。储存量的大小通过移动检测装置的位置来调节。储存量影响到储纱质量,储量过小会导致储纱鼓上纱线被拉空,储量过大则引起卷绕困难、纱线排列不匀或纱线相互重叠等不良现象。

纬纱卷绕到储纱鼓上时,首先被卷绕在储纱鼓的圆锥部分,然后在张力的作用下滑入圆柱部分。圆锥面的锥顶角大小有一定要求,以便圆锥面上纱线在滑入圆柱部分的过程中,能推动圆柱面上的几圈纬纱向前移动,形成有规则的纱圈紧密排列。由于排纱工作不是依靠专门的排纱机构来完成的,因此这种排纱方式被称为消极式排纱方式。消极式排纱的效果和储纱鼓外形有密切的关系,理论研究证明:当储纱鼓的锥体部分的锥顶角为135°时排纱效果较佳。同时,进纱张力器对纬纱施加的张力也影响到储纱鼓的排纱效果,张力过大会导致圆柱面上纱圈向前移动的阻力增加,张力过小则使得圆锥面上的纱线对圆柱面上纱圈的推力不足。

储纱鼓的转速可以调节。为了尽量缩短鼓的停转时间,使筒子退绕过程几乎连续进行,储纱鼓的转速要调节得低一些,但应满足纬纱供给,最低的储纱鼓转速为:

$$n_{\min} = \frac{(1+a)nL_k}{\pi d} \qquad (8-10)$$

式中：n_{min}——储纱鼓的最小转速；

n——织机转速；

L_K——织机上机筘幅；

d——储纱鼓卷绕部分直径；

a——考虑织边等因素的加放率，以百分数表示。

动鼓式储纬器的储纱鼓具有一定的转动惯量，转动惯量与鼓的直径平方成正比。转动惯量越大，对储纬过程中频繁的启动、制动越不利，因此鼓的直径不可过大。储纱鼓上储存的纱圈数与鼓的直径成反比，过小的直径会带来储存纱圈数增加的弊病，造成排纱困难、纱圈重叠。为此，鼓的直径要适当选择，一般为100mm左右。

2. 定鼓式储纬器　动鼓式储纬器以具有较大转动惯量的储纱鼓作为绕纱回转部件，显然对于高速织机十分不利。于是，以质量轻、体积小的绕纱盘代替储纱鼓作为绕纱回转部件的定鼓式储纬器得到了迅速发展。目前，定鼓式储纬器有很多种结构形式，它们的作用原理基本相同，图8-46所示即为一种典型的定鼓式储纬器结构图。

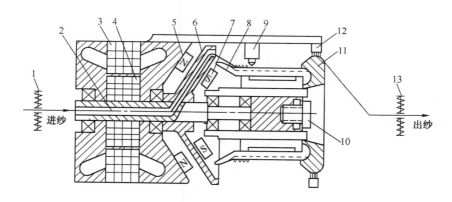

图8-46　定鼓式储纬器结构图

1—进纱张力器　2—空心轴　3—定子　4—转子　5—后磁铁盘　6—绕纱盘　7—前磁铁盘

8—锥度导指　9—反射式光电传感元件　10—锥度调节旋钮

11—储纱鼓　12—阻尼环　13—出纱张力器

纬纱从筒子上高速退绕，通过进纱张力器1、电动机的空心轴2，从绕纱盘6的空心管中引出。电动机转动时，空心轴带动绕纱盘旋转，将纱线绕到储纱鼓11上。由于储纱鼓通过滚动轴承支承在这根空心轴上，为了让储纱鼓固定不动，同时又能提供必要的纱线通道，在绕纱盘两侧的储纱鼓和机架上，分别安装了强有力的前后磁铁盘7、5，起到将储纱鼓"固定"在机架上的作用。

储纬器电动机的旋转方向（"Z"向或"S"向）要与纱线的捻向保持一致，以保证纱线卷绕到定鼓上时为加捻过程，纱线从定鼓上退绕时为退捻过程。对于单位长度的纬纱来说，加捻和退捻的数量是相等的。

与动鼓式储纬器一样，定鼓式储纬器上也装有单点的光电反射式检测装置9，实现最大储纬量检测。这种装置的缺点在于反射镜面受沾污时易产生误动作。

部分定鼓式储纬器采用双点光电反射式或双点机械式检测装置,实现最大储纬量和最小储纬量检测。以微处理机控制的双点检测装置可以达到储纬速度自动与纬纱需求量相匹配,使储纱的卷绕过程几乎连续进行。

定鼓式储纬器的排纱方式亦有积极式和消极式之分,实现排纱运动的机构形式很多。图8-46所示为一种消极式的排纱方式,在圆柱形储纱鼓11的表面上均匀的凸出着12个锥度导指8,绕在鼓上的纱线受这些锥度导指所构成的锥度影响,自动地沿鼓面向前滑移,形成规则整齐的纱圈排列。根据纱线的弹性、特数、纱线与鼓面的摩擦阻力等条件,借助锥度调节旋钮10,可改变锥度导指形成的锥角,以适应不同纱线的排纱要求。

定鼓式储纬器还采用积极排纱方式,在积极排纱方式下,储纱鼓上的纱圈依靠专门的排纱机构来完成前进运动,不需要人工调整就能获得满意的纱线排列效果。但机构的复杂程度有所提高,工作时还会增加噪声和振动。

(二)定长储纬器

定长储纬器在引纬开始时释放长度精确的一段纬纱,由流体牵引,飞入梭口。定长储纬器也分为动鼓式和定鼓式两种。动鼓式定长储纬器的高速适应性差,所以使用较少。目前,性能优秀的喷气织机和喷水织机一般都采用定鼓式定长储纬器。

典型的定鼓式定长储纬器结构如图8-47所示。纬纱1通过进纱张力器2穿入到电动机4的空心轴3中,然后经导纱管6绕在由12只指形爪8构成的固定储纱鼓上。摆动盘10通过斜轴套9装在电动机轴上,电动机转动时摆动盘不断摆动,将绕到指形爪上的纱圈向前推移,使储存的纱圈规则整齐地紧密排列。这是一种积极式的排纱方式,适当地调节进纱张力器所形成的纬纱张力,可以获得良好的排纱效果。在储纱过程中,磁铁体7的磁针落在上方指形爪的孔眼之中(图上以虚线表示),使具有微弱张力的纬纱在该点被磁针"握持",阻止纬纱的退绕,并保证储纱卷绕正常进行。

引纬时,每纬退绕圈数和指形爪所构成的储纱鼓直径有关,改变指形爪的径向位置可以调整储纱鼓的直径大小,每纬退绕圈数N(必须是整数)可按下式计算:

$$N = \frac{(1+a)L_k}{\pi d} \qquad (8-11)$$

式中:L_k——织机上机筘幅;

　　　a——考虑织边等因素的加放率,以百分数表示;

　　　d——储纱鼓直径。

电动机带动导纱管在储纱鼓上卷绕并存储纬纱,纬纱存储量可通过磁针一侧的储纱传感器进行检测。一旦纱圈储"满",传感器就发送信号,计算机控制电动机转速降低或停转。纬纱储存量的大小通过改变储纱传感器的前后位置来进行调整。储纱传感器和退绕传感器的灵敏度要与纬纱颜色对光的反射性能相适应,这可以通过纬色补偿设定来实现。与定鼓式储纬器相同,纬纱通过定鼓式定长储纬器之后,其单位长度的捻回数保持不变。

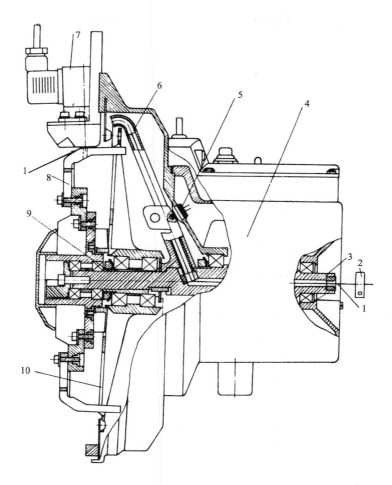

图 8 - 47　典型的定鼓式定长储纬器

1—纬纱　2—进纱张力器　3—空心轴　4—电动机　5—测速传感器
6—导纱管　7—磁针体　8—指形爪　9—斜轴套　10—摆动盘

引纬时,磁针体 7 释放纬纱,磁针另一侧的退绕传感器检测退绕圈数信号,当达到预定的退绕圈数 n 时,磁针体 7 放下,停止纬纱的引入,从而实现引入纬纱的定长。

本章主要专业术语

引纬（weft insertion）

有梭织机（shuttle loom）

下投梭机构（underpick mechanism）

皮结（picker）

制梭装置（checking device）

无梭织机（shuttleless loom）

片梭（gripper, projectile）

片梭织机（projectile weaving machine）

剑杆织机（rapier loom, rapier weaving machine）

刚性剑杆（rigid rapier）

挠性剑杆（flexible rapier）

喷气织机(air – jet loom)

主喷嘴(main nozzle)

辅助喷嘴(relay nozzle)

异形筘(channel reed)

喷水织机(water – jet loom)

喷射织机(jet loom)

喷嘴(weft nozzle)

折入边(tucked in selvage)

纱罗绞边(leno – selvage)

储纬器(weft accumulator, weft storage unit)

☞ **思考题**

1. 试述引纬运动的目的及要求。

2. 引纬的方式有哪几种？

3. 梭子有哪些类型？它们各有什么结构特点？

4. 什么是投梭力、投梭时间？这两个工艺参数的确定应考虑哪些因素？它们是如何调节的？

5. 有梭织机制梭的要求是什么？制梭有哪几个阶段？

6. 何谓无梭引纬？比较有梭和无梭引纬的特点。为什么无梭引纬终将替代有梭引纬？

7. 常见的无梭引纬的方式有哪几种？

8. 无梭引纬为何常用混纬方式？

9. 剑杆引纬有哪几种形式,它们各有何特点,常用的有哪几种？

10. 剑杆织机有何特点？其品种适应性如何？

11. 分析分离筘座和非分离筘座的传剑机构的优缺点。

12. 目前主要的传剑机构有哪几种类型？

13. 试述喷气引纬的基本原理。

14. 何谓喷气接力引纬？单喷嘴引纬系统与多喷嘴引纬系统的工作原理有何不同？

15. 喷气织机主喷嘴和辅喷嘴气阀的启闭应如何安排？

16. 对比管道式和异形筘多喷嘴引纬系统的特点、它们的应用性能有何不同？

17. 喷气织机有何特点？其品种适应性如何？

18. 喷气引纬对原纱质量和前织工艺有何要求,为什么？

19. 片梭引纬可分为哪几个阶段？片梭织机特点和品种适应性如何？

20. 试述片梭引纬的扭轴投梭过程和制梭过程。其投梭和制梭与有梭织机的投梭和制梭有何异同？

21. 试述喷水引纬作用原理。它与喷气引纬有何异同？

22. 喷水引纬系统对水质有何要求？喷水织机品种适应性如何？

23. 为什么要采用储纬装置？储纬装置可分为哪几类？它们各适用于何种引纬方式？

24. 无梭引纬的加固边有哪几种？各有什么特点？适用于什么场合？

第九章 打 纬

本章知识点

1. 打纬运动的主要作用,对打纬机构的要求。

2. 打纬机构的分类,四连杆打纬机构的运动特性,共轭凸轮打纬机构特点,变动程打纬机构(毛巾织机打纬机构)的工作原理。

3. 织物形成过程中,经纬纱线的运动和受力,打纬阻力,织物形成区,打纬区宽度。

4. 织机工艺参数(经纱上机张力、后梁高低、开口时间)与织物形成的关系。

在织机上,依靠打纬机构的钢筘前后往复摆动,将一根根引入梭口的纬纱推向织口,与经纱交织,形成符合设计要求的织物的过程称为打纬运动。完成打纬运动的机构称为打纬机构。

1. 打纬机构的主要作用

(1)用钢筘将引入梭口的纬纱打入织口,使之与经纱交织。

(2)由打纬机构的钢筘确定经纱排列的密度。

(3)钢筘兼有导引纬纱的作用。如有梭织机上钢筘组成梭道,作为梭子稳定飞行的依托;在一些剑杆织机上,借助钢筘控制剑带的运行;在喷气织机上,异形钢筘起到防止气流扩散的作用。

2. 打纬机构应符合的要求

(1)钢筘及其筘座的摆动动程在保证顺利引纬,即在提供一定的可引纬角情况下,应尽可能减小。筘座的摆动动程一般是指筘座从后止点摆动到前止点,钢筘上的打纬点在织机前后方向上的水平位移量称为打纬动程。打纬动程越大,筘座运动的加速度也越大,不利于高速。

(2)筘座的转动惯量和筘座运动的最大加速度在保证打紧纬纱的条件下应尽量减小,以减小织机的振动和动力消耗。

(3)筘座的运动必须与开口、引纬相配合,在满足打纬的条件下,尽量提供大的可引纬角,以保证引纬顺利进行。

(4)打纬机构应简单、坚固、操作安全。

第一节　打纬机构

打纬机构沿织机前后摆动,而引纬沿织机的左右运动,这就要求打纬与引纬协调配合,打纬机构的摆动应为引纬运动留有足够的空间和时间。常用的打纬机构按其结构形式的不同,可分为连杆式打纬机构、共轭凸轮打纬机构及圆筘片打纬机构。打纬机构还可按其打纬动程变化与否分为恒定动程的打纬机构、变化动程的打纬机构。目前常用的主要有连杆式打纬机构和共轭凸轮打纬机构。圆筘片打纬机构主要用于多梭口织机,恒定动程的打纬机构主要用于普通织机,变化动程的打纬机构主要用于毛巾织机上。

一、连杆式打纬机构

连杆式打纬机构是织机上使用最为广泛的打纬机构,常用的有四连杆打纬机构和六连杆打纬机构两种类型。

(一)四连杆打纬机构

1. 四连杆打纬机构作用原理　图9-1为喷气织机的四连杆打纬机构,驱动打纬机构的旋转轴是织机的主轴,图中 A 点。通常,把钢筘摆动到前止点,即打纬时刻作为织机工作圆图的主轴位置角0°,该时图9-1中曲柄 AB 与 X 轴正向夹角约为25.42°。后止点约为180°。沿着主轴转向,根据工艺要求,便可设定织机各机构的工作时间转角。

图9-2所示为国产 GA615 型有梭织机的四连杆打纬机构。织机主轴1为一根曲轴,其上有两只曲柄2。连杆(也称牵手)3一端通过剖分式结构的轴瓦与曲柄2连接,另一端通过牵手栓4与筘座脚5相连接,筘座脚固定在摇轴9上,而筘座8固装在两只筘座脚上。钢筘7通过筘帽6安装在筘座8上。织机主轴和摇轴均安装于墙板上。随着织机主轴回转,筘座脚5以摇轴9为中心作前后方向的往复摆动,当筘座脚5向机前摆动时,由钢筘7将纬纱推向织口完成打纬运动。

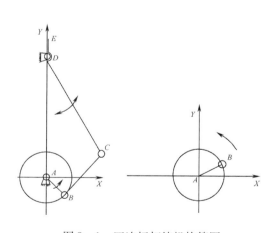

图9-1　四连杆打纬机构简图

2. 四连杆打纬机构的分类　四连杆打纬机构是目前织机上应用最广泛的打纬机构,其运动性能取决于连杆长度(包括结构尺寸)和轴向偏度,四连杆打纬机构可按以下特征来分类:轴向打纬与非轴向打纬。筘座脚摆动至最前、最后位置时,相应位置上牵手栓中心的连线若通过曲轴中心,则该打纬机构被称为轴向打纬机构。轴向打纬机构具有筘座脚向前摆动和向后摆动各占织机主轴工作时间转角的180°,即平均速度相等的特性。若筘座脚摆动至最前、最后位置时,相应位置上牵手栓中心的连线不通过曲轴中心,则该打纬机构被称为非轴向打纬机构。曲轴中心到这根连线的距离被称为非轴向偏度,用 e 表示。非轴向偏度有正负之分。若曲轴和摇轴处在牵手栓中心极限位置连线的同一侧,则 e 为负值;若曲轴和摇轴处在牵手栓中心极限位置连线的两侧,则 e 为正值。非轴向打纬机构具有筘座脚向前摆动和向后摆动占织机主轴工作时间转角不相等的特性。非轴向偏度 e 使最大加速度增大。当 $e>0$ 时,最大加速度出现在前止点之前,而当 $e<0$ 时,最大加速度出现在前止点之后。

按曲柄与牵手长度的比值 $\dfrac{R}{L}$ 的大小,将打纬机构分为长牵手打纬、中牵手打纬和短牵手打纬机构。一般,$\dfrac{R}{L}<\dfrac{1}{6}$ 称为长牵手打纬机构;$\dfrac{R}{L}=\dfrac{1}{6}\sim\dfrac{1}{3}$ 称为中牵手打纬机构;$\dfrac{R}{L}>\dfrac{1}{3}$ 称为短牵手打纬机构。

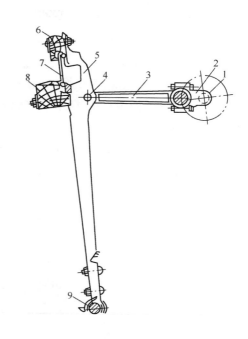

图 9 - 2 GA615 型有梭织机的四连杆打纬机构

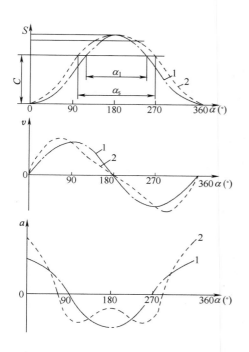

图 9 - 3 织机牵手栓中心的运动规律
(位移、速度、加速度)

3. 曲柄半径 R 与牵手长度 L 不同比值的打纬机构运动规律 在四连杆打纬机构中,曲柄与牵手长度比的大小对筘座运动有影响,最终使纬纱通过梭口时的主轴工作时间转角发生变化。设纬纱进出梭口时牵手栓处于离织口 C 的位置上,如图 9 - 3 所示,短牵手 2 允许纬纱通过梭口时主轴的工作时间转角 α_s 大于长牵手 1 的主轴工作时间转角 α_1。同时,牵手越短,曲柄处于前止点(0°)附近时,筘座的运动加速度就越大,对打紧织物有利,并且牵手越短,打纬加速度也越大,在依靠惯性力打纬的情况下,这对形成紧密织物也是有利的。但是,牵手越短,筘座的加速度变化就越大,织机的纵向振动也就越厉害。测试表明,自动有梭织机依靠惯性力打纬,因此加大筘座的转动惯量是必要的。

四连杆打纬机构结构简单,制造容易,被有梭织机和部分无梭织机采用,如 TP500 型剑杆织机、ZA205 型喷气织机、JAT600 型喷气织机、

ZW 型喷水织机。但是,当曲柄在后止点附近时,筘座运动无静止时间,引纬期间筘座运动使织机的可引纬工作时间转角减小。

(二)六连杆打纬机构

在高速或阔幅织机上,为了增加筘座在后方的相对静止时间,让引纬器从容通过梭口,可采用六连杆打纬机构,如图9-4所示。曲柄2装在织机主轴1上,随着曲柄回转,通过连杆3使摇杆4摆动,再通过牵手5、牵手栓6使筘座脚10绕摇轴11往复摆动,钢筘8由筘帽7、筘夹9固定。六连杆打纬机构具有筘座在其前后极限位置的运动较四连杆机构更为缓慢的特性。更能满足宽幅织物的引纬要求。

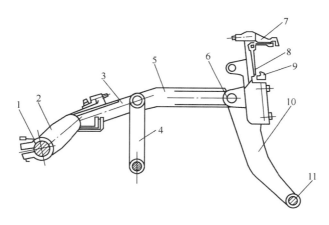

图9-4　六连杆打纬机构

(三)变化动程打纬机构(毛巾织机打纬机构)

在制织毛巾织物时,为了形成毛圈,打纬终了时钢筘不是每次都打到织口位置处,而是按毛巾组织需要,使钢筘的打纬动程做周期性的变化。毛巾织机的打纬机构有钢筘前倾式、钢筘后摆式和织口移动式三种。图9-5所示为钢筘前倾式毛巾打纬机构,又称小筘座脚式毛巾打纬机构。它也采用四连杆打纬机构,并在打纬机构中增设了起毛曲柄转子和小筘座脚等构件。若制织的是三纬毛巾,其工作过程如下:织机主轴1回转时,曲柄2通过牵手3带动筘座脚4以摇轴5为中心往复摆动,并用钢筘8推动纬纱,这与普通的四连杆打纬机构相同,通过这种短动程打纬将图9-6中的第一、第二根纬纱1与2推到离织口一定距离处。当织第三根纬纱3时,在起毛曲柄转子9的作用下,摆杆10上抬,经摆杆轴11将起毛撞嘴12抬起,撞击小筘座脚13的下端,使小筘座脚除了随筘座脚一起摆动外,同时又以转轴14为中心,克服弹簧15的作用,相对于筘座7转过一个角度。此时,装在小筘座脚顶部的筘帽6使筘的上端向机前倾斜,将1、2、3三根纬纱一道推向织口,这样的打纬称为长动程打纬。由于毛巾织物中有地经纱a、b和起毛经纱,它们绕在各自的织轴上,因此长动程打纬时,纬纱2、3便夹住张力较小的起毛经纱(消极送经)沿着张力较大的地经纱(调节式送经)滑行,使起毛经纱卷曲形成毛巾的毛圈,突出于织物表面。

小筘座脚式毛巾织机打纬机构可通过改变起毛撞嘴的前后位置来调节长短动程的差异,动

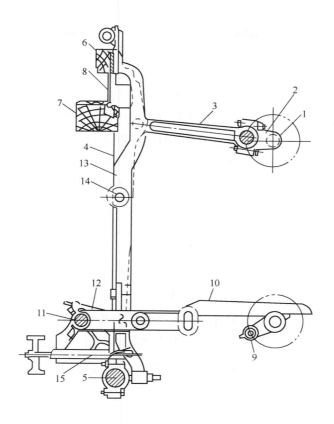

图 9 - 5　小筘座脚式毛巾织机打纬机构

1—主轴　2—曲柄　3—牵手　4—筘座脚　5—摇轴　6—筘帽　7—筘座　8—钢筘　9—起毛曲柄转子

10—摆杆　11—摆杆轴　12—起毛撞嘴　13—小筘座脚　14—转轴　15—弹簧

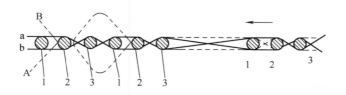

图 9 - 6　三纬毛巾组织结构的形成

a、b—地经纱　1、2、3—纬纱　A、B—起毛经纱

程差越大,毛圈高度越高。起毛曲柄转子所在的辅助轴与主轴的速比由毛巾组织结构决定,织造三纬毛巾时,速比为1:3,织织四纬毛巾,则速比为1:4。

二、共轭凸轮式打纬机构

在无梭织机上,因为车速提高,允许载纬器通过梭口的时间更少,所以必须设法进一步提高引纬角,方能保证引纬的顺利进行。共轭凸轮机构可按照工艺要求进行设计,实现预定的筘座运动规律,是目前在高速无梭织机上应用较多的打纬机构。

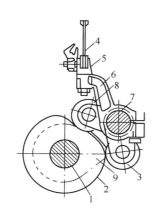

图 9-7 共轭凸轮式打纬机构
1—主轴 2—凸轮 3—转子 4—钢筘
5—筘夹 6—筘座脚 7—摇轴
8—转子 9—凸轮

图 9-7 所示为共轭凸轮式打纬机构。在织机主轴 1 上装有一副共轭凸轮 2 和 9。凸轮 2 为主凸轮,它驱动转子 3,实现筘座由后向前的摆动,凸轮 9 为副凸轮,它驱动转子 8,实现筘座由前向后的摆动。共轭凸轮回转一周,筘座脚 6 绕摇轴 7 往复摆动一次,通过筘夹 5 上固装的钢筘 4 向织口打入一根纬纱。引纬期间,筘座静止不动,静止角为 220°~255°。例如在筘幅 216cm 的片梭织机上,静止角为 220°,筘座打纬的进程角为 70°,打纬回程角为 70°。筘幅越宽,则筘座静止角可设计得越大。

共轭凸轮式打纬机构与开口、引纬运动均可达到良好的配合,但制造精度较高,并要求有良好的润滑。

共轭凸轮打纬机构要有良好的高速运行适应性,筘座往复摆动动程应小,摆动产生的振动也小。为了使织机在高速情况下能达到较小的振动,人们寻求筘座运动跃度连续条件下的各种运动规律。例如高次多项式运动规律,正弦和余弦分段组合的加速度规律,三角函数和直线交替 7 段组合的加速度规律,三角函数 $\frac{1}{4}$ 周期和水平直线组成的 9 段加速度规律。

第二节　打纬与织物的形成

在钢筘把引入梭口的新纬纱推向织口,与经纱交织形成织物时,纬纱和经纱之间有一个比较复杂的受力过程,对织物形成有较大影响。

一、打纬开始阶段

在平综以后的初始阶段,经纬纱开始相互屈曲抱合,产生摩擦作用,因而出现了阻碍纬纱移动的阻力。随着纬纱移动阻力的出现,经纱张力亦稍稍增加,但由于此时钢筘至织口的距离相当大,这种相互屈曲和摩擦的程度并不很显著。随着纬纱继续被推向织口,经纬纱线间相互屈曲和摩擦的作用就逐渐增加。当纬纱被钢筘推到离织口第一根纬纱一定距离时,就会遇到开始显著增长的阻力。对于不同的织物品种,因经纬纱交织时的作用激烈程度不同,故阻力显著增长的时间也不同。

二、钢筘打纬到最前方及打纬阻力

在打纬开始以后,打纬作用波及织口,随着钢筘继续向机前方向移动,织口将被推向前方,同时新纬纱在钢筘的打击下,将压力传给相邻的纬纱。如图 9-8(a)所示,使织口处原第一根纬纱 A 向第二根纬纱 B 靠近,而第二根又向第三根纬纱 C 靠近,依此类推,相对于经纱略作移动。与此同时,经纬纱线间产生急剧的摩擦和屈曲作用,当钢筘到达最前方位置时,这些作用最为剧烈,因而产生最大的阻力,这个最大的阻力称为打纬阻力。此刻,钢筘对纬纱的作用力也达到最大,称为打纬力。打纬力与打纬阻力是一对作用力与反作用力。

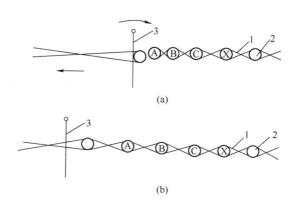

图 9-8　织物形成区的纬纱变化
1—经纱　2—纬纱　3—钢筘

　　某一织物在织造时的打纬阻力或打纬力的大小,表示其纬纱打紧的难易程度。一定的织物在一定的上机条件下,打紧纬纱并使纬密均匀所需的打纬力是不变的。在织机开车和运转过程中,打纬力的变化会引起纬纱打紧程度的变化,严重时使织物纬密发生改变,产生纬向稀密路织疵。

　　打纬阻力是由打纬时经纬纱之间的摩擦阻力和经纬纱变形产生的弹性阻力叠加而成。在整个打纬过程中,摩擦阻力和弹性阻力所占的比例是在变化的,在打纬的开始阶段,摩擦阻力占主要分量,随着打纬的进行,经纱对纬纱的包围角越来越大,纬纱之间的间距越来越小,弹性阻力迅速增加,对于大多数织物而言,弹性阻力往往超过摩擦阻力。

　　打纬阻力的大小在很大程度上取决于织物的纬密。纬密越大,打纬阻力也越大,且打纬阻力随纬密增加而增大的速率较大。经密增加也将造成打纬阻力增加,但其影响不及纬密大。在其他条件相同时,平纹组织的织物因经纬纱的交织次数多,因而其打纬阻力较斜纹、缎纹组织的织物大。纱线表面摩擦因数大、纱线刚性好的织物,其打纬阻力大;经纬密相同时,纱线直径大,打纬阻力也大。

三、打纬过程中经纬纱的运动

　　自打纬开始至打纬结束,经纬纱的移动也是一个复杂的过程,可用图 9-9 的模型说明。

　　在打纬开始之前,纬纱相对经纱的移动阻力可忽略,即打纬阻力 R 很小,经纱张力 T_w 等于织物张力 T_f。打纬开始以后,随着纬纱向前移动,打纬阻力显著增加。当打纬阻力 R 大于经纱张力 T_w 与织物张力 T_f 之差时,纬纱将和经纱一起移动,结果经纱被拉伸而产生

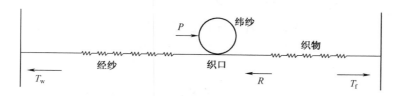

图 9-9　打纬时经纱和纬纱的移动

伸长,经纱张力增加。同时,织物回缩,其张力下降,使经纱和织物的张力差($T_w - T_f$)变大。当打纬阻力小于经纱和织物的张力差时($R < T_w - T_f$),纬纱将做相对于经纱的移动。随着纬纱推向前方,经纬纱间摩擦作用及屈曲程度显著增加,使阻碍纬纱移动的阻力也大为增加。当这个阻力又超过经纱与织物的张力差时,经纱将重新和纬纱一起向织口移动。这种移动又引起经纱张力的增大和织物张力的减小,随后又将出现纬纱相对于经纱的移动。由此可见,在打纬期间,经纬纱线运动的性质是不断变化的,即纬纱和经纱一起移动及纬纱相对于经纱移动是相互交替地进行的。

筘座到达最前方以后便向机后移动,在最初阶段,织口是随着钢筘向机后移动的,这种移动直到经纱张力和织物张力相等时为止,然后钢筘便离开织口。在钢筘停止对织口作用后,织口处的纬纱在经纱的压力作用下,便离开已稳定的纬纱向机后方向移动,如图9-8中(b)所示。刚打入的新纬纱移动最大,原织口中第一根纬纱A次之,第二根纬纱B又次之,依此类推。待以后逐次打纬时,这时纬纱将紧密靠拢,逐渐依次过渡为结构基本稳定的织物的一部分。

由上述可见,织物的形成并不是将刚纳入梭口的纬纱打向织口后即告完成。而是在织口处一定根数纬纱的范围内,继续发生着因打纬而使纬纱相对移动和经纬纱线相互屈曲的变化,只有在这个范围以外,织物才获得基本确定的结构。也就是说,织物是在织物形成区内逐渐形成的。

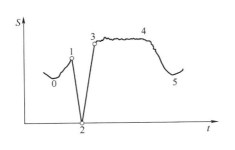

图9-10 织口的移动

在织物形成过程中,织口的前后移动如图9-10所示。图中线段1~2为织口在钢筘推动下向机前方移动,它在纵坐标上的投影,称为打纬区宽度;而线段2~3为织口随钢筘向机后方向移动。由于织机工作区内存在着一定长度的经纱和织物,并且它们的刚度不同,往往在张力作用下织口移向后方,待下次打纬时再被迫推向前方。线段3~4是综框处于静止时期,织口的位移不大,由于经纱的放送,曲线略有波动,线段4~5为梭口闭合时期,经纱张力逐渐减小。线段0~1表示综平后梭口逐渐开启,经纱张力增大,织口向机后移动的情况。由此可见,织口的位移表示了经纱和织物张力的变化情况。

在生产实际中,织口移动的大小,对织造工艺能否顺利地进行有很大的影响。如果织口的前后移动,超过综丝在其支架上的前后摆动以及综丝发生弯曲变形的范围,那么,将产生纱线相对于综眼的移动;加上打纬时经纱通常具有最大张力,便引起综眼对纱线以摩擦功表示出来的较大的摩擦作用。织口移动越大,这种摩擦作用也越剧烈,在多次作用下,使粗细节处的纱线结构变坏,最后出现断头。为此,在工厂中常以目测打纬区宽度的大小,来判别所定有关工艺参数是否合理。

在生产实际中,打纬时打纬阻力的大小随织物结构、纱线性能等因素而异。例如,在织制紧密度较小的轻型织物时,纱线间相互的阻力也较小,可以在较小的经纱张力情况下进行打纬。

此时,织物形成区内所包含的纬纱数较少,打纬区宽度亦较小,甚至织物形成的过程,有以打入此根纬纱为终结的。

在织制紧密度较大的织物时,纱线相互间的作用加强,打纬的阻力增大,打纬区宽度亦较大,经纱张力增加。在这种情况下,织物形成区内所含的纬纱数较多,换句话说,打入的纬纱要经过较大的织物形成区,才能与经纱稳定地交织。

在其他情况相同而织物组织不同时,打纬时经纱张力将有变化。织造平纹织物时,打纬时经纱张力最大,而织造缎纹组织时则较小,这时因为织造平纹织物时,经纬纱交织点多,打纬阻力较大,打纬区宽度亦较大,而织造缎纹织物时,经纬纱交织点少,打纬阻力和打纬区宽度较小之故。

在纱线特数相同的情况下,由于毛经纱的弹性比棉经纱大,织制同种结构的织物时,毛织物的打纬区宽度将比棉织物的大。

因此,在以目测打纬区宽度的大小来鉴别有关工艺参数是否合理时,还应顾及原纱性能和织物结构的因素。

第三节　织机工艺参数与织物形成的关系

一、经纱上机张力与织物形成的关系

经纱上机张力是指综平时的经纱静态张力。上机张力大,打纬时织口处的经纱张力亦较大,经纱屈曲少,而纬纱屈曲多。交织过程中,经纬纱的相互作用加剧,打纬阻力增加。反之,如果上机张力小,则打纬时织口处的经纱张力亦较小,此时纬纱屈曲少,而经纱屈曲多,交织过程中经纬纱的相互作用减弱。生产中,要选择适宜的上机张力。若经纱张力过大,经纱因强力不够,断头将增加;若经纱张力过小,打纬使织口移动量大,因经纱与综眼摩擦加重,断头也会增加。

上机张力的大小对织造过程中打纬区宽度的影响很大。从上述分析构成打纬区宽度的基本原因可知,打纬区宽度将随不同上机张力所引起的织物刚度和张力的变化而变化。例如,在织机上织制 $14.5\text{tex} \times 14.5\text{tex}$ 纱府绸时,随着上机张力 k 的增加,打纬区宽度 S 有所减小,如图9-11所示,呈负指数曲线的规律变化。由图9-11可见,从减少织造过程中经纱断头率来考虑,在织制该纱府绸时宜采用适当较大的上机张力,这与高密织物上机张力应大些以满足开清梭口和打紧纬纱的要求是一致的。但在织制其他织物时,应根据具体情况确定上机张力。

从改善织物的平整度考虑,宜采用较大的上机张力。例如在织制大多数棉织物时,如上机张力较小,织物表面便不够平整,有粗糙的手感。当被加工的织轴上经纱张力不匀时,可适当加大上机张力,使织物较为平整,同时还可以减少纱线与纱线之间的张力差异,从而在一定程度上弥补片纱张力的不匀,使条影减少,织物匀整。又如在织制有光纺时,若用较小的上机张力,则形成的布面不够平整,且产生松紧边,当上机张力适当提高后,布面质量大为改善,平整而有光泽。

但是从织物内在力学性能来看,不宜采用较大的上机张力。当上机张力增加时,织物的厚度、重量、强力以及经纬向密度的变化较小,但经向织缩和断裂伸长的减小却较大。研究工作表明,织物的服用牢度与其经向断裂功和经纬纱显露于织物表面的支持面的大小有关。经向断裂功和支持面大的,往往其服用牢度亦大。采用较小的上机张力时,织物的经向断裂功较大;同时在采用适当较小的上机张力后,经纬纱的屈曲波高便接近于1,经纬纱同时显露于织物表面,增加了支持面,克服了上机张力较大时纬纱屈曲较多,经纱在织物表面显露较少,因而有支持面较小的缺点。图9-12便是织制29tex×29tex中平布时织物经向断裂功和平磨牢度随不同上机张力的变化。由图可见,如果采用中等偏小的上机张力,那么,织物经向断裂功和平磨牢度都是比较大的。还必须指出,采用较大的上机张力后,下机织物的缩水率也较大,对直接用于衣着类的市布织物来说,这将给服用者带来损失。

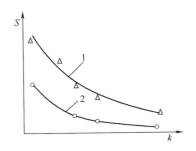

图9-11　上机张力与打纬区宽度和织口位移的关系

1—织口最大位移　2—打纬区宽度

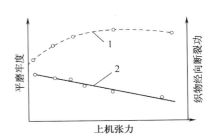

图9-12　上机张力与织物经向断裂功和平磨牢度的关系

1—平磨牢度　2—织物经向断裂功

究竟采用何种大小的上机张力,需视具体情况而定。例如,在织造总经根数多的紧密织物时,为了开清梭口和打紧纬纱,可适当加大上机张力;当织造稀薄织物或人造棉织物时,上机张力要适当减小,以利减少经纱断头率。如织造斜纹织物时,考虑到斜纹线需有一定凹凸程度的特有风格,不宜采用过大的上机张力。而平纹织物,在其他条件相同的情况下,为打紧纬纱,应选用较大的上机张力。

二、后梁高低与织物形成的关系

在开口一章(第七章)中已经介绍过,后梁高低决定着打纬时梭口上下经纱层之间的张力差异,这种差异对打纬工艺和织物形成具有很大影响。

(1)织制平纹织物,一般采用较高的后梁高度,可以获得外观丰满的织物。但在加工经纱特数较低、经纱密度较大的棉布如14.5tex×14.5tex纱府绸时,由于经纱密度大,所以后梁高度可略低些,不致因上层经纱张力过小而引起开口不清、造成跳花等织疵,也不致因下层经纱张力过大而引起大量断头。同样原因,在织制化纤混纺织物时,由于化纤纱容易起毛造成开口不清,所以后梁高度可比纯棉的低些。

（2）实际上，在织制斜纹织物时，常采用低后梁工艺，使上下层经纱张力接近相等，这主要是根据织物特有的外观质量来决定的。这种特有的外观质量，表现在织物表面的斜纹线条具有深而匀直的清晰效应上。在织机上，为了获得这种清晰效应，除应避免过大的上机张力，以保证纹路深度，达到凹凸分明外，尚需采用上下层经纱张力接近相等的办法，来获得匀直的条纹。这对双面斜纹来说尤其重要。但是在织制单面斜纹时，为使正面斜纹线条具有较大的深度，可使后梁比织制双面斜纹时少许高些。同时，在织制紧密度较高的双面斜纹时，为有利于打紧纬纱起见，亦常使后梁高些。

（3）在织制缎纹和花纹织物时，一般将后梁配置在上下层经纱张力接近相等的位置上，使经纱断头率减小，花纹匀整，下回综机构的工作也较容易。但在织制较紧密的缎纹织物时，后梁亦略为提高。

三、开口时间与织物形成的关系

开口时间（综平时间）的早迟，决定着打纬时梭口高度的大小，而梭口高度的大小，又决定着打纬瞬间织口处经纱张力的大小。开口时间早，打纬时织口处经纱张力大，反之则小。在采用高后梁工作的情况下，打纬时梭口高度的大小，还决定着打纬时上下层经纱张力的差异。因此，在一定范围内提早开口时间，打纬时织口处上下层经纱张力差会较大；反之则小。

所以，开口时间与织物形成的关系，基本上与前面上机张力和后梁高低与织物形成的关系一样。

但是应该指出，开口时间对织造工艺能否顺利进行，有着独特的影响。由于打纬时梭口高度不同，织口处上下层经纱的倾斜程度也不同。因此，虽钢筘摆动的动程不变，但经纱层受到的摩擦长度却不一样。开口时间越早，摩擦长度越大，加上张力也越大，便容易使纱线结构遭到破坏而产生断头，所以随着开口时间的或早或迟，经纱将有不同的断头率变化。同时，由于梭口开启程度的不同，如前面图9-8所示，打纬时两层经纱的交叉角也不同，因而经纱对纬纱的包围角有所变化，打纬阻力和钢筘回退时的纬纱反拨量也将随之发生变化。开口时间早，打纬阻力大，纬纱反拨量小，易织成紧密厚实的织物。反之，则相反。此外，开口时间的早迟，还影响到梭口中的纬纱被经纱夹住的早迟，以及梭子进出梭口时经纱对梭子的挤压程度，前者关系到是否出现纬缩，而后者关系到是否出现错纹和轧梭。因此，在确定开口时间时，应兼顾与引纬时间的配合。

在实际生产中，当织制平纹织物时，根据不同品种的要求，选用不同的开口时间，一般采用较早的开口时间。在织制斜纹和缎纹织物时，遇到经纱密度大的，则必须采用迟的开口时间，以减少经纱的张力和摩擦长度，防止过多的经纱断头。另外，从纹路清晰和花纹匀整考虑，通常在织制斜纹和缎纹织物时，宜采用迟开口。

在织制纬密较大的织物时，为防止钢筘对经纱摩擦过分而引起断头，在不影响坚实打纬条件下，应采用较迟的开口时间。

本章主要专业术语

打纬(beating－up)

钢筘(reed)

打纬机构(beating－up mechanism)

惯性力打纬(beating－up by inertia force)

打纬阻力(resistance of beating－up)

前止点(front died point)

后止点(back died point)

织物形成区(cloth formation area)

毛巾织机(towel loom)

导梭片(projectile guide)

筘座(sley)

筘座脚(short sley sword)

打纬区宽度(beating－up strip)

上机参数(set factors)

经纱上机张力(setting warp tension)

后梁高低(position of backrest)

开口时间(timing of shedding motion)

经纱断头率(end break age)

经向织缩(warpwise shrinkage)

断裂伸长(elongation at break)

轧梭(shuttle jam)

跳纱(float)

筘路(reed mark)

思考题

1. 打纬机构有何作用？织造时对打纬机构有何工艺要求？

2. 试述打纬机构的种类及各自特点。各种无梭织机常采用什么形式的打纬机构，为什么？

3. 四连杆打纬机构和凸轮打纬机构各有什么特点？各适用什么场合？

4. 四连杆打纬机构的牵手长度对筘座运动有什么影响？它们各适用于什么场合？

5. 何谓织物形成区？何谓打纬区宽度？打纬区宽度和哪些因素有关？

6. 打纬时，纬纱相对于经纱是如何移动的？这移动对织物纬密有什么影响？

7. 什么是经纱的上机张力？它对织物形成有何影响？上机张力的大小是如何调节的？

8. 说明后梁高低与织物形成的关系，试说明细平布、府绸、斜纹织物的后梁位置是如何考虑的？

9. 生产中如何避免筘路以达到布面均匀丰满的？

10. 开口时间对织物形成有何影响？平纹和斜纹织物的开口时间如何配置？

第十章 卷取和送经

本章知识点

1. 卷取和送经的目的。织物的卷取和经纱放送的运动分别由卷取机构和送经机构来协作完成。
2. 卷取机构和送经机构的分类，主要卷取机构和送经机构的基本工作原理，卷取量计算(加工织物的纬密计算)和送经量的计算(织机可织纬密范围的计算)。
3. 卷取机构的技术发展过程：织物纬密的控制由不够精确(间歇卷取、通过改变齿轮调节纬密) 发展为精确控制 (连续卷取、以无机变速器调节纬密)，进而成为纬密控制精确、调整十分方便，并可在织造过程中随时改变织物的纬密(电子卷取)。
4. 送经机构的技术发展过程：由机械式送经逐步发展为电子送经，后梁受力检测方式的电子式调节送经机构能及时地对经纱张力的波动做出响应，使张力迅速达到稳定。先进的电子送经机构还发挥自动调节开车时经纱张力的功用。
5. 卷取和送经的技术进步使织物横档疵点减少，织物质量提高。

纬纱被打入织口形成织物之后，必须不断地将这些织物引离织口，卷绕到卷布辊上。同时从织轴上放送出相应长度的经纱，使经纬纱不断地进行交织，以保证织造生产过程持续进行。织机完成织物卷取和经纱放送的运动分别称为卷取和送经。卷取和送经分别由卷取机构和送经机构来协作完成。

第一节 卷取机构

卷取机构的作用是将在织口处初步形成的织物引离织口，并以一定形式卷绕到卷布辊上。同时，卷取机构还应与织机上其他机构相配合，确定织物的纬纱排列密度和纬纱在织物内的排列特征。

一、卷取机构形式

卷取机构形式很多,可以归纳为消极式卷取机构和积极式卷取机构两大类。

1. 消极式卷取机构　在消极式卷取机构中,从织口处引离的织物长度不受控制,所形成织物中纬纱的间距比较均匀。这种机构比较陈旧,但适宜于纬纱粗细不匀的织物加工,如废纺棉纱、粗纺毛纱等织造加工,所形成的织物具有纬纱均匀排列的外观。

2. 积极式卷取机构　在积极式卷取机构中,从织口处引离的织物长度由卷取机构积极控制,所形成的织物中纬纱同侧间距相等,但纬纱间距却因各纬纱的粗细不匀而异。在条干均匀的纬纱织制时,织物可以取得均匀外观,加工提花织物也能取得比较规整的织物图形。

二、积极式卷取机构及其工作原理

积极式卷取机构有连续卷取和间歇卷取两类,在织造过程中又可分为卷取量恒定和卷取量可变两种形式。

(一)积极式连续卷取机构

新型织机通常采用积极式连续卷取机构,在织造过程中,织物的卷取工作连续进行。部分积极式连续卷取机构以改变齿轮齿数来调节加工织物的纬密,存在纬密控制不够精确的弊病。随着织机技术的发展,产生了以无级变速器来调节加工织物纬密的机构,使纬密的控制精确程度得以提高。电子式卷取机构的出现,不仅简化了机械结构,实现纬密精确控制,而且在织造过程中可以随时改变卷取量,调整织物的纬密。

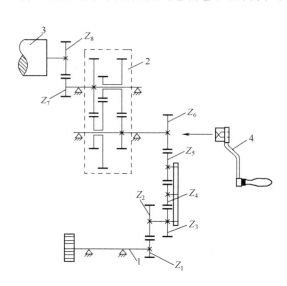

图 10 - 1　改变齿轮齿数调节纬密的卷取机构

1. 改变齿轮齿数来调节加工织物纬密的机构　以改变齿轮齿数来调节加工织物纬密的积极式连续卷取机构的示意图如图 10 - 1 所示。

辅助轴 1 与织机主轴同步回转,辅助轴通过轮系 Z_1、Z_2、Z_3、…、Z_6 和减速齿轮箱 2、齿轮 Z_7、Z_8 传动橡胶糙面卷取辊 3,对包覆在辊上的织物进行卷取。根据机械原理可知,织机主轴回转一周,织入一根纬纱,所对应的织物卷取长度为:

$$L = \frac{Z_1 Z_3 Z_7}{Z_2 Z_6 Z_8} i \pi D \qquad (10-1)$$

式中:L——织机主轴回转一周(织入一根纬纱)所对应的织物卷取长度,mm;

i——减速齿轮箱的传动比；

Z_1、Z_2、Z_3、Z_6、Z_7、Z_8——各齿轮齿数；

D——橡胶糙面卷取辊直径，mm。

纬密是指单位长度（10cm）内所织入的纬纱根数，于是，织物的织机上纬密为：

$$P'_\mathrm{W} = \frac{100}{L} \qquad (10-2)$$

式中：P'_W——织物机上纬密，根/10cm。

织物在织机上时，处于经向的张紧状态，待其下机之后，经向张力消失，织物产生经向收缩。织物下机缩率 a 为：

$$a = \frac{P_\mathrm{W} - P'_\mathrm{W}}{P_\mathrm{W}} \times 100\% \qquad (10-3)$$

式中：P_W——织物机下纬密，根/10cm。

织物下机缩率随织物原料种类、织物组织和密度、纱线特数、经纱上机张力以及车间温湿度等因素而异，一般的棉织品下机缩率为 2% ~ 3%，高密、高张力织造时大于 3%。

根据不同织物的下机缩率，可以求得织物纬密（即机下纬密 P_W）：

$$P_\mathrm{W} = \frac{P'_\mathrm{W}}{1-a} \qquad (10-4)$$

在图 10 - 1 所示的机构中，Z_7、Z_8、i、D 是固定常数，于是公式（10 - 1）可写为：

$$L = \frac{Z_1 Z_3}{Z_2 Z_6} \cdot \frac{Z_7}{Z_8} i\pi D = 2.00145 \frac{Z_1 Z_3}{Z_2 Z_6} \ (\mathrm{mm}) \qquad (10-5)$$

更换 Z_1、Z_2、Z_3、Z_6 四个齿轮（又称变换齿轮），改变它们的齿数，可使织物纬密在一个很大的范围内变化。由于齿轮齿数是有级变化的，因此，根据所选择的齿轮齿数得到的织物纬密与织物设计要求的纬密会有所差异，但这种差异应小于纬密误差所允许的范围。

以改变齿轮齿数来调节加工织物纬密的积极式连续卷取机构存在纬密精确程度不高、机械结构复杂、变换齿轮储备量较大等缺点。

2. 以无级变速器来调节加工织物纬密的机构 以无级变速器来调节加工织物纬密的积极式连续卷取机构如图 10 - 2 所示。织机主轴通过齿形带传动主轴 1，经链轮 Z_1、Z_2（或 $Z_1{}'$、$Z_2{}'$）传动 PIV 无级变速器 3 的输入轴 2。无级变速

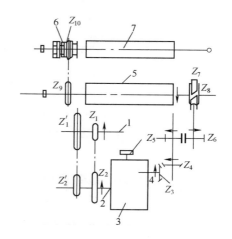

图 10 - 2 PIV 无级变速器调节
纬密的卷取机构

器的输出轴 4 再经过齿轮 Z_3、Z_4、Z_5、Z_6 以及蜗杆 Z_7、蜗轮 Z_8 使卷取辊 5 转动而卷取织物。卷取辊轴对卷布辊轴 7 的传动则是通过一对链轮 Z_9、Z_{10} 和摩擦离合器 6 实现的。

在这一套卷取装置中,对纬密的调节首先由一对链轮分成高低两档,高纬密时用链轮 Z_1、Z_2 传动,低纬密时用 Z_1'、Z_2' 传动。低纬密的范围为 25～150 根/10cm,高纬密的范围为 130～780 根/10cm,高低档的切换通过操作手柄实现。纬密的细调是由 PIV 无级变速器完成的,其可调速比为 6,上机时只要将 PIV 无级变速器的指针指在相应的读数上即可。

以无级变速器调节纬密,不仅使纬密的控制精确程度得以提高,而且不需储备大量的变换齿轮,翻改品种改变纬密也很方便,但翻改品种后要对织物纬密进行验证。

3. 电子式卷取机构　电子式卷取装置一般应用在新型无梭织机上。图 10 - 3 为喷气织机上的电子卷取装置的原理框图。控制卷取的计算机与织机主控制计算机双向通信,获得织机状态信息,其中包括主轴信号。它根据织物的纬密(织机主轴每转的织物卷取量)输出一定的电压,经伺服电动机驱动器驱动交流伺服电动机转动,再通过变速机构传动卷取辊,按预定纬密卷取织物。测速发电机实现伺服电动机转速的负反馈控制,其输出电压代表伺服电动机的转速,根据与计算机输出的转速给定值的偏差,调节伺服电动机的实际转速。卷取辊轴上的旋转轴编码器用来实现卷取量的反馈控制。旋转轴编码器的输出信号经卷取量换算后可得到实际的卷取长度,与由织物纬密换算出的卷取量设定值进行比较,根据其偏差,控制伺服电动机的启动和停止。由于采用了双闭环控制系统,该卷取机构可实现卷取量精密的无级调节,适应各种纬密变化的要求。

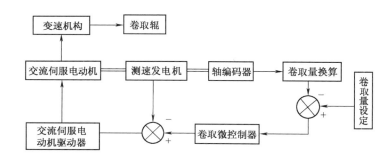

图 10 - 3　电子卷取的原理框图

电子卷取装置可以通过织机键盘和显示屏十分方便地进行纬密设置。在屏幕提示下,同时输入纬密值及相应的纬纱根数,在其一个循环中可设置 100 种不同的纬密。电子式卷取机构的优点有以下几个。

(1)不需要变换齿轮,省略了大量变换齿轮的储备和管理,同时翻改品种改变纬密变得十分方便。

(2)纬密的变化是无级的,能准确地满足织物的纬密设计要求。

(3)织造过程中不仅能实现定量卷取和停卷,还可根据要求随时改变卷取量,调整织物的纬密,形成织物的各种外观特色,如在织纹、产品颜色、织物手感及紧度等方面产生独特的效果。

（二）积极式间歇卷取机构

1. 典型的积极式间歇卷取机构　典型的积极式间歇卷取机构如图 10-4 所示。织机主轴回转一周,织入一根纬纱,卷取杆 1 往复摆动一次,通过卷取钩 2 带动棘轮 Z_1 转过一定齿数（1齿）,然后再经轮系 Z_2、Z_3、Z_4、$\cdots$、Z_7,驱使卷取辊 3 转动,卷取一定长度的织物。4 为保持棘爪。这段织物长度可用下式进行计算:

$$L = \frac{1}{Z_1} \times \frac{Z_2 Z_4 Z_6}{Z_3 Z_5 Z_7} \cdot \pi D \tag{10-6}$$

式中:L——织机主轴回转一周（织入一纬）所对应的织物卷取长度,mm;

Z_1、Z_2、Z_3、$\cdots$、Z_7——各齿轮的齿数;

D——卷取辊直径,mm。

在上述机构中,齿轮齿数 Z_1、Z_4、Z_5、Z_6、Z_7 和直径 D 均为固定常数,于是可以得到:

$$L = \frac{1 \times 24 \times 15}{24 \times 89 \times 96} \pi \times 128.3 \frac{Z_2}{Z_3} = 0.7076 \frac{Z_2}{Z_3} (\text{mm})$$

$$P_\text{w} = \frac{100}{L(1-a)} = \frac{141.3}{1-a} \cdot \frac{Z_3}{Z_2} (\text{根}/10\text{cm}) \tag{10-7}$$

改变变换齿轮 Z_2、Z_3 的齿数,可以实现织物的纬密调节。

间歇卷取机构的卷取运动是断续进行的,在图 10-4 所示的机构中,卷取作用发生在筘座由后方向前方的运动过程中。与连续卷取机构相比,间歇卷取机构的断续运动带来了诸多

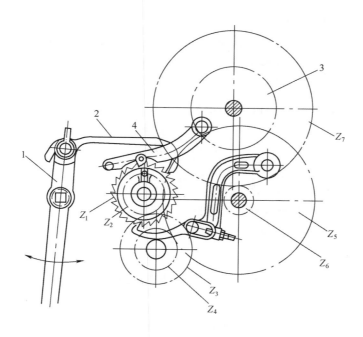

图 10-4　典型的积极式间歇卷取机构

1—卷取杆　2—卷取钩　3—卷取辊　4—保持棘爪　Z_1—棘轮　Z_2、Z_3、$\cdots$、Z_7—齿轮

弊病。

（1）机构的运动带有冲击性,容易引起机件磨损、动作失误、产生织物的纬向稀密路疵点。在织机高速时,这种缺点尤为显著。

（2）布面游动较大,容易造成断边纱。这是由于卷取钩 2 拉动棘轮到达终点之前,保持棘爪 4 早已落下,造成保持棘爪与棘轮齿根间有一间隙。当卷取钩作反向运动时,棘轮因织物张力而倒转一个角度,于是卷取辊 3 的卷取运动有图 10 - 5 所示的正反游动特征。

2. 蜗轮蜗杆积极式间歇卷取机构　蜗轮蜗杆积极式间歇卷取机构是一种织造过程中卷取量可变的机械式卷取机构,它的结构如图 10 - 6 所示。

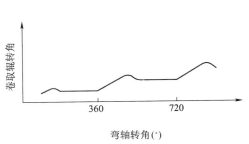

图 10 - 5　通过测定卷取辊正反向转动角度
来表示的织物游动图

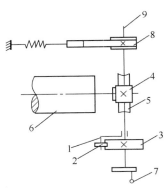

图 10 - 6　蜗轮蜗杆间歇式卷取机构

卷取机构的动力来自筘座运动,当筘座由后方向前方运动时,连杆传动推杆 1,经棘爪 2 推动变换棘轮 3 转过 m 个齿,再通过单线蜗杆 4、蜗轮 5 带动卷取辊 6 回转,卷取一定长度的织物。安装在传动轴 9 一端的制动轮 8 起到握持传动轴作用,防止传动过程中由惯性而引起的传动轴过冲现象,保证卷取量准确、恒定。7 为手轮。

根据机构的传动关系可知,织机主轴回转一周(织入一纬)所对应的织物卷取长度为:

$$L = \frac{mZ_4}{Z_3 Z_5} \pi D \qquad (10-8)$$

式中:L——每织入一纬所对应的织物卷取长度,mm;

　　　m——每织入一纬,变换棘轮转过齿数;

　　　Z_3、Z_4、Z_5——变换棘轮 3、蜗杆 4、蜗轮 5 的齿数;

　　　D——卷取辊直径,mm。

进而,根据纬密定义可得织物机上纬密 P'_W 和织物机下纬密 P_W(织物纬密):

$$P'_W = \frac{Z_3 Z_5}{mZ_4 \pi D} \times 100 \text{（根/10cm）}$$
$$\qquad (10-9)$$
$$P_W = \frac{P'_W}{1-a} \text{（根/10cm）}$$

在缎条手帕等织物生产时,为产生一段纬密较大的织物,要求卷取机构有时停止卷取。在织机上,通过杠杆、吊链等有关的机构,使棘爪2抬起,可以实现停卷的目的。因此,这是一种由机械控制完成时而等量卷取、时而停卷的卷取量可变的卷取机构。

在这种卷取机构中,由于机构间歇运动,棘轮棘爪的冲击依然存在。蜗轮与蜗杆的自锁可防止变换棘轮倒转,但蜗轮与蜗杆的啮合齿隙仍不可避免地引起变换棘轮少量的倒转,造成布面游动。

三、边撑

1. 边撑的作用 在织物形成过程中,经纬纱线相互交织,产生了纱线的屈曲现象。纬纱的屈曲使织物幅宽收缩,以致织口处织物宽度小于经纱穿筘幅度,经纱排列发生倾斜,两侧布边处经纱倾斜程度最大。钢筘运动时,倾斜的边经纱与钢筘摩擦,容易造成边经纱断头和钢筘两侧筘齿过度磨损。为了保持织口处织物幅宽不变,等于经纱穿筘幅度,使织造过程正常进行,在织物两侧的织口附近安装了起伸幅作用的边撑。

2. 边撑的形式 边撑的形式主要有刺环式、刺辊式、刺盘式和全幅边撑等几种,如图10-7所示。其中以刺环式应用最多。

(1)刺环式边撑。如图10-7(a)所示,在边撑轴1上依次套入若干对偏心颈圈2和刺环3。偏心颈圈在边撑轴上固定不动,刺环套在偏心颈圈的颈部,可以自由转动,其回转轴线与边撑轴线夹角为α,呈向织机外侧倾斜的状态。每个刺环上通常植有两行刺针,最靠织机外侧的刺环植有三行刺针,以加强伸幅能力。织物依靠边撑盖4包覆在刺环上,随着织物的逐步卷取,带动刺环旋转,对织物产生一个伸幅作用。

根据所加工织物的纬向收缩程度,边撑上的刺环数可做相应的变化,必要时还可采用两根平行排列的边撑,以满足对织物的伸幅要求。

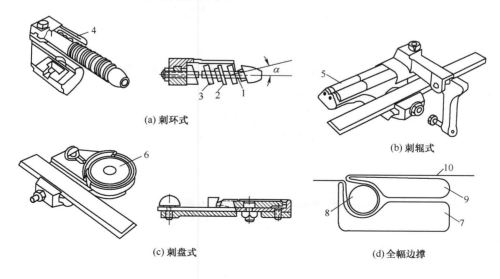

(a) 刺环式 (b) 刺辊式

(c) 刺盘式 (d) 全幅边撑

图10-7 几种常用的边撑

（2）刺辊式边撑。如图10-7（b）所示，刺辊5上植有螺旋状排列的刺针，刺针在刺辊上向织机外侧倾斜15°。刺辊略呈圆锥形，外侧一端的直径稍大些，使外侧的刺针先与织物布边接触，能有效地控制布幅的收缩。织物的伸幅方向决定了刺辊上刺针的螺旋方向。织机右侧的刺辊为左螺旋；左侧的为右螺旋。

（3）刺盘式边撑。如图10-7（c）所示，刺盘6将织物布边部分握持，对织物施加伸幅作用。其握持区域较少，伸幅作用较小，一般用于轻薄类织物，如丝绸织物等。刺盘式边撑的优点是织物地组织部分不会受到刺针的损伤。

上述三种边撑的作用原理相同，都是依靠刺针对织物产生伸幅作用，刺针的长短、粗细和密度应与所加工织物的纱线和特数、织物密度相适应。当织制粗而不密的织物时，采用粗、长和密度小的针刺；当织制细而密的织物时，采用细、短和密度大的针刺。

刺环式边撑的伸幅强度可调范围很大，适用于棉、毛、丝、麻各类织物的加工。刺辊式边撑的伸幅强度较刺环式差，不适应重厚织物，多用于一般的棉织物加工。刺盘式边撑伸幅强度最弱，在丝织生产中常见应用。

（4）全幅边撑。依靠刺针伸幅的边撑会对织物两侧产生不同程度的刺伤，有些织物要求完全不受刺针影响，如安全气囊织物、降落伞织物等，在这种情况下可以采用如图10-7（d）所示的全幅边撑。

全幅边撑由槽形底座7、滚柱8和顶板9构成。织物10从槽形底座和顶板的缝口处进入，绕过滚柱，然后又从缝口处引出。当钢筘后退时，在经纱张力作用下，滚柱被抬高而拉紧织物。在打纬时，由于钢筘对织口的压力，织物略微松弛，在重力作用下滚柱下落，并在织物重新被拉紧以前进行卷取。在滚柱两端还可设以螺纹，左端用右旋螺纹，右端用左旋螺纹，以便增加对织物的伸幅作用。

第二节　送经机构

织造过程中，经纱与纬纱交织成织物后不断地被卷走。为保证织造过程的持续进行，由送经机构陆续送出适当长度的经纱来进行补充，使织机上经纱张力严格地控制在一定范围之内。

对送经的工艺要求是：保证从织轴上均匀地送出经纱，以适应织物形成的要求；给经纱以符合工艺要求的上机张力，并在织造过程中保持张力的稳定。

一、送经方式

送经方式有很多，从作用原理上分，有非调节式送经和调节式送经两种。

1. 非调节式送经　织轴在经纱张力的作用下克服制动力矩回转，让经纱从织轴上放送出来，完成送经动作，在送经过程中送经量不做调节控制的送经方式称为非调节式送经。

非调节式送经方式的送经量可由人工通过改变织轴制动力矩来调节。人工调节增加了挡车工的劳动强度，并且经纱张力均匀程度得不到保证，因此被逐渐淘汰。

2. 调节式送经 织轴在经纱张力的作用下克服制动力矩回转,让经纱从织轴上放送出来,完成送经动作,在送经过程中送经量由专门的调节式送经机构进行调节,这种送经方式称为调节式送经。

调节式送经的送经量多少受当时的经纱张力状态决定。因此,调节式送经机构一般以后梁作为张力传感件,来感知经纱张力的变化,进而调节织轴的回转量,使经纱送出量作相应变化。

另外一种调节式送经机构利用感触元件来探测织轴直径,自动改变不同织轴直径所对应的织轴制动力矩,从而达到控制送经量的目的。这种方式对经纱张力的控制不够理想,目前只在一些重型织机上使用。

二、调节式送经机构

调节式送经机构以控制经纱张力均匀为目标,根据织造过程中受各种因素综合影响的经纱张力来调节经纱送出量。调节式送经机构又分为机械式和电子式两类,从作用原理讲,它们都是由经纱放送传动部分和送经量自动调节部分组成。

(一)机械式调节送经机构

1. 外侧式送经机构 外侧式送经机构常用于有梭织机。在有梭织机的技术改造中,出现了多种外侧式送经机构,这些送经机构的共同特征是:通过两个感应元件分别对经纱张力和织轴直径的检测进行送经量调节,从而经纱张力控制更加合理,织造过程中经纱张力更为均匀。同时,送经机构被移到织机外侧,维修保养比较方便。典型的外侧式送经机构如图10-8所示。

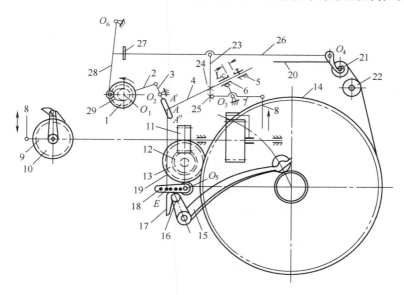

图 10-8 典型的外侧式送经机构

1—偏心盘 2—外壳 3—摆杆 4—拉杆 5—挡圈 6—挡块 7—三臂杆 8—小拉杆 9—双臂撑杆 10—棘轮
11—蜗杆 12—蜗轮 13—齿轮 14—织轴边盘齿轮 15—转臂 16—转子 17—双曲线凸轮板
18—调节转臂 19—连杆 20—经纱 21—活动后梁 22—固定后梁 23—调节杆 24—挡圈
25—挡块 26—扇形张力杆 27—制动器 28—制动杆 29—开放凸轮

（1）经纱放送传动部分。在经纱 20 的张力作用下，织轴始终保持着放出经纱的趋势，但蜗杆 11 和蜗轮 12 的自锁作用阻止了织轴边盘齿轮 14 带动齿轮 13 转动，阻止了经纱的自行放出，使经纱保持必需的上机张力。

安装在织机主轴上的偏心盘 1 回转时，带动外壳 2 作往复运动，然后通过摆杆 3 拉动拉杆 4，使拉杆上的挡圈 5 产生往复动程 L。挡圈 5 向左移动时，在走完一段空程 L_c 之后才与挡块 6 接触，推动着挡块共同移动了 L_x 动程（$L_x = L - L_c$），使三臂杆 7 的一条臂拉动小拉杆 8 上升。小拉杆的上升经双臂撑杆 9、棘爪、棘轮 10 驱动蜗杆 11，对蜗轮 12、齿轮 13、织轴边盘齿轮 14 解锁，使织轴在经纱张力作用下作逆时针转动，放出经纱。挡圈 5 向右移动时，依靠三臂杆 7 上扭簧的作用，让三臂杆和双臂撑杆 9 复位。

在高经纱张力或一般经纱张力织造时，经纱完全依靠自身的张力从织轴上放出，送经机构仅起着控制经纱放出量的作用。只有在较低张力织造时，才有可能是经纱张力和送经机构的驱动力共同发生作用，即以推拉结合的方式送出经纱。

（2）送经量计算。在主轴回转一周，织入一根纬纱的过程中，送经机构送出的经纱量 L_j 为：

$$L_j = \frac{mZ_2Z_4}{Z_1Z_3Z_5}\pi D \tag{10-10}$$

式中：L_j——每纬送经量，mm；

m——主轴回转一周过程中棘轮 10 转过的齿数；

Z_1、Z_2、Z_3、Z_4、Z_5——分别为棘轮 10、蜗杆 11、蜗轮 12、齿轮 13 齿数和织轴边盘齿轮 14 的齿数或头数；

D——织轴直径，mm。

如将 $Z_1 = 60$、$Z_2 = 3$（蜗杆头数有 1、2、3 三种，现以 3 为例）、$Z_3 = 20$、$Z_4 = 23$、$Z_5 = 116$ 代入式（10-10），则得：

$$L_j = 0.00156mD \tag{10-11}$$

空轴的织轴直径 $D_{min} = 115$mm，满轴的织轴直径 $D_{max} = 595$mm。在织轴从满轴到空轴的变化过程中，为保持每纬送经量 L_j 不变，主轴回转一周时间内棘轮转过的齿数 m 应逐渐增加，由式（10-11）知，m 与 D 之间应成双曲线关系。

该送经机构（当 $Z_2 = 3$）能满足织物所要求的最大每纬送经量 L'_{jmax} 和最小每纬送经量 L'_{jmin} 分别为：

$$L'_{jmax} = L_j = 0.00156 \times m_{max} \times D_{min} = 1.794 （mm） \tag{10-12}$$
$$L'_{jmin} = L_j = 0.00156 \times m_{min} \times D_{max} = 0.186 （mm） \tag{10-13}$$

进而，由式（10-12）、式（10-13）可以计算该送经机构（$Z_2 = 3$）的可织纬密范围为（为使计算最大纬密值留有余地，一般高密织物取 a_j 为 7%，低密织物 a_j 为 2%）：

$$P_{wmin} = \frac{100}{L'_{jmax}(1 - a_j)} = \frac{100}{1.794 \times (1 - 0.02)} = 57（根/10cm）$$

$$P_{wmax} = \frac{100}{L'_{jmin}(1-a_j)} = \frac{100}{0.186 \times (1-0.07)} = 578(\text{根}/10\text{cm})$$

在实际使用中,可改变蜗杆 11 头数,以适应不同的织物纬密。

$Z_2 = 3$,粗档纬密:57～157 根/10cm;

$Z_2 = 2$,中档纬密:157～315 根/10cm;

$Z_2 = 1$,细档纬密:315～787 根/10cm。

由此可见,外侧式送经机构具有比较宽的纬密覆盖面。

(3)送经量自动调节部分。当经纱张力因某种原因而增加时,图 10-8 中经纱 20 施加在活动后梁 21 上的力增加,使扇形张力杆 26 绕 O_4 轴上抬,调节杆 23 上升,固定在调节杆上的挡圈 24 也随之上升,允许三臂杆 7 在扭簧作用下绕 O_3 轴沿顺时针方向转过一个角度,在新的非正常的位置上达到力的平衡。于是,挡块 6 与挡圈 5 的空程距离 L_c 缩小。由于 L 不变,因此动程 L_x 增大,织轴送出经纱量增多,使经纱张力下降,趋向正常数值,扇形张力杆和三臂杆也回复到正常位置。当经纱张力因某种原因而减小时,情况相反,使织轴送出经纱量减少,让经纱张力朝着正常数值方向增长,张力调节机构也逐渐恢复正常位置。

经纱张力调节装置满足了织轴由满轴到空轴送经量一致的要求,使经纱张力均匀稳定,让扇形张力杆自始至终处在一个正常位置上,或由于其他随机的张力波动原因,在这个正常位置附近作小量的上下偏移,对张力波动做出补偿。

为适应不同纬密的织物加工,调节转臂 18 的作用半径要做相应调整,这通过改变连杆 19 与调节转臂铰链点 E 的位置来实现。由计算可知作用半径越大,A 点的移动距离 $A'A''$ 越大,可加工的织物纬密就越小。

图 10-9 为外侧式送经机构的经纱动态张力测定结果,三条曲线表明:在织轴直径由大到小的变化过程中,经纱张力是比较均匀的,其差异在 2%～8% 之间。

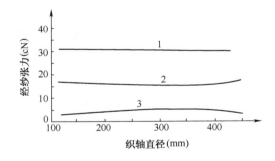

图 10-9　外侧式送经机构的经纱动态张力变化曲线
1—打纬时刻经纱动态张力　2—梭口满开时刻经纱动态张力
3—综平时刻经纱动态张力

当活动后梁处于正常位置时,静态综平时刻的经纱张力被定义为工艺设计规定的织机上机张力。可以通过改变张力重锤的重量、数量及其重力作用的力臂长度,调节经纱的上机张力,达到工艺设计规定的数值。

2. 带有无级变速器的调节式送经机构　带有无级变速器的调节式送经机构能连续地送出经纱,运转平稳,适应高速。它的基本结构是含有能作无级变速的减速传动环节,可以按照经纱张力的变化调整减速比,保持经纱张力的稳定。这种送经机构有多种形式,有些采用张力弹簧,有些兼用张力弹簧和张力重锤;部分送经机构具备以后梁作为感应元件的送经调节装置,部分送经机构还配有和外侧式送经机构相似的织轴直径感触装置,用以感应织轴直径的变化,维持恒定的送经量。亨特(Hunt)式送经机构是其中一种,用于剑杆织机,见图 10-10 所示。

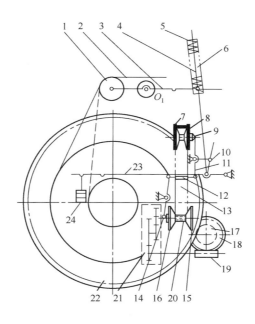

图 10-10　带有无级变速器的调节式送经机构简图

1—后梁　2—摆杆　3—感应杆　4—弹簧杆　5—螺母　6—弹簧　7,8—锥形轮　9—轴　10—角形杆

11—拨叉　12—连杆　13—橡胶带　14—拨叉　15,16—锥形轮　17—送经齿轮　18—蜗轮

19—蜗杆　20—轴　21—变速轮系　22—织轴齿轮　23—重锤杆　24—重锤

（1）经纱放送传动部分。主轴转动时，通过传动轮系（图 10-10 中未画出，轮系的传动比为 i_1）带动无级变速器的输入轴 9，然后经锥形盘无级变速器的输出轴 20、变速轮系 21、蜗杆 19、蜗轮 18、齿轮 17，使织轴边盘齿轮 22 转动，允许织轴在经纱张力作用下放出经纱。这是一种连续式的送经机构，在织机主轴回转过程中始终发生着送经动作，它避免了间歇送经机构的零件冲击等弊病，因此适用于高速织机。

（2）送经量计算。该送经机构的经纱送出量可以变化，变速轮系 21 的四个齿轮为变换齿轮，改变变换齿轮的齿数，可以满足不同范围送经量的要求。在变速轮系所确定的某一个送经量变化范围内，通过改变无级变速器的速比，又可在这一范围内对送经量做出细致、连续的调整，确保机构送出的每纬送经量与织物所需的每纬送经量精确相等。

（3）送经量自动调节部分。这种送经机构能根据经纱张力的变化自动调整经纱送出量，使经纱张力维持恒定数值。当经纱张力增大时，经纱 2 使活动后梁 1 下移，通过张力感应杆 3、弹簧连杆 4、角形杆 10，克服张力重锤 24 的重力矩和角形杆的阻力矩，使双臂杆 11 作逆时针转动。于是可动锥盘 8 向固定锥盘 7 靠近，输入轴 9 上锥形盘的传动半径 D_1 增加。同时，双臂杠杆 14 作顺时针转动，在皮带张力作用下，可动锥盘 16 远离固定锥盘 15，输出轴 20 上锥形盘的传动半径 D_2 减小。其结果为每纬送经量 L 增大，经纱张力下降，回复到正常数值。相反，当经纱张力减小时，则 D_1 减小，D_2 增大，每纬送经量 L 减小，从而经纱张力增大，回复到正常数值。

与外侧式送经机构相比，带有无级变速器的调节式送经机构能保持比较均匀的织机上机张力，当织轴从满轴到空轴的过程中，经纱上机张力变化为 5% ~8%。

3. 摩擦离合器式送经机构 摩擦离合器式送经机构如图 10 – 11 所示,它的送经量可以做无级变化的调整,故经纱张力控制的准确性较好。该送经机构在片梭织机、喷气织机和有梭织机上都有应用。

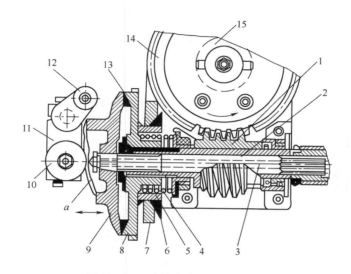

图 10 – 11 摩擦离合器式送经机构

1—蜗杆 2—轴管 3—送经侧轴 4—弹簧 5—制动圈 6—摩擦环 7—机架
8—从动摩擦盘 9—主动摩擦盘 10—转子 11—转子杆 12—连杆
13—摩擦环 14—蜗轮 15—送经齿轮 a—主动摩擦盘凸轮面

(1)经纱放送传动部分。送经侧轴 3 与织机主轴同步转动,带动固定在轴端上的主动摩擦盘 9。当转子杆 11 被锁定于某一位置上时,转子 10 将与回转着的主动摩擦盘上凸轮面 a 接触。转子就地转动,凸轮面的凸出部分迫使送经侧轴和主动摩擦盘向右移动,并通过摩擦环 13 压到从动摩擦盘 8 上,使从动摩擦盘 8 和固定在从动摩擦盘上的制动圈 5 向右移动,制动圈上摩擦环 6 与机架 7 脱离,制动解除。于是主动摩擦盘驱使从动摩擦盘、轴管 2 和轴管上的蜗杆 1、蜗轮 14、送经齿轮 15 转动,允许织轴在经纱张力作用下放出经纱。当主动摩擦盘开始转入凸轮面的凹陷部分与转子接触时,被压缩了的弹簧 4 得到恢复,推动主动和从动摩擦盘向左移动,一旦制动圈被机架挡住,则主动和从动摩擦盘分离,在弹簧力作用下,从动摩擦盘通过摩擦环 6 紧靠在机架上,并立即停止转动,放出经纱动作终止。由此可见,从动摩擦盘的转动发生在主轴回转一周的部分时间区域内,它的转动角 θ 取决于转子与主动摩擦盘凸轮面的接触区段长度。转子锁定的位置越靠近主动摩擦盘,则接触区段长度越长,转动角 θ 越大,送经量也越多。

(2)送经量计算。摩擦离合器送经机构的每纬经纱送出量 L_j:

$$L_j = \frac{\theta Z_1 Z_3}{360° Z_2 Z_4} \pi D \qquad (10 - 14)$$

式中:θ——主轴回转一周过程中从动摩擦盘转过角度,(°);

Z_1、Z_2、Z_3、Z_4——蜗杆 1、蜗轮 14、送经齿轮 15、织轴边盘齿轮的齿数或头数;

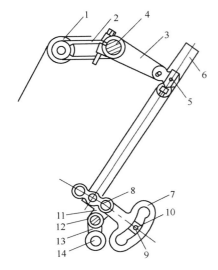

图 10 – 12　经纱张力调节装置
1—后梁　2—摆臂　3—摆杆　4—摆轴　5—螺钉
6—连杆　7—弧形杆　8—支持轴　9—滑块芯轴
10—滑块　11—连杆　12—转子杆轴　13—转子杆　14—转子

D——织轴直径,mm。

从理论上讲,θ 的最小值可以为无穷小,θ 的最大值能接近 360°,并可据此计算送经机构的可织纬密范围。但是,选用这些极限状态会产生不良后果:θ 过小,摩擦盘将严重磨损;θ 过大,则第一次送经后摩擦盘尚未制停,第二次送经又要开始,容易造成送经不匀。因此,生产实际中 θ 的范围一般为 25°~329°,通常根据 Z_1 和 Z_2 四种不同的传动比来选择合理使用的纬密范围。

（3）送经量自动调节部分。在图 10 – 12 中,当经纱张力由于某种随机原因而增大时,经纱迫使装有后梁 1 的摆臂 2 绕摆轴 4 作逆时针转动,通过摆杆 3 使连杆 6 上升。连杆 6 的一端与弧形杆 7 铰接,弧形杆上有一圆弧槽,其圆弧中心向上偏离支持轴 8 的轴心,因此圆弧上端到支持轴轴心的距离大,圆弧下端到轴心的距离小。连杆 6 上升时,弧形杆 7 上的圆弧槽绕支持轴 8 作顺时针转动,支持轴和圆弧槽中滑块 10 的距离增大。由于滑块芯轴 9 固定不动,因此支持轴向左移动,通过连杆 11,带动转子杆 13、转子 14 绕机架上的转子杆轴 12 作逆时针方向转动,使转子与主动摩擦盘的凸轮面距离缩小,送经量增加。送经量的增加促使经纱张力逐渐回复到正常数值,后梁也回归到正常的平衡位置。相反,当经纱张力因某种因素而减小时,机构动作相反,送经量减小,并逐渐回复到正常数值,后梁也回到正常位置。

织轴送出经纱,其直径不断减小,在张力调节装置尚未做出响应之前,经纱送出量显得不足,经纱张力增加,迫使后梁下压,于是从动摩擦盘转角 θ 增大,与直径 D 的减小相适应,符合 $\theta \cdot D =$ 常数的原则,使送经量恢复到正常数值。这时,后梁在一个新的位置上达到新的受力平衡,新的平衡位置下经纱张力总比原平衡位置时大。因此,织轴由满轴到空轴的变化过程中,后梁的高度逐步下降了 10mm,弧形杆的圆弧槽也下移了 16mm,经纱张力则有所增长。

经纱的上机张力可以通过改变上机张力弹簧力和作用力臂的长度来进行调节;在图示的单后梁结构条件下,织轴从满轴到空轴的变化过程中,经纱上机张力不仅受到前述的后梁平衡位置不断更新的影响,还受到织轴直径减小的影响。

转子 10 与主动摩擦盘 9 的凸轮面 a 凸出部分接触时（图 10 – 11）,应迫使主动摩擦盘向右移动,为此转子轴心必须被锁定在某一位置上,这一锁定作用由弧形杆的圆弧槽产生。

（二）电子式调节送经机构

在电子式调节送经机构中,经纱放送传动部分由送经电动机驱动,并受送经量自动调节部分控制。送经量自动调节部分是根据经纱张力设定值和实际经纱张力检测的结果进行控制的。通过对送经电动机的转速和转向的控制,放送出所需的经纱并维持适宜的经纱张力。电子式调节送经机构的机械结构比较简单,作用灵敏,适应高速,是织造技术进步的一个方向。

电子式调节送经机构可分解为经纱张力信号采集系统、信号处理和控制系统、织轴放送装置三个组成部分。

1. 经纱张力信号采集系统 经纱张力信号采集系统主要有后梁位置检测方式和后梁受力检测方式两种。

(1)后梁位置检测方式。以接近开关判别后梁位置,进而间接地对经纱张力信号进行判断、采集,是典型的后梁位置检测方式。它的经纱张力采集系统工作原理和机械式送经机构基本相同,即利用经纱张力与后梁位置的对应关系,通过监测后梁位置控制经纱张力。如图 10 – 13 所示,从织轴上退绕出来的经纱 9 绕过后梁 1,经纱张力使后梁摆杆 2 绕 O 点沿顺时针方向转动,对张力弹簧 3 进行压缩。通过改变弹簧力,可以调节经纱上机张力,并使后梁摆杆位于一个正常的平衡位置上。织造过程中,当经纱张力相对预设定值增大或减小时,后梁摆杆从平衡位置发生偏移,固定在后梁摆杆上的铁片 4、5 相对于接近开关 6、7 作位置变化。

接近开关 3 是一种电感式传感器。当铁片 1 遮住传感器感应头时(图 10 – 14),由于电磁感应使感应线圈 2 的振荡回路损耗增大,回路振荡减弱。当铁片遮盖到一定程度时,耗损大到使回路停振,此时晶体管开关电路输出一个信号。

铁片 4 遮盖接近开关 6 的感应头时,开关电路输出一个信号,送经电动机回转,放出经纱。在正常运转时,铁片 5 总是在接近开关 7 的上方。若经纱张力过大超出允许范围,铁片 5 就会遮盖接近开关 7,开关电路输出信号,命令织机停车。当张力小于允许范围时,铁片 4 会遮住接近开关 7,也使织机停车。

后梁摆杆根据经纱张力变化,不断调整铁片 4 与接近开关 6 的相对位置,使送经电动机时而放出经纱、时而停放,让后梁摆杆始终在平衡位置上下作小量的位移,经纱上机张力始终稳定在预设的上机张力附近。

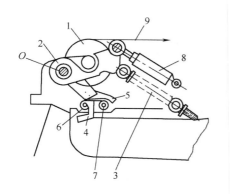

图 10 – 13 接近开关方式经纱张力采集系统

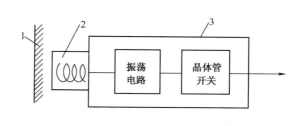

图 10 – 14 接近开关原理

由于后梁系统具有较大的运动惯量,当经纱张力发生变化时,后梁系统不可能及时地做出位移响应,于是不能及时地反映张力的变化并匀整经纱张力。这是后梁位置检测方式的弊病。

在高经纱张力或中厚织物织造时,开口、打纬等运动引起经纱张力快速、大幅度的波动,会导致后梁跳动,造成打纬力不足,织物达不到设计的密度,并影响经纱张力调节的准确性。为避免这一缺点,在后梁系统中安装了阻尼器8,如图10-13所示。阻尼器的两端分别与机架和后梁摆杆铰接。由于阻尼器的阻尼力与后梁摆杆上铰接点A的运动速度平方呈正比,因此,开口、打纬等运动造成的经纱张力大幅度、高速度波动不可能引起阻尼器工作长度相应的变化,阻尼器如同一根长度固定的连杆,对后梁摆杆、后梁起到了强有力的握持作用,阻止了后梁跳动。但是,对于织轴直径减小或某些因素引起的经纱张力慢速的变化,阻尼器几乎不产生阻尼作用,不影响后梁摆杆在平衡位置附近作相应的偏移运动。

(2)后梁受力检测方式。与后梁位置检测方式相比,后梁受力检测方式的经纱张力采集系统工作原理有了明显改进。

①一种较简单的、利用应变片传感器对经纱张力进行采集的结构如图10-15(a)所示,经纱8绕过后梁1,经纱张力的大小通过后梁摆杆2、杠杆3、拉杆4,施加到应变片传感器5上。这里采用了非电量电测方法,通过应变片微弱的应变来采集经纱张力变化的全部信息,相对于通过后梁系统的位置(位移)来感受经纱张力变化,它的优点是可以十分及时地反映经纱张力的变化。曲柄6、连杆7、后梁摆杆2组成了平纹织物织造的经纱张力补偿装置,对经纱开口过程中经纱张力的变化进行补偿调节。改变曲柄长度,可以调节张力补偿量的大小。

②图10-15(b)为一种结构稍复杂的利用应变片工作的经纱张力信号采集系统。经纱张力通过后梁1、后梁摆杆2、弹簧12、弹簧杆10,施加到应变片传感器5上,其电测原理与前一种方式是完全相同的。它们都不必通过后梁系统的运动来反映经纱张力数值变化,从而避免了后梁系统运动惯性对经纱张力采集的频率响应影响,保证送经机构能对经纱张力的变动做出及时、准确的调节。这有利于对经纱张力要求较高的稀薄织物加工。

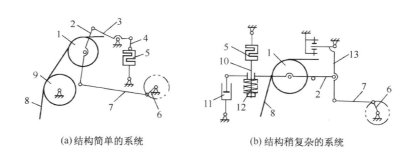

(a)结构简单的系统　　　　　　　　　(b)结构稍复杂的系统

图10-15　应变片方式经纱张力采集系统

1—后梁　2—后梁摆杆　3—杠杆　4—拉杆　5—应变片传感器　6—曲柄　7—连杆

8—经纱　9—固定后梁　10—弹簧杆　11—阻尼器　12—弹簧　13—双臂杆

在经纱张力快速变化的条件下,阻尼器11对后梁摆杆起握持作用,阻止后梁上下跳动,使后梁处于"固定"的位置上。但是,当经纱张力发生意外的较大幅度的慢速变化时,后梁摆杆通过弹簧12的柔性连接可以对此作出反应。弹簧会发生压缩或变形恢复,后梁摆杆会适当上下摆动,对经纱长度进行补偿,避免了经纱的过度松弛和过度张紧。

2. 信号处理和控制系统

（1）后梁位置检测方式。图 10 – 16 表示了经纱张力采集、处理和控制原理。当经纱张力大于预定数值 F_0 时，如图 10 – 17（a）中虚线所示，铁片对接近开关的遮盖程度达到使振荡回路停振，于是开关电路输出信号 V_1，如图 10 – 17（b）所示。F_0 的数值由调整张力弹簧刚度和接近开关安装位置来设定。信号 V_1 经积分电路、比较电路处理，如图 10 – 17（c）所示。当积分电压 V_2 高于设定电压 V_0，则输出信号（$V_2 - V_0$）通过驱动电路使直流送经伺服电动机转动，织轴放出经纱。输出信号（$V_2 - V_0$）越大，电动机转速越高，经纱放出速度越快。当 $V_2 < V_0$ 时，电动机不转动，织轴被锁定，经纱不能放出。

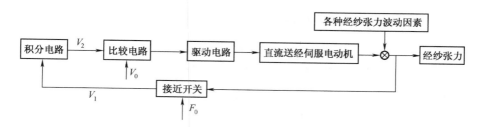

图 10 – 16　电子送经机构的经纱张力控制原理

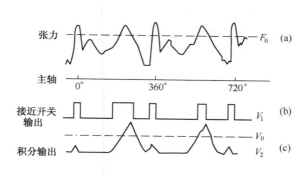

图 10 – 17　信号处理过程

在上述这种方式中，经纱不是每纬都送出的，因此送经量调节的精确程度稍差些，较适宜于中、厚织物的织制。但是，它的电路结构比较简单、可靠，有较强的实用性。

（2）后梁受力检测方式。后梁受力检测方式的经纱张力信号处理与控制系统中采用了微型计算机。该方式应用在不同电子式送经机构中，信号处理和控制的方法各有特点，所使用的织轴驱动伺服电动机也有交流和直流之分。因此，经纱张力信号的处理与控制系统有多种不同的形式，它们的基本原理可以归纳为如图 10 – 18 所示。

计算机按照程序设定的采样时间间隔，根据主轴时间信号，对应变片传感器输出的模拟电量进行采样及模拟量到数字量的转换（A/D 转换），然后将经纱张力变化一个周期内各采样点的数值作算术平均或加权平均（周期为预设参数）。计算出的平均张力与预设定的经纱张力值进行比较，或者与计算机根据预设定的织造参数（纱线特数、织物密度、幅宽等）所算得的经纱张力值进行比较，由张力偏差所得的修正系数进入速度指令环节。

255

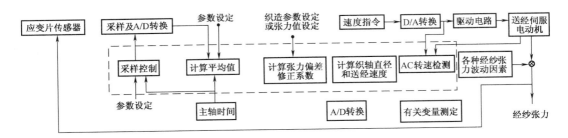

图 10-18 应变片方式电子送经机构的经纱张力控制原理

速度指令通过数字量到模拟量的转换(D/A 转换),输入到驱动电路,进而驱动交流或直流伺服电动机。

在使用交流伺服电动机时,还需测出电动机的当前转速,信号反馈到驱动电路,使驱动输出作出相应的修正。

3. 织轴放送装置 织轴放送装置包括交流或直流伺服电动机及其驱动电路和送经传动轮系。

由电动机特性曲线可知,直流伺服电动机的机械特性较硬,线性调速范围大,易控制,效率高,比较适宜于用作送经电动机。但直流电动机使用电刷,长时间运转产生磨损,需要经常维护。在低速转动时,由于电刷和换向器易产生死角,引起火花,电火花将干扰电路部分正常工作。交流伺服电动机无电刷和换向器引起的弊病,但它的机械特性较软,线性调速区小。为此,在交流伺服电动机上装有测速发电机,检测电动机转速,并以此检测信号作为反馈信号,输入到驱动电路,形成闭环控制,保证送经调节的准确性。

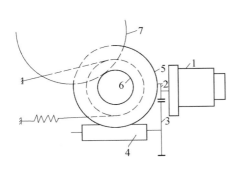

图 10-19 电子送经的织轴驱动装置

送经传动轮系由齿轮、蜗轮、蜗杆和制动阻尼器构成,如图 10-19 所示,执行电动机 1 通过一对齿轮 2 和 3、蜗杆 4、蜗轮 5,起到减速作用。装在蜗轮轴上的送经齿轮 6 与织轴边盘齿轮 7 啮合,使织轴转动,放送出经纱。为了防止惯性回转造成送经不精确,在送经执行装置中都含有阻尼部件。在图 10-19 中是在蜗轮轴上装有一只制动盘,通过制动带的作用,使蜗轮轴的回转受到一定的阻力矩作用,而当电动机一旦停止转动,蜗轮轴也立即停止转动,从而不出现惯性回转而引起的过量送经。

电子送经机构常采用交流伺服电动机、开关磁阻电动机和直流毛刷电动机。目前,喷气织机的电子送经机构中还增加了停车时间记录装置(以 5min、10min 为一个单位),在织机开车时,电子送经机构自动卷紧织轴,使经纱张力达到织机开车所需的数值,可以有效地防止开车稀密路疵点。

三、双轴制送经机构及其工作原理

在公称筘幅 2300mm 以上的阔幅无梭织机上，一般采用并列双轴送经方式。

1. 双轴送经机构的结构形式 用于双轴制送经的有机械式送经机构和电子式送经机构。其结构形式有以下几种。

（1）一套机械式送经机构通过周转轮系差速器来控制两只织轴，协调两只织轴的经纱放出量。

（2）使用两套电子式送经机构，分别独立地控制两只织轴，这种形式常用于重厚织物的加工。

（3）一套电子式送经机构通过周转轮系差速器来控制两只织轴的经纱放出量，在轻薄、中厚织物加工时采用这种形式。

2. 双轴送经机构的工作原理 用于双轴制送经的周转轮系差速器工作原理如图 10 – 20 所示。

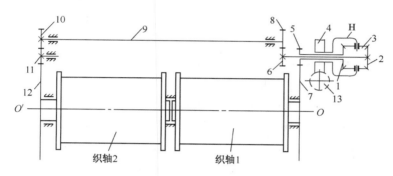

图 10 – 20 周转轮系差速器的双轴制送经工作原理

1、2、3—圆锥齿轮 4—蜗轮 5、6、8、10、11—齿轮 7、12—织轴边盘齿轮
9—长传动轴 13—蜗杆 H—周转轮系的转臂

在无梭织机上，由于经纱高张力的原因，送经机构实质上是一个放经机构，经纱放出的原动力来自经纱张力，送经机构只起着控制织轴经纱放出量的作用。在图 10 – 20 中，蜗杆 13 的回转角度控制着织轴的经纱放出量。

在周转轮系差速器中，根据机械原理可知下列等式成立：

$$\theta_1 = \theta_H + \theta_3, \quad \omega_1 = \omega_H + \omega_3, \quad \varepsilon_1 = \varepsilon_H + \varepsilon_3$$
$$\theta_2 = \theta_H - \theta_3, \quad \omega_2 = \omega_H - \omega_3, \quad \varepsilon_2 = \varepsilon_H - \varepsilon_3 \qquad (10-15)$$
$$\theta_1 + \theta_2 = 2\theta_H, \quad \omega_1 + \omega_2 = 2\omega_H, \quad \varepsilon_1 + \varepsilon_2 = 2\varepsilon_H$$

式中：θ_1、θ_2、θ_H、ω_1、ω_2、ω_H、ε_1、ε_2、ε_H——分别为齿轮 1、2 和转臂 H 的角位移、角速度及角加速度（以放出经纱的转向为正，反之为负）；

θ_3、ω_3、ε_3——分别为齿轮 3 的自转角位移、角速度、角加速度（以使织轴 1 放出经纱的转向为正，反之为负）。

分析轮系的运动可知,当蜗杆 13 发生回转时 $\omega_H(t) \neq 0$,齿轮 3 的运动由公转和自转叠加而成,齿轮 3 的公转起着放经作用,这段时间称为放经过程。在放经过程中,同时也发生着由齿轮自转所产生的两织轴间经纱张力矩差异的自动调节;当蜗杆 13 停止转动时 $\omega_H(t) \neq 0$,齿轮 3 只有可能做自转运动,齿轮 3 的自转运动调节着两织轴之间经纱张力矩的差异,这段时间称为自调过程。因此,织轴的全部工作时间内,间隔地进行着放经和自调两个过程。

生产实践表明,这种以周转轮系差速器来自动调节两织轴放出经纱量,从而缩小它们之间张力矩差异的方法尚存在不足之处,容易产生两织轴余纱长度不等的弊病,造成原料浪费。生产中,为减少两织轴余纱长度差异,通常要求两只织轴的卷绕长度、卷绕半径、卷绕密度均匀一致,并且两织轴安装良好,其传动轮系转动灵活。

以两套电子式送经机构分别独立地驱动两只织轴的双轴制送经方式,避免了周转轮系差速器及其传动系统造成的两织轴余纱长度差异,因此代表着双轴制送经技术的发展方向。

本章主要专业术语

卷取机构(take – up mechanism)

消极式卷取(negative take – up motion)

积极式卷取(positive take – up motion)

机上纬密(on – loom weft density)

机下纬密(off – loom weft density)

边撑(temple)

送经机构(let – off mechanism)

电子送经(electronic let – off mechanism)

经纱张力调节装置(warp tension regulating device)

双轴制送经(let – off for double weaver's beam)

织轴驱动装置(beam driver)

☞ 思考题

1. 试述送经、卷取运动的作用和要求。

2. 试述常用的卷取、送经机构的类型,比较其优缺点。

3. 对间歇卷取机构和连续卷取机构进行比较。

4. 对机械卷取和电子卷取进行比较。

5. 对机械送经方式和电子送经方式进行比较。

6. 何谓织物的机上纬密和下机纬密? 影响织物下机缩率的因素有哪些?

7. 不同的卷取机构上,如何进行织物的纬密调整? 如何根据卷取机构计算织物纬密?

8. 边撑有什么作用? 常用边撑形式有哪几种? 各适用于什么场合?

第十一章　织机传动及断头自停

本章知识点

1. 有梭织机以及无梭织机的传动机构。
2. 有梭织机的制动机构。
3. 无梭织机常用的电磁离合器和电磁制动器的工作原理。
4. 机械式和电子式断经、断纬自停机构的工作原理。
5. 无梭织机常用的自动找梭口装置、断纬自动处理装置和有梭织机的经纱保护装置的工作原理。

第一节　织机的传动系统

一、织机传动机构的要求

织机是极为复杂的机器,具备五大机构和一些辅助机构,而且各个机构之间要求有严格的时间及工艺配合。传统织机的开口机构、引纬机构、打纬机构和卷取机构一般采用齿轮或齿型带传动形式;送经机构一般通过三角皮带轮进行传动,送经量则通过经纱张力来进行调节。新一代高速无梭织机则采用多个电动机分别传动各个机构的方式,其运动配合则由中央处理器进行控制,保证各运动之间的时间协调。

二、有梭织机的传动系统

在有梭织机上,首先由电动机通过皮带传动驱动主轴回转,再由主轴传动其他机构。

如图 11 – 1 所示,电动机通过 2~3 根 A 型三角皮带传动织机主轴 1,再由主轴通过主轴齿轮 2 及中心轴齿轮 3 传动中心轴 4。主轴与中心轴的转速比为 2∶1。主轴通过牵手 5 使筘座脚 6 摆动,带动钢筘打纬。同时,由筘座脚传动

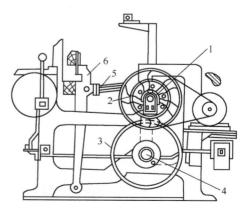

图 11 – 1　有梭织机传动装置

送经机构和卷取机构(图中未标出),由织机的中心轴驱动开口机构、投梭机构、断经自停装置以及断纬自停装置(图中未标出)。这样就带动了全机的运转。

有梭织机的传动系统如下:

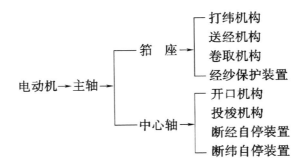

三、无梭织机的传动系统

无梭织机的传动系统相对于有梭织机来说,由于其机构功能较多而更为复杂。各种不同的无梭织机也采取相类似的传动方式,但是根据织机的种类、型号、性能、生产厂家的不同而有所区别。

(一)片梭织机传动系统

传统片梭织机的主传动系统如图11-2所示。主电动机通过皮带轮传动主轴1,安装在主轴1上的打纬凸轮2驱动筘座3进行打纬。

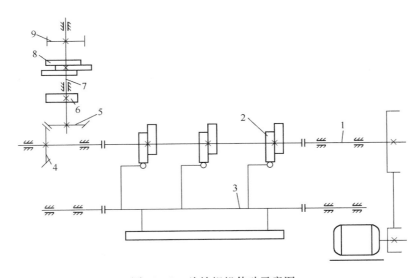

图11-2　片梭织机传动示意图

同时,主轴1通过一对圆锥齿轮4、5传动直轴7。引纬机构通过安装在直轴7上的投纬凸轮6传动。递纬夹打开机构、升梭机构、梭夹打开机构则通过直轴7上的三槽凸轮8传动。直轴7上的齿轮9则通过一系列的过桥齿轮驱动片梭输送链轮。

送经和卷取机构都有电子装置控制。开口机构可配置凸轮装置,也可配置积极式电子多臂机,或者电子提花机,通过独立的微型电动机单独传动,从而简化机械结构,提高可靠性。

(二)剑杆织机传动系统

剑杆织机是无梭织机中应用最广泛的一种织机。剑杆织机的传动机构如图 11 – 3 所示。主电动机 1 通过电磁离合器 2 传动主轴 3,并通过主轴齿轮 4 传动打纬凸轮轴齿轮 5,再通过打纬凸轮 7、摆臂 8,驱动筘座 9 进行打纬。引纬机构则通过左右两侧的齿轮 5 传动传剑驱动轴齿轮 10,再通过传剑驱动轴 11 和空间曲柄机构 12 驱动左右引剑机构。图中 6 为打纬凸轮轴。

寻纬功能和慢车功能则通过以下机构完成:当织机正常运转时,线圈 16、17 均不导通,使离合器 13、14 啮合,离合器 14、15 分离,通过齿型带轮 18 驱动开口机构。当寻纬时,线圈 16、17 均导通,此时离合器 14、15 啮合,寻纬电动机 19 通过链轮 15 传动齿型带轮 18 驱动开口机构;若离合器 13、14 分离,打纬机构和传剑机构均保持静止。当打慢车时,线圈 16 不导通,线圈 17 导通,此时离合器 13、14、15 均保持啮合状态,寻纬电动机 19 带动整机慢速回转。同时,通过安装在离合器上的定位销,使得寻纬和打慢车时,每次织机仅回转一转。

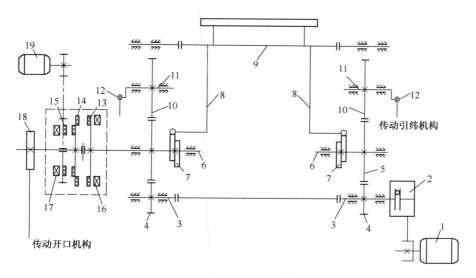

图 11 – 3　剑杆织机传动示意图

剑杆织机的传动过程如下:

电动机→主轴→连杆机构→引剑机构

　　　　　　├→开口机构

　　　　　　└→筘座→打纬机构

电动机→电子卷取机构

电动机→电子送经机构

新一代高速剑杆织机一般采用电子送经机构、电子卷取机构、共轭凸轮打纬机构,开口机构则可采用凸轮、多臂或大提花方式。其主传动与新型喷气织机相似。

与喷气织机相同,剑杆织机各机构的运动也是在计算机控制系统的控制下,以主轴编码器信号为时间基准协调完成。

(三)喷射织机传动系统

1. 传统喷气织机的传动系统 传统喷气织机的传动系统如图 11-4 所示。主电动机通过组合型三角皮带传动织机主轴 1,由主轴通过主轴齿轮 2 及中心轴齿轮 3 传动中心轴 4,再由中心轴齿轮 3 和绞边轴齿轮 5 传动绞边轴 6,通过绞边传动齿轮 7 传动绞边器。主轴与中心轴的转速比为 2∶1,与绞边轴的转速比为 1∶1。窄幅喷气织机通常通过四连杆装置驱动打纬机构,主轴通过连杆机构的牵手 8 使摆臂(筘座脚)9 往复摆动,带动筘座 11 上的钢筘打纬。同时,主轴通过齿型带轮 12 传动卷取机构,中心轴经齿型带轮 13 驱动开口机构,绞边轴通过三角皮带轮 14 传动送经机构。图中 10 为摇轴。

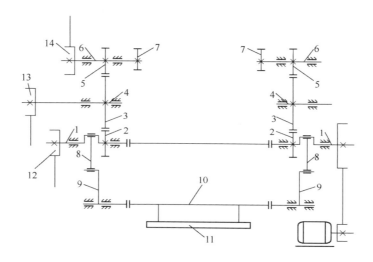

图 11-4 传统喷射织机传动示意图

喷气织机绞边装置亦有多种形式,其传动方式也不尽相同。一般绳状绞边装置由绞边轴传动;纱罗绞边装置则由综框带动;新型喷气织机多采用电子绞边装置,由单独电动机驱动。

喷气织机的引纬系统由织机主控制装置控制下同步运行的电子储纬器供纬,引纬供气机构一般通过电磁阀控制主喷嘴和辅助喷嘴的喷射引纱时间。断经和断纬采用电子自停装置。

当寻纬或打慢车时,变频器使电动机慢速运转,安装在织机主轴上的感应器则控制织机每次仅回转一转。

对于适应加工重厚织物的喷气织机(特别是宽幅喷气织机),通常采用共轭凸轮打纬机构,以满足打纬力的要求,而且普遍采用了电子送经机构和电子卷取机构。

织机在计算机控制系统的控制下,以主轴编码器信号为时间基准,协调地完成各机构的运动。

2. 传统喷水织机的传动系统　传统喷水织机的主传动与喷气织机相似,如图 11 – 4 所示。其主要区别在于开口、引纬和打纬机构。喷水织机引纬采用水泵加压喷射水流来引导纬纱飞越梭口。喷水织机一般采用四连杆打纬机构。其引纬载体(水流)的集束性比喷气织机的引纬载体(气流)要好得多,但品种局限性较大,仅适合在疏水性的合纤长丝织物的加工中使用。喷水织机通常采用连杆开口机构或多臂开口机构,生产平纹织物、斜纹织物或小提花织物。现在,也有采用凸轮开口形式的,但使用还不是很普遍。由于喷水织机在接力引纬方面存在困难,所以在织物幅宽上受到一定限制。

喷水织机的传动机构如下:

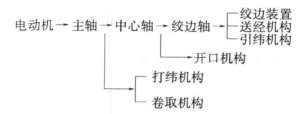

3. 新型喷气织机的传动系统　新型喷气织机的主传动采用交流变频电动机通过离合器传动或者 SUMO 电动机直接传动方式。交流变频电动机采用高启动力矩电动机,变频器用于控制车速。SUMO 电动机直接传动方式则取消了皮带、皮带轮、刹车装置和离合器,其慢车、速度调整、刹车均由主电动机来承担完成。另由多个电动机分别传动送经机构、卷取机构及绞边机构等。新型喷气织机的传动系统如图 11 – 5 所示。

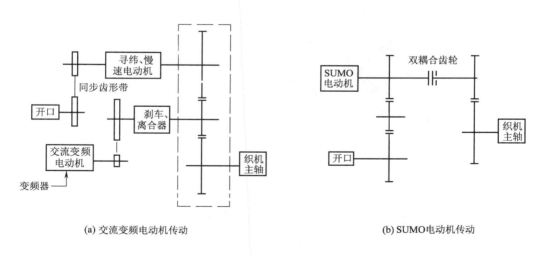

(a) 交流变频电动机传动　　　　　　　　　　(b) SUMO电动机传动

图 11 – 5　新型喷气织机的传动系统图

四、启动和制动装置

运转中的织机往往因经纬纱断头或机电装置的故障而停车,即使最现代化的织造生产也难免于此。处理停车后又需开车继续运行。所以织机的启动和制动对正常生产来说十分重要。它们应该满足以下要求。

（1）织机启动应当迅速，在第一次打纬时，织机车速和钢筘速度应达到或接近正常运转时的速度。

（2）织机制动应当有力、及时，避免织机开始制动后，在明显下降的车速条件下继续形成织物。

（3）织机的启动和制动位置应当准确，这既有利于启动第一次打纬时的车速达到正常数值，又能便利相应的织机操作。

（一）有梭织机的启动和制动机构

1. 启动机构 如图 11-6 所示，电动机通过三角皮带直接传动活套在主轴 1 上的三角皮带轮 2。开车时，将开关柄 3 推向机外侧，通过螺杆弹簧 4、开关臂 5、启动连杆 6、启动拉杆 7、接头芯子 8、启动臂 9、拨叉螺钉 10 使转动着的三角皮带轮压向与主轴固定在一起的离合器。在离合器的外圆锥面上固装着摩擦片，在皮带轮与离合器的摩擦作用下，使主轴随之转动。

关车后，开关柄向机内侧移动，通过上述有关机构，使三角皮带轮与离合器脱离接触，从而使主轴停止回转。而此时三角皮带轮依然在转动，这样织机再次启动时，电动机及三角皮带轮的动能将传递给主轴，使织机启动迅速有力。

2. 制动机构 高速运转的织机，在关车后会有惯性回转，较大的惯性回转对织造过程是有害的。因此，在织机上装有制动机构。

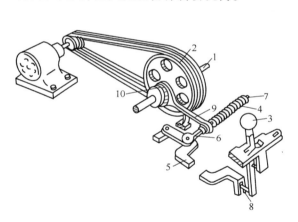

图 11-6 有梭织机启动机构

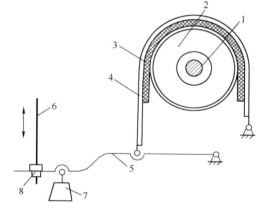

图 11-7 有梭织机制动机构

GA615 型有梭织机通常采用如图 11-7 所示的钢带式制动机构。在主轴 1 上装有制动盘 2。内侧装有衬垫 3 的钢带 4 包在制动盘表面，钢带一端与墙板铰接，另一端与制动杆 5 相连。制动杆的一端与墙板铰连，另一端与制动钩 6 相连。在制动杆的弯头处挂有重锤 7。开车时开关柄推向机外侧，通过机构传动使制动钩 6 向上提起，制动钩下面的紧圈 8 提起制动杆，使钢带与衬垫脱离制动盘表面，主轴即可回转。在织机运转过程中，钢带与衬垫脱离制动盘表面，钢带不起制动作用。关车时，开关柄向机内侧移动，由于重锤作用，使制动钩下降，钢带则压在制动盘上，限制主轴的惯性回转。如果在停车状态下需要人工转动主轴，则可将开关柄拉到机前方的凹口中，制动即可解除。

在有梭织机的技术改造工作中,曾经出现过多种有效的织机启动和制动机构,本章第四节"有梭织机的经纱保护装置"所叙述的定筘护经装置(又称电子护经装置)即为其中之一。

(二)无梭织机的启动和制动机构

1. 启动和控制机构的工作原理　为满足在高速运转时对启动和制动的要求,无梭织机的启动和制动机构通常由电动机(常带有飞轮)、电磁离合器、电磁制动器和主轴位置信号发生器、控制电路等组成。新一代的高速无梭织机则以超启动力矩电动机、电磁制动器和微电脑控制电路构成织机的启动和制动机构,使织机启动和制动性能进一步提高。尽管无梭织机启动和制动机构形式多样,但它们的基本工作原理是相似的。SUMO 电动机则通过电动机本身制动。

无梭织机的启动和制动工作原理如图 11 – 8 所示。启动和制动机构由计算机担任控制中心,对各种检测信号和按钮操作指令信号进行处理,然后在规定的织机主轴角度发出相应的织机启动和制动信号。织机主轴角度信号由主轴编码器产生,作为启动和制动机构的工作时钟。

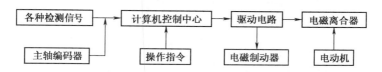

图 11 – 8　无梭织机的启动和制动工作原理图

2. 启动和制动机构的执行装置　启动和制动机构的执行装置是电磁离合器、电动机和电磁制动器等。电磁离合器和电磁制动器有多种结构形式,图 11 – 9 所示为一种常见的结构。

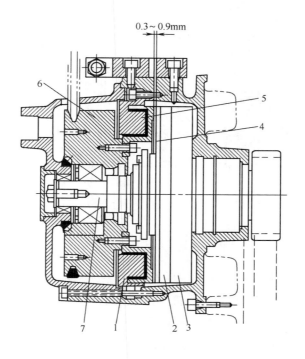

图 11 – 9　常见的电磁离合器和电磁制动器结构

计算机控制中心发出的织机启动和制动信号输入到驱动电路,使电磁离合器的线圈 1 或电磁制动器的线圈 3 通电。当织机启动时,电磁离合器线圈通电,电磁制动器线圈断电,安装在皮带轮 6 上的转盘 5 与固装在传动轴 7 上的摩擦盘 4 快速吸合,电动机通过皮带轮带动织机回转。当织机制动时,电磁制动器线圈通电,电磁离合器线圈断电,传动轴上的摩擦盘迅速与转盘 5 脱离,与固定不动的制动盘 2 吸合,实施强迫制动。制动后,织机在慢速电动机的带动下回转到特定的主轴位置(一般为主轴300°位置)停机。

织机停机时,电动机仍带动皮带轮 6 旋转,皮带轮具有较大的质量,起到飞轮作用,可以存储一定能量。在织机启动第一转过程中,皮带轮释放能量,使织机速度迅速达到正常数值。

为保证电磁离合器和电磁制动器正常工作,摩擦盘和转盘之间的间隙应控制在0.3 ~ 0.9mm。

3. 新型启动和制动机构 高速无梭织机采用新型启动和制动机构,它由图 11 – 10 所示的电磁制动器和超启动力矩电动机组成。织机开车时,电动机启动,通过皮带轮 1 直接带动传动轴 2,使织机回转,由于电动机启动时力矩为正常数值的 8 ~ 12 倍,因此,织机在启动第一转就能达到正常车速。织机停车时,电动机关闭,大容量电磁制动器线圈 3 导通,吸合制动盘 4,并经皮带轮 1 将传动轴迅速制停。采用这种新型启动和制动机构能使织物开关车横档疵点进一步减少,织机停车位置正确。

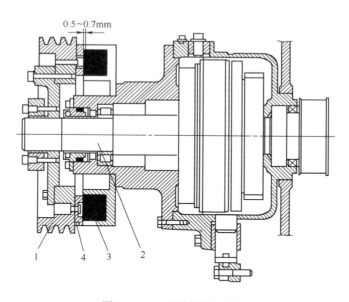

图 11 – 10 电磁制动器结构

近年来,新一代高速无梭织机采用SUMO 电动机直接驱动织机的技术,主传动取消传动皮带,没有皮带盘、电磁离合器与刹车盘。织机的速度设定通过电子卡或者具有双向通信功能的主计算机复制到其他织机上。SUMO 电动机的速度变化范围很广,这对织造新品种非常有利。织机的自动寻纬、慢动也由同一 SUMO 电动机驱动,传动系统大大简化。通过键盘可以非常容易地在织机停机时或织机运行时进行无级调速。另外,全电子控制的 SUMO 电动机启动力矩非常强大,而且输出平稳,是防止横档提高布面品质的保证。目前,SUMO 电动机还仅是某些高档织机的选购件。

第二节　断纱自停装置

织机在运转过程中,经纬纱线有时会处于不正常的工作状况,这时织机必须立即停车,以防止在织物上形成残疵,影响织物的实物质量。织机上,这些断头自停的动作是由断经和断纬自停装置来完成的。

一、断经自停装置

在织机上制织织物时,当某根经纱断头或过分松弛时能使织机自动停车的装置称为断经自停装置。有了这种装置可以防止在织物上形成缺经、经缩及跳花等织疵,使织物品质有所改进,织布工不需要经常注视着经纱,从而可以减轻劳动强度,增加看台能力,并使织机的生产率有所提高。断经自停装置能使织机停在一定的主轴位置上,同时发出断经指示信号。常见的断经自停装置有电气式和机械式两类,无梭织机通常使用前者,有梭织机使用后者。电气式断经自停装置有接触式和光电式两种。技术先进的电气式自停装置由计算机控制,对经纱断头或经纱过度松弛执行十分及时、准确的停车动作。目前,以计算机控制的接触式断经电气自停装置在无梭织机上使用较为普遍。

(一)电气式断经自停装置

电气式断经自停装置由信号检测、控制和执行等部分组成。

1. 电气式自停装置的检测部分　接触式经纱断头电气自停装置以经停片绝缘层 3 和相互绝缘的正、负电极 1、2 组成检测部分,如图 11 - 11 所示。当经纱 5 断头或过度松弛时,经停片 4 下落,使电极 1、2 导通,产生经停信号。

光电式经纱断头电气自停装置以经停片和成对设置的红外发光管、光电二极管组成检测部分。经停片下落,使红外发光管通往光电二极管的光路阻隔,光电二极管不再受光,于是产生经停信号。

接触式和光电式检测部分对日常的清洁工作都有比较严格的要求。当飞花和油污堆积在接触式检测部分的电极上或堆积在光电式检测部分的光学元件上时,会发生经纱断头自停失灵现象,造成织物的经向织疵。

2. 电气式自停装置的控制和执行部分　接触式和光电式经纱断头电气自停装置的控制和执行部分是基本相同的,有计算机控制和不带计算机控制两种方式。

(1)计算机控制方式。图 11 - 12 为计算机控制的经纱断

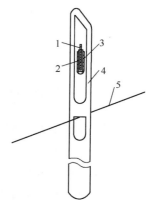

图 11 - 11　接触式经纱断头
　　　　　电气自停装置

头电气自停装置工作原理图。由检测部分输出的经停信号经计数器转变为微处理器的中断申请信号，微处理器在接受中断申请信号之后，立即转入对经停信号的采样和判断工作，这一工作将持续一段时间。在这段时间内，经停信号如一直维持，则微处理器将根据设定的停车主轴位置角以及内存中记录的最后一次经停制动时间角（由于制动片的磨损，该时间角会逐渐增大），在相应的主轴时刻发出停车指令，驱动电路开始工作，使电磁制动器对织机实施制动，并制停在预定的停车主轴位置角上。然后，慢速电动机动作，将织机停车位置调整到工艺设定的经停主轴角度，通常为300°。在这一角度上，经纱处于综平或接近综平位置，经纱张力最小，有利于减少停机过程中的经纱塑性变形，从而避免织物上纬向横档疵点。

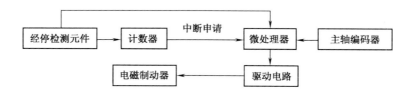

图11-12　计算机控制的经纱断头电气自停装置工作原理图

有时，因某种偶然的随机原因会引起接触式检测部分正负电极的瞬时或短时导通，由于经停信号持续时间不足，微处理器不会做出"断经"的错误判断，从而避免无故关车而造成的织机效率下降。

主轴位置角信号（又称同步信号）由主轴上的编码器发出，经接口输入到微处理器，作为各种动作控制的时间依据。

（2）不带计算机控制方式。不带计算机控制的经纱断头电气自停装置工作原理如图11-13所示。

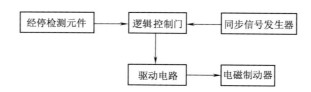

图11-13　不带计算机控制的经纱断头电气自停装置工作原理图

检测部分发出的经停信号被输入到逻辑控制门，当主轴上安装的同步信号发生器在主轴特定位置上发出的同步信号来到时，逻辑控制门就输出电压，触发驱动电路开始工作，使电磁制动器在预设定的主轴工作位置角上将织机制停。

这种控制和执行方式显然不如前述方式完善、合理，无故关车的可能性会大一些，经停位置的准确程度会差一些。

3. 经停架　经停架用于安放经停片和检测部分的其他组件。一般的经停架上可以安放六列经停片，经停片的排列密度必须符合工艺设计的规定要求，排列过密不仅会磨损纱线，而且造成经停失灵。为方便断经找头操作,织机上配备了断经分区指示信号灯,部分经停架上还装有找头手柄,摇动手柄便可看到断经下落的经停片位置。

(二)机械式经纱断头自停装置

有梭织机通常使用机械式的经纱断头自停装置,其工作原理如下:在每一根经纱上套有一片经停片,当经纱断头时,经停片下落,阻碍了活动齿杆的运动,再通过杠杆系统拨动开关柄而发动关车。

图 11 – 14 所示为一种机械式经纱断头自停装置。中心轴 1 回转时,经停凸轮 2 推动联合杆 3 和回复杆 4 共同绕轴 O_1 做上下摆动,通过连杆 15 带动摇动齿杆 11 绕轴 O_2 进行摆动。当经纱断头或过度松弛时,经停片 9 下落,阻碍了摆动齿杆在两侧极限位置附近的运动。于是,回复杆终止与联合杆的共同运动,并且 A 点上抬,使装在经停杆 5 上的经停杆箍 6 上升到卷取指挂脚 8 的运动轨迹上来。当筘座脚 7 向机后运动时,通过卷取指挂脚、经停杆箍,将经停杆拉向机后,并进一步通过后续杆系拉动开关柄 13,实施关车动作。

这种机械式经纱断头自停装置的机构并不简单,而且断经自停动作容易失灵,对于阔幅织机更不适宜。在织机主轴回转一周时间内,摆动齿杆作一次单向摆动,仅对一半经纱进行检测,因此检测工作不够及时。

这种机械式的经纱断头自停装置正在得到改造。改造后的装置中,自 A 点到停机杠杆 14 的一系列杆件被拆除,刻齿杆 12 和摆动齿杆 11 改装成为电气自停装置的两个电极,经停片下落时导通这两个电极,织机关车。改造后的电气自停装置的机构得到简化,经停动作可靠性有所提高。

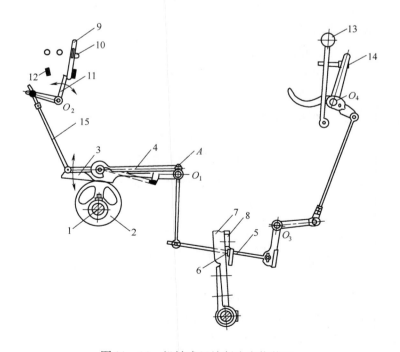

图 11 – 14　机械式经纱断头自停装置

（三）旋转式断经自停装置

传统的喷水织机由于经丝断头较少,一般不配备断经自停装置。但随着国际上化纤行业向超细化、功能化方面发展的趋势,利用超细纤维生产高密度织物等也越来越多。由于超细纤维在纺丝过程中稳定控制纤度均匀的工艺难度很大,在单喷喷水织机上容易出现纬斑条纹,因此通常在双喷喷水织机上织造。双喷喷水织机开口量大,钢筘运动幅度大,造成经丝与钢筘及综丝的摩擦剧烈,容易引起断经。此类喷水织机通常配备旋转式断经自停装置。

旋转式断经自停装置由电动机、旋转机构、感应机构、停车机构等组成。其工作原理如下:将电动机与断经装置安装在墙板上,电动机电源与织机主电动机电源同步。电动机通过主动轮、从动轮、O 型带带动整个装置进行旋转,探针对经纱进行梳理,捕捉断经。当经纱断头时,断经即被铜丝刷缠绕。随着装置的旋转,断经纱就被缠绕到张力丝上,张力丝拉动往复控制总成,使感应触点与往复控制器闭合,主机壳体产生回路,使主控板工作,切断接触器电源,使织机停机。

二、断纬自停装置

织造过程中当引纬不正常时(如纬纱断头、缺纬、纬纱长度不足、双纬误入等),使织机停车的装置称为断纬自停装置,简称纬停装置。纬停时,织机主轴及时地制停在与故障原因相应的位置上,并且纬纱断头指示灯发出信号。织机上这一自停动作由断纬自停装置来完成。织机上安装了这种装置,挡车工则不必经常注意纬纱是否断头,因此可以提高看台数,减少缺纬织疵。

断纬自停装置有很多种类,无梭织机上通常采用电气式自停装置,有梭织机则采用机械式自停装置。改造后的有梭织机上,断纬自停装置一般为电气式与机械式相结合的形式。

（一）电气式断纬自停装置

电气式断纬自停装置在无梭织机上使用时,自停装置的检测元件必须和各种无梭引纬方式相适应。因此,断纬自停装置的纬纱检测形式也就多种多样,主要有压电陶瓷传感器、光电传感器和电阻传感器三种检测方式。

1. 压电陶瓷传感器检测方式的断纬自停装置 剑杆织机和片梭织机上,断纬自停装置通常采用压电陶瓷传感器的纬纱检测方式。纬纱从储纬器引出后,经过压电陶瓷传感器的导纱孔,张紧状态的纱线以包围角 α 压在传感器的导纱孔壁上,如图 11 – 15 所示。当纱线快速通过导纱孔时,孔壁带动压电陶瓷晶体发生受迫振动,产生交变的电压信号。对传感器输出的交变电压信号有多种不同的判别并进而控制自停的方式。

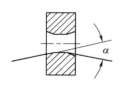

图 11 – 15　纱线对压电陶瓷传感器导纱孔的作用

（1）计算机控制方式。以计算机控制的纬纱断头自停工作原理如图 11 – 16 所示。传感器产生的微弱检测信号先经放大,然后输入到电平比较器进行电平比较及逻辑判断。当纬纱断头或缺纬时,压电陶瓷晶体不受纱线作用,传感器输出的电压信号(实为电路噪声信号)经放大后幅值很小,低于比较电路所设置的下限电平;当双纬误入时,由于陶瓷晶体振动过剧,传感器输出的电压信号经放大后幅值高于比较电路所设置的上限电平。检测信号由比较电路进行电平比较并经逻辑电路判断,最后,电平比较器输出对应于正常引纬状态的高电平"1"或对应于断纬、缺纬、双纬误入等非正常引纬状态的低电平"0"。主轴编码器发出的主轴角度信号经接口输入到微处理器,微处理器在设定的主轴角度区域内(对应引纬阶段)对电平比较器输出的电平信号进行采样及鉴别。当检出非正常引纬的低电平"0"时,微处理器根据设定的停车主轴位置角以及最近一次纬停制动时间角,在相应时刻发出停车指令,驱动电路启动电磁制动器,使织机在预定的主轴位置角度上停车。然后,慢速电动机带动开口机构完成自动找梭口动作,并最终将织机停在工艺设定的纬停主轴角度上。

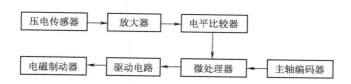

图 11 - 16   计算机控制的纬纱断头自停工作原理图

为避免机架振动引起的压电陶瓷晶体振动,保证断纬自停装置正确工作,传感器的安装应采取良好的隔振措施。用于剑杆织机时,由于送纬剑启动和中途两剑交接的纬纱速度很低,传感器输出的检测信号过弱,因此微处理器对检测信号的采样和鉴别区域应不包括这些时间。否则,微处理器会做出"断纬"的误判,引起空关车,影响织机效率。

织机投入工作之前,要向计算机控制系统输入所加工的纬纱特数和滤波时间等参数。微处理器将按照纬纱特数自动设置放大器的放大倍数,并在织机工作时根据滤波时间参数对电平比较器输出的电平作数字滤波(进行算术平均)。滤波的目的是为了防止纱疵通过或纱线的偶然跳动等因素引起的电平比较器短暂的低电平输出所造成的空关车。

(2)不带计算机控制方式。不带计算机控制的断纬自停装置对压电陶瓷传感器输出的检测信号进行处理并控制自停的原理与前述原理基本相同。但是,它以集成电路构成的逻辑电路来完成前述的电平比较器和微处理器的功能;用接近开关和主轴上安装的凸轮片作为同步信号发生器来产生主轴位置角信号。当纬纱断头、缺纬或双纬误入时,随着主轴特定位置的角度信号到来,驱动电路启动电磁制动器,使织机制停在设定的主轴工作位置角上。

由于逻辑电路不具备微处理器的部分功能(如数字滤波、放大倍数自动设置等),因此使用时纬纱速度不宜过低,并不应有纬纱跳动现象。在织制过粗或过细的纬纱时,要适当调整纬纱对传感器导纱孔眼的包围角 α,使传感器产生的检测信号达到适当的强度,以保证纬纱断头自停装置的正确工作。

2. 光电传感器检测方式的断纬自停装置   喷气引纬是一种消极引纬方式,纬纱飞行时张力较弱、张力波动较大,因此,压电陶瓷传感器的检测方式就显得不适用了。通常,喷气织机采用光电传感器的纬纱检测方式,光电传感器检测元件如图 11 - 17 所示。

图 11 - 17(a)为一种异型筘筘齿形状的探头。安装探头时,凹槽部分应与异型筘的凹槽相平齐。异型筘式喷气引纬时,纬纱准确地飞行于狭小的槽形区域,这为光电传感器检测方式的应用创造了条件。在探头上装有一个光源 1 和两个光电元件 2,纬纱 6 飞过探头上的凹槽时,对

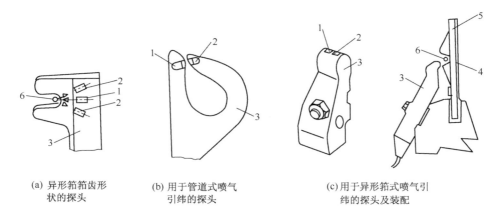

(a) 异形筘筘齿形　　　(b) 用于管道式喷气　　　(c)用于异形筘式喷气引
状的探头　　　　　　引纬的探头　　　　　　纬的探头及装配

图 11 – 17　几种光电传感器纬纱检测元件

光源发出的光线进行反射,光电元件接受反射光后,输出一个纬纱到达信号。光电元件的斜向设置有利于克服外界光线的直射干扰,避免误信号和误动作的产生。

图 11 – 17(b)所示的探头用于管道式喷气引纬。探头外形与管道片一致,在脱纱槽上嵌有光源 1 和光电元件 2。打纬之前,纬纱从脱纱槽中脱出,将光源到光电元件的光路切断,传感器产生一个纬纱到达信号。

图 11 – 17(c)所示的探头为异型筘式喷气引纬使用的另一种光电式传感器纬纱检测元件,它的工作原理和图 11 – 17(a)中探头 3 相同。在异型筘 5 的后面,贴有黑色遮光膜 4,用于隔离射向光电元件的外界光线。织机主轴一转期间,光电元件依次接收到钢筘反射光、纬纱反射光和经纱反射光,产生了如图 11 – 18 所示的高频调幅检测电压信号 V。

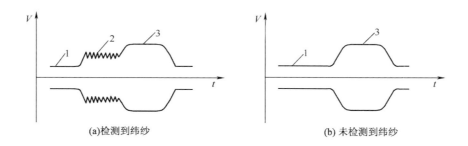

(a)检测到纬纱　　　　　　　　　　　(b) 未检测到纬纱

图 11 – 18　高频调幅检测信号

1—钢筘反射光信号　　2—纬纱反射光信号　　3—经纱反射光信号

对光电传感器检测元件输出的检测信号做进一步处理,并控制织机自停,这一过程的工作原理和压电陶瓷传感器检测方式的纬纱断头自停装置相似。织机停车后,慢速电动机将织机停在主轴工作位置角 300°位置上,等待操作工修补纬纱,这项措施有利于减小待机过程中的经纱张力,从而避免织物横档疵点。

在多色引纬时,不同色纱对光的反射能力不同,会引起纬纱断头自停失误。因此,部分光电自停装置还具有增益自动控制功能,能根据纬纱的颜色自动改变光电传感器的灵敏度,保证纬纱断头自停装置高度的可靠性。

通常,在纬纱飞出梭口的一侧装有两只探头 1、2,如图 11-19 所示,它们分别位于延伸喷嘴 3 的两侧。探头 1 装在正常引纬时纬纱能到达的位置,如探知纬纱没有到达,则说明缺纬或短纬;探头 2 装在正常引纬时纬纱不可到达的位置,如探知纬纱到达了,即可判断为断纬。

光电传感器检测元件会受灰尘和油污的污染,从而灵敏度下降,造成纬纱断头自停动作失误。为此,要用无水乙醇定期地清洗光源和光电元件的光学表面。部分喷气织机还具有探头自动清洁功能和探头污染警示功能。

3. 电阻传感器检测方式的断纬自停装置 喷水引纬也是一种消极引纬方式,它以带有一定量电解质的水作为引纬介质。被引入梭口的纬纱浸润在水中,于是就产生了一定的导电性能,喷水引纬的纬纱断头自停装置正是利用了这一纬纱导电原理。

电阻传感器检测元件如图 11-20 所示。电阻传感器 2 上装有两个电极 1,电极位置对准着钢筘 3 的筘齿空档。引纬工作正常时,纬纱能达到筘齿空档位置,梭口闭合后,处于筘齿空档处的一段纬纱被织物边经纱和假边经纱所夹持,随着钢筘将纬纱打向织口,张紧着的湿润纬纱将电极导通;引纬工作不正常时,筘齿空档处无纬纱,于是电极相互绝缘。对应着电极的导通和绝缘,电阻传感器发出纬纱到达(高电平"1")或纬纱未达(低电平"0")的检测信号。微处理器在织机主轴某一角度区域中,对电阻传感器输出的检测信号进行积分、平均,并据此判断纬纱的飞行状况,避免纬纱与电极的瞬间接触不良等原因造成的无故关车。引纬工作不正常时,微处理器按照判断结果,通过驱动电路和电磁制动器执行织机的停车动作。

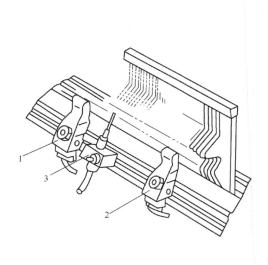

图 11-19 探头和延伸喷嘴的安装位置

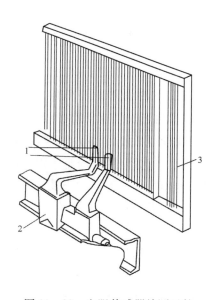

图 11-20 电阻传感器检测元件

(二)机械式断纬自停装置

有梭织机通常采用机械式断纬自停装置。图 11-21 所示为使用较多的点啄式断纬自停装置。

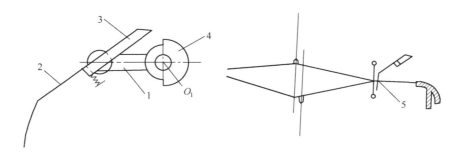

图 11 – 21　点啄式断纬自停装置

摆杆 1 绕轴 O_1 做上下摆动,摆杆下降到最低位置时,钢针 2 在织口 5 附近穿过经纱纱层。当纬纱引入梭口并被打入织口之后,钢针 2 被交织到织口之中。然后摆杆向上摆动,撑头 3 因织口握持钢针而上抬,摆杆上升到最高位置时,钢针从织口中拔出。如果点啄式纬纱断头自停装置所在区域无纬纱引入,则钢针不被织入织口,撑头因自重而下落到碰头 4 的缺口之中。摆杆上摆时,撑头推动碰头转动,并通过后续机构(图中未画)发动开关手柄关车。

在点啄式断纬自停装置中,撑头之后的关车运动传递机构比较复杂,影响关车动作的准确性。在老机改造时,对这套机械式纬纱断头自停装置作了改进,以行程开关代替碰头之后的机械部件。当碰头转动时,推动行程开关发动关车。这种机械与电气相结合的纬纱断头自停装置的可靠程度有所提高。

第三节　无梭织机的自动找梭口(自动寻纬)装置

当织机因纬纱故障而停车时,为了减少挡车工处理停台时间,降低劳动强度,提高织机生产效率,无梭织机还安装有自动找梭口装置。高档喷气织机还配备有纬纱断头自动处理系统。

自动找梭口又称自动寻纬,其功能是当纬纱断头后,送纬装置不送出纬纱,在无纬的条件下,织机仍打一次纬,然后停车于预定位置。与此同时,开口机构立即反转 2～4 转(由计算机根据上机品种确定),回至断纬发生时的梭口。同时,卷取、送经及选色机构亦同步反转,以确保再次开车时的引纬顺序、梭口状态及织口位置准确无误。根据不同的上机品种,开车后的第一或第二梭口可不进行引纬,以使织机达到正常转速,保证消除开车档疵点。防开车档疵点的功能与自动寻纬大致相同,所不同的是其动作发生在断经之后而非断纬之后。织机的自动寻纬及防开车档疵点功能依靠联动反转机构及其电路共同完成。

1. 织机的自动寻纬及防开车档疵点联动反转机构　当织机正常运转时,如图 11 – 22 所示,主电动机 16 通过皮带轮 17、18,电磁离合器 19 及减速箱 20,使主轴 1 转动,从而带动各机构动作。当纬纱或经纱断头后,在相应电路作用下,寻纬电动机 15 立即开始工作。由于内离合器 2、3 的作用,使外轴与内轴脱开,同时主电动机断电。找纬电动机一方面使开口机构 12 反转,综框反向运动,以保证重新开车时梭口顺序的正确;另一方面驱动内轴,使卷取、送经及光电偶合纬纱选择器相应反转,以保证织口位置及色纬顺序的正确。为了避免多余动作及对经纱的损伤,打纬、引纬及选纬杆均不发生反转。

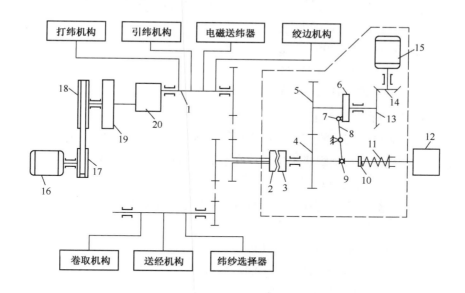

图 11 – 22　织机的联动反转机构

1—主轴　2、3—内离合器　4、5—齿轮　6—转子　7—凸轮　8—拨杆　9—拨叉　10—定位圈
11—弹簧　12—开口机构　13、14—斜齿轮　15—寻纬电动机　16—主电动机
17、18—皮带轮　19—电磁离合器　20—减速箱

　　由于寻纬电动机内离合器中啮合牙的不对称性,啮合牙仅在作整数圈回转后,才能在弹簧 11 的作用下与啮合牙 2 重新啮合。若啮合后找纬电动机仍在运转,则拨杆 9 再次将啮合牙分开,开口机构继续作整数圈回转。由于啮合牙 3 回转一圈所需时间为 $t_0 =60i/n(s)$,i 为找纬电动机至啮合牙 3 的传动比,n 为找纬电动机转速。设寻纬电动机通电时间为 t,则开口机构反转圈数 R 为:

$$R=\begin{cases}1 & (2t_0 <t\leqslant 3t_0)\\2 & (3t_0 <t\leqslant 4t_0)\\3 & (0<t\leqslant t_0)\\4 & (t_0 <t\leqslant 2t_0)\end{cases}$$

　　寻纬电动机通电时间 t 小于啮合牙回转整数圈 R 所需时间 Rt_0 时,联动反转机构在惯性作用下继续回转直至啮合牙重新啮合为止。找纬电动机通电时间 t 则由自动找纬及防开车档电路加以控制。

　　2. 纬纱自动处理装置　新型高档喷气织机上装备有纬纱自动处理装置。当纬纱在织口内出现故障而造成停车时,织机能自动除去断纬,然后自动再启动。

　　(1)纬纱自动处理装置的工作程序。

①在织口内产生纬纱故障。

②电磁剪刀 A 不动作,不剪纱。

③储纬器释放一根纬纱,并由吹气喷嘴将纬纱吹入上部的废纱抽空通道内。

④织机定位停车在综平位置(300°左右)。

⑤织机反转到后心位置(180°)。

⑥上下罗拉夹持纬纱(由传感器探测)。

⑦电磁剪刀 B 动作,剪断纬纱,并由罗拉拉出断纬。

⑧断纬测长机构同步对纬纱进行测长。

⑨若断纬被全部拉出,则织机反转至综平位置(300°左右),织机再启动,正常运行。

⑩若断纬未被全部拉出,则织机再次定位在后心位置(180°),等待挡车工处理。

(2)纬纱自动处理装置具有以下特点。

①使用接触式传感器,完全可找到断纬纱等,因此可织造无瑕疵织物。

②具备断纱测长功能。

③采用变速电动机,可调整断纱拉出速度。

④夹纱罗拉压力可调,可设定适合于不同纱质的压力。

⑤通过操作控制盘可设定测长、剪刀的同步性。

⑥全部纬纱断头处理时间为 20 ~ 30s。

纬纱自动处理装置结构如图 11 - 23 所示。

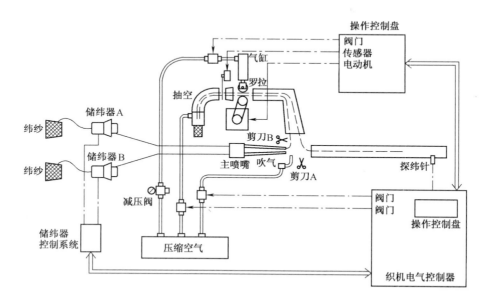

图 11 - 23　纬纱自动处理装置结构图

第四节　有梭织机的经纱保护装置

在有梭织机上,除了直接参与织造的主要机构外,为了保证织物质量、减少机物料消耗、降低挡车工劳动强度,还装有经纱保护装置(简称护经装置)等。

在织机运转中,有时因为机械故障或操作不慎,梭子不能按时飞出梭口而轧在梭口之中。如果没有保护装置,则在打纬时会使经纱张力突然增加而造成大量断头,而且还会轧坏梭子和机件。在有梭织机上,必须装备经纱保护装置,在轧梭时使织机立即停车。根据经纱保护装置工作时钢筘的状态,经纱保护装置可分为定筘式、游筘式及联合筘式三种。

(一)定筘式护经装置

钢筘固定在筘座上,织机运转时,一旦梭子因某种原因而滞留在梭口之中,护经装置可以使钢筘在距打纬区一定距离的位置上急速停顿下来,这样梭子便不会把经纱轧断。定筘式护经装置可以保证钢筘正常工作时坚实而有力的打纬,多用于织造厚重织物的织机上。有梭织机的护经装置包括了强有力的织机启动和制动装置,它由逻辑控制电路、梭子飞行传感器、主轴位置检测器、电磁制动装置等组成,使织机具有刹车迅速、定位停车、定位开车等功能。

(二)游筘式护经装置

钢筘与筘座呈弹性连接,轧梭时,钢筘会向后翻转,梭子不被挤死,从而起到保护经纱及机件的作用。游筘护经装置结构简单,工作时冲击作用较小,但在打纬时钢筘会略有松动,故游筘护经装置适宜制织薄型及中厚型织物。GA611 型及 GA615 型织机采用游筘护经装置。

(三)联合筘式护经装置

该装置兼有游筘和定筘两种特征。在织机正常运转时,钢筘能坚实地进行打纬,而在轧梭时又能使钢筘轻快地向机后翻转,可以用来织造不同类型的织物(从厚重型到稀薄型),而且护经装置工作时冲击较小,但其结构比较复杂。

本章主要专业术语

传动系统(transmission system)

经停片(dropper)

主轴(main shaft)

中心轴(centre shaft)

主电动机(main motor)

断经自停机构(warp stop motion)

断纬自停机构(weft stop motion)

绞边装置(leno selvedge motion)

皮带(belt)

主轴编码器(main shaft coder)

启动(start)

制动(brake)

离合器(clutch)

电磁离合器(electro – magnetic clutch)

电磁制动器(electro – magnetic braker)

自动寻纬(automatic pick finder)

断纬自动处理(APR, automatic pick repair)

防开车横档(anti – start mark)

☞ **思考题**

1. 对织机传动机构有什么要求？

2. 介绍有梭织机和无梭织机的传动系统。

3. 对织机的启动和制动有什么要求？

4. 介绍有梭织机和无梭织机的启动和制动装置。

5. 介绍机械式和电气式断经自停装置的工作原理。

6. 简单介绍各种织机的机械式和电气式断纬自停装置的工作原理。

7. 试述无梭织机自动找纬装置的作用及原理。

第十二章　织机综合讨论

第一节　织机上机工艺参数

一、织机工艺参数的分类

织机工艺参数可以分成两大类。一类在织机设计、机器安装好后已经确定,一般织造时不因织物品种的变化而变化,称为固定工艺参数,如胸梁高度、筘座摆动动程、梭道角度等。另一类是随着织物品种的变化而作相应调整的,称为可变参数,又称上机工艺参数,如梭口高度、经位置线、开口时间、引纬时间、经纱上机张力、开车补偿与停车位置等。上机工艺参数对织机效率和织物质量有很大影响。

二、织机上机工艺参数的选择

确定合理的上机工艺参数是一项重要和复杂的工作,一方面因为它对织机效率和织物质量有很大影响;另一方面工艺参数之间也互相影响,一个参数变动,必须考虑另一个参数能否协调。因此,必须全面考虑,才能制定出合理的上机工艺参数。

1. 梭口高度

(1)梭口高度对经纱的伸长与断头有很大的影响。根据近似理论分析,可以认为开口过程中经纱的绝对伸长量与梭口高度平方成正比,所以在不出现断边经、跳纱等织疵,纬纱能顺利通过梭口的情况下,梭口高度以小为好。

(2)梭口高度与开口机构形式密切相关。若是无绝对静止时间的连杆开口机构,梭口高度应稍大;采用凸轮(踏盘)控制的开口机构,梭口满开后有一段绝对静止时间,梭口高度可稍小些。

（3）在确定梭口高度时，应考虑筘座摆动动程和筘座运动规律。筘座在织机后方有较长静止或相对静止时间的，梭口的高度可小些，反之则应大些。

（4）若织机车速高，允许纬纱通过梭口的绝对时间少，则梭口的高度应大些，反之则可小些。

（5）从织造的纤维原料考虑，如果经纱比较光洁、耐磨性能好，或者加有适当的捻度提高了经纱的耐磨性能，则梭口高度可小些。

（6）在引纬器引纬的织机上确定梭口高度时，应考虑梭子（引纬器）断面尺寸的大小。引纬器断面尺寸小，则梭口高度可小些，反之则应大些。为了充分利用梭口高度，引纬器在进出梭口时允许对经纱存在合理、适度的挤压，使引纬器可以早些进梭口和迟些出梭口。

2. 经位置线　经位置线对织物的质量特别是织物的外观有很大影响，经位置线主要由织口、综眼、后梁三点的位置决定。对于特定的织机机型，织口位置和综眼位置在织机设计时已经规定。因此，上机时经位置线的工艺调整是通过后梁高低和前后位置调节来实现的。

如果后梁位置处于织口和综平时刻综眼的连线上，则梭口满开后上下层经纱张力基本相等。等张力梭口形成的织物外观平挺，正反面纹路清晰，另外织物下机缩率小，花纹变形小。因此，对于要求外观平挺、纹路清晰的斜纹和缎纹织物，以及提花织物宜采用等张力或上下层张力差异很小的不等张力梭口来织造。需要注意的是等张力梭口经纱侧向移动困难，有可能出现筘路疵点（详见第九章第三节"织机工艺参数与织物形成的关系"）。在大多数情况下，后梁位置高于织口和综平时刻综眼的连线，则梭口满开后下层经纱张力大于上层经纱张力，这种不等张力梭口与打纬力相配合形成的织物表面丰满、颗粒突出，外观给人以厚实的感觉。张力较小的经纱可侧向移动，有利于克服筘路疵点。因而，对于那些打纬阻力大、纬密大的织物，可采用下层经纱张力大、上层经纱张力小的不等张力梭口来织造。

3. 开口时间　开口时间是指综框平齐、经纱回到经位置线的时刻，因此也称综平时间。开口时间的早迟对开口清晰度、引纬顺利进行和打紧纬纱有较大影响。

（1）开口时间早，则打纬终了的梭口开得较大，经纱张力大，有利于开清梭口和打紧纬纱，但经纱与钢筘摩擦加剧，容易使经纱起毛断头。因此平纹织物、紧密度高的织物开口时间较早；斜纹、缎纹织物开口时间稍迟，可使织物纹路清晰，同时降低经纱断头率；提花织物为使花纹变形少，开口时间也应迟些。

（2）从纱线质量考虑，织制经纱强力差或浆纱质量差的品种，为降低经纱断头率可适当推迟开口时间。

（3）开口时间与引纬时间密切相关。在引纬开始时间不变的情况下，若开口提早，则引纬器出梭口时挤压度变大，梭子出梭口的条件恶化，可能产生跳纱疵点。因此，开口时间与引纬时间必须互相配合。

4. 引纬时间　引纬时间要与织机速度、引纬方式、经纱开口等因素综合考虑，达到纬纱顺利通过梭口的目的。

（1）有梭织机和片梭织机根据不同的织机幅宽确定投梭时间，幅宽越宽，投梭时间越早。

（2）剑杆织机引纬时间包括剑杆运动时间及纬纱交接的配合时间。送纬剑与接纬剑在梭口中央交接纬纱,送纬剑动程略大于接纬剑动程,满足纬纱顺利交接所需的跟踪角。

（3）喷气织机引纬时间主要有:一定的供气压力条件下主、辅喷嘴的喷射时间、引纬起始和终止时间等。各喷嘴应做到先供气,后引纬,减小纬纱波动与漂移,保证纬纱进出梭口时间。各组辅助喷嘴的电磁阀相继开启,又先后关闭,以接力方式进行引纬。在纬纱到达某一辅助喷嘴前,其电磁阀应开启,纬纱到达下一组辅助喷嘴之后,方可关闭,既满足对纬纱稳定牵引,又控制压缩空气的消耗量。

（4）喷水织机引纬时间包括喷射开始时间、纬纱飞行开始时间和纬纱飞行时间。喷射开始时间与经纱开口有关,开口时间早,对应的喷射开始时间也早。从喷射开始时间到纬纱飞行开始时间的时间间隔设计,应确保纬纱先被拉直,然后顺利地引入梭口。纬纱飞行时间根据纬纱特性及织机幅宽而定。

5. 经纱上机张力　经纱上机张力是指综平时经纱的静态张力。合理确定上机张力可以减少经纱断头率和保证织物质量。

上机张力一般根据纱线的强力和织物品种确定,通常小于经纱断裂强力的20%。若为无梭织机织造,因引纬器小、梭口高度小,为开清梭口,上机张力可大些,但不超过经纱断裂强力的30%。上机张力的大小也影响织物的外观质量,凡要求表面平挺的织物上机张力稍大些;平素织物上机张力大些,而提花织物上机张力小些;轻薄织物上机张力可小些;双经轴织造时,主经轴上机张力大,而副经轴(起花、起绒经轴)上机张力小。

6. 开车补偿量　开车补偿是为了解决织机停车档(织机横档疵点之一)。停车档是指从开车时刻起到织机刚开始平稳运转这段时间内,织物(布面)所产生的纬密不均匀的疵点。无梭织机具有设置开车补偿量的计算机控制系统。经纬纱断头停车时,织机自动寻纬,同时卷取与送经机构相应反转,对经纱长度与织口位置作出补偿,防止布面纬密不均匀。织机停车一定时间之后,由于纱和布的蠕变特性,导致经纱长度与织口位置变化,在开车之前,卷取与送经机构相应反转,自动进行补偿。补偿量根据停车时间的长短和纱、布的性能而定,以减轻或消除停车档。

7. 各工艺参数的协调关系　织机上影响经纱静态和动态张力的因素有梭口高度、经位置线、上机张力等。上机张力表示静态综平条件下的经纱张力。梭口高度不仅确定了梭口大小和梭口的清晰程度,在一定上机张力下,也影响到经纱的动态张力以至经纱断头率。经位置线通过后梁高度改变上下层经纱张力之间差异,从而影响纬纱的打紧效果。上下层经纱张力差异大,纬纱容易被打紧,但差异过大则张力大者会断头,张力小者不能形成清晰的纱片,降低梭口清晰程度。经纱上机张力设置不当,对织物形成产生不良后果,经纱上机张力过小,导致打纬区宽度过大,织物达不到应有的纬纱密度,边经纱断头也会增加。开口时间、引纬时间都以织机工作圆图表示,它们必须相互配合恰当,以利纬纱顺利通过梭口,经纱及时握持梭口中引入的纬纱,同时引纬器对经纱的磨损也最小。

用于抑制横档疵点的织机开车补偿时间和补偿量也要和经纱的开口运动相互协调。

第二节　织机生产率和织造断头

一、织机的生产率

织机的生产率常用以下几个指标来表达。

1. 理论台时产量

$$P_{理} = \frac{6N}{P_{w}}$$

式中：$P_{理}$——织机理论台时产量，m/（台·h）；

$\quad$ P_{w}——织物纬密，根/10cm；

$\quad$ N——织机主轴转速，r/min。

在织机上机箭幅相同的情况下，织机转速越高，所织制的织物纬密越低，则织机的理论台时产量越高。对于某一特定的织机，通过提高织机转速来增加理论台时产量，受到一定限制。织机可用于引纬的时间一般变化不大，织机转速的提高意味着可供引纬的时间减少，必须加大纬纱的引入速度，而引纬速度的大小受限于引纬方式。另外，织机转速的高低与织物的品种、开口机构的形式和箭幅等密切相关。在相同条件下，无梭引纬织机的转速高于有梭引纬，单色纬织制织机的转速高于多色纬织制，使用凸轮开口机构织机的转速高于使用多臂和提花开口机构。

由于理论台时产量不包括织机上机箭幅的因素，因此，它不能用于上机箭幅不相同织机的生产能力比较。

2. 理论引纬率　单相织机的引纬率是指单位时间内引入的纬纱长度，它是织机转速 N 和上机箭幅 A 的乘积，即

$$L_{理} = NA$$

式中：$L_{理}$——织机的理论引纬率，m/min；

$\quad$ N——织机主轴转速，r/min；

$\quad$ A——织物的上机箭幅，m。

引纬率考虑了车速和织物幅宽两个因素，能全面地反映织机的生产能力，可以用于比较不同箭幅织机的产量，是比较科学的生产率指标。

3. 实际台时产量和引纬率

$$P_{实} = P_{理} \eta$$
$$L_{实} = L_{理} \eta$$

式中：$P_{实}$——织机实际台时产量，m/（台·h）；

$\quad$ $L_{实}$——织机实际引纬率，m/min；

$\quad$ η——织机时间效率。

由上述公式可知,织机转速和上机筘幅是决定其产量的主要因素。片面追求过高的织机转速,会因纱线断头率增加而降低织机的时间效率和产量,恶化产品质量,同时导致机物料和耗电量增加。织机的时间效率是直接影响织机产量的重要因素,它受制于原纱性质、准备加工半制品质量、织机设备、织造工艺和操作水平等条件。

二、织造断头

经纬纱在织造过程中受到拉伸、弯曲和磨损作用。经纱所受的作用远比纬纱强烈,主要包括开口时经纱与综眼、经停片间摩擦,引纬时与引纬器间摩擦,打纬时与钢筘的摩擦等。单位长度经纱受到这种周期性综合外力作用达数千次,产生疲劳、浆膜破坏、纱线部分解体,直至断头。纬纱所受外力作用相对较弱,主要有引纬启动时纬纱受到的冲击拉伸,纬纱和储纬器、梭子等器件间摩擦。因此,经纱断头比纬纱频繁得多。经纬纱断头引起织机停台,影响织机生产效率。

1. 反复拉伸引起经纱断裂 在反复拉伸作用下经纱疲劳断裂。在经纱受较小的拉伸力作用时,甚至在拉伸力远小于其断裂强度时,反复加载和卸载常常引起纱线上纤维相互滑移、某些纤维局部拉伸破坏(结晶区局部松散、某些大分子被拉断)。由于破坏的逐步累积,随着循环次数的增加,经纱抵抗断裂的能力逐渐降低,直至纱线断裂。

2. 浆膜破坏引起经纱断裂 织机上,经纱表面受到强烈的摩擦作用。经纱上浆在纱体表面形成连续浆膜,不仅可隔离摩擦物体对经纱表面纤维直接的摩擦和抽拔作用,同时降低经纱表面摩擦因数,减弱经纱表面纤维所受的抽拔力。但是,在反复的拉伸、弯曲和磨损综合作用下,浆膜会逐步破坏,从而失去对经纱的保护作用,于是摩擦物体将一些纤维从纱线中抽拔出来,经纱结构变得松散,内部纤维滑移,产生不可恢复的伸长。随着磨损作用的持续,越来越多的纤维被抽拔出来,直至纱中剩下的纤维不能承受所受外力而断裂,即经纱断头。基于浆膜强度、浆膜完整性和浆膜对纱线黏着力的浆纱耐磨性能反映了浆膜抵御磨损破坏作用的能力,是最重要的上浆质量指标。所以,提高浆纱耐磨性能是降低经纱断头的途径。

3. 纱疵与结头不良引起经纬纱断裂 纱疵和不良结头在织机上会断头,是引起经纬纱织造断头的一个主要原因。譬如,经纱上的粗节、棉结在通过综眼时会卡断纱线;经纱的细节和弱节(如弱捻)疵点在拉伸、弯曲和磨损的作用下导致纱线断头;过长的经纱结头纱尾,在开口时纠缠邻纱,不仅引起经纱断头,而且影响梭口清晰程度;过长的经纱结头纱尾、过大的经纱结头还会因通过综眼、钢筘困难而拉断经纱;喷气织机、片梭织机上,纬纱的细节和弱节经受不起引纬启动拉力的冲击而断裂,是断纬的主要原因;纱线结头形式不正确,织造过程中会散结,引起经纬纱断头。

4. 织机工艺不合理引起经纬纱断裂 经纱上机张力和梭口开口动程过大,织造时经纱容易断头;上机张力过小或织机不适应加工过于重厚的织物,导致织造时打纬区宽度过大,织口游动严重,边经纱易断头;对于不等张力梭口,后梁高度过高,开口时下层经纱张力过大导致断头,上层经纱张力过小则开不清梭口;综丝和经停片的排列密度过密,经纱与综丝、经停片的摩擦加剧,经纱断头增加;织机开口时间过早,钢筘打纬过程中经纱张力大,钢筘摩擦经纱的长度也长,经纱易断头。

综平时间、打纬时间和引纬时间的配合,直接影响纬纱同经纱之间的摩擦力,综平时间早,引纬时经纱与纬纱之间摩擦力大,强力低的纱线作纬纱易产生断纬;喷气织机的引纬工艺参数不当,是断纬的主要成因。目前先进的喷气织机配备引纬工艺导航系统,自动设置和自动修正引纬工艺参数。

第三节　织造疵点

由于原纱和半制品质量、工艺、机械和运转管理等因素的影响,在织造过程中织物的表面会产生各种疵点。织疵是影响坯布品质的重要指标,是衡量企业生产水平和管理水平高低的重要标志,在织造生产过程中必须严格加以监控。下面讨论常见织疵并着重分析其中的织物横档疵点。

一、常见织造疵点及其成因

在不同类型的织机上,由于引纬方式、适织织物品种不同,出现的主要织疵及产生原因有较大的区别。下表中列出了不同类型织机上主要织疵。

不同类型织机上主要织疵

织机类型	主　要　织　疵
有梭织机	边不良、边撑疵、烂边、毛边、纬缩、轻浆、棉球、跳花、跳纱、星跳、断经、沉纱、筘路、穿错、经缩(吊经)、脱纬、双纬与断纬、稀纬(歇梭、稀弄)、密路、段织和云织、油疵、浆黄斑、狭幅与长短码、方眼、轧梭与飞梭
片梭织机	纬缩、缺纬、开车痕、边不良、边撑疵、边百脚、边缺纬、跳花、跳纱、油疵
剑杆织机	断经(缺经)、纬缩、双纬(百脚)、断纬、缺纬、烂边、豁边
喷气织机	断纬、纬缩、双脱纬、稀纬、双纬、稀密路、开车痕、烂边、松边、豁边、毛边
喷水织机	缺经、宽急经、错经、错纬、纬档、纬缩、缺纬、布边破碎、布边丝切断、布边吊缩

1. 断经和断疵　织物中缺少一根或几根经纱称断经。经纱断头后,其纱尾织入布内的称断疵。其形成的主要原因有以下几种。

(1)原纱质量较差,纱线强力低,条干不匀或捻度不匀。

(2)半制品质量较差,如经纱结头不良,飞花附着,纱线上浆不匀,轻浆或伸长过大等。

(3)经停机构失灵、漏穿经停片,经纱断头后不能立即停车。

(4)综、筘、经停片损坏,梭子、剑头、剑带、剑带导轨毛糙或损坏等。

(5)织造工艺参变数调节不当,如经停架、后梁抬得过高,经纱上机张力过大,开口与引纬时间配合不当,剑杆动程调节不当等。

2. 穿错和花纹错乱　在织物纵方向上有稀密的一条,小花纹织物留有这种疵点时,则花纹图案外形显得模糊紊乱,这种疵点主要是由于穿错综、穿错筘等造成。

3. 吊经纱 在布面上呈现 1 ~ 2 根经纱因张力较大而呈紧张状态,称吊经纱,在丝织中又称宽急经。其形成的主要原因有以下几种。

(1)络、整、浆、并过程中经纱张力不匀,少数几根经纱张力特别大。

(2)织轴上有并头、绞头、倒断头。

(3)经纱上的飞花、杂质与邻纱相粘连。

(4)少数综丝状态不良。

4. 经缩(波浪纹) 部分经纱在松弛状态下织入布内,布面形成起楞状或毛圈状的疵点,轻者称为经缩波纹,重者称为经缩浪纹。经缩有局部性、间歇性和连续性三种情况,其形成的主要原因有以下几种。

(1)送经机构自锁作用不良,经纱张力感应机构调节不当,使经纱张力突然松弛。

(2)卷取与送经机构工作不协调,造成织口位置和布面张力的变化,影响经纱屈曲波的正常成形。

(3)有梭织机的经纱保护装置作用不良,打纬时钢筘松动。

5. 纬缩 纬纱扭结织入布内或起圈现于布面的情况称纬缩。产生纬缩的主要原因有以下几种。

(1)纬纱捻度过大、不匀或者定捻不良。

(2)经纱表面不光洁、上机张力过小;片梭织机、剑杆织机、喷气织机和喷水织机绞纱边松弛;开口时间太迟或者筘穿入数太多等原因,造成开口不清。

(3)在片梭织机、剑杆织机、喷气织机和喷水织机上,由于纬纱动态张力过大,当引纬终止、牵引力释放之后,纬纱迅速反弹产生纬缩。

(4)喷气织机、喷水织机的纬纱在飞行中发生抖动并与经纱相碰或者不能伸直;片梭织机、剑杆织机在右侧对纬纱的夹持释放太早。

(5)有梭引纬的纬纱张力不足,梭子进梭箱产生回跳。

(6)车间相对湿度较低。

6. 跳纱、跳花、星跳 1 ~ 3 根经纱或纬纱跳过 5 根及其以上的纬纱或经纱,呈线状浮现于布面称跳纱。3 根及其以上的经纱或纬纱相互脱离组织,并列地跳过多根纬纱或经纱而呈"井"字形浮于织物表面称跳花。1 根经纱或纬纱跳过 2 ~ 4 根的纬纱或经纱,在布面上形成一直条或分散星点状称星跳。形成跳纱、跳花和星跳的主要原因有以下几种。

(1)原纱及半制品质量不良,经纱上附有大结头、羽毛纱、飞花、回丝杂物以及经纱倒断头、绞头等使经纱相互绞缠引起经纱开口不清。

(2)开口机构不良,如综丝断裂、综夹脱落、吊综各部件变形或连接松动以及吊综不良。

(3)经位置线不合理,后梁和经停架位置过高,边撑或综框位置过高等造成开口时上层经纱松弛。

(4)经停机构失灵,断经不关车。

(5)开口与引纬运动配合不当。

（6）梭子运动不正常，投梭时间、投梭力确定不合理，梭子磨灭过多。

（7）片梭织机上导梭齿弯曲、磨损，梭口过小或后梭口过长等造成上下层经纱开口不清。

7. 双纬、百脚 纬纱断头，而纬停装置不起关车作用，在布面上形成缺纬，这在平纹织物上称双纬，在斜纹织物上称百脚。造成双纬、百脚的主要原因有以下几种。

（1）有梭引纬时，纡子生头和成形不良，纬管不良；纬纱叉作用失灵，断纬之后不能立即关车；探针起毛或安装位置不正；梭子定位不正或飞行不正常；梭道不光滑，梭子破裂或起毛，纬管与梭子配合不良等均会造成双纬或百脚。

（2）剑杆引纬时，纬纱张力过大或过小，接纬剑释放纬纱提前或滞后，导致织物布边处会产生纬纱短缺一段或纱尾过长，过长的纱尾容易被带入下一梭口；送纬剑与接纬剑交接尺寸不符合规格，导致引纬交接失败，则纬纱被左剑头带回，布面上出现 1/4 幅双纬（百脚）；边剪剪不断纬纱。

（3）喷气引纬时，纬纱单强低或气流对纬纱的牵引力过大，喷射气流吹断纬纱，造成断纬或双纬（百脚）；探纬器失灵。

8. 脱纬 引纬过程中，纬纱从纡子上崩脱下来，使在同一梭口内有 3 根及其以上纬纱称脱纬。形成脱纬的主要原因有以下几种。

（1）纡子卷绕较松、过满或成形不良。

（2）纬管上沟槽太浅，纱线易成圈脱下织入布内。

（3）投梭力过大，梭箱过宽，制梭力过小，使梭子进梭箱后回跳剧烈。

（4）车间相对湿度过低，纬纱回潮率过小。

9. 稀纬、密路 织物的纬密低于标准，在布面上形成薄段称稀纬。织物纬密超过标准，在布面上形成厚段称密路。稀纬、密路疵点统称为织物横档疵点。造成织物横档疵点的主要原因见本章第二节。

10. 烂边 在边组织内只断纬纱，使其边部经纱不与纬纱进行交织；或绞边经纱未按组织要求与纬纱交织，致使边经纱脱出毛边之外都称为烂边。造成烂边的主要原因有以下几种。

（1）有梭引纬时梭芯位置不正或纬纱碰擦梭子内壁、无梭引纬时纬纱制动过度以及经纱张力过大等，引起纬纱张力过大。

（2）绞边纱传感器不灵，边纱断头或用完时不停车。

（3）开车时，绞边纱开口不清。

（4）剑头夹持器磨灭，对纬纱夹持力小；剑头夹持器开启时间过早，纬纱提早脱离剑头而未被拉出布边。

（5）边部筘齿将织口边部的纬纱撑断。

11. 边撑疵 织造时，布边部分经纬纱通过边撑被轧断或拉伤称边撑疵。造成边撑疵的主要原因有以下几种。

（1）边撑盒盖把布面压得过紧，且盒盖进口缝不平直、不光滑。

（2）边撑刺辊的刺尖弯曲，易将经纱或纬纱钩断。

（3）边撑刺辊绕有回丝或飞花，使其回转不灵活，或边撑刺辊被反向放置。

（4）边撑盖过高或过低。

（5）经纱张力调节过大，边撑握持力不大，织口反退过大。

（6）车间湿度变化大。

（7）后梁摆动动程过大，或送经不匀，后梁过高或过低。

12. 毛边　有梭织造时纬纱露出布边外面成须状或成圈状的疵点，无梭织造时废纬纬纱不剪或剪纱过长的疵点统称毛边。造成毛边的原因有以下几种。

（1）梭库、落梭箱上回丝未清除干净，带入梭口。

（2）边撑剪刀磨损、失效，边撑剪刀安装规格不当。

（3）边撑位置不当，使边剪未能及时剪断纬纱。

（4）片梭引纬时，钩针调节有误、钩针弯曲变形或钩针磨损，梭口过大或梭口闭合太迟，导致钩针钩不住纬纱头而突出在布边外；布边纱夹调节不当，造成布边纱夹夹不住纬纱；纬纱制动器制动力过弱、片梭制动器调节不当使片梭带出过多的纬纱，而张力杆张紧纬纱的长度是有限的，多余的纬纱在接梭侧布边突出。

（5）喷气引纬时，捕纬边纱张力不足，对纬纱握持力不够；夹纱器夹纱不良，捕纬边纱穿筘位置不当，捕纬边纱捕捉不到纬纱；最后一组辅喷嘴角度、喷气时间不准，送出纬纱长度变化。

13. 油污、浆斑疵点

（1）油经纬指经纬纱上有油污，主要由于纺部、织部生产管理不良等造成。

（2）油渍指布面有深、浅色油渍状，主要由于织部生产管理不良等造成。

（3）浆斑指布面上有浆糊干斑，主要由于浆纱运转操作不良造成。

14. 织物长度和宽度不合规格

织物的长度和宽度国家标准有严格要求，如宽度变狭，长度不足超过允许范围就要降等。造成该疵点的主要原因有以下几种。

（1）经纱上机张力调节不当，如张力过大会造成长码狭幅。

（2）筘号用错。

（3）温湿度管理不当。

（4）边撑握持作用不良，布幅变狭。

二、织物横档疵点

织物的横档疵点是指织物表面因织机性能不佳、操作不当等原因引起的纬纱排列不匀的疵点（稀纬、密路），在高密和低密织物上反映较多。随着织机技术和机电一体化程度的不断提高，织物横档疵点已有大幅度降低。横档疵点是一种严重的织物疵点，对织物的实物质量影响极大。

织物横档疵点的种类和成因很多，主要有下述几种。围绕着减少和预防织物横档疵点，现代无梭织机做了一系列改进。

1. 织机开关车引起的横档疵点　织机开关车时，织机的转速明显低于正常转速，由此引起了横档疵点的产生。

（1）经纱开口过程的变形速率乃至经纱刚度下降。虽然转速降低时经纱开口的变形量未发生变化，但经纱刚度下降，于是钢筘打纬到前止点附近的经纱张力降低，纬纱打紧过程中纬纱与经纱共同移动量增加、相对滑移减少，织物纬密下降，可能引起横档疵点，即开关车横档疵点。

（2）在惯性打纬的织机（如有梭织机）上，筘座打纬运动惯性力正比于织机转速的平方。织机正常运转时，打纬力主要由筘座惯性打纬力提供；织机开关车时转速的下降导致惯性打纬力下降，这时打纬力主要从电动机通过主轴曲柄、牵手获得。由于牵手和牵手栓之间存在间隙，两种不同的转速使得筘座达到最前方间隙 e 的位置，分别如下图（a）、（b）所示。显然，两种情况下钢筘达到最前方的位置产生一定距离差。当间隙较大，距离差比较明显时，形成了织物中纬纱排列的不匀，即开关车横档疵点。

无梭织机在开车时让织轴倒卷一定量的经纱，这倒卷产生的经纱张力增量正是补偿了前述经纱刚度下降引起的经纱张力降低量，避免了织物开车横档疵点的形成。部分无梭织机装有反冲后梁，织机开车时后梁反冲，以提高经纱张力，同样起到补偿作用。

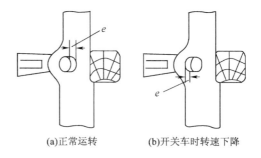

(a)正常运转　(b)开关车时转速下降

惯性打纬时的机构间隙

克服开关车横档疵点比较积极的方法是使用超启动力矩电动机，该电动机的启动转矩为额定转矩的 12 倍，让织机启动后第一转内转速即达到正常转速的 80% ~ 90%，从根本上避免织机启动时车速下降带来的弊病。

在惯性打纬的织机上，减少机构的间隙（有梭织机牵手和牵手栓之间的间隙 e）或采用非惯性打纬，对减少开关车横档疵点有一定作用。

2. 织机送经不良引起的横档疵点　织机送经不良的后果是逐次打纬时经纱的张力不匀。打纬时经纱张力过大，打纬时纬纱相对经纱滑移量多，而共同移动量少，织物纬密高；反之，则共同移动量多而相对滑移量少，织物纬密低。随着织机送经技术进步的历程，送经机构由简单的机械式送经发展为机械式无级调节送经、接近开关式电子送经直至先进的传感器式电子送经。由送经不良引起的织物横档疵点已经大大减少。

传感器式电子送经机构能满足经纱张力细微调节的要求，由于革除了繁复的机械调节机构，使整个调节环节的惯性减小，同时采取经纱张力传感器，使经纱张力的微小变化得到快速检测和及时反馈调节，让经纱张力的波动得到迅速抑制，保证历次打纬的经纱张力恒定，防止送经不良引起的横档疵点。

3. 织机卷取不良引起的横档疵点　织机卷取机构对织物的握持力影响到能否稳定地控制织口位置。特别是织机关车后，由于卷取机构对织物握持不力，织口会缓慢地向机后方向移动，造成下一次开车时的织物密路疵点，经纱高张力织造时尤甚。

为此，织机的卷取机构做出了相应的改进，如增加糙面卷取辊的直径，选用优良的包覆材料，提高加压辊的加压力，改变加压方式等。全幅边撑对织物的握持能力极强，在织制非涂层型高密安全气囊织物时得到使用。

4. 经纱和织物蠕变引起的横档疵点　织机较长时间停车,经纱和织物仍处在一定张力的拉伸条件下,它们会发生蠕变。蠕变的结果使经纱张力松弛,织口位置相对于正常的位置发生前移或后移。尽管织机操作法规定操作工在织机较长时间停车时要放松经纱,但经纱张力仍然是存在的,蠕变不可避免。当织机开车时,如果织口位置和经纱张力未被精确调整,则织物上会产生纬密不匀的横档疵点。

纱线和织物的蠕变特性不同,但共同点是随着时间的推延,它们的变形量成负指数函数增加,其增长速率迅速减小。新型无梭织机在开车调整织口位置和经纱张力时,也考虑了这一因素,调整量因停车时间而异。

5. 纬纱条干不匀引起的横档疵点　织入到织物中纬纱的条干不匀会引起布面上的横档疵点。利用混纬技术,织造时纬纱轮流地从两个纬纱卷装上引入织物,可有效地克服纬纱条干不匀产生的横档疵点。

长期以来,对于织物横档疵点已经进行了大量的研究工作。在新型无梭织机和有梭织机的改造工作中,随着机电一体化和计算机技术应用的不断深入,出现了大量预防横档疵点的技术措施,织物的横档疵点已经明显减少。但是,由于织物的质量标准不断提高,克服横档疵点依然是织机技术进步的一项重要任务。

第四节　提高织机产量及织物质量的技术措施

一、优化织机工艺,实现高效织造

织机的织造效益是由产量高低决定的,而产量高低又取决于织机速度及效率,单纯依靠提高车速增加产量的方法,是片面而不切实的。所以当织机速度增加到一定水平后,织机效率是决定织机产量及织造效益的主要因素。

影响织机效率的因素主要有织机经纬向故障停台、更换品种及设备维修等占用的时间。其中,更换品种及设备维修所占用的时间,在动态的生产过程中变化不大,在一定条件下基本趋于恒定。因此,如何降低经纬向故障停台是提高织机效率、增加产量及效益的关键。

目前无梭织机的性能已趋成熟,引纬率大幅度增加,其非常重要的原因是由于纺纱和前织准备技术方面的进步,使纱线具有在高速织造条件下承受更大应力的能力。如果经纱不能适应高速运转,则实际引纬率也就不可能提高。同样,如果织机的经纱张力、梭口几何形状和织机速度等上机工艺参数设置不当,即使纱线质量好,经纬纱的断头率也会增加,同时织物的产量和质量也会下降。因此,纱线质量、织机参数设置等都存在着最优化问题。

喷气织机导航系统赋予织机上机工艺参数自动检测、控制功能;进一步扩大和强化了工艺参数自动设定功能和简易设定、自动优化功能,使各种设定项目更具体化、更简单化,引导使用最佳的织造工艺条件。先进的喷气织机智能化引纬系统实现引纬工艺设定自动化,它将原先的利用调节主喷嘴喷气时间,改为利用调节主喷嘴的压力来优化纬纱飞行。这种系统确保了不同纬纱的飞行时间一致,最大限度地降低气流对纬纱的作用力,使纬纱张紧程度相同,从而降低引纬张力、避免纬向疵点和织机纬停。

二、优化织机机构,实现产品优质

(1)通过织机机构改进,提高织机高速稳定性及产品适应性。

①用于产业用织物加工的多尼尔剑杆织机,采用共轭凸轮打纬机构,筘座采用轻质合金制造,强度高。织机的左右两侧均有一组打纬机构,能获得强大的打纬力,同时保持左右布面得到的打纬力平均一致,使整台机器在运转时能达到高稳定性、低振动,满足织机高速运转的要求。打纬机构的凸轮和转子采用油浴润滑,延长使用寿命。其打纬凸轮曲线设计可使筘座有较长停顿期,在高速、阔幅织造时使纬纱有足够的飞行时间,降低引纬张力和纬纱的断头。

②喷气织机采用共轭凸轮打纬系统,使打纬力增加、同时也有利于延长引纬时间,减少纬纱疵点,使喷气织机在发展高速、高效优势的同时,不断扩大其织造品种适应性。喷气织机配置积极式凸轮开口,适应加工重厚织物,进一步使其产品适应性得到拓展。

③新型喷水织机采用具有高度刚性的两侧箱型机架,可以减轻高速运转时的振动。其主要驱动部分都处在油浴的环境中,并采用了提高喷射水流集束性的新型喷嘴,可用小开口引纬,从而实现进一步的高速运转。由于采用了强韧的机架结构和高刚性的送经(加强齿轮箱和双后梁)、高精度的卷取机构,使织口位置更加稳定,从而织造范围也从轻薄织物扩大到中等厚重织物,从低密度织物到高密度织物,品种得到了大幅度的扩大。

(2)通过织机主要机构改进,提高产品质量。

①剑杆织机采用SUMO电动机直接驱动织机。由于不使用离合器、制动系统,使织机结构特别简单,织机运动更加稳定、可靠。SUMO电动机强大的启动转矩保证织机开车第一转的转速达到正常转速90%以上,使开车横档得以减少。同时,织机速度由电子调控,大大减少了设定时间,使织布工能根据纱线的质量、综框的数目与织物结构,方便地设定织机速度。SUMO电动机能根据每根纬纱的强度不断地调整机速。因此,在引入较弱纬纱时,织机会自动以较低的速度运转,过后恢复全速运转,既减少纬纱断头造成的疵点,又避免了织机持续的低速运行。

②在挠性剑杆织机上,采用无导剑钩技术,革除了导剑钩对经纱的损伤,特别有利于无捻长丝织造。将剑杆织机的消极式剑头改换成积极式剑头,采用积极式纬纱交接方式,使纬纱交接更为可靠,织物的纬向疵点减少。

③在部分刚性剑杆织机上,采用压缩空气轴承导向,形成引纬剑杆气垫导轨。这种无接触的空气润滑方式同时也是一种良好的冷却方式。随着剑杆杆身温度的下降,剑杆的润滑周期可以延长,加上空气气流对剑杆的清洁作用,可以使剑杆更清洁,从而降低织物的油污疵点,也克服了由于剑杆、导齿的温度升高而影响合成纤维的织造。

④低气耗喷气织机在引纬系统上技术创新比较多,重点是优化引纬元件、提高引纬效率,减少气耗。措施如设计新型主喷嘴、辅喷嘴、电磁阀、空气管道和储气罐,改进储纬器、纬纱张力控制器以及完善筘座运动、清晰梭口,通过计算机监控整个引纬系统,确保不同引纬元件之间同步

性,达到高速度、运转高效率、织物高质量。新型喷气织机的每片综框由独立的伺服电动机单独驱动,不仅可对开口形式,同时也可对每片综框的静止时间、闭口时间进行自由设定,充分保证开口清晰和纬纱从容飞越梭口,实现最优化的开口工艺条件,保证产品的高质量。

（3）通过织机辅助装置的改进与增设,提高产品质量。

①剑杆织机选纬目前大多采用电磁式电子选纬装置,先进的剑杆织机采用步进电动机控制选纬指运动的选纬装置或单独的线性电机控制选纬指运动的选纬装置,这不但有利于增加色纬数量、提高选纬的可靠性,而且使织机车速得以进一步提高。

②Easy Leno 简易纱罗系统完全取消原先的开口装置、综框和纱罗绞综等,它有助于大幅度提高织机的速度,适用于生产玻璃纤维纱罗织物、窗纱和地毯底布。Moto Leno 绞边器,取代有大量回转机械部件的传统的行星式绳状绞边装置,Moto Leno 绞边器的电动机自身作为一个圆盘绞转边纱,并且圆盘的转向、转动圈数以及每个圆盘的转动时间配合都可以通过电子设定,该装置结构十分简单、紧凑,采取独立电动机,使传动简化。

③采用双织轴送经的织机公称筘幅可达 3.8 m,两侧织轴配有独立的电子送经系统,用两侧后梁上的压电传感器分别控制两侧的伺服电动机传动,缩小两轴送经差异。

④新型织机普遍配置可编程计算机控制系统。系统采用高分辨率的大屏幕彩色视窗平台、图像显示、触摸式人机界面,大幅度地扩大并提高了自动设定、自我诊断、状态监控及管理功能。

三、采用织机组合化结构,实现织物品种快速更换

为适应小批量、品种频繁翻改的织物加工,现代织机上配置织物品种快速更换系统。该项技术将织机机架设计成组合形式,将安装织轴、经停架、综框等机件的机架构成一个独立机架。织机上了机时,解除机架组合连接及部件传动连接,以装有上机织轴,完成了穿经工作的上机独立机架替换了机独立机架,然后恢复机架和传动的连接,使织机上的上了机调整工作大为减少。由于上机布被塑料薄膜代替,并在穿经间里与穿经之后的上机经纱的头端焊接,节省了上机时上机纱与了机纱的对接操作。这些措施大量缩短织机品种变换的停机时间,满足市场化的生产需求。

四、以产质量提高为标志的无梭织机发展趋向

1. 剑杆织机　高速剑杆织机车速在 600r/min 以上,引纬率可达 1500m/min,织机幅宽达 4.6m。剑杆织机的剑头通用性强,可引入 0.7 ~ 3300tex 各种纱线纬纱,剑杆选纬功能强,可达 16 种纬纱。采用超小型剑头,利于减少梭口高度、提高织机车速。部分剑杆织机取消导剑钩,以剑杆托片抬起剑杆,使其不与上下层经纱摩擦,这对于精细毛织物、羊绒织物、细特棉色织物的加工很重要。配置电子多臂、电子提花,使剑杆织机具备很多优点,是中、小批量品种频繁翻改的混纺交织织物、毛织物、大提花商标织物、高密起绒织物、阔幅大提花床上用织物最适用的机型,也十分适用于产业用织物的生产。新型剑杆织机的特点十分有利于开发纬纱纤维差异大、纱线粗细差异大的花式面料。

目前发展和喷气织机通用的剑杆织机,在引纬机构改装之后即可使两种机型实现互换,为纺织加工企业的产品方向转移创造条件。

2. 喷气织机 喷气织机车速高,引纬率达 3200m/min 以上,织机幅宽为 1.9 ~ 4m,可以混纬,多色纬达 4 色、6 色甚至 12 色。织机应用一系列先进技术,如共轭凸轮打纬、积极式凸轮开口、电子送经与电子卷取联动、电子引纬张力装置、电子储纬装置、高响应电磁阀、新型喷嘴、探纬器、电子多臂、电子提花、电子绞边、电子剪刀等。可以加工多种纤维纬纱,从纯棉到化纤纱、羊毛、玻璃纤维纱,从环锭纱到转杯纱、喷气纱,可以是单纱、股线、花式纱等。连续引入纬纱的线密度差异可达 12 倍。加工织物从轻薄型到重厚高档面料及产业用织物。

喷气织机逐步成为最有发展前途的无梭织机机型,它的生产织物品种开始覆盖其他织机机种(譬如剑杆、喷水)。

3. 喷水织机 喷水织机的生产产品已经由低档的塔夫绸转向中高档面料、装饰织物和产业用纺织品生产。喷水织机的发展方向除高速化外,还有品种高难度化、操作简单化。它的机电一体化程度加强,譬如移植喷气织机的电子送经技术,增设一些提高产品质量的辅助装置,如新型喷嘴、纬纱制动装置、电动式纬纱拉回装置、弹力丝专用装置、捕纬边经线用单独开口装置等。采用双喷、三喷、四喷和双水泵,使加工织物品种增加,织物幅宽可扩大到 3.4m。新型喷水织机采用积极式凸轮开口,有利于提高车速,扩大品种范围(如 55.55dtex、33.33dtex 长丝超薄型织物,660dtex、1518dtex 等特厚型箱包布和安全气囊织物)。

本章主要专业术语

上机工艺参数(loom set factor)

织机生产率(loom efficiency)

织机产量(loom production)

筘幅(reed space)

纬密(density of weft)

引纬率(rate of filling insertion)

坯布(grey fabric)

织疵(woven defects)

横档疵点(weft bar, cross bar)

断经(broken warp)

经纱粘连(ends sticking)

穿错(misdrawing – in)

花纹穿错(broken pattern)

吊经纱(tie – back)

经缩(buckling, shrinked end)

纬缩(kinky weft)

双纬(double weft)

百脚(mispick, centipede – like)

急经(tight pick)

开车痕(start – up marks)

稀密路(thick and thin places)

烂边(defective edge)

边撑疵(temple defect)

毛边(rough selvedge)

跳花、跳纱(harness skip, float)

浆斑(size stain)

油污(oil stain)

织机导航系统(weave navigation system)

思考题

1. 什么叫织机上机工艺参数、固定工艺参数和可变(调)工艺参数,织造上机工艺参数有哪些? 结合某一织物品种,根据织机的工作圆图综合讨论织机上机工艺参数。

2. 织机的生产率如何计算?

3. 介绍织物主要疵点及其成因。织物横档疵点的成因是什么? 如何防止?

4. 介绍提高织机产量和织物质量的技术措施。

　　机织工艺流程包括织前准备、织造和织坯整理三个阶段。不同的纤维原料所采用的机织工艺流程存在差异，使用的工艺设备也不尽相同，主要有棉织、色织、毛织、麻织、丝织、合纤长丝织造、玻璃纤维织造、金属纤维织造等工艺流程。在织坯整理阶段，下机的坯织物还要经过检验、计长、修织、分等、拼件、成包加工。

第十三章　机织物加工综合讨论

本章知识点

1. 织坯整理方法,织物质量统计指标。
2. 棉型白坯织物和色织物生产工艺流程与设备,高速织造对原纱的要求。
3. 精梳毛织物和粗梳毛织物生产工艺流程与设备。
4. 合纤与真丝织物生产工艺流程与设备。
5. 苎麻、亚麻和黄麻织物生产工艺流程与设备。
6. 玻璃纤维、碳纤维织物生产工艺流程与设备。
7. 机织物加工的快速反应。

第一节　织坯整理

织机卷取机构将织成的织物卷绕到布辊上,卷到规定的长度之后,布辊从织机上取下,送整理车间进行织物检验、修整和成包,这项工作称为织坯整理,又称下机织物整理。

织机上所织成的各类织物,一般按规定长度剪开落下,落下的织物称织坯。其中,以棉及其混纺原料织成的称布坯;以天然丝、粘胶长丝或合成长丝为原料的称绸坯;以羊毛及其混纺纱为原料的称呢坯(毛毯称毯坯、起绒织物称绒坯);毛巾类织物称巾坯;带类织物称带坯。

织坯整理加工的基本任务有以下几点。

(1)根据国家标准或合同规定的质量标准逐匹检验布匹外观疵点,正确评定织物品等。

(2)验布、分等发现连续性疵点、突发性纱疵等质量问题时,应及时通知有关部门跟踪检查,分析原因,采取措施,防止质量事故蔓延。

(3)将织物折叠成匹,计算下机产量。

(4)按疵点名称记录降等、假开剪、真开剪疵点,分清责任,落实到部门及个人,考核成绩,以供调查研究分析产品质量时做参考。

(5)按规定的范围对布面疵点进行修、织、洗,改善布面外观质量。

(6)按标准(或企业规定的)成包办法及用户要求进行成包。成包时做好入库产量及品等记录,便于统计入库产、质量。

一、织坯整理方法

织坯整理工艺过程根据不同织物的具体要求而定(参见本章第二节),主要包括验布、刷布、烘布、折布、分等、修织洗和成包。

(一)验布

验布是保证出厂成品质量的第一关。纺织各道工序,因种种原因产生的纱疵和织疵,都要通过验布检验出来。要达到这一目的,除了验布工思想集中、提高操作水平外,还应根据不同品种和质量水平,合理配置验布速度,以便正确检出布面上的疵点,减少漏验,提高产品质量。

验布的基本任务是将前道各工序产生的纱疵和织疵认真仔细地检验出来;对检验出来的疵点,按照质量标准外观疵点评分规定,做好评分工作,并对不同疵点作出相应标记;按照规定做好小疵点的修理工作;对连续性疵点和突发性纱疵,及时填写速报单通知有关部门,以便跟踪检修或分析研究,采取措施,防止疵点蔓延。连续性疵点即重复性的或连续性的有规律疵点,如筘路、筘穿错、流印以及连续的纬缩和小断纬等。突发性纱疵指突然发生、大面积影响织物降等的纱疵;突发性疵点多是规律性的粗纬或条干不匀,也有少量非规律性的条干不匀以及其他疵点。

验布工作的设备是验布机,一般由机架、导布辊、站台、验布台等部件组成。如图13-1所示,坯布从落布车布轴上引出,通过踏板导布辊1、2,经导布辊3,进入验布台6,继而经过拖布辊4、导布辊5,进入摆布斗10。摆布斗作往复运动,使坯布均匀折叠。织物的运动主要依靠拖布辊4,拖布辊上方有压辊16,以增加对织物的握持力。为了使已经被检测过的一段织物倒回

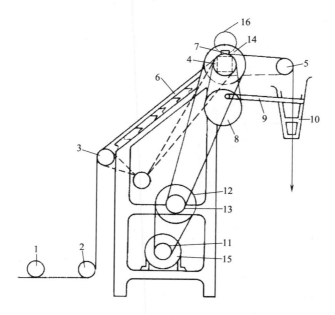

图 13-1 验布机简图

1、2、3、5—导布辊 4—拖布辊 6—验布台 7—离合器 8—偏心轮 9—连杆 10—摆布斗
11—皮带轮 12、13—过桥皮带轮 14—主轴皮带轮 15—电动机 16—压辊

来复查,验布机采用一套离合器7来控制拖布辊4的顺转、逆转、停转,以达到布面前进、后退、停止的目的。验布台面为白色磨砂玻璃,配有上下灯光,适用于本色或色织、高密或稀疏、或厚或薄等各种织物的检验。

部分验布机兼有卷布功能,用于直接在验布台上对织物进行检验、修织、计长、定等,然后直接成卷和包装入库或送印染厂加工使用。机器采用可控硅直流电动机驱动,对验布速度实行无级调速,以张力自动控制装置使卷布张力均匀,通过红外线光电跟踪的自动齐边装置达到卷绕布边两边齐整,采用自动计长装置保证计长准确。

目前,布面疵点的检验主要由人工在验布机上进行。该方法劳动强度大,对检验人员要求较高,且易受主观因素影响。

随着计算机技术、数字图像技术和神经网络技术的发展,基于图像处理和计算机平台的织物疵点自动检测成为研究热点,织物疵点自动检测代替传统的人工检测也成为验布的一个发展方向。这种基于计算机视觉技术的织物疵点自动检测系统主要由三部分组成:图像采集、图像处理、分类与控制。图像采集由线阵CCD摄像机作为织物图像传感器,实时感应织物图像信息;采用数字信号处理器DSP实现对CCD的驱动及其信号采集;采用通用串行总线USB作为通信接口,实现高速数据传送。图像处理选择阈值对图像进行阈值化处理,给出阈值化图像,突显疵点。分类与控制运用织物疵点的分类标准和处理方式,利用模式识别等应用数学的知识,对疵点实时分类,并对特殊疵点给予停机等实时控制。

(二)刷布

刷布是为了清除布面上的棉结杂质和回丝,改善布面光洁度。刷布工作在刷布机上完成。刷布机有立式和卧式两种。

图13-2所示为立式刷布机,主要由导布辊、金刚砂轮、鬃毛刷辊、拖布辊等部件组成。织

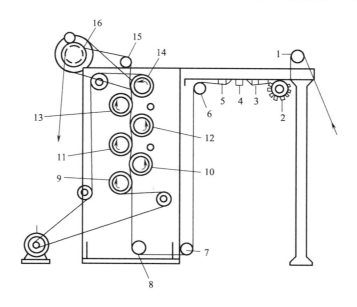

图13-2　刷布机简图

物受送出木棍(拖布辊)16 的拖引,沿导布辊 1、6、7、8、15 引导的路线,先经过张力调节棒 2、3、4、5,再进入刷布工作区。由于砂辊 9、10 和刷辊 11、12、13、14 的回转方向与织物前进方向相反,使织物两面上存留的白星、破籽等杂物,受到砂辊、刷辊的磨刷作用而被清除。改变砂辊之间及刷辊之间的相对位置,调整织物与砂辊、刷辊之间的包围角大小,以求既能除杂又不影响织物的内在质量。

(三) 烘布

烘布将布匹的回潮率烘至规定回潮率以下,以防霉变。烘布仅在织物回潮率超标时使用。烘布机不仅消耗蒸汽,而且在夏季使用时影响劳动环境。

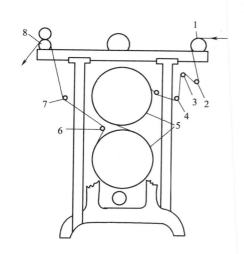

图 13 - 3　烘布机简图
1、3、6、7—导布辊　2、4—扩布铜杆
5—烘筒　8—出布辊

烘布在烘布机上进行。烘布机没有独立的动力来源,由刷布机的电动机间接传动,其线速度与刷布机相等。烘布机如图 13 - 3 所示,织物经过导布辊 1、3 和扩布铜杆 2、4 后进入烘筒部分,织物的两面分别受上下烘筒 5 表面烘燥,干燥的织物离开烘筒后经导辊 6、7 和出布辊 8 落入运输车内。

使用烘布机时应特别注意操作程序,保证安全生产。管道输送过来的蒸汽先经调压阀,再通过进气阀进入上下烘筒,烘筒内的冷凝水从烘筒另一侧经疏水器排出。

(四) 折布

折布又称码布,是将织物按规定长度折叠成匹,计算产量并方便成包。

折布的基本任务是将检验好的布按一定长度(一般规定折幅为1m 或 1 码,另加加放长度)整齐折叠成匹;测量布匹长度,并在布头上标明,填写织物产量记录单,分清各班产量,打上责任印;按验布做出的疵点类别标记,根据品种分别堆放。

折布工作在折布机上进行。折布机如图 13 -4 所示。坯布从运输车引出后,沿着折布机的倾斜导布板 20 上升,再向下穿过往复运动的折布刀 11,通过折布刀的来回运动,将织物一层层地折叠在折布台上。折布机主要由折布刀装置、压布装置、折布台和自动出布装置组成。

折布刀装置控制折布刀的往复动程,确定每一折幅的长度,这关系到出厂成品的长度。如图 13 -4 所示,由齿轮 3、4 和连杆 5、6 组成的一套曲柄连杆机构的运动,使扇形齿轮 7 作往复旋转。通过链条 9、12 使折布刀直线往复运动,进行折布。

压布装置控制压布动作,将已折好的折幅两端压牢。压布动作由压布杆 18 上的压布针板上下运动而实现。凸轮 13 回转时通过凸轮转子 14 使杠杆 15 和连杆 16 运动,带动摆杆 17 以 O_1 轴为中心摆动。当凸轮 13 的回转小半径向前,杠杆 15 由于弹簧的作用向左摆动,通过连杆 16、摆杆 17 使与其同轴的压布杆 18 上摆,将压布针板抬起;当凸轮大半径向前,压布针板压下,如此往复。折布刀进入折幅两端时,压布针板抬起,以便折布刀递入织物;折布刀退回时,压布

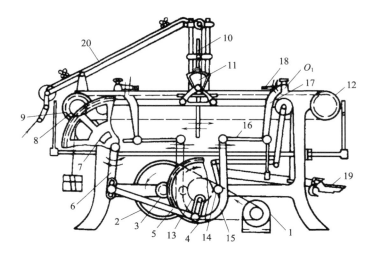

图 13 - 4　折布机简图

1—电动机　2—皮带轮　3、4—齿轮　5—连杆　6—摆动杆　7—扇形齿轮　8—链条齿轮

9—链条　10—控制滑杆　11—折布刀　12—链条　13—凸轮　14—凸轮转子

15—杠杆　16—连杆　17—摆杆　18—压布杆　19—踏脚　20 – 导布板

针板迅速压下,压住织物,握持折幅两端。

压布针板每次下压都必须到达相同的位置,因此随着织物的折叠层数增加,折布台必须相应下降。如图 13 - 5 所示,重锤 1 的重量通过链条 2 和滑轮 3 使折布台 4 上升。调节重锤重量,可以改变折布台上升力,从而调节压布针板对折布台的压力,即压布针板对织物的折幅两端的握持力。

当织物折叠完毕时,操作工踩下踏脚 5,通过连杆 6 使折布台下降,同时自动出布装置将折布台上折叠好的织物移离台面。

近年来生产的自动折布机,采用光电控制满匹自停,并设有三只电动机,一只控制正常运转,一只控制台板升降,一只控制出布。满匹自停、台板自动升降、自动出布是自动连续进行的。

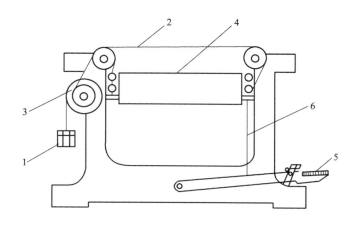

图 13 - 5　折布台运动

对于幅宽超过 2286mm（90 英寸）的羽绒被、床单、窗帘、床罩等织物和国际上流行的宽幅织物，也有采用对折折布机将布幅先对折成双幅，然后再经过验布与修织工序。

（五）分等

根据国家标准或合同要求评定织物品等，称为分等。

分等是下机织物整理过程中的一项关键性工作，其主要任务是把验布工做出的疵点标记，按质量标准进行评分、定等；按质量标准中的成包要求和加工要求，处理各种情况，确定修、织、洗范围，确定真、假开剪；将降等疵点（包括真、假开剪的疵点）的生产日期、车号、班别和责任工号正确地记录下来。

真、假开剪是对降等疵点采取的两种不同的处理方法。真开剪，即在织布厂开剪织物，剪除降等疵点。国家标准中规定的六大开剪疵点必须在织布厂开剪去除。涤棉织物的六大开剪疵点为：稀弄、0.5cm 以上的豁边、1cm 的破洞、1cm 的烂边、不对接轧梭、2cm 以上的跳花。不同种类织物的六大开剪疵点名称相同，但疵点的尺寸可能有所差异。

有些降等疵点，对印染加工影响不大，在织厂可对这类疵点不作降等也不开剪，仅在疵点处做标记，按一等品出厂，在以后印染成品时再做开剪，这种处理称假开剪。假开剪可减少印染坯布缝头损失和由于缝头可能产生的印染疵布。但是，假开剪疵点必须符合一定的规定。

（六）修、织、洗

织物经过验布、折布、分等后，对规定范围内的一些织物疵点用手工方法作修理、织补、洗涤处理。"修理"是对拖纱、毛边、双纬、杂物织入等疵点进行修正；"织补"是采用与织物相同的经纬纱，按织物中经纬纱的交织规律，对断经、断纬、跳纱等疵点作补织；"洗涤"是对坯织物上容易去除的油疵、污渍、锈疵等用相应洗涤剂清洗，并作适当干燥。通过修、织、洗，使疵点部位的织物恢复正常的织纹和外观。坯织物修、织、洗可提高织物入库一等品率，提高织物质量及使用价值。

修、织、洗的基本任务是根据企业规定的范围对疵点进行修、织、洗，其处理质量必须符合下游企业的要求；负责检查整修疵点处前后 25cm 内是否有漏验疵点，如有则应修织或按漏验处理；修、织、洗后的布匹必须折叠整齐，按规定要求分别堆放。

修织工具主要有修布镊子、修布铁木梳和修布针。修布针有直针和钩针两种，不同织物使用不同号数的直针。钩针由直针加工而成，主要用来修补百脚和断经。

坯布上沾染了油迹或锈迹后，应根据印染厂的要求进行洗涤。洗涤棉布油污渍常采用香蕉水、丝光皂或其他混合液洗涤，清洗铁锈迹可采用草酸除锈液或氟化氢铵溶液等，清洗涤棉织物的煤灰纱可用 JU 助剂。

（七）成包

成包是整理工程的最后一道工序，它按成包规定将织物打成布包。成包质量的好坏对印染加工质量有一定影响。

成包的基本任务是将定好等、修织好的布匹，按国家质量标准和成包方法成包；记录每件布的品名、品等、坯号、成包类别，以便结算入库产量和统计质量、假开剪率、拼件率和各种坯布的数量。

包装应外观整洁,适合储存和运输,保证产品质量。包装外面应清楚标识织物品种、长度、品等等信息,便于识别,防止搞错。

包装方式有折叠与卷装两类。前者在打包机上完成,后者由卷筒机卷成圆筒。

二、织物产量和质量统计

织物的产量和质量由整理工序直接、全面地反映。整理工序统计下机产量、入库产量及一系列下机质量指标、入库质量指标和漏验率等。下机产量和入库产量直接关系到企业能否按期交货。下机质量是反映企业管理水平、技术水平和质量水平高低的重要标志,它反映织物质量的真实水平,是分析织物质量的重要依据。

1. 纱疵率、织疵率 疵布率指由于各种因素造成的一次性降等疵点(一处性降等或连续性降等的疵点)的疵布产量与总产量的百分比。因原纱疵点造成坏布一次性降等的疵布率叫纱疵率。因织布各工序造成坏布降等的疵布率叫织疵率。纱疵率、织疵率是反映企业管理水平、技术水平和质量水平高低的重要标志。

纱疵率、织疵率有分品种纱疵率、织疵率和混合纱疵率、织疵率,它们又分别有下机纱疵率、织疵率(即修前纱疵率、织疵率)和入库纱疵率、织疵率(即修后纱疵率、织疵率)两种。

$$分品种纱(织)疵率 = \frac{纱(织)疵匹数 \times 匹长(m)}{入库产量(m)} \times 100\% \qquad (13-1)$$

$$混合纱(织)疵率 =$$
$$\frac{\left[甲品种纱(织)疵匹数 \times 匹长(m)\right] + \left[乙品种纱(织)疵匹数 \times 匹长(m)\right] + \cdots}{入库总产量(m)} \times 100\%$$
$$(13-2)$$

纱疵率、织疵率的原始资料由分等工提供,根据企业制定的次布责任制划分办法,将疵点按车间、班、组、个人进行记录,便于分析。统计员根据分等工的原始记录,每天统计逐日累计。

2. 下机匹扯分 下机匹扯分,即抽查布中平均每匹布上的疵点分数,可分为每个疵点的匹扯分和所有疵点加和的总匹扯分两种。计算匹扯分的意义,在于了解影响下机一等品提高的主要疵点,以便采取措施,减少疵点,提高质量。

$$下机匹扯分 = \frac{下机每个疵点分数(或下机全部疵点总分)}{检查匹数} \qquad (13-3)$$

3. 下机一等品率 同纱疵率、织疵率类似,统计分品种下机一等品率和混合下机一等品率。

$$下机一等品率 = \frac{抽查下机一等品匹数}{抽查总匹数} \times 100\% \qquad (13-4)$$

4. 漏验率 检查漏验率是抽查出厂成品中降等漏验疵点的情况。检查工在成包前或成包后对成品布进行随机、均匀抽样,其中等级布也抽查。抽查漏验率的原始记录,按验布工分别统计每人漏验分数和各种疵点名称,便于指导验布工寻找漏验原因,或作为生产成绩的考核依据。

$$漏验率 = \frac{抽查漏验匹数}{抽查总匹数} \times 100\% \qquad (13-5)$$

5. 入库一等品率　入库一等品率的统计涉及入库产量和入库次布的统计。

$$入库一等品率 = \frac{入库一等品总米数}{入库总米数} \times 100\% \qquad (13-6)$$

入库总产量及入库次布产量的原始记录,由打包工提供。为保证入库一等品率统计的准确性,成品必须按计划均匀入库,避免产量忽高忽低;次布应在该品种次布满件随即入库,避免次布集中入库。

6. 假开剪率　假开剪布需单独成包,并做出标记。假开剪率为一定时期内织物假开剪成包的产量(件数)对总产量(件数)的百分比。

$$假开剪率 = \frac{本月假开剪产量(件)}{本月总产量(件)} \times 100\% \qquad (13-7)$$

7. 联匹拼件率　凡染整加工允许拼件的坯布,可实行拼件交印染厂。拼件成包的段数为每包规定落布长度段数的200%,除允许一段在 10~19.9m 外,其余各段应在 20m 及以上。联匹拼件率为一定时期内织物拼件成包的件数对总件数的百分率。

$$联匹拼件率 = \frac{本月联匹拼件产量(件)}{本月总产量(件)} \times 100\% \qquad (13-8)$$

第二节　机织物加工流程与工艺设备

各种机织物在纤维材料、织物组织、织物规格和用途等方面都具有各自的特殊性,所以在机织加工过程中要针对这些特殊性选择适宜的加工流程、加工设备、环境条件,同时还应注意原纱质量。

一、棉型织物的加工流程与工艺设备

棉型织物生产主要分为白坯织物生产和色织物生产两大类,其中大部分为白坯织物的生产。

(一)白坯织物

白坯织物以本色棉纱线或棉型纱线为原料,一般经漂、染、印花等后整理加工。白坯织物生产的特点是产品批量大,大部分织物组织比较简单(主要是平纹、斜纹和缎纹组织)。在无梭织机上加工时,为减少织物后加工染色差异,纬纱一般以混纬方式织入。

1. 加工流程   根据经纬纱线的形式和原料,白坯织物工艺流程通常有以下几种。

(1)单纱纯棉织物。

经纱:原纱→络筒→分批整经→浆纱→穿结经 ⎫

纬纱:{ (有梭)原纱直接纬或间接纬→给湿 ⎬ →织布→坯布整理

{ (无梭)原纱→络筒 ⎭

(2)单纱涤棉织物。

经纱:涤棉原纱→络筒→分批整经→浆纱→穿结经 ⎫

纬纱:{ (有梭)涤棉原纱→络筒→蒸纱定捻→卷纬 ⎬ →织布→坯布整理

{ (无梭)涤棉原纱→络筒→蒸纱定捻 ⎭

(3)股线织物。

经纱:股线→络筒→分批整经→并轴上轻浆或过水→穿结经 ⎫

纬纱:{ (有梭)股线管纬 ⎬ →织布→坯布整理

{ (无梭)股线→络筒 ⎭

棉坯布整理的工艺流程通常如下:

验布→(刷布→烘布→)折布→分等→修织洗→复验、拼件→成包→入库

2. 工艺设备

(1)络筒。纺部供应的经纬纱线首先经络筒机加工。采用电子清纱器和捻接技术生产无结纱是络筒加工的发展方向。在涤棉纱络筒时,为了减少静电和毛羽的增生,应尽量使用电子清纱器。

(2)整经。络筒定长和集体换筒是整经加工中控制单纱和片纱张力均匀程度的有效手段。为适应整经高速化的需要,整经筒子架和张力装置的结构形式一般选用低张力 V 型筒子架,筒子架上导纱棒式的张力装置产生很低的经纱张力,主要用于经纱张力均匀程度的分区调整。

(3)浆纱。棉型经纱上浆通常以淀粉、PVA 和丙烯酸类浆料作为黏着剂,上浆的重点在于降低纱线毛羽、增加浆膜完整性和耐磨性,提高经纱的可织性。粗特纱以被覆为主,细特纱则着重浸透和增强。以各种变性淀粉取代原淀粉对棉或涤棉经纱上浆时,可适当减少浆料配方中 PVA 的用量,既明显改善上浆效果,又有利于环境保护。

采用单组分浆料或组合浆料是上浆技术的发展方向,它不仅简化了调浆操作,而且有利于浆液质量的控制和稳定。上浆过程合理的浆槽浸压次数、压浆力以及湿分绞、分层预烘、分区经纱张力控制等,都是保证上浆质量的重要措施。预湿上浆技术在中、低特棉型经纱上浆中应用可减少浆纱毛羽、节约浆料和降低上浆能耗。

在高密阔幅织物加工时,经纱在浆槽中的覆盖系数是上浆质量的关键,覆盖系数应小于50%,一般采用双浆槽上浆方法。双浆槽上浆有利于降低覆盖系数,但是对两片经纱的平行上

浆工艺参数控制也提出了很高的要求,两片经纱的上浆率,伸长率应当均匀一致。

(4)织造。在高密和稀薄织物的加工中,有梭织机的产品质量往往不能满足高标准的织物质量要求,织物横档一直是主要的降等疵点。无梭织机的应用大大缓解了这些问题。无梭织机从启动、制动、定位开关车、电子式送经、连续式卷取、电脑监控和打纬机构的结构刚度、机构加工精度等方面对织机综合性能进行优化,有效抑制了各种可能引起横档织疵的因素。

对于高密织物的加工,应当慎重选择符合要求的织机,部分无梭织机对适用的织造范围给出了一个判别指标,即适宜加工的最大织物覆盖率,其计算式如下:

$$织物经向覆盖率\ H_j = \frac{P_j(d_j n_j + d_w t_w)}{n_j \cdot 100} \times 100\% \qquad (13-9)$$

$$织物纬向覆盖率\ H_w = \frac{P_w(d_w n_w + d_j t_j)}{n_w \cdot 100} \times 100\% \qquad (13-10)$$

$$织物的覆盖率\ H = \frac{H_j \mathrm{Tt}_j + H_w \mathrm{Tt}_w}{\mathrm{Tt}_j + \mathrm{Tt}_w} \qquad (13-11)$$

式中:P_j、P_w——织物经向和纬向密度,根/10cm;

d_j、d_w——经纱和纬纱直径,mm;

T_{tj}、T_{tw}——经纱和纬纱线密度,tex;

n_j、n_w——组织循环经纱和纬纱数;

t_j、t_w——组织循环中每根经纱平均交叉次数和每根纬纱平均交叉次数。

织物经向和纬向覆盖率表示织物经向和纬向实际密度与极限密度之比。织物覆盖率在一定程度上反映了织物加工的难易。

织机在加工覆盖率超出适用范围的织物时,会表现出如机构变形、机件磨损严重等问题,最明显的往往是织机上织物打纬区宽度增加,织物达不到预期的紧密程度。在白坯织物生产中,轻薄、中厚织物的加工通常采用喷气织机,厚重织物加工一般使用剑杆织机或片梭织机。近年来,喷气织机也在开拓自己的应用范围,采用共轭凸轮打纬和积极式开口,以适应厚重织物的加工。

在有梭织机上加工织物时,纬纱可以是直接纬纱或间接纬纱。间接纬纱的纡子卷装成形较好,容纱量也较大,对提高织物质量,减少纬向织疵是十分有利的。如果以涤棉纱作为纬纱,则纬纱准备加工必须采用间接纬工艺,因为涤棉纱需要进行蒸纱定捻处理。涤棉纬纱定捻是减少纬缩疵点的重要措施。无梭织机上使用筒子纱作纬纱。

(二)色织物

色织物由经纬色纱交织而成。色织物设计中通常以色纱和织物组织结构相结合的手法来体现花纹效应,因此花型变化比较灵活,花纹层次细腻丰富,有立体感,花型比较逼真,饱满。色织物的生产一般有小批量、多品种的特点。

1. 加工流程 色织物生产有两种比较常见的色织工艺流程。

（1）分批整经上浆工艺流程。

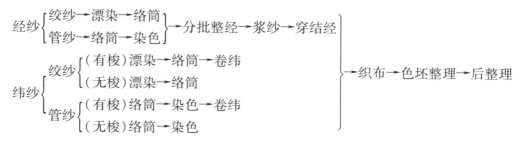

（2）股线、花式线等分条整经免浆工艺流程。

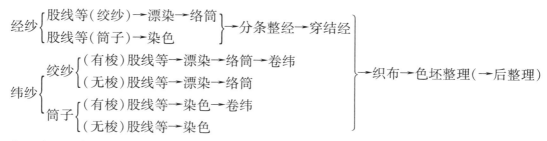

色坯布经过与白坯布类似的坯布检验、修整工程，即：

验布→（刷布→烘布→）折布→分等→修布→开剪理零→复验、拼件→打包

对于一般品种即可成为成品出厂。对一些高档产品，还进行不同的后加工整理，经过后整理的色织物为成品布。例如，棉色织物后整理种类有：预缩整理、轧光整理、上浆整理、漂白整理、练漂整理、套色整理以及树脂整理等；涤/棉色织物整理有树脂整理、氯漂整理、练漂整理、耐久压烫整理等。

2. 工艺设备

（1）准备。在整经和浆纱工序中，按照织物产品的花型要求进行色纱排列，称为排花型。整经和浆纱排花型是色织工艺的重要特点，它对织物的外观质量起着决定性作用。在色纱整经过程中，色纱与导纱部件、张力装置的摩擦因数受纱线色泽及染料影响，为保证片纱张力均匀程度，张力装置的工艺参数设计要考虑这一因素。部分新型分条整经机采用间接法张力装置，从而排除了这项不利因素，给工艺设计和张力装置的日常管理带来便利，同时满足了经纱的片纱张力均匀性要求。由于漂染纱线色泽繁多，色织物组织结构复杂，织造难度较大，因此对色纱的上浆要求亦较高。色纱上浆时应注意合理选用浆料、合理制订上浆工艺，使经纱从耐磨、增强和毛羽降低等方面得到性能提高，同时应注意防止色纱变色和沾色，保持色纱色泽的鲜艳。

（2）织造。色织生产使用的织机一般为选色功能较强的多梭箱有梭织机、剑杆织机和喷气织机，织机通常配有多臂开口机构或提花开口机构，用于复杂花型的织制。在有梭织机上加工时，为提高产品的质量，纬纱准备经常采取间接纬工艺。

（三）对原纱的要求

无论是白坯布还是色织物，要加工高档次的织物，必须有优质的原纱。随着无梭织机应用

的不断普及,在高速运行的情况下,为了降低纱线断头率,提高织机效率,原纱检验制度是必不可少的。

无梭织机开口较小,为了保证梭口清晰,织制时一般加大上机张力;通常以无梭织机加工紧密厚实织物,加工此类织物势必也要加大上机张力。经纱在长期大张力的情况下,加上反复打纬高峰负载以及在高速运转中综片对经纱的磨损,使经纱发生断裂。因此,对原纱的质量要求,除对纱线特性指标的绝对值有较高要求外,对指标的全面性、离散性以及卷装质量亦有较高要求。如果原纱质量得到保证,辅之以严格的各项技术管理,无梭织机的效率可达到92%以上。

1. 纱线断裂强度　大部分纱线的最小强力是由纱线中细节弱环决定的,弱环的数量与织机停台具有极高的相关性。因此,减少弱环,降低原纱的单纱强力 CV 值,才能减少纱线的断头率。通常纱线平均强力的25%应大于织造时经纱张力峰值,而单纱强力变异系数则随纱线品种而异,例如14.5tex 的精梳棉纱,其单纱强力变异系数以小于10.3为宜。

日本东洋纺公司提出的新型织机织制纯棉织物的单纱强力经验公式可供参考:

$$T = \frac{8000}{N_e}$$

$$T' = \frac{8000(1+k)}{N_e}$$

式中:T——普梳纯棉单纱强力,g;

　　T'——精梳纯棉单纱强力,g;

　　N_e——英制支数;

　　k——修正系数,取值5%～8%。

2. 原纱条干均匀度 CV 值和粗节、细节、棉结数　原纱条干均匀度 CV 值与单纱强力 CV 值之间正相关。一般纱线条干均匀度 CV 值应控制在2001年 Uster 统计值5%～25%的水平效果较好。实践表明,14.8tex 的纯棉精梳环锭纺筒纱的条干均匀度 CV 值可定在13.5%以上,同时还应注意反映机台之间、纺锭之间即管间的条干质量变异系数和重量不匀率。原纱的粗节、细节和棉结数等也应以2007年 Uster 统计值5%～25%水平的相应值为目标。例如14.5tex 的纯棉精梳环锭纺筒纱,每千米 +50%的粗节在34个左右,-50%的细节在5个左右,+200%的棉结在70个左右。

3. 原纱毛羽　纺纱过程中不适当的工艺配置使纤维损伤,短绒增多。纱线运行过程中不正常的摩擦,是造成毛羽增多的主要因素。纱线毛羽对织机的正常运转有着密切的关系,经纱毛羽多,纠缠严重,导致开口不清,形成织疵。目前可供工厂实际应用的纱线毛羽指标为2001年 Uster 公报中纱线毛羽 H 值、毛羽标准差 S_h 和变异系数 CV_h。例如14.8tex 的精梳棉纱的毛羽指数 H 值可在5左右。

二、毛织物的加工流程与工艺设备

毛织物主要分为精梳毛织物和粗梳毛织物两个大类。精梳毛织物表面光洁、有光泽,织纹清晰,一般为轻薄型织物,手感坚、挺、爽。粗梳毛织物整理后表面有茸毛,一般织纹不明显,为厚重型织物,手感松软且有弹性。毛织物幅宽较阔,常带边字,主要用作高档的服装面料。毛织物的品种很多,通常生产批量较小,织物组织比较复杂,纬纱颜色比较丰富。

1. 加工流程

(1)精梳毛织物。

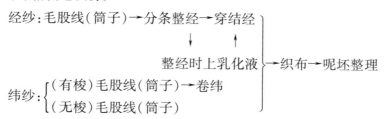

呢坯整理通常包括以下流程:

量呢(测长和称重)→验呢→呢坯分等→呢坯修补→复验、拼件→成包

毛股线以精梳毛纱并、捻、定形加工而成,加工流程为:

$$精梳毛纱:\begin{cases}并线→捻线→蒸纱→络筒\\络筒→并线→倍捻→蒸纱\end{cases}→毛股线(筒子)$$

毛股线加工流程中先络筒后并捻的流程生产效率高,纱线质量好,适宜于大批量生产;先并捻后络筒的工艺流程比较适合小批量、多品种的毛织生产,故仍被广泛采用。通常,各毛织厂根据织物要求、自身设备条件、传统生产习惯等因素来选择适宜的工艺流程。

(2)粗梳毛织物

经纱:毛纱(筒子)→分条整经→穿结经

$$纬纱:\begin{cases}(有梭)毛纱(筒子)→卷纬\\(无梭)毛股线(筒子)\end{cases}→织布→呢坯整理$$

2. 工艺设备

(1)准备。毛织生产中,经纱一般不经过专门的上浆工序,只有在生产细特精梳单纱轻薄织物生产时,才采用类似棉织的分批整经和上浆加工方法,或采用单纱上浆再进行分条整经加工。前者生产效率高,适用于批量很大的织物品种生产;后者生产效率较低,但上浆质量很好,且能符合小批量、多品种的市场需求。为防止高速整经时产生静电,并适应无梭织机高速、高张力的织造,在分条整经加工时对经纱给油进行上蜡或上合成浆料的乳化液,以代替浆纱。

由于分条整经机的织造加工流程较短,能满足小批量、多品种的生产要求,因此十分适宜于毛织生产。

(2)织造。根据毛织物的特点,用于毛织生产的织机为阔幅织机,经常配有多臂开口机构,并且具有很强的多色选纬功能。目前,有梭毛织机常为用于多色纬织造的双侧升降式多梭箱织机,采用短牵手四连杆打纬机构,以适应打纬力较大和阔幅织机上纬纱飞行时间较长的需要。为保证织物的实物质量,纬纱一般采取间接纬,纡子卷绕密度大、成形好,纬纱疵点也有所减少。

剑杆织机和片梭织机在毛织生产中应用很广,两种织机都能适应厚重或轻薄型织物加工。剑头和片梭对纬纱作积极式引纬,对纬纱控制能力强,引纬质量好。片梭织机可以进行 4~6 色任意选纬,剑杆织机选纬功能更强,任意选纬数量可多达 8~16 色。由于片梭在启动时的加速度很大,使纬纱张力发生脉冲增长,容易引起纬纱断头,因此,使用片梭织机加工毛织物时,应对纬纱的质量提出较高的要求。

三、真丝织物的加工流程与工艺设备

真丝织物产品种类很多,有纺类、绉类、绫类、罗类、缎类、绸类、锦类和绡类等十四大类,各类织物都具有自己独特的外观风格和手感特征。因此,它们的加工工艺流程和加工工艺存在一定差异。决定工艺流程的主要因素有:生织物还是熟织物,经纬丝的组合。

1. 有梭织机织制真丝织物的工艺流程

(1)平经平纬织物。

经丝:原料检验→浸渍→络丝→整经→穿结经 ┐
　　　　　　　　　　　　　　　　　　　　　├→织绸→绸坯整理
纬丝:原料检验→浸渍→络丝→并丝→卷纬 ┘

(2)绉经绉纬织物。

经丝:原料检验→浸渍→络丝→并丝→捻丝→定
　　　形→倒筒→整经→穿结经 ┐
　　　　　　　　　　　　　　　├→织绸→绸坯整理
纬丝:原料检验→浸渍→络丝→并丝→捻丝→定 │
　　　形→卷纬 ┘

(3)熟织物。

经丝:原料检验→络丝→捻丝→并丝→捻丝→定形→成
　　　绞→练染→色丝挑剔→再络→整经→穿结经 ┐
　　　　　　　　　　　　　　　　　　　　　　　├→织绸→绸坯整理
纬丝:原料检验→络丝→并丝→捻丝→定形→成 │
　　　绞→练染→色丝挑剔→再络→卷纬 ┘

2. 剑杆织机织制真丝织物的工艺流程　工艺流程如下,如果加工的是无捻织物,则在下列工艺流程中去掉捻丝、定形两工序即可。

经丝:原料检验→浸渍→干燥→络丝→无捻并
　　　丝→捻丝→定形→倒筒→整经→穿结经 ┐
　　　　　　　　　　　　　　　　　　　　　├→织绸→绸坯整理
纬丝:原料检验→浸渍→干燥→络丝→无捻并 │
　　　丝→捻丝→定形→倒筒 ┘

绸坯整理的工艺流程为:

称重、测长和检验→修剪和织补→分等复查→成包

3. 对原料的要求　全真丝织物是机织物中最轻薄的织物,原料价格又比较高,因此,原料的合理使用对提高产品质量、降低生产成本影响很大。原料的合理使用首先是不同庄

口(蚕茧产地)、不同茧别(春、秋茧)、不同批号应分别使用。其次,高档、轻薄织物的疵点不易掩盖,像电力纺、斜纹绸、洋纺等应选用匀度好、线密度偏差小、清洁的原料。而原料需加捻的、并合的,或用于提花织物(如双绉、花软缎等),原料级别可稍低,因为并合可降低条干不匀,加捻可提高强力、抱合力、耐磨等指标。满地花织物有强绉效应,原料档次更可低一些。另外,经丝在织造时受到开口、打纬等外力的反复多次长时间的作用,应选用伸长、强力、抱合力好的原料。无梭织机因为车速高、机身短,经丝原料各项指标应高于有梭织机,常用4A级桑蚕丝,而纬用原料可选用丝身柔软、纤度偏差少、匀度好的原料,防止出现各种纬档疵点。

4. 工艺设备

(1)准备。真丝十分纤细,卷绕时容易产生嵌头、倒断头等疵点,致使退解困难,张力波动增大,甚至无法退解,造成原料浪费,影响产品质量和生产顺利进行。因此,准备工序的重点是控制丝线张力,不但张力大小要恰当,而且张力要均匀,只有保证单丝张力和片丝张力的均匀,才能有效地防止经柳、横档等织疵的产生。

(2)织造。桑蚕丝吸湿量对丝线的强力、伸长产生显著影响,在准备和织造过程中应控制丝线的回潮率均匀程度,避免因原料回潮率之间的差异引起丝线的伸长差异,从而造成经柳、横档织疵。在开口清晰的前提下,经丝上机张力以小为宜。加工平素织物,为获得较大的织物密度,可以适当增加经丝上机张力;熟织的经丝因脱胶而强力下降,它的上机张力要低于生织的经丝。

真丝织物的经丝通常由两根、三根或四根22.2/24.4dtex的桑蚕丝经无捻并合而成,有时加有极少的捻度,经丝的断裂强度较低,织造过程中不宜经受较大的拉伸张力,否则会引起断丝。因此,丝织加工的特点是织机车速稍低,采用较大的梭口长度和较小的梭口高度,从而降低开口过程中经丝的伸长变形和张力,使经丝得到保护。

真丝织物的经丝质量比纬丝好,因此织物应为经面织物,使织物正面较多地看到经丝。如果织物正面朝上正织,开口时提升的经丝比不提升的经丝多,这就增加了开口机构的负荷。因此,丝织物大多采用正面朝下的反织。为使梭口满开后的上下层经丝张力差异不大,在工艺参数的配置上宜采用等张力梭口,开口时间迟些,有助于织物平挺、织纹清晰、手感丰满。

用于真丝织物加工的织机常配用多臂开口机构或提花开口机构。目前,有梭织机仍占真丝织物加工织机的很大比例。在类型众多的无梭织机中,剑杆织机比较适应批量小、花色品种繁多的丝织生产,并且剑杆对纬纱积极控制,引纬动作比较缓和,故在真丝织物加工中得到广泛应用。剑杆织机机型应选择加工轻薄型织物者为宜,织机常采用单后梁结构,其经纱张力感应部件对经纱张力变化比较敏感,送经调节灵敏度高,同时后梁摆动对经纱长度的补偿也较大,适合真丝织物的加工。

四、麻类织物的加工流程与工艺设备

我国麻纺织使用的麻纤维主要有苎麻、亚麻和黄麻等。麻纤维的共同性质是细度较粗,均匀度差,强力大而伸度很小,刚度大而缺乏自然卷曲,吸湿性能好,散热散湿也快。苎麻和亚麻具有良好的穿着性能和抗菌卫生性能,是高级纺织原料。黄麻以及性质相近的红麻、洋麻等是另一类重要的麻纺织原料,纤维的细度较粗,长度较短,只能纺成粗特纱,用于织制麻袋、包装用麻布或地毯底布和用作电缆麻纱等。

(一)苎麻织物

苎麻纤维具有许多独特的优点:纤维长,强度高,色泽洁白,热、湿传导性能良好。苎麻服用织物能及时排除汗液,降低体温,织物粗犷挺爽,夏季穿着舒适、透气。为此,苎麻织物以单纱织物为主,经纬向紧度不宜过大,一般经向紧度为 45% ~ 55%,纬向紧度为 40% ~ 50%。织物组织常采用重平、方平组织,使麻织物纱线粗细不匀的风格特征更加突出。但是苎麻纤维的大分子结晶度高,分子排列倾角小,表现为苎麻织物服用性能的抗折皱性差、织物弹性差、不耐磨、易起毛。因此,在产品设计时通常采用混纺、交织及麻纤维改性等措施,达到扬长避短的效果。

1. 加工流程

经纱:络筒→分批整经→浆纱→穿结经┐
　　　　　　　　　　　　　　　　　├→织布→织坯整理
纬纱:⎰(有梭)直接纬纱或间接纬纱─┘
　　　⎱(无梭)苎麻原纱→络筒

苎麻织物的织坯整理和棉坯布整理相同。

2. 工艺设备

(1)准备。苎麻织物以单纱作为经纱,单纱的特点是纱体松散、粗细节多、麻粒多、毛羽多、纱疵多,因此经纱的准备加工是织造的重点,其中又以浆纱为关键。

络筒中应采用电子清纱器,纱线通道宜光滑,尽量减少对纱线的摩擦,防止毛羽增加。同时,宜采用较小的络筒张力和较慢的络筒速度,以保持纱线的强力及弹性,避免纱线条干恶化。络筒清疵去杂的对象是大粗节、羽毛纱、飞花附着和粗大麻粒。对于一些短小粗节可以保留,这些短小粗节残留于织物表面有助于苎麻织物独特风格的形成。

苎麻纱在整经过程中容易断头,合理的整经工艺应是轻张力、慢速度、片纱张力要尽可能均匀。

苎麻纱上浆的要求是浆膜坚韧完整,纱身毛羽贴伏,使经纱在织机上开口清晰,顺利织造。通常,上浆采用成膜性、弹性、强度均佳的以 PVA 为主的混合浆料。为提高浆纱的柔韧和平滑性能,可以适量增用油脂或其他柔软剂,如采用浆纱后上蜡工艺,则效果更为显著。浆纱过程中必须对湿浆纱实行湿分绞、分层预烘等保护浆膜的措施,并且严格控制浆槽中的纱线覆盖系数,必要时采用双浆槽浆纱机进行上浆。浆纱的质量指标通常为:上浆率 8% ~ 10%,回潮率 5% ~ 6%,增强率 15%,减伸率 20%。

(2)织造。苎麻织物织造时,为了开清梭口,防止毛羽缠绕,上机张力要适当增大。上机张力增大以后,经纱张力均匀程度改善,打纬力增大,使织物丰满匀整。为了减少下层经纱的断头,后梁位置比其他同类织物可以偏低一些,以减小上下层经纱张力差异。

为了进一步减少经纱毛羽相互粘连的现象,改善梭口清晰度,可以采用多页多列综框,以减少综丝密度,从而减少经纱的相互摩擦粘结。采用双开口凸轮两次开口也是行之有效的办法。

另外,还可以在有梭织机的后梁与经停架之间加装活络绞杆,实现强迫开口,以便织造顺利进行。在加工特阔幅苎麻织物时,设计的开口凸轮应延长静止角,缩短开口角等,这些都是改进开口效果的有力措施。

苎麻纱上浆后变得手感粗硬,刚性强,弹性差,不耐屈曲磨损,因此浆纱回潮率和织造车间温湿度要加以控制,使苎麻浆纱保持一定的水分,从而改善浆纱的弹性、韧性和耐磨性。加工涤麻织物时,织造车间的温度为 25～27℃,相对湿度为 72%～77%。

(二)亚麻织物

亚麻纤维的性能与苎麻相类似,但强力与伸度均略次于苎麻。亚麻的单纤维长度短(一般为 15～25mm),差异大,无法纺纱。因此,亚麻是利用束纤维来纺纱的。亚麻的纺纱方法比较特殊。除了像苎麻那样有长麻纺和短麻纺的区别外,还有湿法纺纱(简称湿纺)和干法纺纱(简称干纺)之分,通常只对短麻进行干纺。湿纺是亚麻纺纱的一大特点,湿纺亚麻纱的表面比较光洁,毛羽也较少。

由于束纤维在牵伸过程中有非控制区的存在,有少部分束纤维未被牵伸或分劈。因此,在细纱上出现竹节状条纹(类似棉纺的竹节纱)。这种条纹被视为亚麻纱的特征,构成亚麻织物的特有风格。亚麻织物主要用作夏季衣料,其性能与苎麻织物类似。亚麻织物毛羽少,具有卫生性能,广泛用作餐巾、台布、手帕、床单等装饰用品。

湿纺纱织物多用作服装面料和装饰用品,纱线在织制前需经练漂,细纱机上纺得的管纱先经卷络工序,卷络成绞纱或松式筒子,再进行练漂,绞纱练漂后,需再经一次络筒。

亚麻织物的织造工艺流程为:

经纱:络筒→整经→穿结经
　　　　　　└→浆纱┘
纬纱:{(有梭)络筒→给湿或蒸纱→卷纬
　　　 (无梭)络筒→给湿或蒸纱
}→织布→织坯整理

亚麻织坯整理的工艺流程为:

验布→分等→修布→洗布→折布→打包

纯亚麻织物的纱线较粗时,可以采用分条整经免浆工艺。亚麻混纺织物,考虑其混纺纤维的性能,如棉、粘胶纤维等,则必须上浆,采用分批整经上浆工艺。亚麻纬纱织造前需给湿或蒸纱以稳定捻度、降低纱的刚度。

亚麻水龙带织机像其他带织机一样是一种整织联合机。生产时,只要将亚麻纱筒子装上织机后部的筒子架即可织造。

(三)黄麻织物

黄麻织物的织造工艺流程比较简单。

经纱:络筒→整经→穿经
　　　　　　└→上浆整经┘
纬纱:{(有梭)络筒→卷纬
　　　 (无梭)络筒
}→织布→织坯整理

黄麻织坯整理的工艺流程为:量检(检验和测长)→轧光→折布→打包。黄麻麻袋整理的工艺流程为:量检→轧光→折切(折叠和裁切)→缝边→叠检→缝口→检袋(→印袋)→打包等程序。

黄麻纱特数高,强力大,一般不需上浆。但在用细特纱织制单经平纹的麻布、麻袋织物时,或用圆型多梭口织机织造时,为使开口清晰,减少断头,亦对经纱进行上浆处理。织制黄麻地毯底布时,也进行上浆。黄麻纱上浆在上浆整经机上进行(比普通整经机多上浆装置和烘燥装置)。

五、合纤长丝织物的加工流程与工艺设备

合纤长丝织物主要是指涤纶和锦纶的长丝织物。锦纶长丝织物比较少,全锦纶丝织物的典型产品是尼丝纺,大多用作伞布和滑雪衫面料。涤纶长丝经常用于加工服装面料和装饰织物,近年来随着差别化涤纶长丝纤维的开发,涤纶长丝的仿真丝绸、仿毛、仿麻产品得到了相应的快速发展,达到了乱真的水平。

目前,涤纶长丝织物的织造生产设备有两种类型:一种是由有梭织机及与之配套的传统前织设备组成;另一种是以无梭织机及其配套的整、浆、并等设备构成。后者一次性投资较高,但设备性能好,生产效率及产品质量高,是合纤长丝织造设备的发展方向。

(一)合纤长丝仿真丝绸织物

1. 加工流程　合纤长丝仿真丝绸产品主要有纺类、缎类、双绉类、乔其类等,尼丝纺也是纺类的一种。无梭织机加工长丝仿真丝绸织物的相应工艺流程有三种。

(1)纺、缎类(平经平纬)。

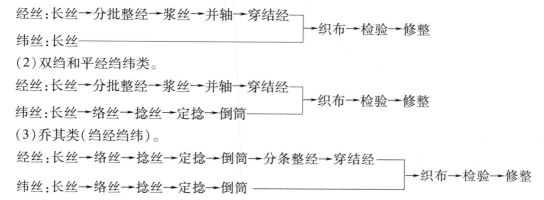

(2)双绉和平经绉纬类。

(3)乔其类(绉经绉纬)。

2. 工艺设备

(1)捻丝。捻丝加工通常在倍捻机上进行,部分倍捻机上装有电热定捻装置,可以将捻丝和定捻合并为一道工序,大大缩短了生产流程,称为一步法工艺。但是这种定捻方式的定捻时间短,定捻效果不如二步法工艺好(捻丝和定捻分为两道工序)。对于有绉效应的织物,如双绉、乔其类,需对长丝加强捻,定捻效果尤为重要,因此,大多数工厂使用的是二步法工艺路线。

(2)经丝准备。经丝准备通常采用整、浆、并三步加工方式。在整经机上有静电消除装置、

毛丝检测装置。浆丝机的单经轴上浆有利于经丝形成完整的浆膜,并配备了后上油装置。由并轴机对浆轴进行并合,形成织轴,这样的加工流程虽然长些,但对产品质量有利。

(3)织造。用于合纤长丝仿真丝绸加工的无梭织机以喷水织机为主,因为喷水织机车速高,产量高。近年来强调织物品种开发更新,剑杆织机和喷气织机也较多使用。喷水和喷气织机用于纬向强捻的双绉和乔其类织物加工时,由于水束和气流对纬纱的控制能力有限,容易造成织物的纬向疵点,采用剑杆织机则可克服这一问题,并且可以增大这类织物的幅宽。

(二)合纤长丝仿毛、仿麻织物

目前,合纤长丝的仿毛、仿麻加工主要是指涤纶长丝的仿毛、仿麻织造加工。加工原料除涤纶复丝外,经常使用的还有涤纶空气变形丝、网络丝等。用无梭织机加工的涤纶长丝仿毛、仿麻产品质量好,产品的附加值也高,比较受市场的欢迎。

1. 加工流程

经丝:涤纶复丝→整浆联合(或整浆分开)→并轴→穿结经┐
纬丝:涤纶复丝 ─────────────────────┘→织布→检验→修整

或

经丝:涤纶空气变形丝、网络丝→分条整经→穿结经┐
纬丝:涤纶复丝、空气变形丝、网络丝 ──────┘→织布→检验→修整

2. 对原料的要求 利用合纤长丝生产仿真织物,原料的选择使用应注意:不同牌号、批号的原料不能混用;原料的吸色性能应一致,如有吸色差异,应根据吸色深浅分档使用,吸色差异不明显的,可用于提花或印花织物;原料的沸水收缩率不能太大。另外,单纤维根数少或捻度大的原料作经纱用比较好,用于上浆加工的合纤长丝含油率要控制在 1.5% 以下,过高的含油将导致上浆失败。

3. 工艺设备

(1)经丝准备。合纤长丝为疏水性纤维,织造过程中要尽量减少产生毛丝和静电。在前织设备上通常装有静电消除装置或适量给油,以消除加工过程中所产生的静电。为避免毛丝对织机开口的不良影响,部分整经机上还配备了毛丝检测装置,对毛丝进行检测和清除。经丝准备较多采用分条整经工艺。

合纤长丝加工的张力要控制适中,过大容易引起大量毛丝或断头,过小则会产生半成品卷装和织物的疵点,如经轴小轴松塌、宽急经织疵等。

合纤长丝的上浆质量决定着织造加工的成败。根据合纤长丝的特点,上浆工艺要掌握:强集束,求被覆,匀张力,小伸长,保弹性,低回潮率和低上浆率。上浆率应视加工织物品种不同而有所差异。上浆通常采用丙烯酸类共聚浆料,为克服摩擦静电引起丝条松散、织造断头,在经丝上浆时采取后上抗静电油或后上抗静电蜡措施,以增加丝条的吸湿性、导电性和表面光滑程度。合纤长丝的热收缩性决定了其上浆及烘燥的温度不宜过高,特别是异收缩丝,高温烘燥会破坏其异收缩性能。烘燥温度要自动控制,保证用于并轴的各批浆丝收缩程度均匀一致,防止织物条影疵点的产生。

（2）织造。为适应小批量、多品种的仿毛、仿麻织物生产,织机通常为选色功能极强的剑杆织机,经丝准备较多采用分条整经工艺。

（三）合纤长丝仿真技术

近年来,新型合成纤维以仿丝、仿毛、仿麻、仿棉、仿羽绒等仿天然纤维为目标的仿真技术发展十分迅速。新一代的合成纤维将天然纤维的服用舒适性和合纤的优良特性兼收并蓄。除涤纶、锦纶外,丙纶、氯纶、氨纶等各种合纤长丝都得到了较快发展。仿真合纤长丝主要有异形丝、改性丝、共混丝、海岛丝、复合丝、混纤丝、超细丝、特粗丝、异收缩丝及特种功能丝,如高吸水、高收缩、超高强高模、抗静电、导电等长丝。各种合纤长丝的高仿真性能是合纤长丝织物绚丽缤纷、以假乱真的基础。

仿真合纤织物的织造加工流程和工艺设备根据原料和产品确定。仿真合纤织物在外观、手感、服用舒适性等方面的高仿真性能和产品的高附加值主要是通过各种特色染整深度加工来实现的。良好的染整加工使合纤织物预期的设计风格得到了淋漓尽致的体现。用于仿真丝绸的染整方法有碱减量处理、染色、印花、机械超喂整理以及柔软整理、砂洗整理、磨绒整理、树脂整理、抗静电整理、轧光和轧纹整理等。用于仿毛加工的有:全松式染整加工,树脂整理、抗起球整理、阻燃整理、亲水整理等。

六、特种纤维织物的加工流程与工艺设备

特种纤维织物是产业用纺织品中一个重要部分,用作骨架材料、过滤材料、隔层材料、绝缘材料、文娱及体育用品材料、国防工业和汽车工业用材等。特种纤维品种正在不断开发,常用的有玻璃纤维、碳纤维和芳纶纤维等。这些纤维通常具有细度极小、高强度、高模量、抗疲劳、耐热、耐腐蚀、重量轻等特点,它们的织造加工基本上沿用了传统的织造和经纬纱准备加工方法。下面介绍几种比较典型的特种纤维织造加工流程。

（一）玻璃纤维织物

玻璃纤维织物的加工原料有连续长丝和短纤纱两种,它的织造加工流程为:

经纱:连续长丝或短纤纱(筒子卷装)—→多次并捻—→分条整经—→穿经—┐
                                            ├→织造—→检验
纬纱:连续长丝或短纤纱(筒子卷装)—→多次并捻—→卷纬 —————┘

玻璃纤维织造可以在有梭织机上进行,纬纱采用间接纬准备工艺。但是,梭子飞行对不耐磨的玻璃纤维经纱产生较强的磨损作用,使经纱起毛,影响产品质量。刚性剑杆织机是玻璃纤维织造最适宜的机型。剑杆头截面尺寸小,为减小经纱开口高度创造了条件,对低伸长率的玻璃纤维加工十分有利。另外,引纬过程中剑杆与经纱不发生摩擦,对经纱起到良好的保护作用。

（二）碳纤维织物

碳纤维伸长率一般小于2%,经并捻加工会产生大量毛丝。因此,碳纤维复合丝通常以上浆处理来改善可织性,使纤维集束。同时,碳纤维上浆可保护碳纤维的表面活性,增强碳纤维与基体树脂的粘结牢度,提高复合材料的力学性能。碳纤维的上浆工作一般在原丝的生产过程中

进行。

碳纤维的上浆剂应根据"相似相溶"原理进行选择。碳纤维织物用作复合材料增强体时,多用环氧树脂为基体。因此,上浆剂的主要成分常为环氧树脂,通过适当方法配制成乳液进行上浆。

碳纤维织造常采用改造后的传统织机或无梭织机,其中刚性剑杆织机最为适宜。利用小开口高度、短筘座动程、经纱开口长度补偿等措施,以适应碳纤维低伸长特性并减少纤维磨损。织机的织轴由滚筒代替,并在织机机后增设筒子架,碳纤维直接由筒子架上引出,进入织机与纬纱交织。碳纤维织物的纬纱可以是碳纤维、玻璃纤维或其他纤维。碳纤维筒子重 4kg 左右,这种大卷装、短流程加工方式适合大批量的织造生产。

碳纤维和其他一些特种纤维的纱线在断头后很难打结,打结后也极易散结,为此,常使用快干树脂黏合剂的粘接方法进行织造过程纱线接头工作。

碳纤维织物作为立体多维骨架材料时,可用立体多维编织机加工,这种立体织物经碳/碳复合用于航天事业。

(三)芳纶织物和高强涤纶、高强锦纶织物

在芳纶(美国商品名 Kevlar™)、高强涤纶、高强锦纶的织物加工中,"并捻→分条整经→穿经"的经纱准备工艺流程应用得比较普遍,其优点在于:工艺流程短,适宜于小批量的织物生产。通过并、捻加工提高经纱的可织性,可以避免经纱的上浆工程。特种纤维上浆采用的浆料一般为非常规浆料,浆料的选择、制备、上浆工作都有较大难度。

第三节　机织物加工的快速反应

机织物加工的快速反应系统采用计算机和网络通信技术,在生产过程高度自动化、计算机化的基础上,对机织物的产、供、销、人、财、物、产量、质量和效益等进行全面、科学的管理,以最快速度生产客户需求的产品。在纺织厂内部,采用现代化(自动化、计算机化和高技术化)的生产设备和计算机辅助设计(简称 CAD)、计算机辅助工艺设计(简称 CAPP)、计算机辅助制造(简称 CAM)和管理信息系统(简称 MIS)等,乃至将它们集成到一起的计算机集成制造系统(简称 CIMS),高质、高效完成各项生产作业。在纺织厂和上下游企业之间,利用计算机通信网络完成纺织厂与各种原材料供应商(棉花公司、化纤厂等)、面料采购商(服装厂、面料经销商等)之间的各种业务和信息传递,如产品的供销、技术要求、交接方式和开发计划等;同时,也利用计算机网络(Internet 等)收集新原料、新产品信息,开展电子商务,利用虚拟卖场展示产品或织物CAD 设计的样品及用其"制作"的"服装",直观显示服装模特或顾客穿着该"面料"做成的服装的三维效果,或该"面料"做成窗帘、床上用品等时的三维室内效果。为维护纺织厂和供销链之间良好的运作,由专门的组织机构和信息机构进行协调。实施面料快速反应有利于实现小批量、多品种、高质量、快交货,提高产品开发成功率,同时有利于满足人们"个性化、多样化"以及"自我设计"的消费需求。

一、机织物 CAD

机织物 CAD 是实现机织物加工快速反应最重要的基础,它是关于织物设计的一组计算机应用软件。机织物 CAD 包括织物测试分析子系统、花型设计子系统、纱线设计子系统、部分织物加工工艺生成系统和织物仿真子系统等。织物测试子系统对织物来样进行测试分析,获得织物各项技术参数,包括纱线原料、特数、捻度、配色、织物组织结构、织物经纬纱密度和织物纹样等。花型设计子系统用于设计和处理织物的图案纹样,以获得满意的花型效果。纱线设计子系统用于设计织物的经、纬纱,展示不同原料、特数、捻度和毛羽数的各种纱线,包括花式纱线。织物加工工艺生成子系统则根据用户选择的织物图样信息、经纬纱线信息、织物组织信息(这些信息可以由用户按需输入,也可从数据库调用)及织机本身的信息(一般储存于织机所附的磁盘上),通过特定的算法直接生成织机能读懂的上机信息。织物仿真子系统用来显示织物图样、纱线参数(如原料、类型、特数、配色等)和织物参数(如组织、经纬纱密度等)改变时织物的仿真效果,还可以用模特穿着时的三维效果和室内装饰的三维效果展现出来。机织物 CAD 系统为设计人员提供良好的工作界面,通过屏幕显示和人机对话开展设计工作。与传统设计方法相比,它能快速、正确、方便地完成织物图样、纱线、组织、风格的设计及修改,迅速确定符合用户要求的纱线、织物参数、图样及其组合。

目前,机织物 CAD 对织物的仿真模拟逐渐达到以假乱真的水平。从对普通色纱的模拟到对花式纱线和新型纱线的模拟,从对织物的二维外观模拟到三维模拟织物的质感和立体结构,模拟织物的起毛、起绒效果以及悬垂性等。在色彩方面,可以模拟墨水色、颜料色等。理想的辅助设计软件应可根据织物的基本力学特征参数模拟织物的三维质感效果,甚至能直接根据织物的技术规格参数(如纤维原料、纱线结构参数、织物组织、经纬纱密度)以及加工工艺条件等仿真织物的三维质感效果(如织物的悬垂性、飘逸性、柔软度、硬挺度、丰满度)。要实现这一软件功能,尚有大量的关键技术需要研究。

二、计算机辅助工艺设计(CAPP)

通常,机织物 CAD 能自动生成所设计织物的技术规格和该织物上机织造所需的部分工艺参数,而加工产品所需要的其他大部分生产工艺文件,则要由计算机辅助工艺设计(CAPP)系统完成。CAPP 生成的工艺文件既包含产品加工工艺,又包含许多生产管理所必需的信息。CAPP实际上就是将产品设计信息转化为制造加工和生产管理信息。

目前的 CAPP 大都是介于交互型和生成型之间的综合型,既需要人机交换信息,又利用计算机快速处理信息的功能和具有各种逻辑决策功能的软件和程序模块,来半自动或自动地生成工艺。智能型 CAPP 是 CAPP 系统的最佳类型,它是将人工智能技术应用于 CAPP 系统中开发而成的 CAPP 专家系统。生成型和智能型的区别在于:生成型以逻辑算法加决策表为其特征,而智能型则以逻辑推理加知识学习为其特征。

三、计算机辅助织造(CAM)

纺织厂内部的通信网络以及计算机控制的自动化生产装备,使计算机辅助制造(CAM)可能实现。由纺织厂中央计算机通过网络通信电缆及适配器对织造生产的各道工序、各种设备,进行监督、管理与控制。中央计算机将机织物设计CAD和CAPP生成的加工信息直接输入到各生产机台的控制微型计算机,向它们发出各种控制参数指令,如经纱上浆率、浆纱回潮率、浆纱各区伸长率、织机工艺参数、织物组织参数、停机指令等,这些生产数据也可通过中央计算机的双向通信网络,在各机台之间相互传递。单台浆纱机、织机的控制微型计算机可将本机的运转状态、生产数据、维修警报、故障原因及操作人员传呼信息等向中央计算机传输,并显示、储存、打印,供生产组织者参考,还可通过中央计算机向其他业务部门报告生产信息或申请帮助。

为适应市场小批量、多品种、供货周期短的特点,纺织机械制造商开发了现代无梭织机的快速品种变换系统,使用该系统可在织机上快速完成织轴、经停片、综框、钢筘更换等一系列上了机工作。该项技术将织机机架设计成组合形式,将安装织轴、经停架、综框等机件的机架构成一个独立机架。织机上了机时,解除机架组合连接及部件传动连接,以装有上机织轴、完成了穿经工作的上机独立机架更换了机机架,然后恢复机架和传动的连接,使上了机的织机调整工作大为减少。由于上机布被塑料薄膜代替,并在穿经间里与穿经之后的上机经纱的头端焊接,节省了上了机时上机纱与了机纱的对接操作。这些措施大量缩短织机品种变换的停机时间,能提高织机生产效率,适应市场所需的织物品种变化。为配合这一系统工作,还要增加专门的运输车和塑料焊接机。

四、企业资源规划(ERP)系统

机织物生产的快速反应链中,涉及上下游企业之间供应链管理的企业资源规划(简称ERP)系统。ERP是建立在信息技术基础上、以系统化的管理思想为企业领导及员工提供决策运行手段的管理平台。其核心思想就是将企业的人力、资金、信息、物料、设备、技术等各方面资源充分调配,平衡优化,为企业提高资金运营水平、提高生产效率、降低经营成本、减少库存、提高服务质量提供强有力的工具。ERP的本质是管理和信息技术(IT)的结合,就是物流、资金流和信息流进行全面一体化管理的新一代的管理信息系统(MIS)。企业通过ERP可以与客户关系管理(CRM)、供应链管理(SCM)进行整合,以实现供应商、企业、客户整个价值链的信息化管理。ERP的基本思想是强调在供应商、制造商、分销商、用户之间形成一个合作性竞争模式。面临日益激烈的市场竞争中,企业应更加注重产品的研究开发、质量管理、营销扩张和售后服务等来建立企业的竞争优势;但同时在日趋分工细化、开放合作的年代,企业仅仅依靠自己的资源参与市场竞争往往显得被动,而必须把与经营过程有关的多方面,如上游的原材料供应商和下游的客户等纳入一个整体的供应链中。供应链管理体现了以市场需求为导向的管理思想,将客户要求、企业内部资源以及上游供应商资源整合在一起,以最快的速度满足顾客的需求。

ERP系统包含多个相互协同作业的子系统,如:生成制造、质量控制、财务、营销、人力资源等,可对供应链上所有环节如:订单、采购、库存、计划、制造、质量控制、运输、分销、服务、维护、财务、人事等进行有效管理。ERP 系统集信息技术与先进的管理思想于一身,将成为现代企业的运行模式,反映时代对企业合理调配资源、最大化地创造社会财富的要求,是目前企业信息化与电子商务的热点议题。

五、电子商务

广义上讲,电子商务一词源自于 Electronic business,是指通过使用互联网等电子工具,使公司内部、供应商、客户和合作伙伴之间,利用电子业务共享信息,实现企业间业务流程的电子化,配合企业内部的电子化生产管理系统,提高企业的生产、库存、流通和资金等各个环节的效率。简而言之,电子商务是利用计算机技术、网络技术和远程通信技术,实现电子化、数字化和网络化的整个商务过程。用于织物网上贸易的电子商务已经起步。它具有许多优点,如低成本的全球性宣传有利于扩大市场,产品上市时间大幅缩短;广泛及时的信息来源有利于分析市场,根据市场需求快速做出反应;利用织物 CAD 设计的样品接入虚拟卖场,迅速测试其设计与市场的吻合性,增加创造力,缩短产品开发周期,提高新品开发成功率。目前,计算机屏幕显示的织物视觉效果逐渐趋于完善,但对于织物的触觉风格、加工成形性和服用舒适性仍需通过文字进行表达。这正是虚拟现实技术正在探索解决的一个问题。此外,用 ERP 为电子商务作后台管理支撑,成为电子商务脱离浅层商务运用,得以全面开展和深入运行的坚实基础。

理想的电子商务运用状态是:市场营销部通过网络 ERP 软件(亦称可扩展的、支持电子商务的 ERP,即 eERP)可以及时、准确地掌握客户订单信息,并按时间、地点、客户统计出产品的销量和销售速度,经过对这些数据的加工处理和分析对市场前景和产品需求做出预测,同时,把产品需求结果反馈给计划与生产部门,以便及早安排某种产品的生产和相应投入品的购进。ERP与电子商务走向融合是发展趋势。

本章主要专业术语

原纱质量(quality of raw yarn)　　　　精梳毛织物(worsted fabric)

白坯织物(gray fabric)　　　　　　　粗梳毛织物(woollen fabric)

色织物(yarn – dyed fabric)　　　　　轻薄型织物(light fabric)

织物覆盖率(cover factor)　　　　　　厚重型织物(heavy fabric)

排花型(dyed – yarn arrangement)　　单纱上浆(single end sizing)

原纱检验(raw yarn inspection)　　　　阔幅织机(wide loom)

单纱强力变异系数(coefficient of variation in single yarn strength)　　苎麻(ramie)

条干均匀度(yarn evenness)　　　　　亚麻(flax)

重量不匀率(unevenness of weight)　　黄麻(jute)

毛羽(hairiness)　　　　　　　　　　玻璃纤维织物(glass cloth)

　　　　　　　　　　　　　　　　　芳纶纤维(aramid fiber)

碳纤维（carbon fiber）

合纤长丝织物（synthetic filament fabric）

合纤长丝仿真丝绸（silk – like fabric）

乔其类（georgette）

毛丝检测装置（broken filament detector）

仿毛织物（wool – like fabric）

仿麻织物（linen – like fabric）

疏水性（hydrophobicity）

异收缩丝（differential shrinking filament）

仿羽绒（feather – like）

异形丝（profiled filament）

改性丝（modified filament）

复合丝（composite filament）

超细丝（superfine filament）

碱减量处理（alkali deweighting）

印花（printing）

柔软整理（softening finishing）

轧光（calendering）

树脂整理（resin finishing）

抗起球（anti – pilling）

阻燃（flame retarding）

桑蚕丝（mulberry silk）

熟织（degummed silk weaving）

生织（gum silk weaving）

快速反应系统（quick response system）

计算机辅助设计（Computer Aided Design）

计算机辅助工艺设计（Computer Aided Process Planning）

计算机辅助制造（Computer Aided Manufacturing）

管理信息系统（Management Information System, Computer Integrated Manufacturing System）

快速品种变换系统（quick article change system of weaving machine）

供应链管理（supply chain management）

企业资源规划（Enterprise Resource Planning）

思考题

1. 试述织坯整理的各项工作及要求。

2. 介绍常用织物质量统计指标及其含义。

3. 比较棉、毛、丝、麻不同织物织造工艺流程的特点。

4. 查阅资料，开展调研，了解机织物加工的快速反应技术在纺织企业的应用情况。

参考文献

[1]朱苏康,陈元甫. 织造学(上、下册)[M]. 北京:中国纺织出版社,1996.

[2]陈元甫. 机织工艺与设备[M]. 北京:纺织工业出版社,1988.

[3]兰锦华. 毛织学(上、下册)[M]. 北京:纺织工业出版社,1987.

[4]祝成炎,张友梅. 现代织造原理与应用[M]. 杭州:浙江科学技术出版社,2002.

[5]蔡陛霞. 织物结构与设计[M]. 3 版. 北京:中国纺织出版社,2004.

[6]过念薪,张志林. 织疵分析[M]. 2 版. 北京:中国纺织出版社,2004.

[7]周永元. 纺织浆料学[M]. 北京:中国纺织出版社,2004.

[8]江南大学,等. 棉织手册[M]. 3 版. 北京:中国纺织出版社,2006.

[9]张振,过念薪. 织物检验与整理[M]. 北京:中国纺织出版社,2002.

[10]陈元甫,洪海沧. 剑杆织机原理与使用[M]. 2 版. 北京:中国纺织出版社,2005.

[11]裘愉发,吕波. 喷水织造实用技术[M]. 北京:中国纺织出版社,2003.

[12]高卫东,等. 现代织造工艺与设备[M]. 北京:中国纺织出版社,1998.

[13]严伟,李崇丽,吕明科. 亚麻纺纱、织造与产品开发[M]. 北京:中国纺织出版社,2005.

[14]The Textile Institute Textile Terms and Definitions Committee. Textile Terms and Definitions. Manchester: The Textile Institute, 2002.

[15]Virginia Hencken Elsasser. Textiles:Concepts and Principles. New York:Fairchild Publications, 2005.

[16]Lesley Cresswell. Understanding Industrial Practices in Textiles Technology. Cheltenham, UK : Nelson Thornes, 2004.

[17]Mary Humphries. Fabric Reference. Upper Saddle River, N. J. :Pearson/Prentice Hall, 2004.

[18]Kathryn L. Hatch. Textile Science. New York:West Publishing Company, 1993.

[19]A. Ormerod. Modern Preparation and Weaving Machinery. London:Butterworths & Co. Ltd,1983.

[20]R. Marks. Principles of Weaving. Manchester:The Textile Institute,1976.

[21]Peter Schwartz et al.. Fabric Forming Systems. New Jersey:Noyes Publication,1982.

[22]О. Талавашек и В. Сватый. Ьесчелночные Ткацкие Станки. Москва:Леглромбытиэдат,1985.

[23]В. А. Гордеев. Ткачество. Москва:Лёгкая и Пишевая Промышленность,1984.

[24]П. В. Власов. Нормальзация Ткацких Процессов. Москва,1984.

[25]Sabit Adanur. Handbook of Weaving. Lancaster:Technomic Publishing Co. ,Inc. ,2001.

[26]Schlafhorst,Murata,Savio,Benninger,Karl – Mayer,Zucker – Muller,Picanol,Sulzer – Ruti,Toyoda,Tsudakoma,Dornier,Somet,Staubli 公司产品技术资料.